高等学校应用型通信技术系列教材

现代通信技术基础

（第3版）

严晓华 包晓蕾 ◎ 编著

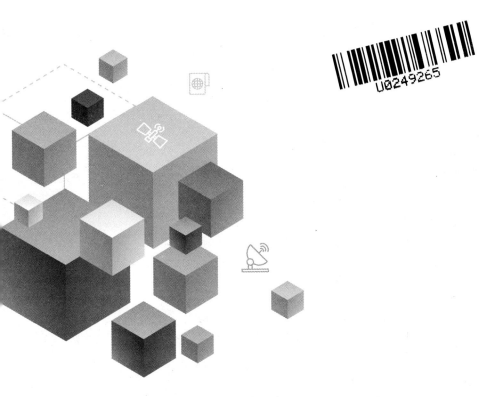

清华大学出版社
北京

内 容 简 介

根据应用型人才培养目标和国家通信职业资格的专业基础知识要求,本书简述了现代通信网概念及其基础技术,并按通信工程专业分类与行业发展特点,全面介绍了电信交换、数据通信、无线通信、移动通信、光通信网、宽带网络通信等现代通信技术的基本概念、技术特点、相关业务、典型系统和主要应用。

本书在原编排体系结构的基础上,充实了现代通信网基础知识,融入了信息通信技术(ICT)发展(包括新一代移动通信系统、接入网、光通信网和下一代网络等),新增了中华人民共和国频率划分规定和网络安全法等相关内容。

本书为高等学校应用型通信类专业规划教材,也可作为高校和职业院校电子信息类与计算机类专业的教学用书以及国家通信职业资格的培训用书,并可供相关专业技术和管理人员参考。

图书在版编目(CIP)数据

现代通信技术基础/严晓华,包晓蕾编著. —3 版. —北京:清华大学出版社,2019(2024.2重印)
(高等学校应用型通信技术系列教材)
ISBN 978-7-302-51535-7

Ⅰ. ①现… Ⅱ. ①严… ②包… Ⅲ. ①通信技术—高等学校—教材 Ⅳ. ①TN91

中国版本图书馆 CIP 数据核字(2018)第 249773 号

责任编辑:王剑乔
封面设计:刘 键
责任校对:赵琳爽
责任印制:宋 林

出版发行:清华大学出版社
　　　网　　址:https://www.tup.com.cn,https://www.wqxuetang.com
　　　地　　址:北京清华大学学研大厦 A 座　　　　邮　　编:100084
　　　社 总 机:010-83470000　　　　　　　　　　邮　　购:010-62786544
　　　投稿与读者服务:010-62776969,c-service@tup.tsinghua.edu.cn
　　　质量反馈:010-62772015,zhiliang@tup.tsinghua.edu.cn
　　　课件下载:https://www.tup.com.cn,010-83470410
印 装 者:小森印刷霸州有限公司
经　　销:全国新华书店
开　　本:185mm×260mm　　印　张:24.25　　　　字　　数:555 千字
版　　次:2006 年 7 月 1 日第 1 版　　2019 年 1 月第 3 版　　印　　次:2024 年 2 月第 9 次印刷
定　　价:69.00 元

产品编号:081697-02

Publication Elucidation

出版说明

随着我国国民经济的持续增长,信息化的全面推进,通信产业实现了跨越式发展。在未来几年内,通信技术的创新将为通信产业的良性、可持续发展注入新的活力。市场、业务、技术等的持续拉动,法制建设的不断深化,这些也都为通信产业创造了良好的发展环境。

通信产业的持续快速发展,有力地推动了我国信息化水平的不断提高和信息技术的广泛应用,同时刺激了市场需求和人才需求。通信业务量的持续增长和新业务的开通,通信网络融合及下一代网络的应用,新型通信终端设备的市场开发与应用等,对生产制造、技术支持和营销服务等岗位的应用型高技能人才在新技术适应能力上也提出了新的要求。为了培养适应现代通信技术发展的应用型、技术型高级专业人才,高等学校通信技术专业的教学改革和教材建设就显得尤为重要。为此,清华大学出版社组织了国内近 20 所优秀的高职高专院校,在认真分析、讨论国内通信技术的发展现状,从业人员应具备的行业知识体系与实践能力,以及对通信技术人才教育教学的要求等前提下,成立了系列教材编审委员会,研究和规划通信技术系列教材的出版。编审委员会根据教育部最新文件政策,以充分体现应用型人才培养目标为原则,对教材体系进行规划,同时对系列教材选题进行评审,并推荐各院校办学特色鲜明、内容质量优秀的教材选题。本系列教材涵盖了专业基础课、专业课,同时加强实训、实验环节,对部分重点课程将加强教学资源建设,以更贴近教学实际,更好地服务于院校教学。

教材的建设是一项艰巨、复杂的任务,出版高质量的教材一直是我们的宗旨。随着通信技术的不断进步和更新,教学改革的不断深入,新的课程和新的模式也将不断涌现。我们将密切关注技术和教学的发展,及时对教材体系进行完善和补充,吸纳优秀和特色教材,以满足教学需要。欢迎专家、教师对我们的教材出版提出宝贵意见,并积极参与教材的建设。

清华大学出版社

2023 年 7 月

第3版前言

　　信息技术是当今世界经济社会发展的重要驱动力。网络信息技术是全球研发投入集中、创新活跃、应用广泛、辐射带动作用大的技术创新领域，是全球技术创新的竞争高地。

　　新一代信息技术产业是国民经济的战略性、基础性和先导性产业，对于促进社会就业、拉动经济增长、调整产业结构、转变发展方式和维护国家安全具有十分重要的作用。党的二十大报告为新一代信息技术产业指明未来发展方向，要以推动高质量发展为主题，构建新一代信息技术产业新的增长引擎。

　　信息通信业是新一代信息技术产业的重要组成部分。当前，信息技术与通信技术相融合已形成了一个新的技术领域，加强适应产业发展需求的高质量应用型人才培养是高校专业建设与教学改革的一项重要任务。

　　本书体现了近年来通信专业教学改革与精品在线开放课程建设的成果：将通信行业国家职业标准的工作内容和相关要求融入课程标准，在教学内容设计、教学结构和实践训练环节安排等方面体现以通信技术岗位职业能力培养为核心。课程建设的其他教学资源还包括课程标准、电子教案、实训指导、学习指导、职业标准、工作任务库、工程案例库以及其他网络教学资源。《现代通信技术基础》自第 1 版（2006 年）和第 2 版（2010 年）出版以来，作为专业教材和国家通信职业资格培训用书，得到了全国高等院校和通信企业同行以及广大读者的关心和支持，迄今已 16 次印刷。

　　《现代通信技术基础（第 3 版）》在原编排体系结构的基础上，充实了现代通信网基础知识，融入了信息通信技术（ICT）发展（包括新一代移动通信系统、接入网、光通信网和下一代网络等），新增了中华人民共和国频率划分规定和网络安全法等相关内容。

　　《现代通信技术基础（第 3 版）》由严晓华和包晓蕾编著。参加教材修订的有：包晓蕾（第 1、7、8 章及附录）、钱军如（第 2、4 章）、张婷（第 3、5、6 章）。

　　"现代通信技术基础"精品课程和实训基地的建设得益于上海市通信

技术一流专业教学团队及国家 5G 移动通信虚拟仿真实训基地建设团队的通力合作。其间,得到了上海交通大学博士生导师白英彩教授的指导,得到了上海市通信行业协会、中国电信上海公司、中国移动上海公司、东南大学移动通信国家重点实验室等单位的支持和帮助,在此一并致谢。

专业建设与教学改革是不断探索和完善的过程。真诚欢迎广大读者在使用本书的过程中,继续提出宝贵的意见和建议。

作　者

2023 年 7 月于上海

PREFACE

第2版前言

信息技术是当今世界经济社会发展的重要驱动力。电子信息产业是国民经济的战略性、基础性和先导性支柱产业,对于促进社会就业、拉动经济增长、调整产业结构、转变发展方式和维护国家安全具有十分重要的作用。通信业是电子信息产业的重要组成部分。我国《电子信息产业调整和振兴规划》将推进通信业发展作为主要任务之一。

近年来,中国通信业呈现出新的发展特征。随着 3G 牌照发放,行业转型稳步推进,数据业务的占比迅速提高,移动互联网等新兴业务快速兴起,市场需求正由语音向信息应用转变,并逐渐在各行业中渗透。

加强适应产业发展的应用型人才培养,是高校专业建设与教学改革的一项重要任务。

《现代通信技术基础(第 1 版)》自 2006 年 7 月出版以来,作为专业教材和国家通信职业资格培训用书,得到了全国高等院校和通信企业同行以及广大读者的关心和支持,迄今已 7 次印刷近 2 万册。

《现代通信技术基础(第 2 版)》体现了近年来通信专业教学改革与精品课程建设的成果,将通信行业国家职业标准的相关要求融入课程标准,在教学内容设计、教学结构和实践训练环节安排等方面体现以通信职业能力培养为核心。在第 1 版编排体系结构的基础上,新增了现代通信技术发展的内容(包括第三代移动通信系统、接入网新技术、下一代网络、信息通信网络技术等),提供了通信行业国家职业标准中的工作内容和工作要求,并依据全国科学技术名词审定委员会公布的《通信科学技术名词》(2007 版)规范了专业术语。

"现代通信技术基础"精品课程建设得益于上海市通信与信息技术公共实训基地教学团队的通力合作。课程建设的其他教学资源包括课程标准、电子教案、实训指导、学习指导、职业标准、工作任务库、工程案例库以及其他网络教学资源;由本书作者编著的《通信综合实训》和《现代通信技术基础学习指导》已由清华大学出版社出版。

在精品课程建设和实训基地建设过程中,得到了上海交通大学博士生导师白英彩教授的指导,得到了上海市通信行业协会、中国电信上海公司、中国移动上海公司、东南大学移动通信国家重点实验室等单位的支持和帮助,在此一并致谢。

　　专业建设与教学改革是不断探索和完善的过程。真诚欢迎广大读者在使用本书的过程中,继续提出宝贵的意见和建议。

作　者

2010 年 5 月于上海

CONTENTS

目　录

CHAPTER 1

概论

信息技术是当今世界经济社会发展的重要驱动力,电子信息产业是国民经济的战略性、基础性和先导性支柱产业,对于促进社会就业、拉动经济增长、调整产业结构、转变发展方式和维护国家安全具有十分重要的作用。

现代通信技术是信息技术的一个重要组成部分,是信息化社会的重要支柱。随着信息社会的到来,人们对信息的需求将日益丰富与多样化。现代通信意义上所指的信息已不再局限于电话、电报、传真等单一媒体信息,而是将声音、文字、图像、数据等合为一体的多媒体信息。作为国家信息基础设施的现代通信网,主要包括语音通信领域(固定电话网、移动通信网)、数据多媒体通信领域(基础数据网、IP 网络、互联网接入、宽带增值服务)、传输网领域(光通信网)等现代通信技术和业务。通信网络的发展趋势是在数字化、综合化的基础上,向智能化、移动化、宽带化和个人化方向发展。

本章学习目标

- 理解通信的基本概念。
- 理解通信网的概念、分类、构成与组网结构。
- 了解通信法规与通信标准的作用。
- 了解通信信道分类及特性。
- 理解 ICT 技术的基本概念。
- 了解互联网+ICT 融合背景下的通信网络技术特征。
- 了解通信职业资格与职业规范知识。

1.1 通信概述

通信技术是伴随着社会信息化水平的提高而发展起来的。通信技术与计算机技术的相互融合,使得通信技术的发展进入了一个新的阶段。现代通信技术的发展,不仅有助于提高通信网络的质量,扩大通信网络的规模,加快信息传播的速度,提高信息传递的质量,而且使得通信的功能不断扩大,从而进一步丰富了通信的概念。通信在本质上是实现信息传递功能的一门科学技术。

1.1.1 通信基本概念

人类社会需要进行信息交互。人们通过听觉、视觉、嗅觉、触觉等感官,感知现实世界而获取信息,并通过通信来传递信息。通信(communication)是指按照达成的协议,信息在人、地点、进程和机器之间进行的传送。电信(telecommunication)则指在线缆上或经由大气,利用电信信号或光学信号发送和接收任何类型信息(数据、图形、图像和声音)的通信方式。

通信作为信息科学的一个重要领域,与人类的社会活动、个人生活与科学活动密切相关,并有其独立的技术体系。

1. 通信的基本形式

通信的基本形式是在信源与信宿之间建立一个传输信息的通道(信道)。现代通信不仅可以无失真、高效率地传递信息,并可在传输过程中抑制无用信息,同时还具有存储、处理、采集及显示等功能。

2. 信息与信号

信息(information):以适合于通信、存储或处理的形式来表示的知识或消息。消息是指通信系统要传送的对象,如语音、图像、文字或某些物理参数等。

信号(signal):可以使它的一个或多个特征量发生变化,用以代表信息的物理量;在通信系统中为传送消息而对其变换后传输的某种物理量,如电信号、声信号、光信号等。信号是消息的载体。

1.1.2　通信系统模型

1. 通信系统的基本模型

通信的任务是完成信息的传递和交换。通信系统(communication system)至少包含发送和接收两大部分,用于可靠地传输/交换信息的系统。

电话、电视、广播、微波通信、卫星通信等系统有着成熟的技术与应用,可用点对点通信的基本模型描述,如图1-1所示。从该模型可以看出,要实现信息从一端向另一端的传递,必须包括5个部分:信息源、发送设备、信道、接收设备、受信者。

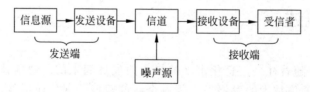

图 1-1　通信系统的基本模型

1) 信息源

信息源简称信源(source),其作用是把待传输的消息转换成原始电信号。在通信中,信源是指向另一部件(信宿)发出信息的部件。

例如,在电话系统中,电话机可看成是信源;信源输出的信号称为基带信号(指未经频率搬移的原始信号),其特点是频率较低。不同的信息源构成不同形式的通信系统,如人与人之间通信的电话通信系统、计算机之间通信的数据通信系统。

2）发送设备

发送设备即发送机(transmitter)，是产生并送出信号或数据的设备，其作用是将信源发出的信息变换成适合在信道中传输的信号，即对基带信号进行某种变换或处理，使原始信号(基带信号)适应信道传输特性的要求。

发送设备是个总体概念，其包括许多具体电路与系统，对应不同的信源和不同的通信系统，具有不同的组成和变换功能。例如，在数字电话通信系统中，变换器包括送话器和模/数变换器等，后者的作用是将送话器输出的模拟话音信号经过模/数变换、编码及时分复用等处理后，变成适合在数字信道中传输的信号。

3）信道

信道(channel)又称"通路"，是在两点之间用于收发的单向或双向通路；在通信中主要是传递信息的通道，又是传递信号的设施。

按传输媒体又称传输媒介(transmission medium)的不同，可分为有线(如双绞线、同轴电缆、光纤)和无线(如微波通信、卫星通信、无线接入)两大类。

4）接收设备

接收设备即接收机(receiver)，是指工作于通信链路的目的地端，接收信号并加以处理或转换供本地使用的设备。

在接收端，接收设备的功能与发送设备相反，其从收到的信号中恢复出相应的原始信号，即把从信道上接收的信号变换成信息接收者可以接收的信息，起着还原的作用。

5）受信者

受信者(收终端)又称为信宿(sink)，在通信中是从另一部件(信源)接收信息的部件，是信息的接收者，其将复原的原始信号转换成相应的消息。信宿可以与信源相对应，构成"人-人通信"或"机-机通信"，如电话机将对方传来的电信号还原成了声音；也可与信源不一致，构成"人-机通信"或"机-人通信"。

6）噪声源

系统的噪声(noise)来自各个部分，从发出和接收信息的周围环境、各种设备的电子器件，到信道所受到的外部电磁场干扰，都会对信号形成噪声影响。为便于分析，一般将系统内所存在的干扰折合于信道中，用噪声源表示。

上述通信系统仅表示了两用户间的单向通信，对于双向通信还需要另一个通信系统完成相反方向的信息传送工作。

2. 现代通信系统的功能模型

通信技术与计算机技术相结合，已经由独立系统向网络化方向发展。随着网络技术的发展，通信技术领域也不断扩展。对于通信的了解，不再局限于单从发送者和接收者的角度，而是从网络角度来分析。

从通信网络的系统组成角度，可将其分为 4 个功能模块，如图 1-2 所示。

1）接入功能模块

接入(access)功能模块(有线接入或无线接入)将消息数字化并变换为适于网络传输的信号，即进行信源编码。其发信者和接收者可为人或机器，所接入的消息形式可为语

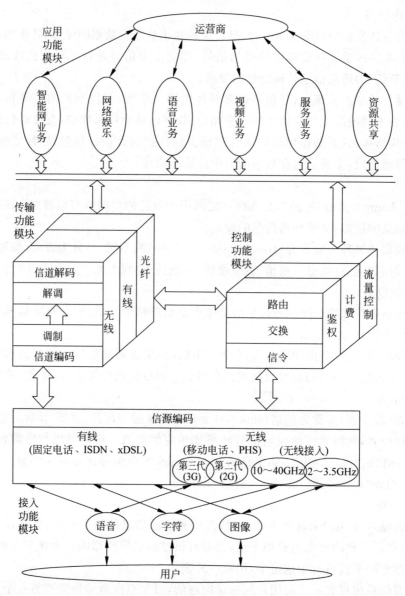

图 1-2   现代通信系统的功能模型

音、图像或数据。

2）传输功能模块

传输（transmission）功能模块（有线传输或无线传输）将接入的信号进行信道编码和调制，变为适于传输的信号形式，并满足信号传输要求的可靠性指标。

3）控制功能模块

控制（control）功能模块由信令网、交换设备和路由器等组成，完成用户的鉴权、计费与保密，并满足用户对通信的质量指标要求。

4）应用功能模块

应用（application）功能模块为网络运营商提供业务经营，包括智能网业务、话音、音视频的各种服务，以及娱乐、游戏、短信、移动计算、定位信息和资源共享等。

1.1.3 通信系统的分类

通信可以从不同的角度来分类。

1. 按通信业务分类

按传输内容：可分为单媒体通信（电话、传真等）与多媒体通信（电视、可视电话、远程教学等）。

按传输方向：可分为单向传输（广播、电视等）与交互传输（电话、视频点播等）。

按传输带宽：可分为窄带通信（电话、电报、低速数据等）与宽带通信（会议电视、高速数据等）。

按传输时间：可分为实时通信（电话、电视等）与非实时通信（数据通信等）。

2. 按传输媒介分类

有线通信：传输媒介为电缆和光缆。

无线通信：借助于电磁波在自由空间的传播来传输信号，根据电磁波的波长不同又可分为中/长波通信、短波通信和微波通信等类型。

3. 按调制方式分类

基带传输：将未经调制的信号直接在线路上传输，如音频市内电话和数字信号的基带传输等。

频带传输（调制传输）：先对信号进行调制后再进行传输。

4. 按信道中传输的信号分类

可分为模拟通信和数字通信。

5. 按收发者是否运动分类

可分为固定通信和移动通信。

6. 按多地址接入方式分类

可分为频分多址通信、时分多址通信、码分多址通信等。

7. 按用户类型分类

可分为公用通信和专用通信。

1.1.4 通信系统的质量评价

评价通信系统的信息传输性能的主要质量指标是有效性和可靠性，两者通常为一对矛盾。实际应用中，常根据通信系统要求，在满足一定的可靠性指标下，尽量提高信息的传输速率,即有效性;或者在维持一定的有效性条件下,尽可能提高系统的可靠性。

1. 有效性指标

有效性是指信道资源的利用效率,即系统中单位频带传输信息的速率问题。

模拟通信系统的有效性指标一般用系统有效带宽来衡量。

数字通信系统的有效性指标主要内容是传输容量,其常用信道的传输速率(单位时间内通过信道的平均信息量)来表示。信息量的单位是比特(bit)。

传输容量一般有以下两种表示方法。

(1) 信息传输速率。指系统每秒钟传送的比特数,单位为比特/秒(bit/s),又称为比特速率。例如,某数字通信系统每秒钟传送 19 200 个二进制码元(一个二进制码元是一个"1"或一个"0"),则该系统的信息传输速率(或比特速率)为 19 200 bit/s。

(2) 符号传输速率。又称为信号速率或码元速率,指单位时间内所传送的码元数,单位为波特(baud,简记为 Bd),每秒钟传送一个符号的传输速率为 1Bd。码元可以是多进制或二进制,在给出码元速率时需说明是何进制的码元。符号传输速率和信息传输速率可换算,若是二进制码,符号传输速率则与信息传输速率相等。

信息传输速率与符号传输速率的关系为

$$R_b = N_B \log_2 M$$

式中：R_b 为信息传输速率;N_B 为符号传输速率(码元/秒或波特);M 为码元(或符号)的进制数。

若两个系统的传输速率相同,其信道效率有可能不同。信道效率用单位频带的信息传输速率或符号传输速率来表示,其单位分别为比特/秒/赫(bit/s/Hz)及波特/赫(Bd/Hz)。

2. 可靠性指标

可靠性是指通信系统传输消息的质量,即传输的准确程度问题。

模拟通信的可靠性用输出信噪比来衡量。

数字通信系统的可靠性用传输差错率来衡量。传输差错率常用误码率和误比特率来表示。

误码率:又称码元差错率,是指在传输过程中发生误码的码元个数与传输的总码元数之比;也指平均误码率,即一个统计结果的平均值。

误比特率:又称比特差错率,是指在传输过程中产生差错的比特数与传输的总比特数之比,也指平均误比特率。当采用二进制码时,误码率与误比特率相等。

误码率的大小与传输通路的系统特性和信道质量有关,提高信道信噪比(信号功率/噪声功率)和缩短中继距离,均可使误码率减小。

从通信的有效性和可靠性出发,单位频带的传输速率越高越好,而误码率则越低越好。

1.1.5　通信法规与通信标准

通信行业与其他行业的发展一样,都必须遵循一定的标准、规章、制度等。通信的业务运营、技术研发、企业运作都将受到政策法规与技术标准的指导及制约。

1. 通信行业政策法规

涉及通信的政策法规主要由各国政府部门制定,其对于通信运营最主要的影响是"准入"。在任何国家,电信业务基本上都受到制约,需经过政府部门的批准。

以我国为例,骨干网和接入网的运营资格都被严格控制。未来的发展趋势是业务的运营将逐步放松管制,特别是增值电信业务的运营将放宽;而以话音业务为代表、包括网络基础设施在内的基础电信业务运营仍将受到严格的控制。

2. 通信行业技术标准

通信涉及双方或多方,且超越国界,其中包括点与点、点与端、端与端以及网络间的信息交互。因此,不仅在国内通信中需要规定统一的各种标准,以免造成通信过程中的相互干扰或因接口不同而无法建立通信,而且需要制定各国应共同遵循的国际标准。

通信行业中的技术标准主要由各种技术标准化团体及相关的行业协会负责制定。典型的标准化组织包括国际电信联盟(ITU)、电气和电子工程师协会(IEEE)等。

国际电信联盟简称国际电联,是联合国的下设机构,是政府间的组织,也是国际通信标准制定的官方机构。作为其前身,国际电报电话咨询委员会(CCITT)和国际无线电咨询委员会(CCIR)早期已制定了全球通信业所公认的众多建议。

随着现代通信的发展,国际电信联盟于 1993 年将其下属的 CCITT、CCIR 以及 IFRB (国际频率注册委员会)等组织重新组合,建立了国际电联-电信标准部(ITU-T)、国际电联-无线电通信部(ITU-R)和国际电联-发展部(ITU-D)等,为新开发领域和新技术不断制定出新的标准。ITU-T 制定的标准称为"建议书",其保证了各国电信网的互联和运营,已被全世界各国广泛采用。

1.2　通信网的组成

1.2.1　通信网的概念

通信网是指由一定数量的节点(包括终端设备和交换设备)以及连接节点的传输链路的组合,以实现两个或多个规定点间信息传输的通信体系。

1. 现代通信网的特点

现代通信网主要建立以城市为中心的固定的等级结构网络,结合区域蜂窝结构的移动通信网络,为用户提供快捷方便的信息服务。现代通信网的功能是要适应用户呼叫的需要,以用户满意的程度,传输网内任意两个或多个用户之间的信息。

高新技术在通信领域的推广和应用,为通信网的发展提供了强大的物质基础。现代通信网的快速发展,为更多的用户提供了方便、快捷、安全可靠和灵活多样的通信服务功能。

现代通信网具有以下主要特点。

(1) 使用方便。功能强大的通信终端可为用户提供方便的使用条件。电话机、传真机、计算机等通信终端使用非常便捷,操作者通过按键或者点击鼠标的简单操作,即可向远方传递信息,达到信息交流的目的。

(2) 安全可靠。现代通信网是信息化社会的神经系统,已成为社会活动的主要机能之一。现代通信网的服务功能充分考虑了用户传递信息的安全和可靠因素,采用了大量的有效措施。例如,对传输信息的传输链路加密、网络进入的认证等方式,有效地防止了信息的误传;网络结构所具有的自愈性,有效地解决了因部分设备故障而带来的信息传递延误等。

(3) 灵活多样。现代通信网提供了丰富多彩、灵活多样的信息服务。通信双方可以交换和共享数据信息、进行话音交流、文字交流和多媒体信息交流。

(4) 覆盖范围广。现代通信网的信息交流服务缩短了人与人之间以及地理空间的距离。

2. 通信网的基本要素

通信网一般是由交换设备、用户终端设备、传输系统按某一结构组成。用户终端之间通过一个或多个节点链接,在节点处提供交换、处理网络管理等功能,如图 1-3 所示。传输系统包括用户终端之间、用户终端与节点以及节点之间的各种传输媒介和设备。信号可以通过双绞线、同轴电缆、光纤等有线媒介或通过无线媒介传输。

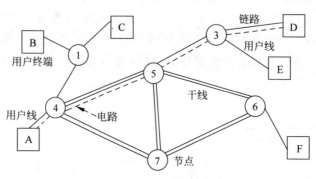

图 1-3　通信网的一般组成

通信网络的基本要素为传输、交换和终端,其中传输与交换部分组成核心网。

1) 传输

传输系统是指完成信号传输的媒介和设备的总称。其在终端设备与交换设备之间以及交换系统相互之间链接起来形成网络。按传输媒介不同,传输系统分为有线传输系统和无线传输系统。通过提供并行的不同带宽的频分多路复用(FDM)或时分多路复用(TDM),可以获得各种不同数目的复用信道。

现代通信网中常用的传输系统包括光纤传输系统、卫星通信系统、无线传输系统、数字微波传输系统等。

传输是交换设备之间的通信路径(网络的链路),承载着用户信息和网络控制信息。通信网的传输设备主要由用户线(用户终端与交换机之间的连接线路)、中继线(交换机与交换机之间的连接线路)以及相关传输系统设备构成。传输线路中除采用不同的线缆以外,在传输路径上还安装各种设备实现信号放大、波形变换、调制解调、多路复用、发信与收信等功能,以延长用户信息的传输距离。

通信网传输系统的基本结构如图 1-4 所示。图中的 T 表示用户终端设备。

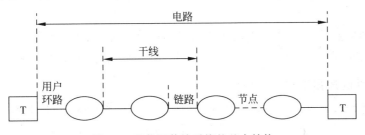

图 1-4　通信网传输系统的基本结构

传输系统涉及传输信道、电路、用户环路、链路、干线和节点等概念。

传输信道:简称信道,是通信者两点间单向或双向传输信号的通道,包括传输媒介和中间装置,可用传输信号的性质(如带宽、速率等)来限定。

电路:是实现信号双向传输的两条传输信道的组合,以提供一个完整的通信过程。一条电路通常包括两个延伸到用户设备的双向传输信道。按设备传送信号的形式不同,电路可分为模拟电路和数字电路。

用户环路:又称为用户线,是一个节点和用户设备(或用户分系统)之间简单的固定连接。环路可以是双绞线、同轴电缆或其他任意合适的媒介连接(例如光纤和无线等)。

链路:是传输全链路的简称,指两个相邻节点间或终端设备和节点之间的信道段。通路则是指从出发点到接收点的一串节点和链路,即跨越网络一部分而建立路由的"点-点"连接。链路的主要特征是在两点之间具有规定特性的传输手段,例如,无线链路、同轴链路或2 Mbit/s 链路等。数据链路是由数据通信协议和设备组成的,能够传输数据信号的链路。

干线:可以由一条或多条串联的链路组成。两个交换中心或节点之间可通过干线进行连接。

节点:是用户环路和链路之间以及链路之间的分配点。

2) 交换

在通信网中,交换功能是由交换节点(即交换设备)完成的。不同的通信网络由于所支持的业务特性不同,其交换设备所采用的交换方式也各不相同。

交换设备一般由信息传送子系统(包括交换网络和接口)与控制子系统组成。交换设备需要控制的基本接续类型包括本局接续、出局接续、入局接续和转接(汇接)接续。

交换设备以节点的形式与邻接的传输链路一起构成各种拓扑结构的通信网,是现代通信网的核心。交换设备根据寻址信息和网络控制指令,进行链路连接或信号导向,使通信网中的多对用户建立信号通路。

3) 终端

终端设备是通信网中的源点和终点。除对应于信源和信宿之外,终端设备还包括一部分变换和反变换装置。

终端设备的主要功能是将输入信息变换为易于在信道中传送的信号;用于发送和

接收用户信息,与网络交换控制信息,通过网络实现呼叫和接入服务。发送端将发送的信息转变成适合信道上传送的信号,接收端则从信道上接收信号,并将该信号恢复成能被利用的信息。终端还能产生和识别网内所需的信令信号或规则,以便相互联系和应答。

不同的通信业务有不同的终端,如电话终端、数字终端、数据通信终端、图像通信终端和多媒体终端等,典型设备如电话机、传真机、计算机、智能多媒体终端设备等。

3. 通信网的质量要求

当采用各种通信技术来构建通信网时,应按一定的质量要求,使所构建的网络能够快速、有效、经济、可靠地向用户提供各种业务,满足人们通信的需求。

通信网的质量要求主要包含以下内容。

1) 网内任意用户间相互通信

对通信网最基本的要求,是保证网内任意用户之间能够快速实现相互通信。网络应能实现任意转接和快速接通,以满足通信的任意性和快捷性。

2) 满意的通信质量

通信网内信息传输时应保证传输质量的一致性和传输的透明性。

信息传输质量的一致性:是指通信网内任意用户之间通信时,应具有相同或相仿的传输质量,而与用户之间的距离、环境以及所处的地区无关。

传输的透明性:是指在规定业务范围内的信息都可在网内传输,无任何限制。

传输质量主要包括接续质量和信息质量。

接续质量:表示通信接通的难易和使用的优劣程度,具体指标主要有呼损、时延、设备故障率等。

信息质量:是信号经过网络传输后到达接续终端的优劣程度,主要受终端、信道失真和噪声的限制。不同的通信业务具有不同的信息质量标准,如数据通信的比特误码率、话音通信的响度当量等。

3) 较高的可靠性

通信网应具有较高的可靠性,不因网络出现故障而导致通信发生中断。为此,对交换设备、传输设备以及组网结构,都采取了多种措施来保证其可靠性。对于网络及其网内的关键设备,还制定了相关的可靠性指标。

4) 投资和维护费用合理

在组建通信网时,除应考虑网络所支持的业务特性、网络应用环境、通信质量要求和网络可靠性等因素之外,还应特别注意网络的建设费用以及日后的维护费用是否具备经济性。

5) 能适应通信新业务和通信新技术的发展

通信网的组网结构、信令方式、编码计划、计费方式、网管模式等应能灵活适应新业务和新技术的发展。

传统的通信网是为支持单一业务而设计的,不能适应新业务和新技术的发展;面向未来的下一代网络应能适应不断发展的通信技术和新业务应用。

1.2.2　通信网的分类

通信网技术的飞速发展以及支持业务的多样性和复杂性,使得通信网的网络体系结构日趋复杂化。网络传输从模拟窄带发展为数字宽带,所支持的业务也从单一的语音业务发展为语音、数据、图像、视频和多媒体业务。

1. 现代通信网的分类

从不同的角度出发,现代通信网有如下几种分类方法。

按通信的业务类型分类:电话通信网、广播电视网、数据通信网、计算机通信网、多媒体通信网和综合业务数字网等。

按通信网采用传输媒介分类:有线传输网和无线传输网。

按通信的传输手段分类:光传输网、无线通信网、卫星通信网、微波中继网、载波通信网等。

按通信网采用的传送模式分类:电路交换网(公共电话交换网 PSTN、综合业务数字网 ISDN)、分组交换网(分组数据网 PDN、帧中继网 FRN)、异步传送网(ATM)等。

按通信服务的区域分类:市话通信网、长话通信网和国际通信网,以及局域网、城域网和广域网等。

按通信服务的对象分类:公用通信网和专用通信网。

按通信传输处理信号形式分类:模拟通信网和数字通信网。

按通信的活动方式分类:固定通信网和移动通信网。

2. 国内现有通信网络

我国现有的通信网络大致可分为 3 类。

1) 电信网

电信网由国家电信部门(原邮电部)建设,由基础网、相应的支撑网和其所支持的各种业务网组成。电信网主要是指利用有线通信或无线通信系统,来传递、发射或者接收各种形式信息的通信网。例如,以语音业务为主的公用电话交换网和移动通信网、基础数据网、基础传输网等。

2) 计算机通信网

计算机通信网的发展过程是计算机技术与通信技术的融合过程。现代网络技术实际上已把计算机网和电信网相互整合和渗透在一起。

国内的计算机通信网即中国目前的互联网,由多部门组建及运作,例如,中国公用互联网(由原邮电部组建)、中网(由中国网通组建)、中国教育科研网(CERNET,由清华大学负责运作)等。

3) 有线电视网

有线电视网的资源优势是已建成相当规模的光缆长途干线和覆盖面很广的宽带分配网络,并拥有垄断性的影视节目信息。其主要问题为虽已具备传输与接入手段,但还完全不具备宽带信息业务节点及相应的交换设施。

有线电视网由传送网络和面向用户的节目分配网络两部分组成。

（1）传送网络（传输干线）。为有线电视台之间传送节目源。类同于电信网的传输网络，除使用卫星信道以外，还利用高质量的 SDH 光传送网及 SDH 微波中继网。

（2）面向用户的节目分配网络。有线电视网是一种多用户共享的宽带网络，其信息流具有非对称性和分配性的特点。

我国的电信网、计算机通信网和有线电视网这 3 个不同的运营网络，是根据用户需求所提供的业务类型、支撑业务所采用的技术及其相应的成熟期，以及对各类业务运营商的管理体制不同而客观形成的，且都具有各自的优势和问题。

随着信息化的发展，我国在信息通信领域改革步伐的加快，竞争环境的逐步形成，为实现网络融合（涉及技术融合、网络融合、业务融合、产业融合）提供了更大的可能性。

1.2.3 电信网的构成

现代电信网的各种不同类型，可归纳为业务网和支撑网。

1. 业务网

业务网（用户信息网）是现代电信网的主体，用于向公众提供诸如语音、视频、数据、多媒体等业务的通信网络，包括电话通信网、移动通信网、数据通信网、综合业务数字网、智能网、IP 网络等。业务网按其功能可分为传送网和交换网。

1）传送网

传送网是指在不同地点的各点之间完成信息传递功能的一种网络，是网络逻辑功能的集合。电信业务网中各类不同的业务信号都将通过传送网进行传输，传输线路和传输设备是电信网中一项重要的基础设施。

传送网由基础传输网和用户接入网组成，用于数字信号的传送，表示支持业务网的各种接入和传送手段的基础设施。基础传输网络（如光通信网）完成用户信息的传输功能。用户接入网负责将通信业务透明地传送到用户，即用户通过接入网的传输，能灵活地接入不同的通信业务节点上；用户驻地设备（CPE）或用户驻地网（CPN）通过接入网接入基础传输网。

2）交换网

交换设备是交换网的核心，由交换节点和通信链路构成，其基本功能是完成对接入交换节点的传输链路的汇集、转接接续和分配。用户之间的通信要经过交换设备。采用不同交换技术的交换点可构成不同类型的业务网，用于支持不同的业务。根据交换方式的不同，交换网又可分为电路交换网和分组交换网。

2. 支撑网

支撑网包括信令网、数字同步网和电信管理网，支持电信网的应用层、业务层和传送层的工作，提供保证网络正常运行的控制和管理功能。

1）信令网

信令的功能是控制电信网中各种通信连接的建立和拆除，并维护通信网的正常运行。信令网实现网络节点间信令的传输和链接，为现代通信网提供高效、可靠的信令服务。

2）数字同步网

数字同步网用于保证数字交换局之间、数字交换局与数字传输设备之间的信号时钟同步，并使通信网中所有数字交换系统和数字传输系统工作在同一个时钟频率下。

3）电信管理网

电信管理网是一个完整的、独立的管理网络。在该网络中，各种不同应用的管理系统按照标准接口互连，并在有限点上与电信网接口及电信网络互通，从而达到控制和管理整个电信网的目的。

当前，电信网正处于转变的时期，即从基于传统电话结构和标准的网络转向基于 IP 结构的网络。在开展新业务的驱动下，电信网的基础结构正经历着巨大的变革，而科学技术的不断创新使得这种变革得以实现。

1.2.4　通信网的组网结构

通信网的网络拓扑结构是指终端、节点或两者之间的连接与分布形式。网络拓扑结构的基本形式主要有网状网、网孔型网、星型网、复合型网、环型网、总线型网、树型网等，如图 1-5 所示。通信网的实际拓扑结构通常由基本结构形式复合组成。

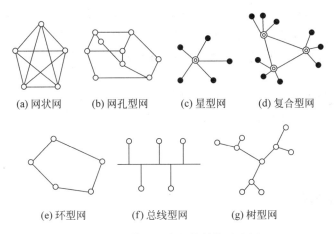

(a) 网状网　　(b) 网孔型网　　(c) 星型网　　(d) 复合型网

(e) 环型网　　(f) 总线型网　　(g) 树型网

图 1-5　通信网基本拓扑结构示意图

1）网状网

多个节点或用户之间互联而成的通信网称为网状网。该结构中网络链路的冗余度高，路由选择的自由度大，网络的可靠性和稳定性较好，但传输链路利用率低。网状网一般用于通信业务量大或需重点保证的部门或系统（如军事通信网），以保证信息传递的可靠性。

2）网孔型网

网孔型网是不完全网状网，其大部分节点间有线路直接相连，一小部分业务量相对较少的节点之间不需直达线路,以提高线路利用率,改善经济性,但稳定性略有降低。

3）星型网

星型网是一种以中央节点控制全网工作的辐射式互联结构。各用户间需要通信时,都需通过中央节点转接。与网状网相比,星型网具有传输链路少的优点;但由于中央节点负荷繁重,一旦出现故障,全网将会瘫痪。

4）复合型网

复合型网以星型网为基础,并在信息量较大的区域构成网状网结构。复合型网采取由若干节点来分担中央节点的负荷,并能实现本地交换。该网络结构兼具了网状网和星型网的优点,较经济合理并具有一定的可靠性。复合型网络结构在实际通信网中较常见。

5）环型网

通信网各节点被连接成闭合的环路称为环型网。网中任何两个节点间都要通过闭合环路才能实现相互通信,环型网中每个节点的地位相同,都可获得并行使用控制权,易实现分布式控制;不需进行路径选择,控制较简单;网中传送信息的延迟时间固定,有利于实时控制;可采用高速数字式传输信息,不需要调制解调器,接口线路及连接结构也较简单。

6）总线型网

在总线型网中,所有的节点连接在同一条总线上,是一种通路共享的结构,相互通信的总线能实现双向传输。若一条总线太长或节点太多,可将一条总线分成若干段,段与段之间再通过中继器互联。总线型网结构具有良好的扩充性能,可以使用多种存取控制方式,不需要中央控制器,有利于分布式控制,在计算机局域网中获得广泛的应用。

7）树型网

树型网可视为星型拓扑结构的扩展,节点按层次进行连接,信息交换主要在上、下节点之间进行。树型结构主要用于用户接入网或用户线路中;另外,主从同步网方式中的时钟分配网也采用树型结构。

1.3　通信信道

通信系统中的信道是物理信道,是指信号发送设备与信号接收设备之间传送信号的通道。信道可连接两个终端设备,完成点对点通信。在现代通信网中,信道作为链路可连接网络节点的交换设备,从而构成多个用户连接的网络。信号必须依靠传输媒介传输。传输媒介是指可以传输电信号(或光信号)的物质,分为有线媒介和无线媒介。各种物理传输媒介被定义为狭义信道。另一方面,信号还需经过许多设备(如发送机、接收机、调制器、解调器、放大器等)进行处理。因此,把传输媒介(狭义信道)和信号必须经过的各种通信设备统称为广义信道。

1.3.1　无线信道

在无线信道中,信号的传输是利用电磁波在空间的传播来实现的。无线媒介指可以传播电磁波(包括光波)的空间或大气,主要由无线电波和光波作为传输载体。由于无线电波传输距离远,能够穿过建筑物,既可全方向传播,也可定位传播,因此绝大多数无线通信都采用无线电波作为信号传输的载体。

无线传输信道中的信息主要通过自由空间进行传输,但还必须通过发射机系统、发射天线系统、接收天线系统和接收机系统,才能使携带信息的信号正常传输,从而组成一条无线传输信道。根据该类设备的频率范围,一般可把无线传输信道分为长波信道、中波信道、短波信道、超短波信道和微波信道。

1.3.2　有线传输信道

在有线传输信道中,电磁波沿有线媒介传播并构成直接信息流通的通路。有线媒介包括平衡电缆(双绞线)、同轴电缆、多芯电缆、架空明线(已被替代)和光缆等。在构成有线信道完成长距离的信息传输时,除需具有各种导引线外,还包括再增音和均衡处理。

1. 通信电缆

1) 平衡电缆

平衡电缆(对称电缆)又称双绞线。平衡电缆中每对信号传输线间的距离比明线小,包于绝缘体内,外界破坏和干扰较小,性能也较稳定。平衡电缆的质量和可靠性比早期的架空明线好,通信容量也相对较大,但其损耗随工作频率的增大而急剧增大。通常每千米的衰减分贝数与频率成正比,因而容量受到限制。这类平衡电缆通常制成多芯电缆,从 2 对 4 芯起直到 200 对,形成多层结构而包成一条电缆,外层保护芯线和绝缘体不易被侵蚀和破坏,并起着屏蔽外界干扰的作用。

双绞线在通信网中应用广泛,广泛使用于用户环路,即从用户终端至复接设备或交换机之间,如电话线、局域网线等,其带宽有限,而且传输距离短。通过数字信号处理技术和各种调制技术,能够提高铜线的传输速率和距离,从而在宽带网络中可以继续使用现有的双绞线。高性能双绞线的短距离数字传输速率可达 100 Mbit/s,成为主要的用户环路之一。

2) 同轴电缆

同轴电缆有粗缆、中同轴和细缆之分,其传输带宽较宽,是容量较大的有线信道。在同轴电缆中,电磁波在外管和内芯之间传播,无发射损耗,也较少受外界干扰,可靠性和传输质量都很好。该类线路每千米里衰减的分贝数大致与频率的平方根成正比,在高频端可传输足够的信号能量,带宽和传输容量都较大,其缺点是造价高,施工复杂。

有线电视网络大量采用了同轴电缆,计算机局域网中也部分采用了同轴电缆。在传输容量和传输距离方面,同轴电缆优于双绞线但远不及光纤,故不适于宽带网络的主干线路,可用于从光节点到用户的短距离高速通信。同轴电缆曾作为通信网固定的干线信道,目前逐渐被光缆替代。

2. 光缆

光缆是以光波为载频,以光导纤维(简称光纤)为传输媒介的一种通信信道。光纤的基本结构由纤芯和包层组成。为了使光波在光纤中传输时的衰减最小,以便传输尽量远的距离,一般将光波的波长选择在光纤传输损耗最小的波长上。

光纤通信传输频带宽、通信容量大,传输距离长、损耗低,抗电磁干扰能力强、无串音干扰、保密性强,体积小、重量轻,需要额外的光电转换过程。经过多年的建设与发展,我国现有的基础传输网络主要构建在光通信网上,光缆已取代同轴电缆,成为基础传输网的干线和本地信道。

1.3.3　通信信道特性

从信道的物理形态来分,可分为有线信道和物理信道;而从信道统计的特征来分,又可分为恒参信道和变参信道。

1. 恒参信道与变参信道

1) 恒参信道

各种有线信道和部分无线信道(包括卫星链路和某些视距传输链路)可视为恒参信道,因其特性变化小,可视其为参量恒定。

恒参信道的主要传输特性常用振幅-频率特性和相位-频率特性来描述。

若信道的振幅-频率特性不理想,将产生频率失真,该失真会使信号波形产生畸变。在传输数字信号时,波形畸变将引起相邻码元波形之间传输部分重叠,造成码间串扰。

若信道的相位-频率特性不理想,将产生相位失真,该失真对于模拟话音通道的影响不大,但会引起数字波形失真而造成码间串扰,使误码率增大。

此外,恒参信道还可能存在非线性失真、频率偏移和相位抖动等导致信号失真的因素。

2) 变参信道

许多无线信道都是变参信道,例如,依靠天波和地波传播的无线电信道、某些视距传输信道和各种散射信道。

各种变参信道所具有的共同特性:信号的传输衰减随时间而变;信号的传输时延随时间而变;存在对信号传输质量影响很大的多径传播现象,且每条路径的长度(时延)和衰减均随时间而变化。

2. 信道中的传输信号分类

通信传输的信息具有不同的形式,为了便于传递,各种信息需转换成电信号(或光信号)。

1) 模拟信号与数字信号

(1) 模拟信号:凡信号的某一参量(如连续波的振幅、频率、相位,脉冲波的振幅、宽度、位置等)可以取无限多个数值,且直接与信息相对应的信号称为模拟信号,也称连续信号。"连续"是指信号的某一参量可连续变化(即可以取无限多个值),而不一定在时间上也连续。强弱连续变化的语音信号、亮度连续变化的电视图像信号等都是模拟信号。

(2) 数字信号:是具有两个状态(高、低电平或正、负电平)的电脉冲序列。凡信号在时间上离散,且表征信号的某一参量(如振幅、频率、相位等)只能取有限个数值,称为数字信号。数字信号是离散信号,但离散信号不一定是数字信号。数字通信系统是利用数字信号传输信息的系统。

2) 确知信号、随机相位信号和起伏信号

经过信道传输后的数字信号分为以下 3 类。

(1) 确知信号:即接收端能够准确知道其码元波形的信号,是一种理想情况。

(2) 随机相位信号:该信号的相位由于传输时延的不确定而带有随机性,使接收码元的相位随机变化。

(3) 起伏信号:此时接收信号的包络及相位均随机变化,通过多径信道传输的信号具有该特性。

3. 信道中的噪声

信号是搭载或反映信息的载体,而噪声是一种不携带有用信息的电信号,是对有用信号以外的一切信号的统称。

根据噪声在信道中的表现形式,可分为加性噪声和乘性噪声两类。

(1) 加性噪声:包括人为噪声(如电火花干扰)、自然噪声(如电磁波辐射和热噪声)。

(2) 乘性噪声:包括各种线性畸变、非线性畸变、衰落畸变等。

干扰是一种电信号,是一种由噪声引起的对通信产生不良影响的效应,即来自通信系统内外部的噪声对接收信号造成的骚扰或破坏。

抗干扰是通信系统需要解决的主要问题之一。

1.4　信息通信技术的应用与发展

1.4.1　ICT 技术产业概述

ICT(information and communications technology,ICT)的含义是信息与通信技术,其产生背景是传统的通信技术(communications technology,CT)和信息技术(information technology,IT)行业间的融合以及对信息社会的强烈诉求,ICT 作为信息通信技术的全面表述更能准确地反映支撑信息社会发展的通信方式,同时也反映了电信在信息时代自身职能和使命的演进。

目前,更多地把 ICT 作为一种向客户提供的服务,该服务是 IT(信息业)与 CT(通信业)两种服务的结合和交融,通信业、电子信息产业、互联网、传媒业都将融合在 ICT 的范围内。例如,中国电信为客户提供的一站式 ICT 整体服务中,包含集成服务、外包服务、专业服务、知识服务、软件开发服务等。事实上,ICT 服务不仅为企业客户提供线路搭建、网络构架的解决方案,还减轻了企业在系统升级、运维、安全等方面的负担,同时能为企业运营节约成本。

当前,ICT 行业是全球研发投入最集中、应用最广泛、辐射带动作用最大的创新领域。ICT 技术正在引领新一轮的科技革命和产业变革。大力发展信息通信技术、推动数字经济与实体经济深度融合,已成为业界认识、把握、引领新常态,推进供给侧结构性改革,为经济发展提供新动能的重要抓手。

1.4.2　ICT 行业的发展现状及趋势

我国 ICT 产业保持平稳快速发展势态,对经济社会发展的支撑和带动作用不断增强。ICT 服务业年收入显著增长。产业收入结构实现历史性转折:互联网企业收入超过基础电信企业收入,移动数据业务收入超过移动话音业务收入,4G 用户规模超过 2G/3G 用户规模。从 ICT 制造业来看,虽然全球 ICT 制造业增长乏力,但国内市场的强劲需求有力支撑着我国产业逆势突围,增长速度和市场规模持续位居全球领先地位,企业效益和贸易结构进一步改善,5G 移动通信、核心芯片、北斗导航、液晶面板、超级计算、人工智能等领域的关键技术也取得了实质性进展。从信息化应用来看,ICT 与经济社会各领域的融合应用不断深化,工业、交通、能源、电力、教育、医疗等传统行业数字化、网络化、智能化转型提速,互联网+、工业互联网、分享经济等新业态、新模式成为培育壮大新动能、改造升级传统动能、驱动经济转型发展的关键力量。

未来将打造面向互联网、基于云网融合的新一代低成本、简运维、全开放、高效率的电信基础网络,其中,基于虚拟化和软件化两大核心技术,构建以数据中心(information data center,IDC)为中心的全光网络架构将成为运营商 ICT 转型的最佳方案。

互联网+ICT 融合背景下的通信网络技术特征如下所述。

1. 全光网

近年来,云计算、物联网、移动互联网等网络和业务应用方兴未艾,对底层的传送网提出了很高的带宽和承载需求,工业互联网等新的理念和应用也不断涌现,对网络的带宽、业务快速提供、网络灵活性等方面都提出了更高的需求。

全光网是指光信息流在网中的传输及交换时始终以光的形式存在,而不需要经过光/电、电/光转换。在通信领域,光通信是未来的发展趋向。强大的光网络是新一代信息基础设施的基石。若没有光网络,则电信网业务、互联网应用、物联网应用、云计算和大数据应用等都将无法实现。

全光网的演进分为三个阶段:第一阶段是骨干和城域传输链路光纤化;第二阶段是接入网光纤化;第三阶段是传输节点引入光交换。

当前光网络技术发展呈现出两大突破性趋势:一是网络架构的重构,逐步走向开放网络架构;二是物理层的变革,逐步走向以硅光子和新一代光纤等创新技术为代表的新物理层。

2. 云通信和数据中心

云通信（cloud communications）是基于云计算商业模式应用的通信平台服务。各个通信平台软件都集中在云端且互通兼容，用户只需登录云通信平台，而不需要单独登录软件。云化方案具有更高性价比、更灵活的付费模式和更低的运维成本。

海量的数据存储、在线数据分析和云服务的普及离不开数据中心（IDC）的支撑。数据中心不仅是一个网络概念，还是一个服务概念，其构成了网络基础资源的一部分，提供了一种高端的数据传输服务和高速接入服务。数据中心提供给用户综合全面的解决方案，为政府上网、企业上网、企业 IT 管理提供专业服务，使企业和个人能够迅速借助网络开展业务，把精力集中在其核心业务策划和网站建设上，而减少 IT 方面的后顾之忧。IDC 是专门提供网络资源外包以及专业网络服务的企业模式，是互联网业内分工更加细化的一个必然结果。

互联网数据中心必须具备大规模的场地及机房设施、高速可靠的内外部网络环境、系统化的监控支持手段等一系列条件的主机存放环境。为了应对云计算、虚拟化、集中化、高密化等服务器的变化，提高数据中心的运营效率，降低能耗，实现快速扩容且互不影响，微模块数据中心逐渐成为主流。

微模块数据中心是指由多个具有独立功能、统一的输入/输出接口的微模块，不同区域的微模块可以相互备份，通过相关微模块排列组合形成一个完整的数据中心。微模块数据中心是一个整合的、标准的、最优的、智能的、具备很高适应性的基础设施环境和高可用计算环境，将能满足 IT 部门对未来数据中心的迫切需求，如标准化、微模块、虚拟化设计，动态 IT 基础设施（灵活、资源利用率高），7×24 小时智能化运营管理（流程自动化、数据中心智能化），支持业务连续性（容灾、高可用），提供共享 IT 服务（跨业务的基础设施、信息、应用共享），快速响应业务需求变化（资源按需供应），绿色数据中心（节能、减排）等。

3. 软件定义型网络

现有网络中，对流量的控制和转发都依赖于网络设备实现，且设备中集成了与业务特性紧耦合的操作系统和专用硬件，这些操作系统和专用硬件都是各厂商自行开发和设计的。软件定义型网络（software defined network，SDN）是一种新型的网络架构，其设计理念是将网络的控制平面与数据转发平面进行分离，从而通过集中的控制器中的软件平台去实现可编程化控制底层硬件，实现对网络资源灵活的按需调配。在 SDN 网络中，网络设备只负责单纯的数据转发，可以采用通用的硬件。而原来负责控制的操作系统将提炼为独立的网络操作系统，负责对不同业务特性进行适配，而且网络操作系统和业务特性以及硬件设备之间的通信都可以通过编程实现。

SDN 是电信网络从封闭到开放的重要起点，更将电信网络资源、计算资源的自动化部署能力进行了革命性提升。SDN 技术理念与云计算的理念非常类似，这也使电信网络开始进入"云计算化"时代。SDN 同时是一个非常宽泛的概念，数据中心可以 SDN，承载网络可以 SDN，甚至光传输网络也可以 SDN。

4. 网络功能虚拟化

网络功能虚拟化(network function virtualization,NFV)通过使用 x86 等通用性硬件以及虚拟化技术来承载很多功能的软件处理,从而降低网络昂贵的设备成本。可以通过软硬件解耦及功能抽象,使网络设备功能不再依赖于专用硬件,资源可以充分灵活共享,实现新业务的快速开发和部署,并基于实际业务需求进行自动部署、弹性伸缩、故障隔离和自愈等。

NFV 技术的出现导致网络设备制造商向网络设备服务提供商转型,这些服务能力将包含网络设备的升级、网络设备软件的升级、软件的运行和维护、服务链的设计和提供、网络中 IT 资源的规划等。

5. 第五代移动通信系统

移动互联网主要是面向以人为主体的通信,注重提供更好的用户体验。面向 2020 年及未来,超高清、3D 和浸入式视频的流行将会驱动数据速率大幅提升,大量的个人和办公数据将会存储在云端,海量实时的数据交互需要可媲美光纤的传输速率,并且会在热点区域对移动通信网络造成流量压力。

物联网主要面向物与物、人与物的通信,不仅涉及普通个人用户,也涵盖了大量不同类型的行业用户。物联网业务类型丰富多样,业务特征也差异巨大。对于智能家居、智能电网、环境监测、智能农业和智能抄表等业务,需要网络支持海量设备连接和大量小数据包频发;视频监控和移动医疗等业务对传输速率提出了很高的要求;车联网和工业控制等业务则要求毫秒级的时延和接近 100% 的可靠性。另外,大量物联网设备会部署在山区、森林、水域等偏远地区以及室内角落、地下室、隧道等信号难以到达的区域,因此要求移动通信网络的覆盖能力进一步增强。

应对这些问题,5G 移动技术是移动通信网络技术发展的新阶段。5G 关键性能指标主要包括用户体验速率、连接数密度、端到端时延、流量密度、移动性和用户峰值速率。在 5G 典型场景中,考虑增强现实、虚拟现实、超高清视频、云存储、车联网、智能家居、OTT(互联网公司越过运营商,发展基于开放互联网的各种视频及数据服务业务)消息等5G 典型业务,并结合各场景未来可能的用户分布、各类业务占比及对速率、时延等的要求,可以得到各个应用场景下的 5G 性能需求如下。

(1) 用户体验速率:$0.1\sim1$ Gbit/s。

(2) 连接数密度:600 万个连接/km^2。

(3) 端到端时延:毫秒级。

(4) 流量密度:每平方千米数十 Tbit/s。

(5) 移动性:500 km/h 以上。

(6) 峰值速率:数十 Gbit/s。

5G 所使用的频段是毫米波,绕射和透射能力都很差,覆盖范围较小,最佳覆盖距离在百米量级,且延时要求在个位数的毫秒级。5G 时代的天线将更加多种多样,所有的建筑物、公共设施、交通设施都将附着网络设施,公共设施会成为网络的一部分。网络无处不在、无时不有将开启"物即网络"时代。

6. 区块链技术

狭义而言,区块链(block chain)是一种按照时间顺序将数据区块以顺序相连的方式组合成一种链式数据结构,并以密码学方式保证的不可篡改和不可伪造的分布式账本。广义而言,区块链技术是利用块链式数据结构验证与存储数据、利用分布式节点共识算法生成和更新数据、利用密码学的方式保证数据传输和访问的安全、利用由自动化脚本代码组成的智能合约来编程和操作数据的一种全新的分布式基础架构与计算方式。其主要特征如下。

1) 去中心化

由于使用分布式核算和存储,不存在中心化的硬件或管理机构,任意节点的权利和义务都是均等的,系统中的数据块由整个系统中具有维护功能的节点来共同维护。

2) 开放性

系统是开放的,除了交易各方的私有信息被加密外,区块链的数据对所有人公开,任何人都可以通过公开的接口查询区块链数据和开发相关应用,因此整个系统信息高度透明。

3) 自治性

区块链采用基于协商一致的规范和协议(比如,一套公开透明的算法)使整个系统中的所有节点能够在去信任的环境自由安全地交换数据,使对"人"的信任改成了对机器的信任,任何人为的干预不起作用。

4) 信息不可篡改

一旦信息经过验证并添加至区块链,就会永久存储起来,除非能够同时控制住系统中超过 51% 的节点,否则单个节点上对数据库的修改是无效的,因此区块链的数据稳定性和可靠性极高。

5) 匿名性

由于节点之间的交换遵循固定的算法,其数据交互是无须信任的(区块链中的程序规则会自行判断活动是否有效),因此交易对手无须通过公开身份的方式让对方对自己产生信任,对信用的累积非常有帮助。

1.5　国家通信职业资格制度简介

为适应我国社会主义市场经济建设和通信业发展的需要,将人才培养与合理使用有效地结合起来,推进通信专业技术人员认证管理工作与国际接轨,根据国家推行职业资格证书制度的有关规定,我国工业和信息化部(原信息产业部)、人力资源和社会保障部(原人事部、劳动和社会保障部)实行了国家通信职业资格认证,包括通信工程师职业资格、通信行业职业(工种)资格和通信专业技术人员职业水平评价的统一认证制度。

1.5.1　通信专业技术人员职业水平评价

为加强通信专业技术人才队伍建设,提高通信专业技术人员素质,人力资源和社会保障部、工业和信息化部在通信运营领域建立了通信专业技术人员职业水平评价制度,适用于从事通信工作的专业技术人员,并纳入全国专业技术人员职业资格证书制度统一规划,自 2006 年起实施。

1. 通信专业技术人员职业水平评价级别

通信专业技术人员职业水平评价分初级、中级和高级 3 个级别层次。参加通信专业技术人员初级、中级职业水平考试,并取得相应级别职业水平证书的人员,表明其已具备相应专业技术岗位工作的水平和能力。初级职业水平考试不分专业;中级职业水平考试分为交换技术、传输与接入、终端与业务、互联网技术、设备环境 5 个专业。

通信专业初级、中级职业水平考试合格,将颁发人力资源和社会保障部统一印制,人力资源和社会保障部、工业和信息化部共同颁发的《中华人民共和国通信专业技术人员职业水平证书》。取得初级水平证书者,可聘任为技术员或助理工程师职务;取得中级水平证书者,可聘任为工程师职务。

2. 通信专业职业水平的职业能力要求

1) 初级职业水平

取得通信专业初级职业水平证书的人员,应具备以下职业能力。

(1) 了解国家电信管理的法律法规和通信行业管理各项规定。

(2) 具有一定的通信专业知识和工作能力,掌握本专业一般性操作技术。

(3) 能够解决通信专业工作中的一般性技术问题。

(4) 掌握计算机应用技术,并熟练使用计算机。

2) 中级职业水平

取得通信专业中级职业水平证书的人员,应具备以下基本能力。

(1) 熟悉国内外电信管理的法律、法规以及通信行业管理各项规定,有较丰富的通信专业工作经验。

(2) 了解国内外通信市场本专业的发展趋势,有较强的开拓创新精神,能够独立解决本专业比较复杂或疑难的技术问题。

(3) 具有较强的计算机应用和网络维护能力,能够解决计算机应用和计算机网络维护中的技术故障。

(4) 能够指导本专业初级技术人员和协助高级技术人员工作,具有处理与本专业相关的一般性技术问题的能力。

(5) 具有一定的外语水平。

取得通信专业中级职业水平证书的人员,除具备基本条件外,还应分别具备本专业(交换技术、传输与接入、终端与业务、互联网技术、设备环境 5 个专业之一)的职业能力。

1.5.2 通信工程师职业资格

1. 通信工程师职业资格制度

通信工程师是指能在通信领域中从事研究、设计、制造、运营以及在国民经济各部门和国防工业中从事开发、应用通信技术与设备的高级工程技术人才。

通信工程师职业资格制度的实施范围及对象：各通信运营企业以及其他企事业单位所有从事通信专业的工程技术人员。

通信工程师职业资格分为助理通信工程师、通信工程师和高级通信工程师。

注：2015 年 7 月 20 日，国务院取消了通信工程师职业资格许可和认定，但不影响全国通信专业技术人员职业水平考试。

2. 通信工程师、助理通信工程师的专业分类与业务范围

1）有线传输工程

从事明线、电缆、载波、光缆等通信传输系统及工程、用户接入网传输系统，以及有线电视传输及相应传输监控系统等方面的科研开发、规划设计、生产建设、运行维护、系统集成、技术支持、电磁兼容和"三防"（防雷、防蚀、防强电）等工作的工程技术人员。

职业功能：传输网、接入网、有线电视网。

2）无线通信工程

从事长波、中波、短波、超短波通信等传输系统工程与微波接力（或中继）通信、卫星通信、散射通信和无线电定位、导航、测定、测向、探测等科研开发、规划设计、生产建设、运行维护、系统集成、技术支持，以及无线电频谱使用、开发、规划管理、电磁兼容等工作的工程技术人员。

职业功能：无线传输系统、微波传输系统、卫星传输系统、无线接入。

3）电信交换工程

从事电话交换、话音信息平台、ATM 和 IP 交换、智能网系统及信令系统等方面的科研开发、规划设计、生产建设、运行维护等工作的工程技术人员。

职业功能：电话交换系统。

4）数据通信工程

从事公众电报与用户电报、会议电视系统、可视电话系统、多媒体通信、电视传输系统、数据传输与交换、信息处理系统、计算机通信、数据通信业务等方面的科研开发、规划设计、生产建设、运行维护、系统集成、技术支持等工作的工程技术人员。

职业功能：数据通信网络。

5）移动通信工程

从事无线寻呼系统、移动通信系统、集群通信系统、公众无绳电话系统、卫星移动通信系统、移动数据通信等方面的科研开发、规划设计、生产建设、运行维护、系统集成、技术支持、电磁兼容等工作的工程技术人员。

职业功能：GSM/GPRS 移动通信系统、CDMA 数字移动通信系统、移动数据通信、第三代移动通信系统、其他移动通信系统。

6) 电信网络工程

从事电信网络(电话网、数据网、接入网、移动通信网、信令网、同步网以及电信管理网等)的技术体制、技术标准的制定,电信网计量测试、网络的规划设计及网络管理(包括计费)与监控、电信网络软科学课题研究等科研开发、规划设计、生产建设、运行维护、系统集成、技术支持、电磁兼容等工作的工程技术人员。

职业功能:电信网络运行维护管理、电信运营支撑系统。

7) 通信电源工程

从事通信电源系统、自备发电机、通信专用不间断电源(UPS)等电源设备及相应的监控系统等方面的科研开发、规划设计、生产建设、运行维护、系统集成、技术支持等工作的工程技术人员。

职业功能:电源空调设备维护和电源、空调系统设计。

8) 计算机网络工程

从事计算机网络的技术体制、技术标准的制定,网络的规划设计及网络管理与监控,软科学课题研究等科研开发、规划设计、测试、运行维护、系统集成、技术支持等工作的工程技术人员。

职业功能:信息服务系统维护(Internet 应用服务、视频服务、电子商务)、信息服务应用系统开发、信息与网络安全。

9) 电信营销工程

从事通信市场策划、开拓、销售、市场分析,为客户提供服务和解决方案等工作的工程技术人员。

职业功能:市场营销、服务管理。

3. 高级通信工程师的专业分类与业务范围

1) 交换技术

从事通信网络交换系统(包括语音、数据等不同平台信息和电路、路由等不同交换方式)及其管理支撑系统(如信令网、智能网、监控系统、计费系统等)的体制标准、科研开发、规划设计、运行维护、测试计量、系统集成、为客户提供解决方案以及为市场提供技术和支撑等工作的专业技术人员。

2) 传输与接入

从事通信网络传输系统(包括有线、无线不同传输媒介,各种宽带速率,基础数据网,如 DDN、X.25、FR 和 ATM 等)和接入网系统(包括移动通信基站系统、固定通信无线延伸系统)、有线电视传输系统、传输监控、同步网系统的体制标准、科研开发、规划设计、运行维护、测试计量、技术支持和网络与资源管理等工作的专业技术人员。

3) 终端与业务

从事通信网络终端系统、通信业务及其管理支撑系统等方面的科研开发、运行维护、技术支持以及为客户提供通信终端与业务服务等工作的专业技术人员。

4) 互联网技术

从事互联网技术体制、标准、网络设计、网络优化、网络监控、计费系统、业务应用、网络信息安全等领域的科研开发、集成、运行维护、管理、互联互通等工作的专业技术人员。

5) 设备环境

从事通信网络电源系统、通信设备工作环境系统(如温湿度、电磁兼容、"三防"和安全等)和监控系统的科研开发、运行维护等工作的专业技术人员。

4. 通信工程师职业资格考试

通信工程师职业资格考试包括以下部分。

(1) 通信工程专业英语。

(2) 通信工程公共基础知识。

(3) 专业基础知识(按专业)。

(4) 专业技术知识(按专业及其职业功能)。

1.5.3　通信行业职业(工种)资格

1. 通信行业职业资格制度

通信行业职业技能资格证书是由人力资源和社会保障部、工业和信息化部联合颁发的国家级职业资格证书。作为通信行业就业准入证书,是该职业从业人员求职、任职、开业和通信企业录用劳动者的主要依据,也是境外就业、对外劳务合作人员办理技能水平公证的有效证件。

通信行业职业技能资格根据不同职业(工种)以及对应申报条件,分为国家职业资格五级(初级)、四级(中级)、三级(高级)、二级(技师)、一级(高级技师)。

2. 通信行业主要职业(工种)

1) 信息通信网络机务员

从事短波通信、微波通信、卫星通信、光通信、数据通信、移动通信、无线市话通信、长途电话交换、市内电话交换、电报自动交换、分组交换、传真交换等设备安装、调测、检修、维护以及障碍处理工作的人员。

包括:电报通信机务员、微波通信机务员、卫星通信地球站机务员、短波通信机务员、移动通信机务员、数据通信机务员、传输机务员、交换机务员。

2) 信息通信网络线务员

从事长途、市话通信传输线路、交换设备以及短波通信天线、馈线架(敷)设、维修和障碍处理等工作的人员。

包括:电缆线务员、天线线务员、光缆线务员、综合布线装维员、网络终端装维员。

3. 通信行业职业技能鉴定

通信行业职业资格需通过国家通信职业(工种)技能鉴定,包括理论知识考试和技能操作考核。

本 章 小 结

通信是指按照达成的协议,信息在人、地点、进程和机器之间进行的传送。电信则指在线缆上或经由大气,利用电信信号或光学信号发送和接收任何类型信息(数据、图形、图像和声音)的通信方式。

点对点通信的基本模型包括信息源、发送设备、信道、接收设备、受信者。

从通信网络的系统组成角度,可分为接入、传输、控制与应用 4 个功能模块。

评价通信系统的信息传输性能的主要质量指标是有效性和可靠性。

通信涉及双方或多方,其中包括点与点、点与端、端与端,以及网络间的信息交互,因此在通信中需要规定统一的各种标准或协议。

现代通信网一般由交换设备、用户终端设备、传输系统按某一结构组成,其各种不同类型,可归纳为业务网和支撑网。

信道是信号传输的途径。按传输媒介可分为有线信道和无线信道。

现代通信的技术发展特征可概括为数字化、综合化、融合化、宽带化、智能化和个人化等基本特征。

ICT 是信息技术和通信技术相融合形成的一个新概念和新的技术领域。当前,ICT 行业是全球研发投入集中、应用广泛、辐射带动作用大的创新领域。ICT 技术正在引领新一轮的科技革命和产业变革。互联网＋ICT 融合背景下的通信网络技术特征包括全光网、云通信和 IDC、SDN、NFV、5G 和区块链等。

根据国家推行职业资格证书制度的有关规定,我国工业和信息化部、人力资源和社会保障部实行了通信工程师职业资格和通信行业职业技能资格以及通信专业技术人员职业水平的统一认证制度。

习   题

1.1 试述信息、信号、信源、信道的概念。

1.2 简述点对点通信系统模型中的各组成部分及其功能。

1.3 简述通信系统模型中的各组成部分及其功能。

1.4 试述通信系统质量评价中有效性指标和可靠性指标的含义。

1.5 试述通信网各基本要素的功能。

1.6 简述电信网的基本组成及其作用。

1.7 通信网的常用拓扑结构有哪些? 试分析各种拓扑形式的特点。

1.8 试列出有线信道常用介质的主要应用特点。

1.9 试分析恒参信道与变参信道对传输性能的影响。

1.10 试述通信系统抗干扰的实际意义。

1.11 按传输信道,可将通信分为_____和_____两种。

1.12 衡量通信系统的主要指标是_____和_____。

1.13 数字通信系统的质量指标具体用_____和_____表述。

1.14 根据噪声在信道中的表现形式,可分为_____和_____两类。

1.15 国际电信联盟的英文缩写是_____。

    A. IEEE   B. ISO   C. ITU   D. IEC

1.16 下列_____不属于有线通信。

    A. 双绞线   B. 同轴电缆   C. 红外线   D. 光纤

1.17 通信网上数字信号传输速率用_____表示,模拟信号传输速率用_____表示。

    A. bit   B. byte   C. Hz   D. dB

    E. bit/s   F. byte/s   G. volt/s

1.18 光纤通信_____的特点正适应高速率、大容量数字通信的要求。

    A. 呼损率低   B. 覆盖能力强   C. 传输频带宽   D. 天线增益高

1.19 试从个人通信的角度阐述现代通信技术的发展与应用。

1.20 列举并分析与社会相关的通信设备与通信业务(各举 5 例)。

1.21 试述对国家通信职业资格制度的认识。

1.22 试分别归纳现代通信系统和现代通信网的分类。

1.23 试述互联网+ICT 融合背景下的通信技术的主要特征。

CHAPTER 2

第 2 章

通信网基础技术

现代通信是计算机技术和通信技术的相互渗透与结合。通信的数字化使其能与计算机技术和数字信号处理技术相结合,数字通信系统是构成现代通信网的基础。通信网在实现了数字化并引入了计算机软硬件新技术后,已趋向综合化和智能化。

本章学习目标

- 理解数字通信系统的基本概念。
- 理解信源编码中的信号处理过程。
- 理解信道编码技术的相关原理及应用。
- 了解多路复用、复接与同步等技术的应用。
- 了解数字信号基带传输的主要技术内容。
- 了解数字调制技术的基本类型及应用。

2.1 概述

通信系统是构成各种通信网的基础。数字通信已成为现代通信技术的主流。数字通信系统中融合了计算机软硬件技术,是构成现代通信网的基础。

2.1.1 通信系统研究的主要问题

按照信道中所传信号的不同,通信可分为模拟通信和数字通信。数字通信系统的部分基本问题与模拟通信系统相同,但也有许多需解决的特殊问题。

1. 模拟通信系统研究的基本问题

对于模拟通信系统,需要包含两种重要变换。

(1) 发送端的连续信息要变换成原始信号,接收端的原始信号要变换成连续信息。原始信号具有频率较低的频谱分量,一般不能直接作为传输信号,否则将使发送效率很低,而传输损耗很大。

(2) 将原始信号转换成其频带适合信道传输的信号,并在接收端进行相反变换,这些变换分别称为调制和解调。经调制后的信号称为已调信号,其携带信息,并适于在信道中传输。

通常,将发送端调制前和接收端解调后的信号称为基带信号。所以,原始信号是一种基带信号,而已调信号则不属于基带信号。从信息的发送到信息的恢复,除上述两个变换外,系统中还可能有滤波、放大、天线辐射与接收等过程。

以上述两个变换为基础,模拟通信系统研究的主要问题如下。

(1) 收发两端的变换过程以及基带信号的特性。

(2) 调制与解调原理。

(3) 信道与噪声的特性及其对信号传输的影响。

(4) 噪声存在条件下的系统性能。

2. 数字通信系统研究的主要问题

模拟通信中的上述基本问题在数字通信中同样存在。但数字通信中的信息或信号具有"离散"或"数字"的特性,从而带来许多特殊的问题。以调制与解调的信号变换为例,在模拟通信中强调变换的线性特性(已调参量与信息之间的成比例性),而在数字通信中则强调其开关特性(已调参量与信息之间的对应性)。此外,数字通信还具有差错控制、加密与保密、同步等突出的问题。

在点对点数字通信系统中,所研究的主要问题归纳如下。

(1) 收发信端的变换过程、模拟信号数字化以及数字基带信号的特性。

(2) 数字调制与解调原理。

(3) 信道与噪声的特性及其对信号传输的影响。

(4) 抗干扰编码与解码,即差错控制编码问题。

(5) 保密通信问题。

(6) 同步问题。

2.1.2　数字通信系统的基本概念

数字通信系统是利用数字信号传输信息的系统,是构成现代通信网的基础。

1. 数字通信的特点

1) 传输质量高、抗噪声性能强

数字通信系统中传输的是数字信号。数字信号的可能取值数目有限,在失真未超过给定值时,将不会影响接收端的正确判决;即使波形有失真也不会影响再生后的信号波形。因而数字通信的质量不会随数字中继站的数量而受到影响。而在模拟通信中,若模拟信号叠加上噪声后,即使噪声很小也很难被消除。模拟通信中继只能增加信号能量(对信号放大),而不能消除噪声积累。

2) 抗干扰能力强

数字信号在传输过程中出现的差错,可通过系统中的纠错编码技术来控制,从而提高系统的抗干扰性。

3) 保密性好

与模拟信号相比,数字信号容易加密和解密,可采用保密性极高的保密技术,从而提高系统的保密度。

4）易于与现代技术相结合

由于计算机技术、数字存储技术、数字交换技术以及数字处理技术的迅速发展,许多设备与终端接口均为数字信号。数字通信系统可以综合传输各种模拟和数字输入消息,包括语音、图像、文字、信令等,并便于存储和处理(如编码、变换等)。

5）数字信号可压缩

数字基带信号占用的频带比模拟信号宽,但可通过信源编码进行压缩以减小冗余度,并采用数字调制技术,来提高信道利用率。

6）设备体积小、重量轻

与模拟通信设备相比,数字通信设备的设计和制造将更容易,体积更小,重量更轻。

数字通信的上述诸多优点,使其得到日益广泛的应用。目前,电话、电视、计算机数据等信号的远距离传输几乎无例外地采用了数字传输技术。

由于历史原因,目前仅在有线电话用户环路、无线电广播和电视广播等少数领域还在使用模拟传输技术,但也将逐步数字化。

2. 数字通信系统模型

数字通信系统有多种类型,例如,数字电话系统、数字电视信号传输系统、数字广播系统等,可将其归纳为如图 2-1 所示的数字通信系统模型。

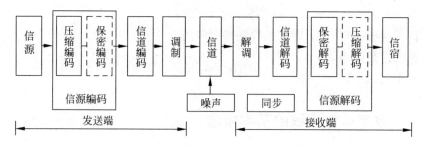

图 2-1   数字通信系统模型

1）信源

信源是指把消息转换成电信号的设备,例如,话筒、键盘等。

2）信源编码

信源编码的基本部分是压缩编码,用以减小数字信号的冗余度,提高数字信号的有效性。若是模拟信源(如话筒),还包括模/数转换功能,把模拟输入信号转变成数字信号。在某些系统中,信源编码还包含加密功能,即在压缩后再进行保密编码。

3）信道编码

信道编码在经过信源编码的信号中增加一些多余的字符,以求自动发现或纠正传输中发生的错误,目的是提高信号传输的可靠性。其增加了信号的冗余度,但所增加的字符可根据特定规律来用于纠错。

4）调制

调制的主要目的是使经过编码的信号特性与信道的特性相适应,使信号经过调制后能顺利通过信道传输。来自信源(以及经过编码)的信号所占用的频带称为基本频带(简称基带),该信号称为基带信号。由信源产生的文字、语音、图像、数据等信号都是基带信号。

基带信号通常都包含较低频率的分量,甚至包括直流分量。在许多信道中(例如,无线电信道),不能传输低的频率分量或直流分量。所以,基带信号需用一个载波进行调制,将基带信号的频率范围搬移到足够高的频段,使之能在信道中传输。

经过载波调制后的信号称为带通信号。在另外一些情况下,基带信号不需要用载波调制,只要对其波形作适当改变,使之适于在基带信道中传输,对基带信号的这种处理,称为基带调制。

基带调制的功能是改变信号的波形,调制后的信号仍然是基带信号;而带通调制后的信号则是一个带通信号。

广义的调制分为基带调制和带通调制。与此对应,信道也可分为基带信道和带通信道。但一般将调制仅作狭义的理解,即常将带通调制简称为调制。

带通调制通常需要用一个正弦波作为载波,把编码后的信号调制到该载波上,使该载波的一个或几个参量(振幅、频率和相位)上载有编码信号的信息,并且使已调信号的频谱和带通信道的特性相适应。此外,调制的目的不仅使信号特性与信道特性相适应,为了把来自多个独立信号源的信号合并在一起经过同一信道传输,还采用调制的方法区分各个信号。

5) 多路复用

若多路信号重复使用一条信道,称为多路复用,其复用方法有多种。例如,可利用调制来划分各路信号,解决多路信号复用问题。此时,多路信号分别采用互相正交的载波进行调制,在接收端则利用此正交性来区分各路信号,这是调制的又一功能。

6) 信道与噪声

通信系统中的信道有多种,例如,双绞线、同轴电缆、无线电波、光缆等。按照信道的传输频带区分,各种信道都可以归入基带信道和带通信道两类。前者可以传输频率很低的信号,而后者则不能。例如,双绞线是基带信道,而无线电信道则是带通信道。

数字信号经过信道传输时,信道的传输特性以及进入信道的外部加性噪声都将对数字信号产生影响。

信道传输特性包括振幅-频率特性、相位-频率特性、频率偏移、频率扩展和多径时延等。

外部加性噪声包括起伏噪声、脉冲干扰和人为的其他信号干扰等,也包括系统内部各个元器件产生的噪声。由于叠加原理适用于线性系统,可认为该噪声等效于和外来干扰线性叠加,共同叠加在有用信号上,故称为加性噪声。

7) 同步

同步通常是数字通信系统中不可缺少的组成部分。发送端和接收端之间需要有共同的时间标准,使接收端获知所收数字信号中每个符号(码元)的准确起止时刻,从而同步地进行接收。为此,接收端必须有同步电路,从发送信号中提取此码元同步信息。该同步称为位同步(或称码元同步)。

同理,为了获知由若干码元组成的一个码组(或称"字")的起始时刻,接收端还必须提取字同步信息。上述位同步信息和字同步信息,可能已包含在经过编码和调制的信号中,或由发送端加入独立的位同步信号和字同步信号。若发送端和接收端之间没有同步或失去同步,接收端将无法正确辨认接收信号中包含的信息。

2.2　信源编码

实现通信数字化的前提为信源所提供的各种用于传递的消息(例如,语音、图像、数据、文字等),都必须以数字化形式表示。模拟信号数字化之后,一般会导致传输信号的带宽明显增加,这将占用更多的信道资源。为了提高传输效率,需要采用压缩编码技术,在保证一定信号质量的前提下,尽可能地去除或降低信号中的冗余信息,从而减小传输所用带宽。针对信源发送信息所进行的压缩编码,一般称为信源编码。

2.2.1　模拟信号的数字化处理

模拟信号的数字化是信源编码处理的前提。对于时间连续和取值连续的原始语音和图像等模拟信号,若以数字方式进行传输,在发送端必须首先进行模/数(A/D)变换,将原始信号转换为时间离散和取值离散的数字信号。

模拟信号的数字化过程可以分为抽样(取样)、量化和编码等阶段。

抽样:是指用时间间隔确定的信号样值序列来代替原来在时间上连续的信号,即在时间上将模拟信号离散化。

量化:是用有限个幅度值来近似原来连续变化的幅度值,把模拟信号的连续幅度变为有限数量且有一定间隔的离散值。

编码:是按照一定的规律,把量化后的信号编码形成一个二进制数字码组输出。

经以上过程得到的数字信号可以通过电缆、微波干线、卫星通道等数字线路传输。在接收端与上述模拟信号数字化过程相反,经过后置滤波后又恢复成原来的模拟信号。上述数字化的过程即为脉冲编码调制(PCM)。

以语音信号处理为例,以下分析模拟信号的数字化过程。

1. 抽样

1)抽样的概念

抽样是将在时间和幅度上都是连续的语音信号在时间上离散化的过程,目的是实现语音信号的时分多路复用。

信源发出的语音信号是模拟信号,其在幅度取值上和时间上都是连续的。实现数字化以及时分多路复用的前提,是先对语音信号在时间上进行离散化处理,该过程称为抽样。

抽样是指每隔一定的时间间隔 T,抽取语音信号的一个瞬时幅度值(即抽样值),抽样后所得到的一系列在时间上离散的抽样值称为样值序列,如图 2-2 所示。

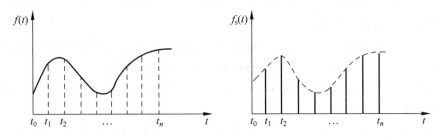

图 2-2　模拟信号与其对应的样值序列

　　抽样后的样值序列在时间上是离散的,可进行时分多路复用,也可将各个抽样值经过量化、编码变换成二进制数字信号。

　　抽样得到的离散脉冲样值信号和原始的连续模拟信号形状不同,这样的抽样值如何能够复原出原始模拟信号呢? 对于带宽有限的连续模拟信号的抽样,只要抽样频率足够大,这些抽样值便可完全代替原模拟信号,并且能够由这些抽样值准确地恢复出原模拟信号。采用多大的抽样频率才能恢复出原始信号由抽样定理决定。

　　2) 低通信号的抽样定理

　　低通信号:指低端频率从 0 开始的信号或某一低限频率 f_0 到某一高限频率 f_H 的带限频率,且满足 $B = f_H - f_0 \gg f_0$ 的模拟信号。

　　低通信号的抽样定理:一个频带限制在 $(0, f_H)$ 内的低通模拟信号 $m(t)$,如果抽样频率 $f_s \geqslant 2f_H$, $\left(\text{或抽样脉冲的间隔 } T \leqslant \dfrac{1}{2}f_H\right)$,则可由抽样信号序列 $m_s(t)$ 无失真的复原出原始信号。其抽样过程中的时域和频域对照如图 2-3 所示。

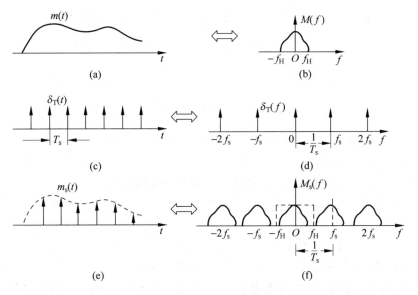

图 2-3　模拟信号的抽样过程

$T_s = \dfrac{1}{2} f_H$ 称为最大抽样时间间隔,也称奈奎斯特间隔。$f_s = 2 f_H$ 称为最小抽样频率,也称为奈奎斯特抽样频率。

当 $f_s < 2 f_H$ 时,抽样信号相邻周期的频谱将会发生重叠,无法用低通滤波器分离出原始信号的频谱。当 $f_s = 2 f_H$ 时,因滤波器的截止边缘无法做到太陡峭,不容易分离出原模拟信号的频谱。因此在应用中的抽样频率通常取 $f_s > 2 f_H$,留出一定的保护频带即可。

【例 2-1】 话音信号的抽样频率。

一路电话信号的频带为 $300 \sim 3400$ Hz,$f_m = 3400$ Hz,则抽样频率 $\geqslant 2 \times 3400$ Hz $= 6800$ Hz。若以 6800 Hz 的抽样频率对 $300 \sim 3400$ Hz 的电话信号抽样,则抽样后的样值序列可不失真地还原成原来的语音信号。话音信号的抽样频率通常取 8000 Hz。

2. 量化

1) 量化的相关概念

抽样把模拟信号变成了时间上离散的脉冲信号,但脉冲的幅度仍是连续的,还需进行离散化处理,即对幅值进行化零取整的处理,才能最终用数字来表示。该过程称为量化。

量化的方法是把样值的最大变化范围划分成若干个相邻的间隔。当某样值落在某一间隔内,其输出数值就用此间隔内的某一固定值来表示。

量化过程可以认为是在一个量化器中完成的。量化的具体过程如图 2-4 所示,其中包括以下要点。

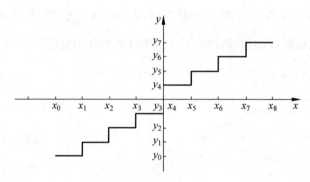

图 2-4　量化特性曲线

（1）量化器把整个输入区域划分成多个区间;对落入每个区间的输入,以同一个 y_i 值作为输出,y_i 被称为输出电平。

（2）各区间之间的分界记为 x_i,称为分层电平或阈值电平。

（3）所分区间的个数记为 M,称为量化电平数。

量化过程可以表达为

$$y = Q(x) = Q\{x_i < x \leqslant x_{i+1}\} = y_i, \quad i = 1, 2, \cdots, M \qquad (2\text{-}1)$$

式中:x_i 为分层电平。通常把 $\Delta_i = x_{i+1} - x_i$ 称为量化间隔。

显然,在量化过程中,量化输出电平 y_i 和量化前信号的抽样值 $x(kT_s)$ 之间会产生误差,这种误差称为量化噪声。

2）均匀量化

把输入信号的取值域等间隔分割的量化称为均匀量化。在均匀量化中,每个量化区间的量化电平均取在各个区间的中点。

均匀量化是一种最基本的量化方法。假定量化器的最大量化范围为$[-V,+V]$,把整个输入区域均匀地划分为 M 个区间,各量化间隔(区间长度)相等,记为 Δ,则

$$\Delta = \frac{2V}{M} \tag{2-2}$$

最小量化间隔越小,失真就越小,用来表示一定幅度的模拟信号时所需的量化级数就越多,因而处理和传输就越复杂。

量化噪声功率只与量化间隔 Δ 有关。对于均匀量化,Δ 是确定的,因而量化噪声功率固定不变。但是,信号的强度可能随时间变化。当信号小时,量化信噪比也小;当信号大时,量化信噪比也大。所以,均匀量化方式会造成大信号时的信噪比有余而小信号时的信噪比不足。为了克服这一缺点,改善小信号时的量化信噪比,在实际应用中常采用非均匀量化。

3）非均匀量化

非均匀量化的量化间隔 Δ 随信号抽样值的大小而变化,信号抽样值小时,Δ 也小;信号抽样值大时,Δ 也大。具体实现方法是先将信号抽样值压缩,再进行均匀量化。即在发送端对输入信号先进行压缩,再均匀量化;在接收端则进行相应的扩张处理,如图 2-5 所示。

图 2-5　非均匀量化过程框图

若使小信号时量化级间的宽度小,而大信号时量化级间的宽度大,就可使小信号时和大信号时的信噪比趋于一致,这种非均匀量化级的方式称为非均匀量化(或非线性量化)。非均匀量化的原理是量化级间隔随信号幅度的大小自动调整。相对而言,在不增大量化级数的条件下,非均匀量化能使信号在较宽动态范围内的信噪比达到要求。

通常使用的压缩器中,大多采用对数式压缩,即 $y=\ln x$。

目前,国际上有两种标准化的非均匀量化特性,一种是 μ 律 15 折线压缩特性;另一种是我国采用的 A 律 13 折线压缩特性。采用 A 律压缩特性后,小信号时量化信噪比的改善量可达 24 dB,但同时亏损大信号量化信噪比约 12 dB。A 律及 μ 律的压缩特性曲线如图 2-6 所示。

（1）A 压缩律

$$y = \begin{cases} \dfrac{Ax}{1+\ln A} & 0 \leqslant x \leqslant \dfrac{1}{A} \\ \dfrac{1+\ln(Ax)}{1+\ln A} & \dfrac{1}{A} \leqslant x \leqslant 1 \end{cases} \tag{2-3}$$

式中:x 为压缩器归一化输入电压;y 为压缩器归一化输出电压;A 为压扩参数,它决定

压缩程度。在实用中,选择 $A=87.6$。

(2) μ 压缩律

$$y = \frac{\ln(1+\mu x)}{\ln(1+\mu)} \quad 0 \leqslant x \leqslant 1 \tag{2-4}$$

式中: μ 为压扩参数,它决定压缩程度。在实用中,选择 $\mu=255$。

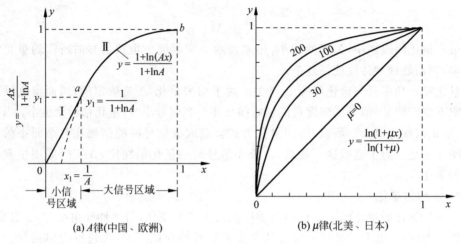

(a) A 律(中国、欧洲)　　　　(b) μ 律(北美、日本)

图 2-6　A 律及 μ 律的压缩特性曲线

(3) A 律 13 折线

　　A 律 13 折线是 A 压缩律的近似算法。它用 13 段折线逼近 $A=87.6$ 的 A 律压缩特性,其特性曲线如图 2-7 所示。

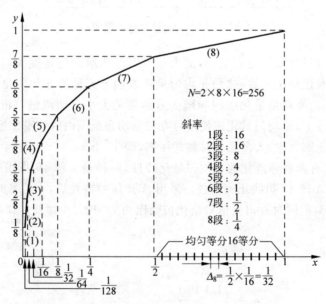

图 2-7　典型非均匀量化特性(A 律 13 折线压缩特性)

注:图中仅画出了压缩特性曲线的一半(正极性范围)。

图 2-7 中,对 x 轴在 $0\sim1$ 归一化范围内以 $1/2$ 递减分成 8 个不均匀段,其分段点为 $1/2$、$1/4$、$1/8$、$1/16$、$1/32$、$1/64$、$1/128$,对 y 轴在 $0\sim1$ 范围内则等分成 8 个均匀段落,它们的分段点是 $7/8$、$6/8$、$5/8$、$4/8$、$3/8$、$2/8$、$1/8$。将 x 轴、y 轴相对应分短线在 x-y 平面上的相交点连线就得到各段折线,第一象限内折线共 8 段。第一段 $(0,0)\sim(1/128,1/8)$、第二段 $(1/128,1/8)\sim(1/64,2/8)$,依次类推。A 律 13 折线各段斜率如表 2-1 所示。

表 2-1　A 律 13 折线各段斜率

折线段号	1	2	3	4	5	6	7	8
折线斜率	16	16	8	4	2	1	1/2	1/2

第一段和第二段折线的斜率相同,即第一象限 7 段折线。再加上第三象限部分的 7 段折线,共 14 段折线。由于第一象限和第三象限的起始段斜率相同,所以共 13 段折线。这便是 A 律 13 折线特性——压缩扩张特性。

3. 编码

抽样、量化后的信号还不是数字信号,需将此信号转换成数字编码脉冲,该过程称为编码。解码是把数字信号变为模拟信号的过程,是编码的逆过程,即把一个 8 位码字恢复为一个样值信号的过程。

编码的基本形式为线性编码和非线性编码两类。

(1) 线性编码:与均匀量化特性对应的编码。在码组中,各码位的权值固定,不随输入信号的幅度变化。

(2) 非线性编码:具有非均匀量化特性的编码。在码组中,各码位的权值不固定,而是随着输入信号的幅度变化。

1) 码位安排

目前 A 律 13 折线 PCM 30/32 路设备所采用的码型是折叠二进制码。这种码是由自然二进制码演变而来的。自然二进制码是大家最熟悉的二进制码,从左至右其权值分别为 8、4、2、1,故有时也被称为 8-4-2-1 二进制码。除去最高位,折叠二进制码的上半部分与下半部分呈折叠关系。上半部分最高位为 0,其余各位由下而上按自然二进制码规则编码;下半部分最高位为 1,其余各位由上向下按自然码编码。这种码对于双极性信号(话音信号通常如此),通常可用最高位表示信号的正、负极性,而用其余的码表示信号的绝对值。这就是说,用第一位码表示极性后,双极性信号可以采用单极性编码方法。因此采用折叠二进制码可以大大简化编码过程。在 A 律 13 折线法中采用 8 位折叠二进制码编码。编码用 $c_1 c_2\ c_3\ c_4\ c_5\ c_6 c_7\ c_8$ 表示,如表 2-2 所示。

表 2-2　8 位码的结构

极性码	段落码	段内码
c_1	$c_2\ c_3\ c_4$	$c_5\ c_6 c_7 c_8$

表中,

极性码 c_1:共 1 bit。对于正信号,$c_1=1$;对于负信号,$c_1=0$。

段落码 $c_2 c_3 c_4$:共 3 bit,可以表示 8 种斜率的段落。段落码表示该样值位于 8 个大段的哪个大段中。如果位于第 1 段,段落码是 000,第 2 段段落码是 001,依此类推,如表 2-3 所示。

段内码 $c_5 c_6 c_7 c_8$：每一段均匀划分为 16 个量化级。段内码表示该样值位于所在段落中的 16 个量化级中的哪一量化级。如果位于第 0 量化级,段内码是 0000,第 1 量化级段内码是 0001,依此类推,如表 2-4 所示。

表 2-3 段落码

段落序号	段落码
8	111
7	110
6	101
5	100
4	011
3	010
2	001
1	000

表 2-4 段内码

量化级	段内码
15	1111
14	1110
13	1101
12	1100
11	1011
10	1010
9	1001
8	1000
7	0111
6	0110
5	0101
4	0100
3	0011
2	0010
1	0001
0	0000

段落码和段内码用于表示量化值的绝对值,这 7 位码总共能表示 $2^7 = 128$ 种量化值。

需要指出的是,在上述编码方法中,虽然各段内的 16 个量化级是均匀的,但因段落长度不等,故不同段落间的量化级是非均匀的。当输入信号小时,段落短,量化间隔小;反之,量化间隔大。

在 A 律 13 折线中,第 1、2 段最短,斜率最大,其横坐标 x 的归一化动态范围只有 $1/128$,再将其等分为 16 个量化级后,每一量化级的动态范围只有 $(1/128) \times (1/16) = 1/2048$。这就是最小量化间隔,将此最小量化间隔 $(1/2048)$ 称为 1 个量化单位,用 Δ 表示,即 $\Delta = 1/2048$。第 8 段最长,其横坐标 x 的动态范围为 $1/2$。将其 16 等分后,每段长度为 $1/32$。根据 A 律 13 折线的定义,以最小的量化间隔 Δ 作为最小计量单位,可以计算出 A 律 13 折线每一个量化段的电平范围、起始电平和各段落内量化间隔 Δ_i。A 律 13 折线相关参数如表 2-5 所示。

表 2-5 A 律 13 折线相关参数

段落号 $i=1\sim8$	电平范围(Δ)	段落码 $c_2 c_3 c_4$	段落起始电平 $I_{si}(\Delta)$	量化间隔 $\Delta i(\Delta)$	段内码对应权值(Δ)			
					c_5	c_6	c_7	c_8
8	1024~2048	111	1024	64	512	256	128	64
7	512~1024	110	512	32	256	128	64	32
6	256~512	101	256	16	128	64	32	16

续表

段落号 $i=1\sim8$	电平范围(Δ)	段落码 $c_2 c_3 c_4$	段落起始电平 $I_{si}(\Delta)$	量化间隔 $\Delta i(\Delta)$	段内码对应权值(Δ)			
					c_5	c_6	c_7	c_8
5	128~256	100	128	8	64	32	16	8
4	64~128	011	64	4	32	16	8	4
3	32~64	010	32	2	16	8	4	2
2	16~32	001	16	1	8	4	2	1
1	0~16	000	0	1	8	4	2	1

若采用均匀量化而希望对于小电压保持有同样的动态范围 1/2048，则需要用 11 位的码组才行。

2）逐次比较编码过程

实现编码的具体方法和电路很多，目前常用的是逐次比较型编码器。逐次比较型编码器的任务是根据输入的样值脉冲编出相应的 8 位二进制代码。除第 1 位极性码外，其他 7 位二进制代码是通过类似天平称重物的过程来逐次比较确定。

（1）预先规定好一些作为比较标准的电流 I_W（或电压）。

（2）当样值脉冲 I_s 到来后，用逐步逼近的方法，用各位码的标准电流 I_W 和样值脉冲 I_s 比较，每比较一次出一位码。

（3）当 $I_s>I_W$ 时，出"1"码；反之出"0"码，直到 I_W 和样值 I_s 逼近为止。

【例 2-2】　设输入信号样值脉冲 I_s 为 +1270Δ（Δ 为一个量化单位，表示输入信号归一化值的 1/2048），采用逐次比较型编码器，按 A 律 13 折线编成 8 位码 $c_1 c_2 c_3 c_4 c_5 c_6 c_7 c_8$。

解：编码过程如下。

1）确定极性码 c_1

由于输入信号抽样值为正，故极性码 $c_1=1$。

2）确定段落码 $c_2 c_3 c_4$

因为 $I_s=1270\Delta>1024\Delta$，故段落码 $c_2 c_3 c_4$ 为 111，而且可以确定 I_s 处于第 8 段，起始电平为 1024Δ。

3）确定段内码 $c_5 c_6 c_7 c_8$

（1）确定 c_5 的标准电流应选为

$$I_W=段落起始电平+8\times(量化间隔)=1024\Delta+8\times64\Delta=1536\Delta$$

比较结果为 $I_s<I_W$，故 $c_5=0$，表示 I_s 处于前 8 级（0~7 量化级）。

（2）确定 c_6 的标准电流应选为

$$I_W=1024\Delta+4\times64\Delta=1280\Delta$$

比较结果为 $I_s<I_W$，故 $c_6=0$，表示 I_s 处于前 4 级（0~3 量化级）。

（3）确定 c_7 的标准电流应选为

$$I_W=1024\Delta+2\times64\Delta=1152\Delta$$

比较结果为 $I_s>I_W$，故 $c_7=1$，表示 I_s 处于 2~3 量化级。

（4）确定 c_8 的标准电流应选为

$$I_w = 1024\Delta + 2 \times 64\Delta + 1 \times 64\Delta = 1216\Delta$$

比较结果为 $I_s > I_w$，故 $c_8 = 1$，表示 I_s 处于序号为 3 的量化级。

由以上过程可知，对于模拟抽样值 $+1270\Delta$，按 A 律 13 折线编码编出的 PCM 码组为 1111 0011，它表示输入抽样值位于第 8 段第 3 量化级。

编码后的幅度码电平 $I_c = I_{bi} + (8c_5 + 4c_6 + 2c_7 + c_8)\,\Delta_i + \Delta_i/2$

式中：I_{bi} 为某段的段落起点电平；Δ_i 为某段的量化间隔。

上例中编码后的幅度码电平：

$$I_c = 1024\Delta + (8 \times 0 + 4 \times 0 + 2 \times 1 + 1 \times 1) \times 64\Delta + 64\Delta/2 = 1248\Delta$$

量化误差为 $1248\Delta - 1270\Delta = -22\Delta$。

4. 脉冲编码调制

模拟信号经过抽样、量化、编码完成 A/D 变换，称为脉冲编码调制（PCM），简称脉码调制。

标准化的 PCM 码组（电话语音）由 8 位码组代表一个抽样值。语音模拟信号在发送端经过抽样、量化和编码以后得到了 PCM 信号，该信号经过数字信道传输。在接收端，将收到的 PCM 码（二进制码组）通过滤波器滤去大量的高频分量，还原成模拟语音信号。

前述的抽样定理以及为了降低量化噪声所采用的技术措施，目的是使解码后还原的波形尽可能与原始波形一致，该技术已集中应用在固定电话通信系统中。

PCM 原理框图如图 2-8 所示。

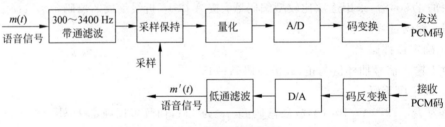

图 2-8　PCM 原理框图

PCM 是数字程控电话交换机系统中广泛采用的语音编码方案。PCM 包括了对语音信号波形的压扩处理和对经 A/D 变换后的语音自然二进制码的变换，是语音数字化的一套完整方案。随着数字信号处理技术和微电子技术的发展，PCM 技术已经历了多代发展，并由集成 PCM 编解码芯片实现。

2.2.2　语音编码技术

进行语音编码的目的是在保持一定算法复杂度和通信延时的前提下，利用尽可能少的信道容量，传送质量尽可能高的语音。较优化的语音编码方法是在算法复杂度和时延之间找到平衡点，并向更低比特率方向移动该平衡点。

1. 信源编码的基本概念

信源编码是为提高数字通信传输的有效性而采取的一种技术措施,其将信号源中的多余信息去除,形成一个适合于传输的信号。

为了提高数字通信传输效率,一方面,需要采用各种方式的压缩编码技术,在保证一定信号质量的前提下,尽可能地去除信号中的冗余信息,从而降低传输速率和减小传输所用的带宽;另一方面,即使是原本就以数字形式存在的数据和文字信息,也同样需要通过压缩编码降低信息冗余,来提高传输效率。

语音压缩编码和图像压缩编码都是针对信源发送信息所进行的压缩编码,一般称为信源编码。但语音和图像信息的结构不同,显示方式和要求也各不相同,其发展有其各自的规律。

【例 2-3】 语音信号的信道传输带宽。

语音信号在模拟形式下的带宽一般低于 4 kHz,经调制后所需的传输带宽不超过 8 kHz;当以 8 kHz 速率抽样且用 8 个比特表示每个样值时,实际的编码速率将是 64 kbit/s,若采用二进制基带传输,信道传输的最小带宽则不能低于 32 kHz。

从理论上分析,语音、图像等信号都包含大量的冗余,而传输这些信号的速率是完全可以压缩的。信源编码技术的核心就是研究压缩编码算法,用尽可能低的信息传输速率来获得尽可能好的语音和图像质量。

按照处理方式的不同,常用的信源压缩编码方法如下。

(1)概率匹配编码。根据编码对象出现的概率,分配不同长度的代码,以保证总的代码长度最短。

(2)预测编码。利用信号之间的相关性,预测未来的信号,对预测的误差进行编码。

(3)变换编码。利用信号在不同函数空间分布的不同,选择合适的函数变换,将信号从一种信号空间变换到另一种更有利于压缩编码的信号空间,再进行编码。

2. 语音编码的性能指标

语音编码研究的基本目标是在给定编码速率的条件下,用尽量小的编解码延时和算法复杂度,得到尽可能好的重建语音质量。衡量一种语音编码方法的好坏,一般要考虑语音质量、编码速率、编解码延时和算法复杂度等多个方面。在不同的应用场合,对性能要求的侧重点将会有所区别。

1)语音质量

语音质量在数字通信中通常可以分为广播级质量、长途通信质量、通信质量与合成语音质量 4 级。

广播级质量是高质量的宽带(8 kHz)广播解说语音。长途通信质量指与传统的模拟电话带宽(300~3400 Hz)语音信号相当的质量。通信质量是指语音质量有所下降时仍可保证足够高的自然度和可懂度,可以满足大多数专用通信系统的要求。合成语音质量是指语音保持足够高的可懂度,但自然度及保留讲话人语音个性等方面不够好。

如何评价语音编码质量是一个较困难的问题,评价方法一般分为主观评定和客观评定。

（1）主观评定：以人在听话时对语音质量的感觉来评定，主观性较强，评定的可靠度不高。

（2）客观评定：对反映语音性能的某些特性参数做定量分析，计算简单，但不能完全反映人对语音质量的感觉。目前，更加符合主观评定的客观评定方法还在不断改进之中。

2）编码速率

编码速率通常用模拟信号经过抽样、量化和编码之后产生的数字信号的信息传输速率来度量，单位为比特/秒（bit/s）；也可以用"比特/样值"度量，其表示平均每个样值用多少比特编码。平均每样值的比特数越高，量化就越细，语音质量也越容易提高，相应地对传输带宽或存储容量的要求也越高。

3）编解码延时

对语音信号的分帧处理以及复杂的算法实现将会产生比较明显的编解码延时，该延时与传输延时一起构成了系统的主要延时。在实时语音通信系统中，若总延时过长，将会影响双方的正常交谈。如果系统中有回声，话音质量还会明显恶化。一般要求语音编解码的延时低于 100 ms。

4）算法复杂度

若从性能而言，一般较复杂的语音编解码算法可获得较好的语音质量或较低的编码速率。但考虑到硬件实现的可能性、复杂度和成本，实用的算法应在保持一定性能前提下尽可能将运算复杂度降到最低。

3. 语音编码方法的分类

语音是通信系统处理和传输的一种主要信息形式。自脉冲编码调制（PCM）技术出现以来，语音编码方法层出不穷，目前仍是通信领域内的一个重要研究课题。

根据编码器的实现机理，语音编码方法大致可分为两类。

1）波形编码

波形编码从语音信号波形出发，对波形的采样值、预测值或预测误差值进行编码。其以重建语音波形为目的，力图使重建语音波形接近原信号波形。该方式具有适应能力强，重建语音质量好的优点，但编码速率较高。波形编码方式能在 64～16 kbit/s 的速率上获得较为满意的语音质量。

常用的波形编码类型如下。

（1）脉冲编码调制（PCM）。目前最常用的模拟信号数字化方法之一。其将模拟信号变换为数字信号。变换过程有抽样、量化和编码。由于量化过程中不可避免地会引入一定误差，因此会带来量化噪声。为了减小量化噪声，提高小信号的信噪比，扩大信号的动态范围，通常采用压扩技术，即非均匀量化。PCM 技术已成熟，是固定电话、长途中继和光纤传输的标准码型。PCM 速率为 64 kbit/s。

（2）增量调制（DM）。是用一位编码反映信号的增量是正或负的一种脉冲编码调制。增量调制同样存在量化噪声，而且发生过载现象时会出现较大的过载量化噪声。为了防止过载现象，增量调制必须用比 PCM 调制高得多的抽样频率。简单增量调制存在动态范围小和平均信噪比小的问题,为了克服这些缺点,出现了总和增量调制、数字音节压扩增量调制和差分脉码调制等改进方法。

(3) 自适应差分编码调制(ADPCM)。综合了脉冲编码调制和增量调制的特点,依据相邻样值的差值编码的方式,有效地消除了语音信号中的冗余度,提高了编码的有效性。利用自适应量化和自适应预测技术,大大压缩了传输数码率(可降到 32 kbit/s)和传输带宽,从而增加了信道的容量。ADPCM 速率为 32 kbit/s。

(4) 子带编码(SBC)。是对输入模拟信号进行频域分割的一种编码方式,其优点是各子带可选择不同的量化参数以分别控制它们的量化噪声。子带编码目前已广泛应用于语音和声频编码中。

(5) 自适应变换编码(ATC)。将语音在时间上分段,每段取样后经数字正交变换转至频域(时域-频域变换),取相应各组频域系数,然后对系数进行量化、编码和传输,对接收端则进行相反处理,以恢复时域信号,再将各时段信号连成语音。ATC 速率为 12~16 kbit/s。

2) 参量编码

语音的参量编码是数字信号处理(DSP)技术、编码理论、自适应差分编码调制(ADPCM)技术和软件技术的综合应用。

参量编码是在语音信号的某一特征空间抽取特征参量,构造语音信号模型,然后利用参量量化过程生成码字进行传输,在接收端利用码字重建语音信号的一种编码方式。

参量编码不以重建语音波形为目的,而是根据从语音段中提取的参数,在接收端合成一个新的声音相似(但波形不尽相同)的语音信号,实现这一过程的系统称为声码器。

在参量编码中,线性预测编码器是最常用的语音编译码器,近年来对声码器的研究和改进,出现了许多高质量的语声编码技术。例如,混合激励线性预测编码(MELP)、正弦变换编码(STC)和多带激励编码(MBE)技术在参量编码的基础上,结合了原有波形编码器质量好和声码器速率低的特点,以达到改善声音自然度的目的。线性预测编码器能在 4~16 kbit/s 的中速率上得到高质量的合成语音。最典型的算法是利用线性预测,采用分析合成的方法构成。

语音的参量编码主要用于移动通信系统等利用无线信道的通信设备中。例如,用于 GSM 移动通信的 RPE-LTP(规则脉冲激励长时预测编码)、用于 IS-95 CDMA 的 CELP (码本激励线性预测编码)等。其中,CELP 是利用码本作为激励源的方法,其编码特点: 运用线性预测技术,简洁而有效地描述声道特性;以矢量量化技术高效实现残差激励; 利用分析综合方法,准确(符合听觉特性)搜索最佳激励线性矢量。

2.2.3　图像编码技术

近年来,随着数字图像压缩编码理论与方案的不断创新、数字通信与计算机技术的高速发展、超大规模集成电路(VLSI)的多次更新换代和成本的降低,图像通信的发展速度越来越快,主要表现为图像通信的普及程度和图像通信质量的提高。

图像编码是信源编码的一个重要方面。图像编码种类很多,图像数据压缩算法也很多,根据应用的不同而产生了众多的编码方法。图像是二维的,表述的数学方法多种多样。以存储为目的和以传输为目的图像编码方法不同,静止图像与运动图像的编码方法也不同。

1. 图像通信的特点

图像是人类获得外界信息的主要形式之一。图像通信是传递和接收逼真度高的图像信号的通信。融合计算机技术的多媒体通信,赋予图像通信更丰富的内容。图像通信的特点:通信效率高;形象逼真;便于记录;功能齐全;信息量大;占用频带宽。

由于图像包含的信息量大而所需传输带宽和存储空间过多,使得图像通信的实际应用尚不如语音通信和数据通信普及。例如,在模拟方式下,传输一路电话信号只需带宽为 4 kHz 的一条模拟话路;而一路标准电视信号的带宽是 6 MHz,需要 1000 条以上的模拟话路。若采用数字方式,传输一路电话信号只需 64 kbit/s 的一条数字话路,而采用8 位线性码的一路数字电视信号的编码速率为 $2\times6\times10^{6}\times8=96$ Mbit/s,同样需要 1000条以上的数字话路。因此,压缩数字图像信号的编码速率成为图像处理领域的首要任务。

最常见的图像传输系统是电视,模拟电视系统传送模拟图像,数字电视系统传送数字图像。模拟图像以能分辨多少条线作为其质量评价标准,数字图像以能分辨多少个像素点来衡量。高清晰度数字电视一般能分辨 768×576 个像素点。假设每个像素的灰度用 8 bit 量化,考虑到每秒 25 帧,再加上彩色,其数据率将在 100 Mbit/s 左右。如此巨大的数据量,使得对图像数据压缩的研究一直是一个热点。

图像要比语音复杂得多,静止图像是二维的,活动图像则是三维的。由于要考虑帧之间的相关性,需从三维空间去研究图像压缩算法,其难度远大于对一维语音的研究。在图像压缩算法中,矢量量化适合于空间运算,差分脉冲编码(DPCM)数据量较低,运算简便,因而得到了广泛应用。

信息网络化对传送图像提出了多样化需求。随着数字通信技术的发展和 PCM 原理的提出,图像通信也正逐步从模拟通信方式过渡到以数字通信为主的方式。移动通信系统及无线接入系统也一直在寻找适合于无线信道的图像传送模式。数字电视在近几年将在我国普及,这些都预示着图像通信将有新的发展。

今后,不仅是数字电视、视频会议和可视电话,信息通信网络对视频应用的其他需求也会高速增长。

1) 模拟图像通信的特点

(1) 占用的频带宽。

(2) 需采用相位均衡器解决模拟信道中传输时的线性相位特性问题。

(3) 图像信号在相邻帧的对应位置间及在同一帧的相邻位置间,具有很强的相关性。

(4) 图像信息量大,而模拟信号压缩方法的压缩率很小,且对图像质量的影响较大。

(5) 模拟图像信号传输有噪声积累效应,使图像传输劣化。

2) 数字图像通信的特点

(1) 可多次中继而不致引起噪声的严重积累。适于多次中继的远距离图像通信,也适于在存储中的多次复制。

（2）有利于采用压缩编码技术。可在一定的信道频带条件下,获得比模拟传输更高的通信质量;可采用数字通信中的抗干扰编码技术,以提高抗干扰性能;易于实现保密通信。

（3）体积小,功耗低。

（4）易于联网,便于综合业务的应用。

（5）存在占用信道频带较宽等缺点。

2. 图像信号及其数字化

一幅平面运动图像所包括的信息首先表现为光的强度或灰度,其随着平面坐标、光的波长和时间而变化。根据具体情况不同,可以把图像分为各种不同的类型。

若只考虑光的能量而不考虑光的波长,在视觉效果上只有黑白深浅之分而无色彩变化,此时的图像称为黑白活动图像;对于彩色活动图像,就要考虑光的波长。根据三基色原理,任何一种彩色都可以分解成红、绿、蓝(RGB)3种基色。

当图像内容不随时间变化时,称为静止图像。为便于对图像进行处理、传输和存储,在处理图像前,需先将代表图像的连续信号转变为离散信号,该过程称为图像信号的数字化。

图像信号的数字化主要包括抽样和量化这两个处理过程。

1）图像信号的抽样

图像在空间上的离散化称为抽样,即用空间上部分点(抽样点)的灰度值代表图像,把空间上连续变化的图像离散化。对图像信号的抽样要求在原理上和语音信号相同,经过抽样后的图像应包含原始图像信号的所有信息,以便能通过某种变换无失真地恢复原信号。

图像信号是二维的,必须在两个方向上同时满足抽样定理。为了对其进行抽样,需先将二维信号变成一维信号,再对一维信号进行抽样。对图像信号的抽样通常采用等间隔的点阵抽样方式,就是直接对表示图像的二维图像函数 $f(x,y)$ 进行抽样,在 x 方向上取 M 点,在 y 方向上取 N 点,读取整个图像函数空间内 $M \times N$ 个离散点的灰度值,所得结果即为一个用样点值所表示的阵列。

2）图像信号的量化

模拟图像经过抽样后,在时间和空间上离散化为像素。但抽样只是完成了图像空间位置的离散化,这时所得的信号还不是数字信号,还需要用离散的量化值代替连续变化的样点灰度值。

图像量化的基本要求:在量化噪声对图像质量的影响可以忽略的前提下,用最少的量化电平进行量化。常用的图像量化方式是均匀(等间隔)量化。

数字图像数据量大、占用频带较宽,且数字图像中的各个像素不是独立的,彼此之间的相关性很大。例如,在电视画面中,同一行中相邻两个像素或相邻两行间的像素,其相关系数可以达到 0.9;相邻两帧之间的相关性则比帧内的相关性还要大一些。因此,进行图像压缩的潜力非常大。

3. 图像压缩编码原理

图像中存在信息冗余,是可以对其进行压缩的前提条件。图像虽含有大量的数据,但这些数据是高度相关的。大量的冗余信息存在于一幅图像内部以及视频序列中相邻图像之间。

空间冗余：空间某区域上具有的相关性。

时间冗余：图像在前后时间上的相关性。

结构冗余：图像各部分间具有某种相似关系。

还有信息熵冗余(编码冗余)、知识冗余、视觉冗余等。

上述冗余信息为图像压缩编码提供了依据。若能够去除这些冗余信息，使用尽量少的比特数来表示和重建图像，就可以实现图像的压缩。

评价图像压缩算法的优劣主要有算法的编码效率、编码图像的质量、算法的适用范围和算法的复杂度等。

典型的图像压缩编码系统的原理框图如图 2-9 所示。信源输出的可以是各种模拟图像信号，经过 PCM 编码器后变为数字图像信号。压缩编码器对数字图像信号进行各种目的的压缩编码处理。若不需要通过信道传输，即为一般的数字图像处理系统。若再经过信道编码后在信道上传输，则为数字图像通信。

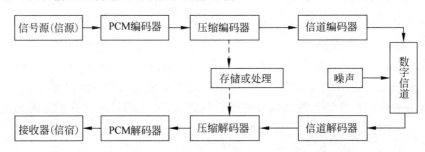

图 2-9　典型的图像压缩编码系统的原理框图

图像压缩编码采用的主要技术集中体现在 ITU 制定的图像编码的标准中，其核心思想一是消除像素点间数据的相关性；二是利用人眼的视觉生理特征和图像的概率统计模型进行自适应量化编码。图像压缩编码采用的主要技术措施如下。

(1) 利用离散余弦变换(DCT)去除各像素点数据在空间域中的相关性。

(2) 通过帧间预测差分编码去除活动图像的时域相关性。

(3) 采用熵编码技术使编码与信源的概率模型相匹配，其中熵是指信源的平均信息量，图像熵则表示像素灰度级集合的平均比特数。

(4) 利用人眼的视觉特性(对边缘和轮廓信息特别敏感)进行自适应量化编码，如运动补偿等。

(5) 通过缓冲存储器实现变长码输入与定长码输出之间的匹配。

上述措施在活动图像的编码中都需采用，而在静止图像的编码中有的则无须采用。

4. 数字图像压缩编码的分类

数字图像通信技术要求提供最佳的压缩编码效果，主要指以下几个方面。

(1) 压缩效率。或称压缩比，即压缩前后编码速率的比值。

(2) 压缩质量。指恢复图像的质量。

（3）编解码算法的复杂度。

（4）编解码延时。针对实时系统而提出。

实现图像压缩的编码方法很多,根据编码过程中是否存在信息损耗,可将图像分为有损压缩和无损压缩。图像压缩编码方法有多种类型。

1）根据恢复图像的准确度分类

（1）信息保持编码。应用于图像的数字存储,属无失真编码。

（2）保真度编码。应用于数字电视技术和多媒体通信领域,属于有失真编码。

（3）特征提取编码。应用于图像识别、分析和分类,属于有失真编码。

2）根据图像压缩的实现方式分类

（1）变换编码。图像通信中主要的编码方式,属于有损编码。例如,帧内和帧间的预测变换,去除空间和时间上的相关性;函数变换也能将图像间的相关性大量地去掉,其压缩效率很高。

（2）概率匹配编码。

（3）识别编码。

随着图像编码技术的不断发展,新的压缩方法(如小波编码、分形编码、基于模型编码等)不断被提出,其考虑了人眼对轮廓、边缘的特殊敏感性和方向感知特性等。

【例 2-4】　小波编码。

小波变换具有很好的时频或空频局部特性,特别适合于按照人类视觉系统特性设计图像压缩方案,并有利于图像的分层传输。将小波变换用于图像序列的编码时,采用小波变换的方法来压缩经运动补偿预测后的误差图像;或先经过小波变换后,再对各个频带分别作运动补偿,预测误差直接编码。经过小波变换后的图像,具有良好的空间方向选择性,且为多分辨率,可保持原图像在各种分辨率下的精细结构,与人的视觉特性十分吻合。小波编码在图像的压缩比和编码质量方面都优于传统的函数变换。

5. 数字图像压缩编码的主要国际标准

数字图像压缩编码的主要国际标准包括静止图像编码的国际标准(JPEG 和 JPEG-2000)、活动图像编码的国际标准(MPEG-1、MPEG-2、MPEG-4、MPEG-7 等)和多媒体会议标准(H.261、H.263 等)。

2.3　信道编码

通信系统的主要质量指标是通信的有效性和可靠性。由于信道传输特性不理想以及加性噪声的影响,所接收到的信息不可避免地会发生错误,从而影响传输系统的可靠性。在数字通信系统中,编码器分为信源编码(解决通信的有效性问题)和信道编码(解决通信的可靠性问题)。不同的通信业务对系统的误码率有不同的要求,大容量高速传输的数据传输对误码率有更高的要求。信道编码也称为差错控制编码,是提高数字传输可靠性的一种措施。

2.3.1　差错控制的概念

信道编码是在经过信源编码的码元序列中增加一些多余的比特,利用该特殊的多余信息可发现或纠正传输中发生的错误,其目的是提高信号传输的可靠性。

当信道编码只有发现错码能力而不具备纠正错码能力时,必须结合其他措施来纠正错码,否则只能将被发现为错码的码元删除,以避免错码引起的负面影响。上述手段统称为差错控制。

差错控制编码是针对传输信道不理想而采取的提高数字传输可靠性的一种措施。为了抑制信道噪声对信号的干扰,往往还需要对信号进行再编码,编码成在接收端不易为干扰所弄错的形式。所以,差错控制编码有时又称为纠错编码。

1. 差错的分类

数字信号在传输的过程中,由于信道传输特性不理想以及加性噪声的影响,导致信号波形失真,接收端将不可避免地会产生错误判决,即产生差错(错码)。

传输错码的原因可分为两类:第一类,由乘性干扰引起的码间串扰会造成错码,可采用均衡的方法以减少或消除错码。第二类,加性干扰将使信噪比降低从而造成错码,用提高发送功率和选用性能优良的调制体制,是提高信噪比的基本手段。但是,信道编码等差错控制技术在降低误码率方面仍是一种重要的手段。

差错可分为随机差错和突发差错。

随机差错:由随机噪声导致,表现为独立的、稀疏的和互不相关发生的差错。

突发差错:相对集中出现,即在短时段内有很多错码出现,而在其间有较长的无错码时间段,例如,由脉冲干扰引起的错码。

2. 差错控制的概念

在进行数据传输时,应采用一定的方法发现差错并纠正差错,该过程称为差错控制。

为了在已知信噪比的情况下满足一定的误比特率指标,首先应合理地设计基带信号,选择调制和解调方式,采用时域和频域均衡,或增加发送功率,以尽量减小干扰的影响。若采取上述措施仍然难以满足要求,就必须采用差错控制编码技术。

在差错控制编码技术中,编码器根据输入信息码元产生相应的监督码元,实现对差错进行控制,而译码器主要是进行检错与纠错。

差错控制编码具备检错和纠错能力,是因为在被传输的信息中附加了一些冗余码(即监督码元),在两者之间建立了某种校验关系。该校验关系若因传输错误而受到破坏,则可被发现并予以纠正。这种检错和纠错能力是用信息量的冗余度来换取的,实际上是通过牺牲信息传输的有效性来换取可靠性的提高。

对于一个真正实用的通信系统,信源编码和信道编码通常都是不可缺少的处理环节,其分别为各自目的服务,使系统最终达到有效性和可靠性的性能平衡。

3. 差错控制方式

常用的差错控制方式主要有 4 种,即前向纠错(FEC)、检错重发(ARQ)、反馈校验(IRQ)和混合纠错(HEC)。

1) 前向纠错(FEC)方式

发送端对信息码元进行编码处理,使发送的码组具备纠错能力。接收端收到该码组后,通过译码能自动发现并纠正传输中出现的错误。FEC 方式不需要反向信道,特别适合于只能提供单向信道的场合。由于接收端能够自动纠错,不会因发送端反复重发而延误时间,故系统实时性好。在 FEC 方式中,纠错码的纠错能力越强,纠错后的误码率就越低,译码设备则越复杂。

2) 检错重发(ARQ)方式

发送端经过编码后发出能够检错的码组,接收端收到后,若检测出错误,则通过反向信道通知发送端重发,发送端将前面的信息再重发一次,直至接收端确认收到正确信息为止。若检测出错误,是指发现某个或某些接收码元有错,但不确定错码的准确位置。该方式也需要使用反向信道,而且实时性较差;但是,检错译码器的成本和复杂性均明显低于前向纠错方式。

常用的检错重发系统有 3 种,即停止-等待重发、返回重发和选择重发。

3) 反馈校验(IRQ)方式

接收端将收到的信息码元原封不动地转发回发送端,并与发送的码元相比较。若发现错误,发送端再进行重发。该方法原理和设备较简单,无须检错和纠错编译系统,但需使用反向信道。由于每个信息码元至少要被传送两次,故传输效率低、实时性差。

4) 混合纠错(HEC)方式

HEC 是前向纠错方式和检错重发方式的结合。在 HEC 方式中,发送端不但具有纠错能力,而且对超出纠错范围的错误也具有检测能力。

上述差错控制方式的系统构成如图 2-10 所示。

2.3.2　差错控制编码

1. 差错控制编码分类

差错控制编码可按如下方法进行分类。

1) 按照编码的不同功能分类

(1) 检错码:能发现错误,但仅能检错。

(2) 纠错码:在检错的同时还能纠正误码。

(3) 纠删码:不仅具有纠错的功能,还能对不可纠正的码元进行简单的删除。

2) 按照信息码元和附加监督码元之间的检验关系分类

(1) 线性码:信息码元与监督码元之间的关系为线性关系(即满足一组线性方程)。

(2) 非线性码:信息码元与监督码元之间的关系为非线性关系。

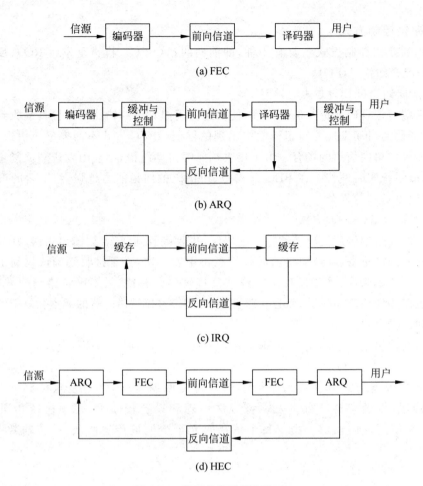

图 2-10　常用的差错控制方式

3) 按照信息码元和附加监督码元之间的约束关系分类

(1) 分组码：监督码元仅与本组的信息有关。

(2) 卷积码：监督码元既与本组的信息有关,也与以前码组的信息有约束关系,各组之间具有相关性。卷积码的性能优于分组码,在通信中的应用日趋增多。

4) 按照信息码元在编码前后原形式是否保持分类

(1) 系统码：信息码元和监督码元在分组内有确定的位置。

(2) 非系统码：信息码元改变了原来的信号形式。由于非系统码中的信息位已经改变了原有的信号形式,这给观察和译码都带来了麻烦,因此较少应用。

2. 码重、码距的概念

1) 码重

在信道编码中,定义码组中非零码元的数目为码组的重量,简称码重。例如,"010"码组的码重为 1,"011"码组的码重为 2。如电传、电报及条形码中广泛使用的恒比码,其许用码组长度相等,码重也相等,因此"0"和"1"的个数比值恒定。

2）码距与汉明距离

把两个码组中对应码位上具有不同二进制码元的个数定义为两码组的距离,简称码距。例如,"00"与"01"的码距为 1,"110"与"101"的码距为 2。

而在一种编码中,任意两个许用码组间的距离的最小值,称为这一编码的汉明(Hamming)距离,用 $d_{\min}$ 来表示。如"011""110"与"101"3 个许用码组组成的码组集合中的两两码距都为 2,因此该编码的汉明距离为 2。

3）汉明距离与检错和纠错能力的关系

对于分组码,某种编码的最小码距(汉明距离)与该编码的检错和纠错能力的关系,在一般情况下,有以下结论。

（1）为检测 e 个错码,要求最小码距:

$$d_{\min} \geqslant e+1 \tag{2-5}$$

或者说,若一种编码的最小距离为 $d_{\min}$,则它一定能检出 $e \leqslant d_{\min}-1$ 个错码。

（2）为纠正 t 个错码,要求最小码距:

$$d_{\min} \geqslant 2t+1 \tag{2-6}$$

或者说,若一种编码的最小距离为 $d_{\min}$,则它一定能纠正 $t \leqslant (d_{\min}-1)/2$ 个错码。

（3）为纠正 t 个错码,同时检测 $e(e>t)$ 个错码,要求最小码距:

$$d_{\min} \geqslant e+t+1 \tag{2-7}$$

在解释式(2-7)之前,先来说明什么是"纠正 t 个错码,同时检测 e 个错码"(简称纠检结合)。在某些情况下,要求对于出现较频繁但错码数很少的码组,按前向纠错方式工作;同时对一些错码数较多的码组,在超过该码的纠错能力后,能自动按检错重发方式工作,以降低系统的总误码率。这种方式就是"纠检结合"。

在上述"纠检结合"系统中,差错控制设备按照接收码组与许用码组的距离自动改变工作方式。若接收码组与某一许用码组间的距离在纠错能力 t 范围内,则将按纠错方式工作;若与任何许用码组间的距离都超过 t,则按检错方式工作。

可以证明,在随机信道中,采用差错控制编码,即使只能纠正(或检测)这种码组中 1~2 个错误,也可以使误码率下降几个数量级。这就表明,较简单的差错控制编码也具有较大实际应用价值。当然,如在突发信道中传输,由于误码是成串集中出现的,所以上述只能纠正码组中 1~2 个错码的编码,其效用就不像在随机信道中那样显著了,需要采用更为有效的纠错编码。

3. 常用的差错控制编码方法

1）奇偶校验码

奇偶校验码(又称奇偶监督码)是一种最简单的检错码,在数据通信中得到了广泛的应用。奇偶校验码分为奇校验码和偶校验码,两者的构成原理相同。其编码规则是先将所要传输的数据码元(信息码)分组,在分组信息码元后面附加 1 位监督位,使得该码组中信息码和监督码合在一起后"1"的个数为偶数(偶监督)或奇数(奇监督)。表 2-6 是按照偶监督规则插入监督位的。

表 2-6   偶校验码举例

消息	信息位	监督位	消息	信息位	监督位
晴	00	0	阴	10	1
云	01	1	雨	11	0

在接收端检查码组中"1"的个数,如发现不符合编码规律就说明产生了差错,但是不能确定差错的具体位置,即不能纠错。奇偶校验码只能检测出奇数个错误,而不能检测出偶数个错误。但是可以证明出错位数为 $2t-1$(奇数)概率总比出错位数为 $2t$(偶数)概率大得多(t 为正整数),即错一位码的概率比错两位码的概率大得多,错三位码的概率比错四位码的概率大得多。因此,绝大多数随机错误都能用简单奇偶校验查出,这种方法被广泛用于以随机错误为主的计算机通信系统。最后指出,奇偶校验码的最小码距为 2,所以没有纠错能力。

2)水平奇偶校验码

为了提高上述奇偶校验码的检错能力,特别是弥补不能检测突发错误的缺陷,引出了水平奇偶校验码。其构成思路:将信息码序列按行排成方阵,每行后面加一个奇或偶校验码。即每行为一个奇偶校验码组(如表 2-7 所示,以偶校验码为例),但发送时采用交织的方法,即按方阵中列的顺序进行传输:11101,11001,10000,…,10101,到了接收端仍将码元排成与发送端一样的方阵形式,然后按行进行奇偶校验。由于这种差错控制编码是按行进行奇偶校验,因此称为水平奇偶校验码。

可以看出,由于在发送端是按列发送码元而不是按码组发送码元,而把本来可能集中发生在某一码组的突发错误分散在了方阵的各个码组中,因此可得到整个方阵的行监督。采用这种方法可以发现某一行上所有奇数个错误,以及所有长度不大于方阵中行数(表 2-7 例中为 5)的突发错误,但是仍然没有纠错能力。

表 2-7   水平偶校验码

信息码元										监督码元
1	1	1	0	0	1	1	0	0	0	1
1	1	0	1	0	0	1	1	0	1	0
1	0	0	0	0	1	1	1	0	1	1
0	0	0	1	0	0	0	0	1	0	0
1	1	0	0	1	0	1	0	1	0	1

3)二维奇偶校验码

二维奇偶校验码由水平奇偶校验码改进而得,又称为水平垂直奇偶校验码。其编码方法是在水平校验基础上,对方阵中每一列再进行奇偶校验,发送时按行或列的顺序传输。到了接收端重新将码元排成发送时的方阵形式,然后每行、每列都进行奇偶校验,如表 2-8 所示。

表 2-8　二维奇偶校验码

	信息码元										监督码元
	1	1	1	0	0	1	1	0	0	0	1
	1	1	0	1	0	0	1	1	0	1	0
	1	0	0	0	0	1	1	1	0	1	1
	0	0	0	1	0	0	0	0	1	0	0
	1	1	0	0	1	1	1	0	1	1	1
监督码元	0	1	1	0	1	1	0	0	0	1	1

（1）该码比水平奇偶校验码有更强的检错能力。它能发现某行或某列上奇数个错误和长度不大于方阵中行数（或列数）的突发错误。

（2）该码还有可能检测出一部分偶数个错误。当然，若偶数个错误恰好分布在矩阵的 4 个顶点上时，这样的偶数个错误将检测不出。

（3）该码还可以纠正一些错误，例如，某行某列均不满足监督关系而判定该行该列交叉位置的码元有错，从而纠正这一位上的错误。

二维奇偶校验码检错能力强，又具有一定的纠错能力，且容易实现，因而得到了广泛的应用。

4）线性分组码

线性码是指监督码元和信息码元之间满足一组线性方程的码；分组码是监督码元仅对本码组中的码元起监督作用，或者说监督码元仅与本码组的信息码元有关。既是线性码又是分组的编码就叫线性分组码。线性分组码是信道编码中最基本的一类，以下研究线性分组码的一般问题。

（1）线性分组码的基本概念。线性分组码的构成是将信息序列划分为等长（k 位）的序列段，共有 2^k 个不同的序列段。在每一个信息段之后附加 r 位监督码元，构成长度为 $n = k + r$ 的分组码 (n, k)，当监督码元与信息码元的关系为线性关系时，构成线性分组码。

在 n 位长的二进制码组中，共有 2^n 个码字。但由于 2^k 个信息段仅构成 2^k 个 n 位长的码字，称这 2^k 码字为许用码字，而其他 $(2^n - 2^k)$ 个码字为禁用码字。禁用码字的存在可以发现错误或纠正错误。

（2）线性分组码的基本形式。如前所述，(n, k) 线性分组码中 $(n-k)$ 个附加的监督码元是由信息码元的线性运算产生的，下面以 $(7, 4)$ 线性分组码为例来说明如何构造这种线性分组码。

$(7, 4)$ 线性分组码中，每一个长度为 4 的信息分组经编码后变换成长度为 7 的码组，用 $c_6 c_5 c_4 c_3 c_2 c_1 c_0$ 表示这 7 个码元，其中，$c_6 c_5 c_4 c_3$ 为信息码元，$c_2 c_1 c_0$ 为监督码元。监督码元可按下面方程组计算。

$$\begin{cases} c_2 = c_6 \oplus c_5 \oplus c_4 \\ c_1 = c_6 \oplus c_5 \oplus c_3 \\ c_0 = c_6 \oplus c_4 \oplus c_3 \end{cases} \tag{2-8}$$

利用式（2-8），每给出一个 4 位的信息组，就可以编码输出一个 7 位的码字。由此得到 16（2^4）个许用码组，信息位与其对应的监督位列于表 2-9 中。

表 2-9　(7,4)线性分组码的一种码组

信息位	监督位	信息位	监督位
$c_6 \ c_5 \ c_4 \ c_3$	$c_2 \ c_1 \ c_0$	$c_6 \ c_5 \ c_4 \ c_3$	$c_2 \ c_1 \ c_0$
0000	000	1000	111
0001	011	1001	100
0010	101	1010	010
0011	110	1011	001
0100	110	1100	001
0101	101	1101	010
0110	011	1110	100
0111	000	1111	111

5) 汉明码

汉明码是一种能够纠正一位错码且编码效率较高的线性分组码。它是 1950 年由美国贝尔实验室提出来的,是第一个设计用来纠正错误的线性分组码,汉明码及其变形已广泛地在数据存储系统中被作为差错控制码得到应用。

二进制汉明码中 n 和 k 服从以下规律:

$$(n,k) = (2^r - 1, 2^r - 1 - r) \tag{2-9}$$

式中:r 为监督码组个数,$r = n - k$,当 $r = 3,4,5,6,7,8\cdots$时,有$(7,4)$,$(15,11)$,$(31,26)$,$(63,57)$,$(127,120)$,$(255,247)\cdots$汉明码。

(1) 汉明码的特性

① 监督码元的个数为 $r = n - k$,码长满足 $n = 2^r - 1$。因此,给定 r 后,就可确定 n 和 k。

② 无论码长 n 为多少,汉明码的最小码距 $d_{\min} = 3$,故只能纠正一个错码。

③ 汉明码是高效码,其编码效率为 $R = \dfrac{k}{n}$,随着码长的增加,编码效率也随之增加。

(2) 汉明码的编解码原理

设有一$(7,4)$汉明码,其监督码元与信息码元之间的关系为

$$\begin{cases} c_2 = c_6 \oplus c_5 \oplus c_4 \\ c_1 = c_5 \oplus c_4 \oplus c_3 \\ c_0 = c_6 \oplus c_4 \oplus c_3 \end{cases} \tag{2-10}$$

根据上述方程组,可由信息位 $c_6 \ c_5 \ c_4 \ c_3$ 求得监督位 $c_2 \ c_1 \ c_0$,并得到相应的$(7,4)$汉明码,如表 2-10 所示。

表 2-10　(7,4)汉明码实例(编码表)

编号	信息码元				汉　明　码							编号	信息码元				汉　明　码						
	c_6	c_5	c_4	c_3	c_6	c_5	c_4	c_3	c_2	c_1	c_0		c_6	c_5	c_4	c_3	c_6	c_5	c_4	c_3	c_2	c_1	c_0
0	0	0	0	0	0	0	0	0	0	0	0	2	0	0	1	0	0	0	1	0	1	1	1
1	0	0	0	1	0	0	0	1	0	1	1	3	0	0	1	1	0	0	1	1	1	0	0

续表

编号	信息码元				汉明码							编号	信息码元				汉明码						
	c_6	c_5	c_4	c_3	c_6	c_5	c_4	c_3	c_2	c_1	c_0		c_6	c_5	c_4	c_3	c_6	c_5	c_4	c_3	c_2	c_1	c_0
4	0	1	0	0	0	1	0	0	1	1	0	10	1	0	1	0	1	0	1	0	0	1	0
5	0	1	0	1	0	1	0	1	1	0	1	11	1	0	1	1	1	0	1	1	0	0	1
6	0	1	1	0	0	1	1	0	0	0	1	12	1	1	0	0	1	1	0	0	0	1	1
7	0	1	1	1	0	1	1	1	1	0	0	13	1	1	0	1	1	1	0	1	0	0	0
8	1	0	0	0	1	0	0	0	0	1	0	14	1	1	1	0	1	1	1	0	1	0	0
9	1	0	0	1	1	0	0	1	1	1	0	15	1	1	1	1	1	1	1	1	1	1	1

在接收端,接收的信号为 c_6'、c_5'、c_4'、c_3'、c_2'、c_1'、c_0',若接收端没有差错,则它们之间满足:

$$\begin{cases} c_2' = c_6' \oplus c_5' \oplus c_4' \\ c_1' = c_5' \oplus c_4' \oplus c_3' \\ c_0' = c_6' \oplus c_4' \oplus c_3' \end{cases} \tag{2-11}$$

即:

$$\begin{cases} c_6' \oplus c_5' \oplus c_4' \oplus c_2' = 0 \\ c_5' \oplus c_4' \oplus c_3' \oplus c_1' = 0 \\ c_6' \oplus c_4' \oplus c_3' \oplus c_0' = 0 \end{cases} \tag{2-12}$$

设校验码为 $s_3 s_2 s_1$:

$$\begin{cases} s_3 = c_6' \oplus c_5' \oplus c_4' \oplus c_2' \\ s_2 = c_5' \oplus c_4' \oplus c_3' \oplus c_1' \\ s_1 = c_6' \oplus c_4' \oplus c_3' \oplus c_0' \end{cases} \tag{2-13}$$

那么可以根据校验码 s_3、s_2、s_1 来确定出错的情况。若 s_3、s_2、s_1 均为 0,可以判断无错;若 $s_3 = s_2 = 0$、$s_1 = 1$,则可判断 c_0 出错;以此类推,表 2-11 列出了校验码和错误码元位置的对应关系。

表 2-11　(7,4)汉明码实例(错码对照表)

s_3	0	0	0	0	1	1	1	1
s_2	0	0	1	1	0	0	1	1
s_1	0	1	0	1	0	1	0	1
错误位置	无错	c_0	c_1	c_3	c_2	c_6	c_5	c_4

在接收端,根据接收到的信号对照上述表格进行校验。

6) 循环码

(1) 循环码的特性。循环码是一种线性分组码,它除了具有线性分组码的封闭性之外,还具有循环性。循环性是指循环码中任一许用码组经过循环移位后(左移或右移)所得到的码组仍为该码中一个许用码组。表 2-12 给出一种(7,3)循环码的全部许用码组,由此表可以直观看出这种码的循环性。例如,表中的第 2 码组向右移一位得到第 5 码组,第5码组向右移一位得到第7码组,等等;表中的第2码组向左移一位得到第3码组,第3码组向左移一位得到第6码组,等等。

表 2-12　(7,3)循环码的一种码组

码组编号	信息位 $c_6 c_5 c_4$	监督位 $c_3 c_2 c_1 c_0$	码组编号	信息位 $c_6 c_5 c_4$	监督位 $c_3 c_2 c_1 c_0$
1	000	0000	5	100	1011
2	001	0111	6	101	1100
3	010	1110	7	110	0101
4	011	1001	8	111	0010

(2) 循环码的码多项式。为了便于用代数理论来研究循环码,把长为 n 的码组与 $n-1$ 次多项式建立一一对应关系,即把码组中各码元当作是一个多项式的系数。若一个码组 $C=(c_{n-1}, c_{n-2}, \cdots, c_1, c_0)$,则用相应的多项式表示为

$$C(x) = c_{n-1}x^{n-1} + c_{n-2}x^{n-2} + \cdots + c_1 x + c_0 \qquad (2\text{-}14)$$

称 $C(x)$ 为码组 C 的码多项式。

例如,码组(1100101)可以表示为

$$C(x) = 1 \cdot x^6 + 1 \cdot x^5 + 0 \cdot x^4 + 0 \cdot x^3 + 1 \cdot x^2 + 0 \cdot x^1 + 1$$
$$= x^6 + x^5 + x^2 + 1$$

在码多项式中,x 的幂次仅是码元位置的标记。多项式中 x^i 的存在只表示该对应码位上是"1"码,否则为"0"码,这种多项式称为码多项式。由此可知,码组和码多项式本质上是相同的,只是表示方法不同。在循环码中,一般用码多项式表示码组。

(3) 循环码的生成多项式。循环码是一种特殊的具有循环特性的线性分组码,其编码可以采用多项式的运算法,这需要先找到循环码的生成多项式 $g(x)$。对于生成多项式 $g(x)$ 有一定的要求,其特点如下。

一个 (n,k) 循环码共有 2^k 个许用码组,其中有一个码组前 $(k-1)$ 位码元均为"0",第 k 位码元为"1",第 n 位(最后一位)码元为"1",其他码元无限制(既可以是"0",也可以是"1")。此码组可以表示为

$$\left(\underbrace{00\cdots0}_{k-1} \; 1 \quad g_{n-k-1}\cdots g_2 g_1 \; 1 \right)$$

$(000\cdots01 \; g_{n-k-1}\cdots g_2 g_1 1)$ 为 (n,k) 循环码的一个许用码组,其对应的多项式为

$$g(x) = x^{n-k} + g_{n-k-1}x^{n-k-1} + \cdots + g_1 x + 1 \qquad (2\text{-}15)$$

这样的码多项式只有一个。因为如果有两个最高次幂为 $(n-k)$ 次的码多项式,则由循环码的封闭性可知,把这两个码字相加产生的码字连续前 k 位都为"0"。这种情况不可能出现,所以在 (n,k) 循环码中,最高次幂为 $(n-k)$ 次的码多项式只有一个,$g(x)$ 具有唯一性。

(4) 循环码的编码方法。编码的任务是在已知信息位的条件下,求得循环码的码组,这里要求得到的是系统码,即码组前 k 位为信息位,后 $(n-k)$ 位是监督位。设信息位对

应的码多项式为

$$m(x) = m_{k-1}x^{k-1} + m_{k-2}x^{k-2} + \cdots + m_1x + m_0 \tag{2-16}$$

信息码多项式 $m(x)$ 的最高幂次为 $(k-1)$。将 $m(x)$ 左移 $(n-k)$ 位成为 $x^{n-k}m(x)$，最高幂次为 $(n-1)$。$x^{n-k}m(x)$ 的前一部分为连续 k 位信息码 $(m_{k-1}, m_{k-2}, \cdots, m_0)$，后一部分为 $(n-k)$ 位的"0"，$n-k=r$ 正好是监督码的位数。所以在它的后一部分添上监督码，就编出了相应的系统码。

循环码的任何码多项式都可以被 $g(x)$ 整除，即 $C(x) = h(x)g(x)$。用 $x^{n-k}m(x)$ 除以 $g(x)$，得

$$\frac{x^{n-k}m(x)}{g(x)} = q(x) + \frac{r(x)}{g(x)} \tag{2-17}$$

式中：$q(x)$ 为商多项式，余式 $r(x)$ 的最高次幂小于 $(n-k)$ 次，将式(2-17)改写成

$$x^{n-k}m(x) + r(x) = q(x) \cdot g(x) \tag{2-18}$$

式(2-18)表明，多项式 $x^{n-k}m(x) + r(x)$ 为 $g(x)$ 的倍式。根据式(2-17)或式(2-18)，$x^{n-k}m(x) + r(x)$ 必定是由 $g(x)$ 生成的循环码中的码组，而余式 $r(x)$ 即为该码组的监督码对应的多项式。

(5) 循环码的解码方法。

① 检错的实现。接收端解码的要求有两个：检错和纠错。达到检错目的的解码原理十分简单。由于任一码组多项式 $C(x)$ 都应能被生成多项式 $g(x)$ 整除，所以在接收端可以将接收码组多项式 $R(x)$ 用原生成多项式 $g(x)$ 去除。当传输中未发生错误时，接收码组与发送码组相同，即 $R(x) = C(x)$，故码组多项式 $R(x)$ 必定能被 $g(x)$ 整除；若码组在传输中发生错误，则 $R(x) \neq C(x)$，$R(x)$ 被 $g(x)$ 除时可能除不尽而有余项，即有

$$\frac{R(x)}{g(x)} = q'(x) + \frac{r'(x)}{g(x)} \tag{2-19}$$

因此，以余项是否为零来判别码组中有无错码。这里还需指出一点，如果信道中错码的个数超过了这种编码的检错能力，恰好使有错码的接收码组能被 $g(x)$ 整除，这时的错码就不能被检出了，这种错误称为不可检错误。

② 纠错的实现。在接收端为纠错而采用的解码方法自然比检错时复杂。若要纠正错误，需要知道错误图样 $E(x)$，以便纠正错误。原则上纠错解码可按以下步骤进行。

a. 用生成多项式 $g(x)$ 除接收码组 $R(x) = C(x) + E(x)$（模 2 加），得到余式 $r'(x)$。

b. 按余式 $r'(x)$ 用查表的方法或通过某种运算得到错误图样 $E(x)$。

c. 从 $R(x)$ 中减去 $E(x)$（模 2 加），得到纠错后的原发送码组 $C(x)$。

7) 卷积码

与分组码不同，卷积码编码器在任何一段规定时间内产生的 n 个码元，其监督位不仅取决于这段时间中的 k 个信息位，还取决于前 $(N-1)$ 段规定时间内的信息位。换句话说，监督位不仅对本码组起监督作用，还对前 $(N-1)$ 个码组也起监督作用。这 N 段时间内的码元数目 nN 称为这种码的约束长度。通常把卷积码记作 (n, k, N)，其编码效率为 $R = k/n$。卷积码的纠错能力随着 N 的增加而增大，在编码器复杂程度相同的情况下，卷积码的性能优于分组码。

图 2-11 示出了 (n,k,N) 卷积码编码器的一般结构。它由输入移位寄存器、模 2 加法器、输出移位寄存器 3 部分构成。输入移位寄存器共有 N 段,每段有 k 级,共 $N×k$ 位寄存器,信息序列由此不断输入。输入端的信息序列进入这种结构的输入移位寄存器即被自动分段,每段 k 位,对应每一段的 k 位输出的 n 个比特的卷积码,与包括当前段在内的已输入的 N 段的 $N×k$ 个信息位相关联。一组模 2 加法器共 n 个,它实现卷积码的编码算法;输出移位寄存器共有 n 级。输入移位寄存器每移入 k 位,它输出 n 个比特的编码。

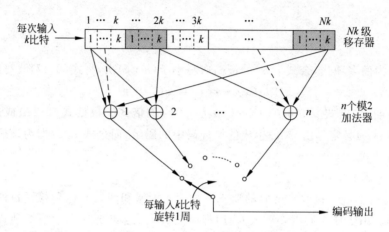

图 2-11 (n,k,N) 卷积码编码器的一般结构

4. 差错控制编码技术进展

随着超大规模集成电路技术的发展,很多复杂的纠错编码已进入实用领域,如网格编码调制和 Turbo 码等。

1) 网格编码调制

纠错编码需要增加冗余度。实时通信系统采用纠错编码时,是以增加额外的传输带宽为代价来获得性能的提高。网格编码调制(TCM)作为纠错编码技术与调制解调技术相结合的方式,可在带限信道以不扩展带宽的情况下提高性能。其基本思想:在带限信道中,通信系统被设计成采用频带效率高的多电平多相位的调制方法;当编码用于带限信道时,通过增加符号数(相对于不编码系统)提供编码所需的冗余度,来达到不扩展带宽而取得编码增益的目标。

2) Turbo 码

Turbo 码是一种采用重复迭代译码方式的并行级联码。级联码是由短码构造长码的一种特殊有效方法。Turbo 码采用软输入/软输出译码器,其编码(特别是解码)方法非常复杂。Turbo 码在加性白噪声无记忆信道上及特定参数条件下,可达到接近误码率为零的极限传输性能。Turbo 码的优良性能,受到移动通信领域的高度重视,已被确定为第三代移动通信中高质量、高速率传输业务的编码方案。

2.4　信道复用与同步技术

通信技术的发展和通信系统的广泛应用,使得通信网的规模和需求越来越大。而系统容量则成为一个非常重要的问题。一方面,原来只传输一路信号的链路上,现在可能要求传输多路信号;另一方面,一条链路的频带通常很宽,足以容纳多路信号传输。所以,多路通信(多路独立信号在一条链路上传输)则应运而生。

2.4.1　信道复用概述

信道复用是指多个用户同时使用同一条信道进行通信。为了区分在一条链路上的多个用户的信号,理论上可以采用正交划分的方法,即凡是在理论上正交的多个信号,在同一条链路上传输到接收端后,都可能利用其正交性完全区分开。

1. 多路复用

通信设备体制不同,信道的复用方式也不同。常用的正交划分体制主要如下。

(1) 频分复用(FDM)。在频域中划分的频分制。

(2) 时分复用(TDM)。在时域中划分的时分制。

(3) 码分复用(CDM)。利用正交编码划分的码分制。

(4) 空分复用(SDM)。是指利用窄波束天线在不同方向上重复使用同一频带,即将频谱按空间划分复用,用于无线通信。

(5) 极化复用。是利用两种极化(垂直和水平)的电磁波分别传输两个用户的信号,即按极化重复使用同一频谱,用于无线通信。

(6) 波分复用(WDM)。用于光通信,是按波长划分的复用方法。其实质上也是一种频分复用。由于载波在光波波段,其频率很高,通常用波长代替频率来讨论,故称为波分复用。

2. 多路复接

随着通信网的进一步发展,通信网的规模越来越大,路数越来越多,网际关系也越来越密切,出现了几个多路传输的网或链路间需要互联,这称为复接。复接技术是为了解决来自若干条链路的多路信号的合并和区分。目前,大容量链路的复接几乎都是时分复用(TDM)信号的复接。此时,多路 TDM 信号时钟的统一和定时即成为关键技术问题。

现代通信网是一个覆盖全球的网,为了解决各国各个网和链路之间的互联互通问题,必须有国际统一的接口标准。例如,国际电信联盟(ITU)所制定的有关复用和复接的一系列标准的建议,已为各国所采用。

一个通信网需占用一定的频带和时间资源。为了使这些资源得到充分利用,发展出了各种多路复用技术,将每条链路的多个信道分配给不同用户使用,从而提高了链路的利用率。但在多路复用和复接时,并不是每路用户在每一时刻都占用着信道。为了充分利用频带和时间,希望每条信道为多个用户所共享。于是在多路复用和复接技术发展的同时,逐渐发展出了多址接入技术。

3. 多址接入

"多路复用(复接)"和"多址接入"都是为了共享通信网,这两种技术有许多相同之处,但也有区别。在多路复用(复接)中,用户是固定接入的,或者是半固定接入的,因此网络资源是预先分配给各用户共享的。然而,多址接入时网络资源通常是动态分配的,且可由用户在远端随时提出共享要求。

例如,在卫星通信系统中,为了使卫星转发器得到充分利用,按照用户需求,将每个信道动态地分配,使得大量用户可以在不同时间以不同速率(带宽)共享网络资源。在计算机通信网中,以太网(Ethernet)也是多址接入的实例。故多址接入网络必须按照用户对网络资源的需求,随时动态地改变网络资源的分配。

多址技术也有多种,例如,频分多址、时分多址、码分多址、空分多址、极化多址,以及其他利用信号统计特性复用的多址技术等。

2.4.2 多路复用技术

在现代通信网传输系统中,一条信道所提供的带宽通常比所传送的某种信号带宽要宽得多。若一条信道只传送一种信号则将浪费资源。多路复用技术用于实现在同一信道中传递多路信号而互相不干扰,以提高信道利用率。

多路复用技术的理论基础是信号分割原理,根据信号在频率、时间、码型等参量上的不同,将各路信号复用在同一信道中进行传输。多路复用技术包括复用、传输和分离3个过程。多个复用系统的再复用和解复用称为复接和分解。

常用的多路复用技术有频分复用(FDM)、时分复用(TDM)和码分复用(CDM)等。

1. 频分复用

频分复用(FDM)是信道按照频率区分信号。即将信道划分成若干个相互不重叠的子频带,每个子频带占用不同的频段,然后将需要在同一信道上同时传送的多个信号调制到不同的频带上,合并到一起不会相互影响,并且能在接收端彼此分离开。频分复用示意图如图 2-12 所示。

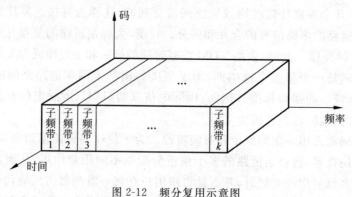

图 2-12 频分复用示意图

频分复用(FDM)适用于模拟信号的传输,主要用于长途载波电话、立体声调频、电视广播和空间遥测等方面。频分复用将传输媒介的频带资源划分为多个子频带,分别分配给不同的用户形成各自的传输子通路,各用户只能使用被分配的子通路传送信息。频分多路复用设备复杂,成本较高,目前应用已不多,正在逐步被时分多路复用所替代。

2. 时分复用

时分复用(TDM)是按时间区分信号,即把时间划分为若干时隙,各路信号占用各自的时隙,来实现在同一个信道上传输多路信号。时分复用示意图如图 2-13 所示。

时分复用技术按规定的间隔在时间上相互错开,在一条公共通道上传输多路信号,其理论基础是抽样定理,其必要条件是定时与同步。

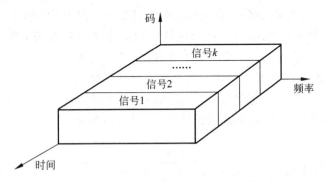

图 2-13　时分复用示意图

1) 同步时分复用

同步时分复用将传输媒介的使用时间轮流分配给不同的用户,各用户只有在被分配的时间段(时隙)使用传输媒介传送信息,即使某个用户在所分配的时隙内不传送信息,其他用户也不能使用传输通路。同步时分复用技术是按时隙来发送和接收信息,因此收发两端的时分复用器应保持严格的同步。

在数字通信系统中,帧是指传输一段具有固定数据格式的数据所占用的时间。各种信号(包括加入的定时、同步等信号)都严格按时间关系进行,该时间关系称为帧结构。

时分复用的基本条件:各路信号必须组成帧;一帧应分为若干时隙;在帧结构中必须有帧同步码;允许各路输入信号的抽样速率(时钟)有少许误差。

对于时分制多路电话系统的标准,ITU 制定了准同步数字同步体系(PDH)和同步数字同步体系(SDH),并对 PDH 和 SDH 都制定了 E 体系(中国、欧洲等采用)和 T 体系(北美、日本等采用)。

脉冲编码调制(PCM)通信是典型的时分复用多路通信系统,其基本原理如图 2-14 所示。

各路信号经低通滤波器将频带限制在 3400 Hz 以下,然后加到快速电子旋转开关(称分配器)。旋转开关不断重复地作匀速旋转,每旋转一周的时间等于一个抽样周期 T,这样就做到对每一路信号每隔周期 T 时间抽样一次。抽样后的各路信号称为 PAM 信号,并在每周中占用 T/N 时间。由此可见,发端分配器不仅起到抽样的作用,同时还

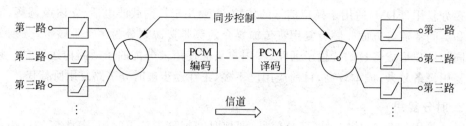

图 2-14   PCM 通信的基本原理

起到复用合路的作用。

合路后的 PAM 信号送到 PCM 编码器进行量化和编码,然后将数字信码送往信道。在收端将这些从发端送来的各路信码依次解码,还原成合路 PAM 信号。

在接收端,若开关同步地旋转,则对应各路的低通滤波器输入端能得到相应各分路后的 PAM 信号。最后再经低通滤波器平滑重建成话音信号。

在数字通信系统中,帧是指传输一段具有固定数据格式的数据所占用的时间。各种信号(包括加入的定时、同步等信号)都严格按时间关系进行,该时间关系称为帧结构。

【例 2-5】   PCM 30/32 路系统的帧结构(如图 2-15 所示)。

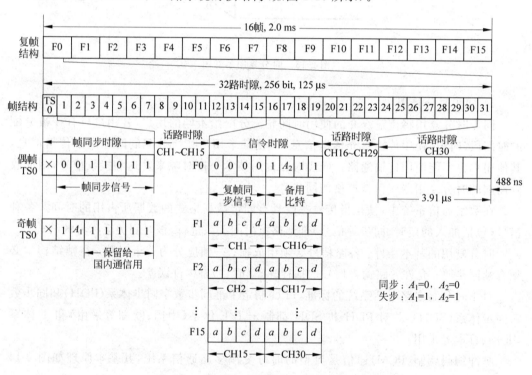

图 2-15   PCM 30/32 路制式基群帧结构

从语音模拟信号转换成数字信号的过程可知,为确保接收端能够将离散的数字信号还原成连续的模拟信号,取样频率需采用 8000 Hz,即每隔 125 μs 取样一次,该时间间隔称为一帧。对于 PCM 的时分通信,是把 125 μs 时间分成许多小段落,每一路占一段时间,该时间称为时隙。路数越多,每路的时隙就越小。通常安排有 24 路、32 路等。

PCM 30/32 的含义是整个系统共分为 32 个路时隙,其中 30 个路时隙分别用来传送 30 路话音信号,1 个路时隙用来传送帧同步码,1 个路时隙用来传送信令码。

2) 统计时分复用

同步时分复用以及频分复用都属于预分配资源的方式,即根据用户要求预先为各用户分配传输容量。当用户不传送数据时,信道资源便得不到充分的利用,不适用于突发性业务的需要。

采用动态分配或按需分配资源的方式可以克服预分配资源方式的缺点,即当用户有数据需要传输时才分配线路资源,而当该用户没有数据传输时,信道资源可以为其他用户所用,该方式称为统计时分复用(STDM)。

在统计时分复用方式中,各用户数据在通信信道上随机地相互交织传输。为了便于接收端能识别来自不同用户终端的数据,发送端需要在用户数据之前加上终端号或子信道号,通常称为标记。

同步时分复用信号和统计时分复用信号的示意图分别如图 2-16(a)和(b)所示。

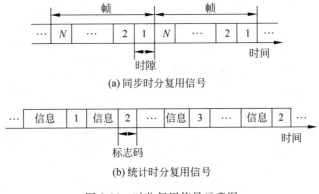

(a) 同步时分复用信号

(b) 统计时分复用信号

图 2-16 时分复用信号示意图

3. 码分复用

在频分复用或时分复用方式中,不同的用户分别占用不同的频带或时隙来进行通信。码分复用(CDM)是指发送端各路信号占用相同的频带,在同一时间发送,不同的是对各路信号的码元采用不同的编码;利用各路编码的正交性,在接收端区分不同路的信号。码分复用示意图如图 2-17 所示。

设 $+1$ 和 -1 表示二进制码元的两种电平取值,每个码组由等长的二进制码元组成,长度为 N。例如,用 x 和 y 表示两个码组:

$$x = (x_1, x_2, \cdots, x_i, \cdots, x_N)$$
$$y = (y_1, y_2, \cdots, y_i, \cdots, y_N)$$

其中,x_i, y_i 取值 $+1$ 或 -1；$i = 1, 2, \cdots, N$。

将两个码组的相互关系数定义为

$$\rho(x, y) = \frac{1}{N} \sum_{i=1}^{N} x_i y_i \tag{2-20}$$

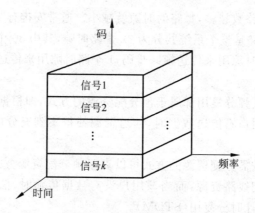

图 2-17   码分复用示意图

并将 $\rho(x,y)=0$ 作为两码组正交的必要和充分条件。

若将相互正交的码组当作码分复用中的"载波",则合成的多路信号可以在接收端彼此分开互不干扰。图 2-18 为四路码分复用原理框图。

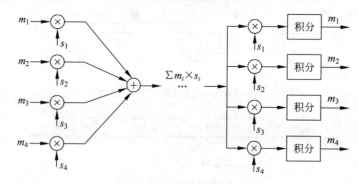

图 2-18   四路码分复用原理框图

图中 $m_i(i=1\sim4)$ 为各路用户信号,输入后先和互为正交的"载波"$s_i(i=1\sim4)$ 相乘,再与其他各路已调信号合并(相加),形成码分复用信号。

在接收端,多路信号分别和本路的"载波"相乘、积分,就可以恢复(解调)出原发送信息码元。

2.4.3   数字复接技术

在数字传输系统中,为了扩大传输容量和提高传输效率,常需要将若干个低速数字信号合并成一个高速数字信号流,以便在高速信道中传输;在到达接收端后,再把这个高速数字信号流分解还原成为相应的各个低速数字信号。该技术称为数字复接技术。

1. 数字复接系统

数字复接系统的组成框图如图 2-19 所示。

数字复接系统由数字复接器和数字分接器两部分组成。其可使一条高速数字信道

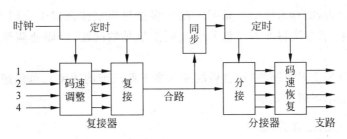

图 2-19　数字复接系统的组成框图

用作多条低速数字通道,从而大大提高数字传输系统的传输效率。

1)数字复接器

数字复接器位于发送端,把两个或多个低速数字支路信号(低次群)按时分复用方式合并成为一个高速数字信号(高次群)的设备。其由定时、码速调整和复接单元组成。

定时单元:提供统一的基准时钟,产生复接所需的各种定时控制信号。

码速调整单元:受定时单元控制,把速率不同的各支路信号进行调整,使之适合进行复接。

复接单元:也受定时单元控制,对已调整的各支路信号实施复接,形成一个高速的合路数字流(高次群);同时复接单元还必须插入帧同步信号和其他监控信号,以便接收端正确接收各支路信号。

2)数字分接器

数字分接器位于收信端,由同步、定时、分接和码速恢复等单元组成。

同步单元:控制分接器的基准时钟,使之和复接器的基准时钟保持正确的相位关系,即保持收发同步,并从高速数字信号中提取定位信号送给定时单元。

定时单元:通过接收信号序列产生各种控制信号,并分送给各支路进行分接。

分接单元:将各路数字信号进行时间上的分离,以形成同步的支路数字信号。

码速恢复单元:还原出与发送端一致的低速支路数字信号。

2. 数字复接方法

同步复接是数字复接的基础。根据复接器输入端各支路信号与本机定时信号的关系,数字复接方法可分为同步复接与异步复接。

1)同步复接

若复接器各输入支路数字信号相对于本机定时信号是同步的,称为同步复接,只需相位调整(或无须调整)即可实施复接。同源信号的复接为同步复接,同源信号是指各个信号由同一主时钟源产生。

2)异步复接

若复接器各输入支路数字信号相对于本机定时信号是异步的,称为异步复接。需要对各个支路进行频率和相位调整,使之成为同步的数字信号,然后实施同步复接。异源信号的复接即为异步复接,异源信号是指信号由不同的时钟源产生。

在异源信号中,若各信号的对应生效瞬间为同一标称速,而速率的任何变化都限制在规定的范围之内,则称为准同步信号。绝大多数异步复接都属于准同步信号的复接。而在异步复接中,若解决将非同步信号变成同步信号的问题,经码速调整即可实施同步复接。

码速调整分为正码速调整(调整后的速率高于调整前的速率)、负码速调整和正负码速调整。我国采用正码速调整。

3. 数字信号的复接方式

数字信号的复接要解决两个问题,即同步和复接。

同步是把若干数码率不同的支路数字信号速率按一定规则,调整到一致且保持固定的相位关系。

复接是把已同步的数字信号按时分复用方式,合并为一个高速数字信号序列。

根据参与复接的各支路信号每次交织插入的码元结构,复接可分为以下方式。

1) 按位复接

按位复接的方式每次复接一位码。若要复接 4 个基群信号,则依次先取第一、第二、第三、第四基群的第 1 位码,然后取各自基群的第 2 位码,以此类推,循环往复。复接后每位码宽度只有原来的 1/4。按位复接示意图如图 2-20 所示。由图中可以看出,各支路信号是源源而来的,当尚未轮到复接时,需将信息存储起来等待复接,所以数字复接中需要缓冲存储器。按位复接方法设备简单,存储器所需容量小,应用较广;其缺点是不利于信号交换。

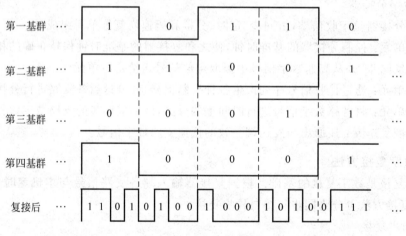

图 2-20 按位复接方式

2) 按字复接

按字复接方式每次复接取一个支路的 8 位码,各个支路的码轮流被复接。在其他三个支路复接期间,必须把另一个支路的 8 位码存储起来。该方式有利于多路合成处理和交换,但需要容量较大的缓冲存储器。

3) 按帧复接

按帧复接方式以帧为单位进行复接,即依次复接每个基群的一帧码。其优点是不破坏原来各个基群的帧结构,有利于交换,但需要容量更大的缓冲存储器。

4. 数字复接系列

数字复接是按照一定的规定速率,从低速到高速分级进行的,其中某一级的复接是把一定数目的具有较低规定速率的数字信号,合并成为一个具有较高规定速率的数字信号。该数字信号在更高一级的数字复接中,与具有同样速率的其他数字信号作进一步的合并,成为更高规定速率的数字信号。

例如,在扩大数字通信系统容量时,若在一条通路上传送 120 路电话,可将 4 个 30 路 PCM 系统的基群信号再进行时分复用,合成一个码速为 8.448 Mbit/s 的 120 路数字信号系统,称为二次群;若用 4 个 120 路的二次群信号,又可合成为一个 480 路的数字信号系统,称为三次群……这些由低次群合成为高次群的方法,都是通过数字复接技术来实现的。

国际电信联盟(ITU)推荐了两类数字速率系列和数字复接等级,即北美和日本采用的 1.544 Mbit/s(即 24 路 PCM)和中国、欧洲采用的 2.048 Mbit/s(即 30/32 路 PCM)作基群(即一次群)的数字速率系列。两类数字速率系列如表 2-13 所示。

表 2-13　两类数字速率系列

类　别	T 体系(美国、日本)		E 体系(欧洲、中国)	
	码速率/(Mbit/s)	话路数	码速率/(Mbit/s)	话路数
基群	1.544	24	2.048	30
二次群	6.312	24×4＝96	8.448	30×4＝120
三次群	32.064	95×5＝475	34.368	120×4＝480
四次群	97.728	480×3＝1440	139.264	480×4＝1920

以 2.048 Mbit/s 为基群的数字速率系列的帧结构与目前数字交换用的帧结构统一,因此便于向数字传输和数字交换统一化方向发展。我国已经统一采用 2.048 Mbit/s 为基群码速率的数字系列。

2.4.4　同步技术

同步是数字通信系统的基本组成部分。数字通信的特点之一是通过时间分割来实现多路复用,即时分多路复用。

通信过程中的信号处理和传输都在规定的时隙内进行,帧同步是实现时分多路通信必不可少的条件之一。为了使整个通信系统准确、有序、可靠地工作,收发双方必须有一个统一的时间标准,该时间标准依靠定时系统去完成收发双方时间的一致性,即实现了时间上的同步。

1. 同步的基本概念

同步是使系统的收发两端在时间上和频率上保持步调一致。同步技术可以使通信系统的收发两端或整个通信网络以精度很高的时钟提供定时,以便系统(或网络)的数据流能同步、有序而准确地传送信息达到收发信端。

同步准确性对通信质量有很大影响；多媒体信息传输则对同步有更进一步的要求，应达到各信息媒体之间的同步显示。同步系统性能的好坏，直接影响着通信系统性能的优劣。

2. 同步系统的基本要求

同步系统是使收发定时系统同步工作，以保证在接收端能正确地接收每一个码元，并正确分出每一路信息码和信令码。

由于信息码元的传输只在收发之间建立同步后才能开始进行，因而对同步系统提出了下述基本要求：同步误差小、相位抖动小，以及同步建立时间短、保持时间长等。

同步是系统正常工作的前提。若同步性能不好将使数字通信设备的抗干扰性能下降，误码增加；若同步丢失(或失步)将会使整个系统无法工作。因此，在数字通信同步系统中，对同步信息传输的可靠性要求，将高于在信息信号传输时的可靠性指标。

3. 同步技术的分类

1) 载波同步

数字调制系统的性能是由解调方式决定的。在相干解调中，其解调电路需要同步载波(收信端产生与发信端同频同相的载波)。相干解调首先要在接收端恢复出相干载波，该载波应与发送端的载波在频率上同频并在相位上保持某种特定关系。在接收端获得这一相干载波的过程称为载波跟踪、载波提取或载波同步。载波同步是实现相干解调的先决条件。

2) 位同步(码元同步)

在基带传输或频带传输中，都需要位同步。因为在数字通信系统中，消息是由一连串码元序列传递的，这些码元一般具有相同的持续时间。

由于传输信道的不理想，以一定速率传输到接收端的数字信号，其波形混有噪声和干扰而产生失真。为了从该波形中恢复出原始的基带数字信号，就要对波形进行取样判决，因而需要在接收端产生一个码元同步脉冲或位同步脉冲。该码元定时脉冲序列的重复频率和相位(位置)应与接收码元一致，以保证接收端的定时脉冲重复频率和发送端码元速率相同，并使取样判决时刻对准最佳位置。

通常，把位同步脉冲与接收码元的重复频率和相位的一致，称为码元同步或位同步；而把同步脉冲的取得称为位同步提取。

3) 帧同步(群同步)

对于数字信号传输，若有载波同步，可利用相干解调方式解调出含有载波成分的基带信号包络；若有位同步，则可从不规则的基带信号中判决出每一个码元信号，形成原始的基带数字信号。上述数字信号都是按照一定数据格式传送的，一定数目的信息码元通过字的组合构成一帧(群)，从而形成群的数字信号序列。

在接收端，若要正确地恢复消息，就必须识别帧的起始时刻。

在数字时分多路通信系统中，各路信息码元被安排在指定的时隙内传送，形成一定的帧结构。在接收端，为了正确分离各路信号，必须识别出每帧的起始时刻，找出各路时隙的位置，即接收端必须产生与帧的起止时间相一致的定时信号，获得该定时序列称为帧同步。

4）网同步

当通信在点对点之间进行,并且完成了载波同步、位同步、帧同步之后,即可进行可靠的通信。但通信网中往往需要在多点之间相互连接,需要把各个方向传来的信息码元按其不同目的进行分路、合路和交换。为了有效地完成这些功能,必须实现网同步。

4. 同步方式

同步也是一种信息,若按传输同步信息方式的不同,可分为外同步法和自同步法。

1）外同步法

外同步法由发送端发送专门的同步信息,接收端检测出该信息作为同步信号。该方法需要传输独立的同步信号,因此要付出额外的功率和频带。帧同步一般采用外同步法。

2）自同步法

在自同步法中,发送端不发送专门的同步信息,接收端设法从所收的信号中提取同步信息。在载波同步中多采用自同步法。

2.5　数字信号的基带传输

基带是由消息转换而来的原始信号所固有的频带,不搬移基带信号的频谱而直接进行传输的方式称为基带传输。基带传输系统所涉及的技术问题包括信号类型(传输码型)、码间串扰、实现无串扰传输的理想条件以及如何克服和减少码间串扰的具体措施等,例如,对单路的或经过复用的基带信号进行加密、编/解码、扰码与解扰、时域均衡、回波抵消等处理技术。

2.5.1　数字信号传输的基本概念

数字信号传输的基本内容是波形设计以及传输波形的改善技术,而所有改善技术则是为了减少接收端恢复发送信号时可能发生的差错率。

1. 基带传输

数字信号从源传到目的地,需要有数字传输设备和传输媒介,以及某些信号转换设备。从数字通信终端送出的数字信号(其频谱范围一般从零开始),称为基带信号;用基带信号直接进行传输,则称为基带传输。

基带信号频率较低,很难实现远距离传输;基带信号包含的频谱成分很宽,而能用于基带传输的信道是有限的。因此,常采用将信号的带宽限制在某一范围内。通常的市内电话线路或专用的实线电路,可以进行基带传输。

数字信号的基带传输技术研究的主要问题如下。

(1) 信号的频谱特性。指信号所包含的全部频率范围在传输中所受的影响。数字信号最常用的波形是二进制矩形脉冲序列,该波形的频谱范围无限宽,但能量比较集中。

(2) 信道的传输特性。矩形脉冲序列信号在实际系统中传输时,信号的一部分频谱就被截除,再加上在传输中的衰减、干扰等因素,信号波形将产生失真。信号所受的衰减和干扰越大,其在接收端出现误判决的概率也越大。

(3) 经过信号传输后的数字信号波形。为了减少误判,数字传输系统普遍采用再生中继技术,即对数字信号进行整形,使"0"或"1"信号在接收点进行判决时不致被误判。

2. 数字基带传输系统组成

数字信号基带传输系统的基本构成如图 2-21 所示。

图 2-21　数字信号基带传输系统方框图

图 2-21 所示系统中各单元功能如下。

基带波形形成器:将二进制数据序列变换成以矩形脉冲为基础,较适合于信道传输的各种码型(一般低频分量较大,占用频带较宽)。

发送滤波器:把以矩形脉冲为基础的各种码型,变换为更加适合于信道传输的信号,即形成变化比较平滑的信号波形。

信道:一般为有线信道(如电缆),信道中会引入噪声。

接收滤波器:发送滤波器和接收滤波器共同形成所需要的波形,当波形由发送滤波器一次形成时,接收滤波器的作用仅是限制带外噪声进入接收系统,以提高判决点的信噪比。

均衡器:信道畸变的均衡,即对失真的波形进行均衡。

抽样判决器:在最佳时刻对信号进行抽样,并判定信号码元的值。

3. 数字信号传输的主要技术内容

在数字信号传输中,要实现两地之间的通信,除了两地的数字终端外,还需要有相应的传输设备(如脉码调制设备、再生中继设备等)和信道。其设备和信道状况都将直接影响到通信的容量与质量。数字信号传输中所涉及的主要技术内容如下。

(1) 采用数字复接技术,以扩大传输容量,提高传输效率;选用合适的线路传输码型,以实现无失真传输。

(2) 采用再生中继技术解决衰减、杂音、畸变、串音等问题,增长传输距离。

(3) 扩大频带宽度,提高通信容量。

2.5.2　基带传输的常用码型

数字信号在传输过程中受到干扰的影响将会产生失真,从而可能引起接收端的错误接收。若使接收端能够以最小的差错率恢复出原发送的数字信号(而并不要求信号波形无失真地传输),则需要设计一种适合于在给定信道上传输的信号波形。适合在有线信道中传输的数字基带信号码型称为线路传输码型。

1. 对传输码型的要求

数字传输中对码型的基本要求如下。

(1) 传输信号的频谱中不应有直流分量。

（2）码型中应包含定时信息（以利于定时信息的提取）。

（3）码型变换设备要简单可靠。

（4）码型应具有一定的检错能力。

（5）编码方案对发送消息类型不应有任何限制（与信源统计特性无关的该特性称为对信源具有透明性）。

2. 常用传输码型

常用的两电平传输码如图 2-22 所示。

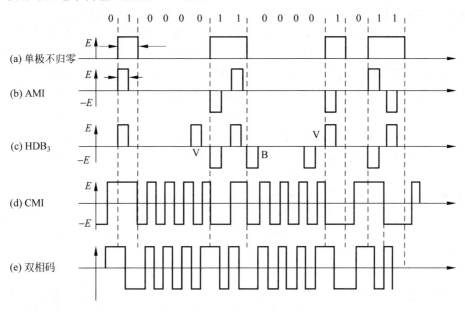

图 2-22 常用的两电平传输码

1）交替极性码（AMI）

AMI 码又称双极方式码、平衡对称码、传号交替反转码等。其编码方法是把单极性方式中的"0"码仍与零电平对应，而"1"码则对应发送极性交替的正、负电平。

2）三阶高密度双极性码（HDB₃）

HDB₃ 码是在 AMI 码基础上，为克服一串长连"0"码（难以提取定时信息）而改进的一种码型。其基本思想：不使 AMI 码的连"0"码太多，当连续出现 4 个"0"码时，则人为添加脉冲（称为破坏脉冲），用 V 表示；为保证无直流，V 脉冲应正负交替插入；同时人为添加的破坏脉冲还应与信码严格区别，以便接收端能够正确恢复原信息。

3）传号反转码（CMI）

CMI 码的编码规则：当出现"0"码时，用"01"表示；当出现"1"码时，交替用"00"和"11"表示。其优点是无直流分量，且频繁出现波形跳变，便于定时信息提取，并具有误码监测能力。

4）双相码

双相码又称为分相码或曼彻斯特码。其特点是每个码元用两个连续极性相反的码来表示。如"1"码用正、负脉冲表示，"0"码用负、正脉冲表示。该码的优点是无直流分量，最长的连"0"、连"1"数为 2，定时信息丰富，编译码电路简单。

5）mBnB 码

mBnB 码又称分组码，是把输入的信息码流以 m 比特（mB）分为一组，再按一定规则变换成 n 比特（nB）一组的码组输出。要求 $n > m$，使变换后的码流产生多余比特，用来传送与误码检测等相关的信息。

以上介绍的双相码和 CMI 码属于分组码中的 1B2B 码。适用于较高速率的分组码包括 3B4B 码、5B6B 码、6B8B 码等。

【例 2-6】 高速光纤数字传输系统中的线路传输码型——5B6B 码。

当码速低于 200 Mbit/s 时，双相码在低次群光纤数字传输系统中具有较佳的系统性能。但在三次群或四次群以上速率时，1B2B 类的双相码已不再适用，其主要原因是频带利用率太低。5B6B 码综合考虑了频带利用率和设备复杂性，增加了 20% 的码速，但换取了便于提取定时、低频分量小、可实时监测和迅速同步等优点。

在 5B6B 码型中，每 5 位二元输入信息被编码成一个 6 位二元输出码组。5 位二进制码共有 32 种码组，6 位二进制码共有 64 种码组。为此，要从 64 种 6B 码中选出适宜的码组去代表 5B 码的 32 种码组，其具体编码方案有多种。5B6B 码表如表 2-14 所示。

表 2-14　5B6B 码表

输入码组 （5 位/组）	输出码组（6 位/组）		输入码组 （5 位/组）	输出码组（6 位/组）	
	正模式	负模式		正模式	负模式
00000	000111	同正模式	10000	001011	同正模式
00001	011100	同正模式	10001	011101	100010
00010	110001	同正模式	10010	011011	001010
00011	101001	同正模式	10011	110101	001010
00100	011010	同正模式	10100	110110	001001
00101	010011	同正模式	10101	111010	000101
00110	101100	同正模式	10110	101010	同正模式
00111	111001	000110	10111	011001	同正模式
01000	100110	同正模式	11000	101101	010010
01001	010101	同正模式	11001	001101	同正模式
01010	010111	101000	11010	110010	同正模式
01011	100111	011000	11011	100110	同正模式
01100	101011	010100	11100	100101	同正模式
01101	011110	100001	11101	100011	同正模式
01110	101110	010001	11110	001110	同正模式
01111	110100	同正模式	11111	111000	同正模式

在 6B 码中，"1"的个数与"0"的个数相等的（例如 001011）称为平衡码，共有 20 种，可以代表 20 个 5B 码组。6B 码中有 4 个"1"码、2 个"0"码的（例如 111010）称为正不平衡码，有 4 个"0"码、2 个"1"码的（如 000101）称为负不平衡码。正、负不平衡码各有 12 种，交替使用代表另外 12 种 5B 码组，以便信息码流中"1"和"0"的概率相同，从而保持直流分量稳定。

在这 44 种码组之外的 20 种 6B 码组为禁码,其"1""0"的个数相差悬殊,不利于稳定信息码流的直流分量,故不予选用。

当接收端出现禁码时,表示信息传输过程中产生了误码,由此可以实现不中断业务的误码监测。

2.5.3　眼图

由于滤波器部件调试不理想或信道特性的变化等因素,在码间干扰和噪声同时存在的情况下,系统性能的定量分析更是难以进行。因此,在实际应用中需要用简便的实验方法来定性测量系统的性能,其中一个有效的实验方法是观察接收信号的眼图。

1. 码间干扰的概念

信号在经过信道传输后会发生变化,这些变化对接收端正确接收信号非常不利。如图 2-23 所示,单个矩形脉冲在通过信道时,信号的幅度会因为部分能量转化为热能而衰减,同时信号的形状也会发生变化,脉冲的宽度会展宽,有时会有拖尾现象。

图 2-23　矩形脉冲传输畸变示意图

信号在信道上传输发生畸变的原因主要是输入信号的频谱较宽,而信道对于信号各个频率成分传输的衰耗是不同的,这样各个频率成分在经过不同衰减后,再叠加在一起的波形将与原来的形状不同。

如果信道对于信号各个频率成分传输的衰耗相同,则不会产生信号畸变,这样的信道称为理想信道。而通信传输信道往往复杂多变,实际的通信信道都是不理想信道。

所谓码间干扰就是由于信道特性的不理想,波形失真比较严重时,可能出现前面几个码元的波形同时串到后面,对后面某一个码元的抽样判决产生影响。

在图 2-23 中,信号在经过不理想的信道后产生长长的拖尾,如果相邻的接收信号拖尾彼此影响,就会对接收端接收信号产生影响。如图 2-24 所示,发送端发送了 3 个矩形脉冲,在接收端准备对第 2 个信号接收判决时,第 1 个和第 3 个信号的拖尾会对第 2 个信号产生影响,这就是码间干扰。因为第 1 个和第 3 个信号的拖尾在第 2 个信号判决的时刻的值为负值,如果这两个值相加超过了第 2 个信号本身的值,就会产生误判错误,原本是 1,被误判成 0,这就产生了误码。

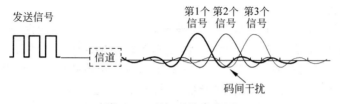

图 2-24　码间干扰示意图

2. 眼图的概念

眼图是指利用实验手段方便地估计和改善(通过调整)系统性能时,在示波器上观察到的一种图形。观察眼图的方法:用一个示波器跨接在接收滤波器的输出端,然后调整示波器水平扫描周期,使其与接收码元的周期同步。此时可以从示波器显示的图形上观察出码间干扰和噪声的影响,从而估计系统性能的优劣程度。在传输二进制信号波形时,示波器显示的图形很像人的眼睛,故名"眼图"。

图 2-25(a)所示为接收滤波器输出的无码间串扰的双极性基带波形,用示波器观察该波形,并将示波器扫描周期调整到码元周期 T_s;由于示波器的余辉作用,扫描所得的每一个码元波形将重叠在一起,形成如图 2-25(b)所示的迹线为细而清晰的大"眼睛";图 2-25(c)是有码间串扰的双极性基带波形,波形已经失真,示波器的扫描迹线就不完全重合,于是形成的眼图线迹杂乱,"眼睛"张开得较小,且眼图不端正,如图 2-25(d)所示。对比图(b)和图(d)可知,眼图的"眼睛"张开得越大,且眼图越端正,表示码间串扰越小;反之则表示码间串扰越大。

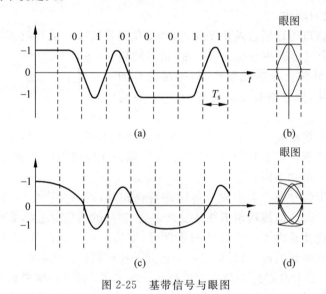

图 2-25　基带信号与眼图

当存在噪声时,眼图的线迹变成了比较模糊的带状的线,噪声越大,线条越宽,越模糊,"眼睛"张开得越小。需要注意的是,从图形上并不能观察到随机噪声的全部形态,例如,出现机会少的大幅度噪声在示波器上一晃而过,因而用人眼是观察不到的。所以,在示波器上只能大致估计噪声的强弱。

3. 眼图模型

从以上分析可知,眼图可以定性反映码间串扰的大小和噪声的大小。眼图可以用来指示接收滤波器的调整,以减小码间串扰,改善系统性能。为了说明眼图和系统性能之间的关系,可把眼图简化为一个模型,如图 2-26 所示。由该图可以获得以下信息。

(1)最佳抽样时刻应是"眼睛"张开最大的时刻。

(2)眼图斜边的斜率决定了系统对抽样定时误差的灵敏程度:斜率越大,对定时误差越灵敏。

(3)图的阴影区的垂直高度表示信号的畸变范围。

(4)图中央的横轴位置对应于判决门限电平。

(5)抽样时刻上,上、下两阴影区间隔距离的一半为噪声的容限,噪声瞬时值超过容限就可能发生错误判决。

（6）图中倾斜阴影带与横轴相交的区间表示了接收波形零点位置的变化范围，即过零点畸变，其对于利用信号零交点的平均位置来提取定时信息的接收系统有很大影响。

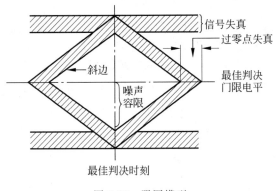

图 2-26　眼图模型

2.5.4　再生中继与均衡技术

再生中继的作用是对基带信号进行均衡和放大，对已失真信号进行判决，再生出与发送信号相同的标准波形。对传输系统中的线性失真进行补偿或者校正的过程称为均衡。再生中继与均衡技术是数字传输系统中的主要技术之一。

1. 再生中继技术

数字信号在信道中传输时，其功率会逐渐衰减；由于各种干扰的存在，信号波形也会产生失真。传输的距离越长，信号衰减和失真也就越严重，从而使误码增加、通信质量下降。

为了延长通信距离，需在传输通路的适当地点设置再生中继器，使信号在传输过程中的衰减得到补偿，并消除干扰的影响。再生后的信号将与未受干扰的信号一样，一站接一站地往前传，向更远的距离传输。"再生中继"因此得名。

再生中继器由均衡放大电路、定时提取电路、判决及码形成电路等部分组成。

均衡放大电路：对接收到的失真波形进行放大和均衡。

定时提取电路：在收到的信码流中提取定时时钟，以得到与发端相同的主时钟脉冲，实现收发同步。

判决及码形成电路：对已被放大和均衡的信号波形进行抽样、判决，并根据判决结果形成新的（与发送端相同的）脉冲。

目前，再生中继器已实现集成化，并具有体积小、工作稳定和便于批量生产等优点。

2. 均衡技术

为了补偿或者校正实际的传输系统中的线性失真，可在接收滤波器和取样判决电路之间加一均衡滤波器（简称均衡器），使得合成的总特性满足数据传输的要求。

在基带传输系统中，常用的均衡器有频域均衡器和时域均衡器两大类。

1）频域均衡

频域均衡是使整个传输系统（包括均衡器在内）满足无失真传输的条件。其基本思想是分别校正幅频特性和群时延特性,利用可调滤波器的频率特性去补偿基带系统的频率特性。频域均衡是按信号波形无失真传输条件而设计的,其不仅是为了消除码间干扰而用于数字脉冲信号的传输,也适用于模拟信号传输。

2) 时域均衡

时域均衡以传输信号的时域脉冲响应为出发点,力求传输系统(包括其本身在内)所形成的接收波形接近于无失真信号波形,目的是消除取样点上的码间干扰(而不要求整个信号波形无失真)。时域均衡关注取样点的瞬时值,使该点上的码间干扰和噪声对判决的影响达到最小,从而提高取样判决的正确率。现代数字通信系统中的时域均衡器常采用自适应均衡滤波器,其在规定的准则下,可实现最佳接收。

2.6 调制技术

调制是对信号源的编码信息进行处理,使其变为适合于信道传输形式的过程。调制的目的是将基带信号的频谱搬移到适合传输的频带上,并提高信号的抗干扰能力。调制是各类通信系统的主要技术之一。

2.6.1 调制的基本概念

调制是将基带信号的频谱搬移到某个载频频带再进行传输的方式。这种适合于信道传输的信号频谱搬移过程,以及在接收端将被搬移的信号频谱恢复为原始基带信号的过程,称为信号的调制和解调。

1. 调制的作用

在通信技术中,载波是一个用来搭载原始信号(信息)的信号,不含任何有用信息。调制是使载波的某参数随调制信号(原始信号)的改变而变化的过程。

调制的一般过程如图 2-27 所示。

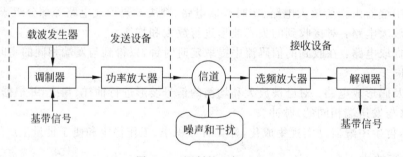

图 2-27 调制的一般过程

调制的实质是进行频谱变换。

调制是在发送端把基带信号的频谱搬移到传输信道通带内的过程。解调是在接收端把已调制信号还原成基带信号的过程,解调是调制的逆过程。

调制有以下两方面的目的。

（1）将基带信号变为带通信号。把基带调制信号的频谱搬移到载波频率附近,选择不同的载波频率(载频)可将信号的频谱搬移到希望的频段上,以适应信道传输的要求,或将多个信号合并起来用以多路传输。

（2）提高信道传输时的抗干扰能力。不同调制方式产生的已调信号的带宽不同,因此影响传输带宽的利用率。

随着大容量与远距离数字通信的发展,特别是在移动通信、卫星通信和数字微波中继通信中,以充分节省频谱和高效利用可用频带为目标,频谱资源的高效率利用就更为重要。

2. 调制的种类

在调制过程中,频谱搬移需要借助一个正弦波作为载波,基带信号则调制到载波上。通常,载波的频率远高于调制信号的频率。载波是一个确知的周期性波形,有振幅、载波角频率和初始相位等参量。载波的 3 个参量都可以被独立地调制,所以最基本的调制体制有调幅、调频和调相。

若基带信号是连续变化的模拟量,上述处理过程称为模拟调制。若用数字基带信号对载波进行调制,使基带信号的频谱搬移到较高的载波频率上,该信号处理方式称为数字调制。

数字调制的作用是将输入的数字信号(基带数字信号)变换为适合于信道传输的频带信号。与模拟调制中的幅度调制(AM)、频率调制(FM)和相位调制(PM)相对应,基本数字调制方式有幅度键控(ASK)、频移键控(FSK)、绝对相移键控(PSK)、相对(差分)相移键控(DPSK)等。用多进制的数字基带信号调制载波,可以得到多进制数字调制信号,并可在不提高波特率的前提下提高比特率。

表 2-15 列出了常用调制技术及其用途。

表 2-15　常用调制技术及其用途

调 制 方 式		主 要 用 途
载波调制	线性调制	
	常规双边带调制 AM	广播
	双边带调制 DSB	立体声广播
	单边带调制 SSB	载波通信、短波无线电话通信
	残留边带调制 VSB	电视广播、传真
	非线性调制	
	频率调制 FM	微波中继、卫星通信、立体声广播
	相位调制 PM	中间调制方式
	数字调制	
	幅度键控 ASK	数据传输
	频移键控 FSK	
	相移键控 PSK、DPSK	
	偏置正交相移键控 OQPSK	
	正交差分相移键控 π/4DQPSK	
	其他高效数字调制 QAM、MSK	数字微波、空间通信
	最小频移键控 MSK	移动通信
	高斯最小频移键控 GMSK	移动通信
	多载波调制	
	正交频分复用 OFDM	非对称数字用户环路、无线局域网高清电视、数字视频广播

续表

调 制 方 式			主 要 用 途
脉冲调制	脉冲模拟调制	脉幅调制 PAM	中间调制方式、遥测
		脉宽调制 PDM	中间调制方式
		脉位调制 PPM	遥测、光纤传输
	脉冲数字调制	脉码调制 PCM	市话中继线、卫星、空间通信
		增量调制 DM（ΔM）	军用、民用数字电话
		差分脉码调制 DPCM	电视电话、图像编码
		其他编码方式 ADPCM	中继数字电话
编码调制		网格编码调制 TCM	高速数据传输、数字电视传输
扩频调制		直接序列扩频调制 DSSS	军事通信、CDMA 移动通信、导航、雷达
		跳频扩频调制 FHSS	

3. 解调方式

解调方式可分为非相干解调和相干解调。

非相干解调不需要同步载波。

相干解调误码率比非相干解调低,需要在接收端从信号中提取出相干载波(与发送端同频同相的载波),故设备相对较复杂。

在衰落信道中,若接收信号存在相位起伏,不利于提取相干载波,则不宜采用相干解调。

2.6.2　模拟调制技术

模拟调制是指用来自信源的基带模拟信号去调制某个载波。在模拟调制中,通常利用正弦高频信号作为传送消息的载体,称为载波信号。

模拟调制系统分为幅度调制和角度调制。

若载波信号的幅度随基带信号成比例地变化,称为振幅调制(或幅度调制),简称为调幅。

若载波信号的频率或相位随基带信号成比例地变化,则称为角度调制。频率调制或相位调制均属角度调制,分别简称为调频和调相。

模拟调制是一种基本的调制方式,分为线性调制和非线性调制两大类。

1. 线性调制

线性调制的已调信号的频谱结构是调制信号频谱的平移,或平移后再经过滤波除去不需要的频谱分量。线性调制主要包括标准调幅(AM)、双边带(DSB)调幅、单边带(SSB)调幅和残留边带(VSB)调幅等体制。

1) 标准调幅(AM)

在调幅体制中,基带调制信号电压峰值和被调载波峰值之比称为调幅度。调幅度最大为 100%。

标准调幅信号的包络和其基带调制信号的波形相同,故可用包络检波法解调调幅信号。标准调幅信号中的载波分量不携带基带信号的信息,但占用了信号中的大部分功率,故传输效率低。

2)双边带(DSB)调幅

若抑制调幅信号中的载波,已调信号频谱中含上下两个边带(无载波分量),即得到双边带信号。双边带信号和调幅信号相比,可以节省大部分发送功率,但在接收端必须恢复载频。这样就增大了接收设备的复杂性。

3)单边带(SSB)调幅

在双边带信号中,上下两个边带携带相同的基带信息,形成重复传输。所以,可以只传输上边带或下边带,这样就得到单边带信号。单边带信号虽然在功率和频带利用率方面具有优越性,但是在接收端解调时仍需要恢复载频,另外在发送端为了滤出单边带信号,要求滤波器的边缘很陡峭,有时较难实现。

4)残留边带(VSB)调幅

残留边带调制信号的频谱介于双边带信号和单边带信号之间,并且含有载波分量。所以它能避免上述单边带调制的缺点,特别适合用于包含直流分量和很低频率分量的基带信号。

图 2-28 是振幅调制示意图。

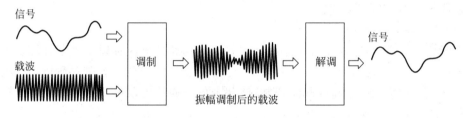

图 2-28　振幅调制示意图

【例 2-7】　无线电广播。

普通中波段收音机的接收频段是 535～1605 kHz,该频段可以看成是一个物理传输信道。各地广播电台将各自的广播节目(音频信号)以调幅(AM)方式调制到不同频率的载波(频分复用)上发射出去供公众接收。听众可通过调整调谐按钮,来改变收音机内的带通滤波器中心频率,使得滤波曲线在 535～1605 kHz 范围内来回移动,当带通滤波器的中心频率与听众欲接收的广播节目的载频相同时,可将该节目信号选择出来,再通过电压放大、解调、功率放大等处理,即可还原成音频信号并由扬声器播放。

2. 非线性调制

非线性调制又称为角度调制。在角度调制中,高频载波的振幅保持不变,而载波信号的角度随基带信号而变化。非线性调制的已调信号的频谱结构和调制信号的有很大不同。该已调信号的频谱中增加了许多新的频率分量,其信号的频带宽度也可能大大增加。

角度调制也是频谱的搬移过程,但与幅度调制有所区别。第一,角度调制是一种非线性调制,基带信号频谱与已调信号频谱不是线性关系,因而对信号的运算不能应用叠加原理。第二,已调信号的带宽比基带信号的带宽大得多,至少是基带信号的两倍。第三,角度调制的抗噪声性能比幅度调制强。在给定信号发送功率前提下,可用增加带宽的方法来换取输出信噪比的提高,这是角度调制的优点。

在非线性调制过程中,主要包括调频(FM)和调相(PM)两种体制,两者在实质上并没有区别,单从已调信号波形来看也不能区分,只是调制信号和已调信号之间的关系不同。

1) 频率调制(调频)

调频让瞬时频率偏移或随调制信号而变化,即把调制信号调制到载波的瞬时频率上。

2) 相位调制(调相)

调相让瞬时相位偏移 $\varphi(t)$ 随调制信号而变化,即把调制信号调制到载波的瞬时相位上。

一般而言,角度调制信号占用较宽的频带。由于这种信号的振幅并不包含调制信号的信息,因此,尽管接收信号的振幅因传输而随机起伏,但信号中的信息不会受到损失。故其抗干扰能力较强,特别适合在衰落信号中传输。调频的主要优点是抗干扰能力强,宽带调频解调后输出信号的信噪比远高于调幅信号(但以增加频带宽度为代价),应用于高质量通信或信道噪声较大的场合,如调频广播、电视伴音等。

2.6.3　基本数字调制技术

在无线电信道中,若要使信号能以电磁波的方式通过天线辐射出去,信号所占的频带位置必须足够高,且信号所占用的频带宽度不能超过天线的通频带。所以,基带信号的频谱必须用一个频率很高的载波调制,使基带信号搬移到足够高的频率上,才能从天线发射出去。

数字调制是用数字基带信号去改变高频载波的参数,实现基带信号变换为频带信号的过程。在该过程中,信号频谱由原来的低频信号搬移到高频段。数字解调是把数字频带信号恢复成原来数字基带信号的过程,该信号中的频谱由高频段恢复到原来的基带信号的低频段。

1. 数字调制的基本概念

数字调制又称为"键控",其将数字信息码元的脉冲序列视为"电键"对载波的参数进行控制。与模拟调制相似,数字调制所用的载波一般也是连续的正弦型信号,但调制信号则为数字基带信号。

数字调制利用数字信号本身的规律性(时间离散、幅度离散等)去控制一定形式的载波而实现调制。利用矩形的基带脉冲序列去控制正弦波的振幅、频率和相位,即可获得幅度键控(ASK)、频移键控(FSK)、相移键控(PSK)以及正交幅度调制(QAM)等。

2. 二进制数字调制

由于二进制数字调制系统的抗干扰能力强,多用于产生信号弱、信道不太拥挤的场合,如卫星通信等。

二进制数字调制包括二进制振幅键控(2ASK)、二进制频移键控(2FSK)和二进制相移键控(2PSK 和 2DPSK)。

图 2-29 示出了 2ASK、2FSK、2PSK 信号的基本波形。

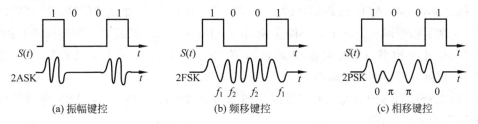

图 2-29　二进制数字调制信号的基本波形

1) 二进制振幅键控(2ASK)

以基带数据信号控制一个载波的振幅,称为幅度键控(或振幅键控),又称数字调幅,简写为 ASK。

2ASK 是指载波幅度受二进制单极不归零(NRZ)信号控制。与二进制数"1"或"0"对应,载波传输相应为时通时断,故二进制幅度键控(2ASK)也称为通-断键控(OOK)。

(1) 2ASK 信号的调制。2ASK 用二进制数字基带信号控制载波的幅度,二进制数字序列只有"1""0"两种状态,则调制后的载波也只有两种状态:有载波输出传送"1",无载波输出传送"0"。如图 2-30 二进制振幅键控(2ASK)实现及各点波形图所示,假定调制信号是单级性非归零的二进制序列,发"1"码时 ,输出载波 $A\cos\omega_c t$;发"0"码时,无输出。

2ASK 具体实现及各点波形如图 2-30 所示。

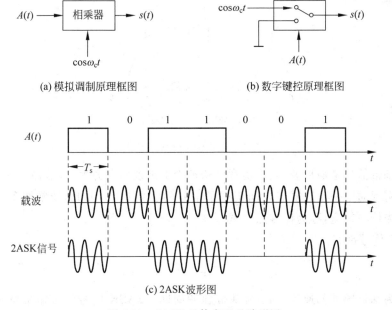

(c) 2ASK波形图

图 2-30　2ASK 具体实现及波形图

图 2-30(a)是 2ASK 模拟调制法实现框图,乘法器完成调制功能;图 2-30(b)是数字键控法实现框图。其已调信号 $s(t)$ 表达式为

$$s(t) = A(t)\cos(\omega_c t + \theta) \tag{2-21}$$

图 2-30(c)是 2ASK 已调信号波形图,发"1"码时,有信号即载波信号,发"0"码时无信号,实现了幅度调制。对于 2ASK 来说,就是用基带信号("0"或"1")控制载波的幅度。传"0"信号时,0 电平与载波相乘,结果为 0;传"1"信号时,高电平与载波相乘,结果为载波本身(幅度可能会增大或减小)。

(2) 2ASK 信号的带宽。若二进制序列的功率谱密度为 $P_B(f)$,2ASK 信号的功率谱密度为 $P_{2ASK}(f)$,则有

$$P_{ASK}(f) = \frac{1}{4}\big[P_B(f + f_c) + P_B(f - f_c)\big] \tag{2-22}$$

由式(2-22)可知,2ASK 信号的功率谱是基带信号功率谱的线性搬移(即线性搬移没有新的频率成分出现,仅仅是原有频谱的左右平移),所以 2ASK 调制为线性调制,其频谱宽度是二进制基带信号的两倍 $2f_s$,即带宽为 f_s 的基带信号调制后带宽变成了 $2f_s$。图 2-31 给出了 2ASK 信号的功率谱示意图。

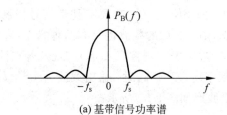

(a) 基带信号功率谱

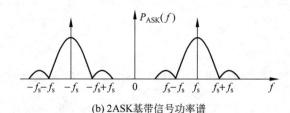

(b) 2ASK基带信号功率谱

图 2-31   2ASK 信号功率谱

由于基带信号是矩形波,其频谱宽度从理论上来说为无穷大,以载波 f_c 为中心频率,在功率谱密度的第一对过零点之间集中了信号的主要功率,因此,通常取第一对过零点的带宽作为传输带宽,称为谱零点带宽。

2ASK 信号带宽:

$$B = 2f_s = \frac{2}{T_s} \tag{2-23}$$

式中:f_s 为基带脉冲的速率;T_s 为基带脉冲周期。2ASK 信号的传输带宽是码元速率的 2 倍。

（3）2ASK 信号的解调。解调指的是接收端把信号从载波上恢复出来。对于 2ASK 调制方式，用到的解调方式有两种：相干解调和非相干解调。

① 相干解调。相干解调也称为同步检测法，指的是在接收端和发送端用同频同相的载波信号与信道中接收的已调信号相乘，实现 2ASK 频谱的再次搬移，使数字调制信号的频谱搬回到零频附近。

2ASK 相干解调法原理框图如图 2-32 所示。

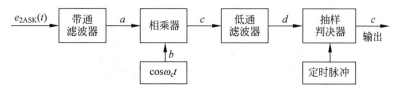

图 2-32　2ASK 相干解调法原理框图

2ASK 相干解调各点波形如图 2-33 所示。

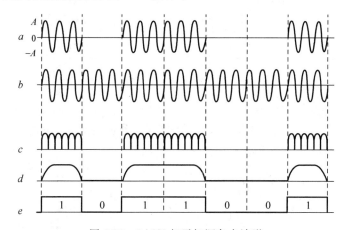

图 2-33　2ASK 相干解调各点波形

带通滤波器 BPF：BPF 取出已调信号，滤除接收信号频带以外的噪声干扰，即抑制带外频谱分量，保证信号完整地通过。

乘法器：乘法器实现 2ASK 频谱的再次搬移，使数字调制信号的频谱搬回到零频附近。

低通滤波器 LPF：LPF 去除乘法器产生的高频分量，滤出数字调制信号。

采样判决：由于噪声及信道特性的影响，LPF 输出的数字信号是不标准的，通过对信号再采样，利用判决器对采样值进行判决，便可以恢复原"1""0"数字序列。

判决准则：大于判决门限判为"1"；否则判为"0"。

相干解调的优点是稳定，有利于位定时的提取。但是必须保证本地载波要与发送载波同频同相，以确保数据的正确解调，这在实际应用中较难实现。

② 非相干解调。非相干解调也称为包络检波法，是从幅度调制信号中将低频信号解调出来的过程。利用包络检波器实现非相干解调框图如图 2-34 所示。

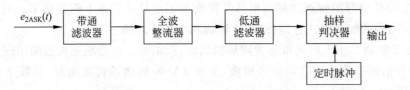

图 2-34　2ASK 包络检波法原理框图

图 2-34 中,整流器与低通滤波器构成包络检波电路,从幅度调制信号中将低频信号解调出来。2ASK 非相干解调(包络检波)各点波形如图 2-35 所示。

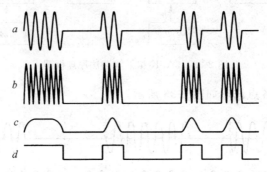

图 2-35　2ASK 非相干解调各点波形

2) 二进制频移键控(2FSK)

2FSK 是用二进制数字信号改变载波的频率,即分别用不同频率的载波承载"0"信号和"1"信号。2FSK 信号的典型波形如图 2-36 所示。

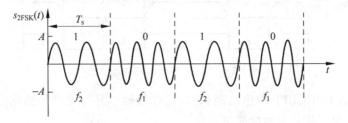

图 2-36　2FSK 信号的典型波形

2FSK 利用载波的频率变换来传递数字信号。在二进制情况下,"1"对应于载波频率 f_1,"0"对应于载波频率 f_2。2FSK 信号在形式上如同两个不同频率交替发送的 ASK 信号相叠加。

(1) 2FSK 信号的调制。2FSK 信号的产生方法主要有两种:模拟调频法和数字键控法。实现原理如图 2-37 所示。

图 2-37(a)是模拟调频法实现框图,是用二进制基带矩形脉冲信号控制一个调频器,使其能够输出两个不同频率的载波;图 2-37(b)是数字键控法实现框图,用一个受基带脉冲控制的开关电路选择两个独立频率源的振荡作为输出,得到 2FSK 信号。

2FSK 信号可看作是两个交错的 ASK 信号之和,一个载频为 f_1,另一个载频为 f_2。2FSK 利用载波的频率变化传递数字信息。例如,"1"码对应于载波频率 f_1,"0"码对应

于载波频率 f_2。2FSK 的调制及波形如图 2-38 所示。

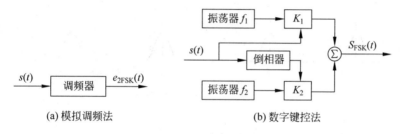

(a) 模拟调频法　　　　　　　(b) 数字键控法

图 2-37　2FSK 实现原理框图

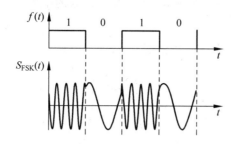

图 2-38　2FSK 波形图

　　2FSK 信号的波形及分解如图 2-39 所示。由图可见,2FSK 信号可分解为"1"码时用载波 f_1 调制和"0"码时用载波 f_2 调制的 2 个 2ASK 信号之和。

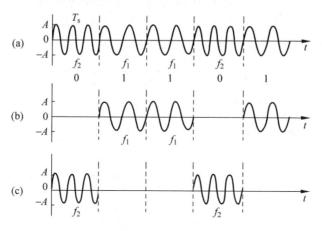

图 2-39　2FSK 信号分解图

(2) 2FSK 信号的带宽。2FSK 信号功率谱如图 2-40 所示。

由图可见,2FSK 信号带宽:

$$B = |f_2 - f_1| + f_s \tag{2-24}$$

功率谱分析:功率谱以 f_c 为中心,对称分布。

设 2FSK 两个载频的中心频率为 f_c,频差为 Δf。定义调频指数(频移指数)h 为(R_s 为基带信号码元速率),则

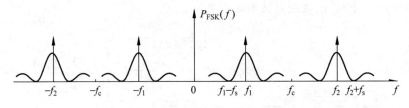

图 2-40　2FSK 信号功率谱

$$h = \frac{f_2 - f_1}{R_s} = \frac{\Delta f}{R_s} \tag{2-25}$$

在调频指数较小时功率谱为单峰,随着调频指数的增大(f_1 与 f_2 之差增大),功率谱出现双峰,如图 2-41 所示。

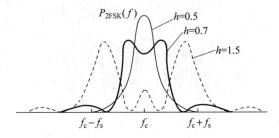

图 2-41　2FSK 信号出现双峰

(3) 2FSK 信号的解调。2FSK 解调思路是将二进制频率键控信号分解成两路 2ASK 信号分别进行解调,有相干解调和非相干解调两种方式。

① 相干解调。2FSK 相干解调框图如图 2-42 所示。

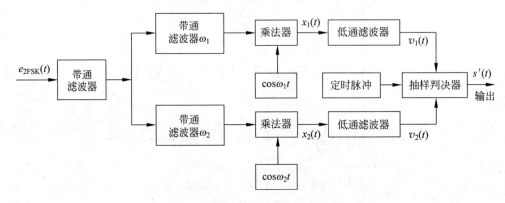

图 2-42　2FSK 相干解调法原理框图

设载波 ω_1 承载"1"码,ω_2 承载"0"码。带通滤波器 ω_1 和带通滤波器 ω_2 可将两者分开,把承载"1"码的 $x_1(t)$ 和承载"0"码的 $x_2(t)$ 分成两路 ASK 信号。接着采用相干解调方式解调。采样判决可恢复原数据序列。

判决准则:$v_1(t) > v_2(t)$ 判为"1",$v_1(t) < v_2(t)$ 判为"0"。

② 非相干解调。2FSK 非相干解调(包络检波)框图如图 2-43 所示。

包络检波器取出两路的包络 $v_1(t)$ 和 $v_2(t)$。对包络采样并判决,可恢复原数字序

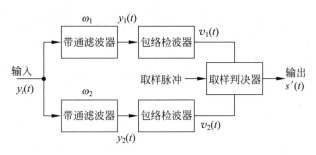

图 2-43　2FSK 非相干解调法原理框图

列。2FSK 非相干解调（包络检波）各点波形如图 2-44 所示。

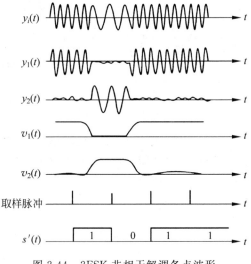

图 2-44　2FSK 非相干解调各点波形

3）二进制绝对相移键控（2PSK）

相移键控是利用载波振荡的相位变化来传递信息，其分为绝对相移调相（PSK）和相对相移调相（DPSK）两种方式。

2PSK 用二进制数字信号控制载波的两个相位，即利用载波相位（指初相）的绝对值来表示数字信号。例如，"1"码用载波的 0 相位表示，"0"码用载波的 π 相位表示。

（1）2PSK 信号的调制。2PSK 信号的产生有两种方法：模拟相乘法和数字键控法。2PSK 调制框图及 2PSK 信号波形图如图 2-45 所示。图中，"1"用 0 相位调制，"0"用 π 相位调制。

在图 2-45（a）是模拟调制法实现框图，其用二进制基带信号（双极性不归零波形）与载波相乘，得到相位反相的两种波形；图 2-45（b）是数字键控法实现框图，使用基带信号控制一个开关电路，以选择输入信号；开关电路的输入信号是相位差 π 的同频载波。

对于 2PSK 信号来说，就是用基带信号（"0"或"1"）控制载波的相位。由于整个圆周为 2π，对于二进制调制，即把 2π 分为 2 份，1 份相位选 0 相位，另一份相位则选 π 相位。

（2）2PSK 信号的带宽。2PSK 信号是双极性脉冲序列的双边带调制，2ASK 信号是

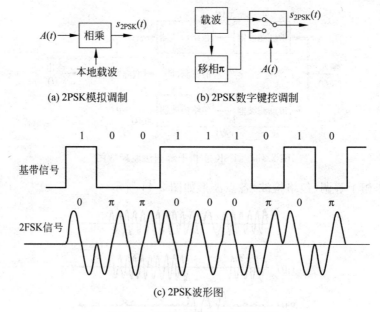

(a) 2PSK模拟调制　　　(b) 2PSK数字键控调制

(c) 2PSK波形图

图 2-45　2PSK 调制原理及波形图

单极性脉冲序列的双边带调制,因而 2PSK 信号的功率谱结构与 2ASK 信号的功率谱基本相同(仅相差一个常数因子)。可以证明,当二进制基带信号的"1"和"0"出现概率相等时,则不存在离散谱。

2PSK 信号功率谱如图 2-46 所示。

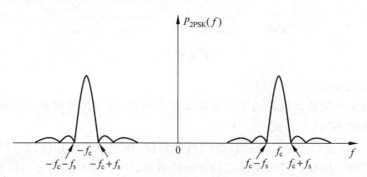

图 2-46　2PSK 信号功率谱

2PSK 信号带宽为

$$B = 2f_s = \frac{2}{T_s} \tag{2-26}$$

(3) 2PSK 信号的解调。2PSK 信号相当于 DSB-SC 信号,只能采用相干解调方式解调。

由于 PSK 信号的解调必须用相干解调方法,功率谱中没有载频,而此时如何获得同频同相的载频就成了关键问题。采用相干载波,必须具有和发送端载波同频同相的本地载波,但本地相干载波的提取较为困难。

2PSK 相干解调框图如图 2-47 所示。

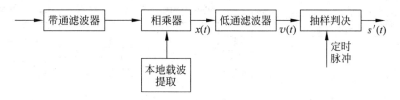

图 2-47　2PSK 相干解调法原理框图

图 2-48 是 2PSK 相干解调过程的各点波形,图中假定用于解调的本地载波与发送端的载波同频同相。

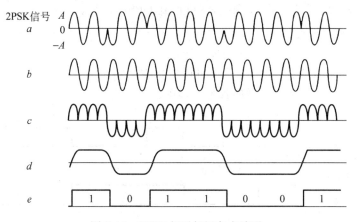

图 2-48　2PSK 相干解调各点波形

2PSK 信号相干解调,如果本地载波与发送载波不同相,会造成错误判决,这种现象称为相位模糊或者"倒 π"现象。如果本地载波与发送载波相位相反,采样判决器输出将与发送的数字序列相反,造成错误。一般本地载波从接收信号中提取,发送信号在传输过程中会受到噪声的影响,使其相位随机变化而产生相位误差,这种相位误差难以消除。因而 2PSK 信号容易产生误码,实际中 2PSK 信号不常被采用。

4) 二进制相对相移键控(2DPSK)

2DPSK 是二进制相对调相(又称二进制差分相移键控)的简写,是利用相邻码元载波相位的相对变化来表示数字信号。相对相位是指本码元载波初相与前一码元载波终相的相位差。例如,"1"码表示载波相位变化 π,即与前一码元载波终相相差 π,"0"码表示载波相位不发生变化,即与前一码元载波终相相同。

(1) 2DPSK 信号的调制。2DPSK 信号调制器与 2PSK 调制器的不同之处是前面多了一个差分编码器。其原理是首先对二进制数字基带信号进行差分编码,将绝对码变换成相对码,然后进行 2PSK 调制,从而产生 2DPSK 信号。2DPSK 的两种产生方法如图 2-49 所示。

由于初始相位不同,2DPSK 信号的相位可以不同;2DPSK 信号的相位并不直接代表基带信号,前后码元的相对相位才决定信息符号。

把 DPSK 波形看作 PSK 波形,所对应的序列是 b_n。b_n 是相对(差分)码,而 a_n 是绝对

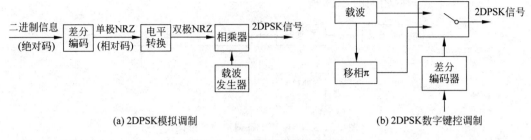

(a) 2DPSK模拟调制　　　　　　　　(b) 2DPSK数字键控调制

图 2-49　2DPSK 调制原理框图

码。2DPSK 信号对绝对码来说是相对相移键控,对差分码来说是绝对相移键控。将绝对码变换为相对码,再进行 PSK 调制,就可得到 DPSK 信号。

差分码编码规则为

$$b_n = a_n \oplus b_{n-1} \tag{2-27}$$

其中,b_{n-1} 的初始值可以任意设定,这里可以假设为 0 码。

图 2-50 是产生 2DPSK 信号的各点波形图。

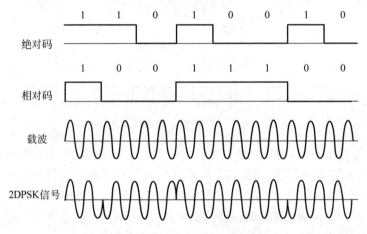

图 2-50　2DPSK 调制各点波形图

对 2DPSK 信号用载波相位变化 π,即与前一码元载波终相差 π 表示"1"码;载波相位不变,即与前一码元载波同相表示"0"码。即传"1"码时相位翻转,传"0"码时相位不变,该规则称为"1 变 0 不变"规则。

(2) 2DPSK 信号的带宽。2PSK 和 2DPSK 信号应具有相同形式的表达式,不同的是,2PSK 的调制信号是绝对码数字基带信号,2DPSK 的调制信号是原数字基带信号的差分码。2DPSK 信号和 2PSK 信号的功率谱密度是完全一样的。

2DPSK 和 2PSK 信号带宽一样,均为

$$B = 2f_s = \frac{2}{T_s} \tag{2-28}$$

(3) 2DPSK 信号的解调。由于 2DPSK 信号的产生有一种方法是先差分编码再绝对调相,借鉴这种思想,2DPSK 信号的解调可以先绝对解调再差分译码完成。

① 相干解调(极性比较法)。2DPSK 信号相干解调出来的是差分调制信号,2PSK 相干解调器之后再接一差分译码器,将差分码变换为绝对码,就可得原调制信号序列。2DPSK 极性比较法解调框图及各点波形如图 2-51 所示。

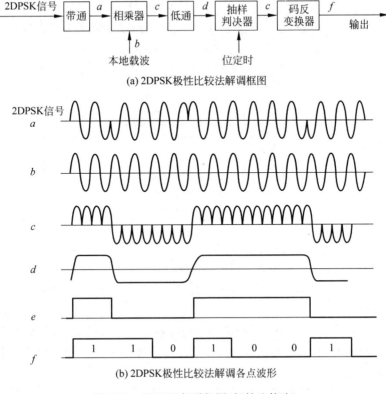

(a) 2DPSK极性比较法解调框图

(b) 2DPSK极性比较法解调各点波形

图 2-51　2DPSK 相干解调(极性比较法)

从图 2-51 可以看出,2DPSK 信号解调不存在"倒 π"现象,即使相干载波出现倒相,使 b_n 变为 $\overline{b_n}$,差分译码器能使 $a_n = b_n \oplus b_{n-1}$ 恢复出来。

② 差分相干解调(相位比较法)。通过比较前后码元载波的初相位来完成解调,用前一码元的载波相位作为解调后一码元的参考相位,解调器输出所需要的绝对码。要求载波频率为码元速率的整数倍,这时载波的初始相位和末相相位相同。BPF 输出分成两路,一路加到乘法器,另一路延迟一个码元周期,作为解调后一码元的参考载波。差分相干解调框图如图 2-52 所示。

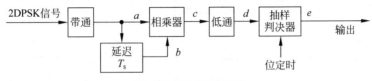

(a) 2DPSK相位比较法解调框图

图 2-52　2DPSK 差分相干解调(相位比较法)

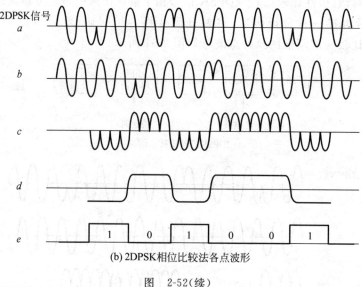

(b) 2DPSK相位比较法各点波形

图 2-52(续)

相乘器完成鉴相器的功能,比较 a_n 与 b_n(即 a_{n-1})的相位,如相同得到正的输出,如相反得到负的输出。实际上,相乘器完成的是同或功能,图中 c 点的波形是 a_n 与 a_{n-1} 同或的结果,最后经过判决(判决准则:$x < 0$ 判为"1",$x > 0$ 判为"0"),得到的输出序列与发送的序列 a_n 相同。

差分相干解调法不需要差分译码器和专门的本地相干载波发生器,只需要将 2DPSK 信号延迟一个码元时间,然后与接收信号相乘,再通过低通滤波和采样判决就可以解调出原数字调制序列。

2DPSK 信号产生时是用差分码对载波进行调制,在解调时只要前后码元的相对相位关系不被破坏,即使出现了"倒 π"现象,只要能鉴别码元之间的相对关系,就能恢复原二进制绝对码序列,避免了相位模糊问题,应用广泛。

3. 二进制数字调制系统的性能比较

1) 误码率

二进制数字调制系统误码率比较如表 2-16 所示,表中 r 代表信噪比。

表 2-16   二进制数字调制系统误码率统计表

调 制 方 式	误 码 率	
	相干解调	非相干解调
2ASK	$\frac{1}{2}\mathrm{erfe}\left(\sqrt{\dfrac{r}{4}}\right)$	$\frac{1}{2}e^{-r/2}$
2FSK	$\frac{1}{2}\mathrm{erfe}\left(\sqrt{\dfrac{r}{2}}\right)$	$\frac{1}{2}e^{-r/2}$
2PSK/2DPSK	$\frac{1}{2}\mathrm{erfe}(\sqrt{r})$	$\frac{1}{2}e^{-r}$

从表 2-16 可以总结如下。

（1）对同一种数字调制系统,采用相干解调的误码率低于采用非相干解调的误码率。

（2）在误码率一定的情况下,2ASK 所需信噪比最大,2FSK 居中,2PSK 所需信噪比最小。

（3）信噪比一定的情况下,2PSK 系统的误码率低于 2FSK,2FSK 系统的误码率低于 2ASK。

2）频带宽度

2FSK 系统频带最宽,而 2ASK 系统和 2PSK(2DPSK)系统的频带宽度相同。

3）对信道特性变化的敏感性

在 2FSK 系统中,判决器根据上下两个支路解调输出样值的大小来做出判决,不需要人为设置判决门限,因而对信道的变化不敏感。

在 2PSK 系统中,判决器的最佳判决门限为零,与接收机输入信号的幅度无关。因此,接收机总能保持工作在最佳判决门限状态。

对于 2ASK 系统,判决器的最佳判决门限与接收机输入信号的幅度有关,对信道特性变化敏感,性能最差。

对于二进制数字调制系统总结如下。

（1）同类键控系统中,相干方式略优于非相干方式,但相干方式需要本地载波,所以设备较为复杂。

（2）在相同误比特率情况下,对接收峰值信噪比的要求,2PSK 比 2FSK 低 3 dB,2FSK 比 2ASK 低 3 dB,所以 2PSK 抗噪性能最好。

（3）在码元速率相同条件下,2FSK 占有频带高于 2PSK 和 2ASK。

所以得到广泛应用的是 2DPSK 和非相干的 2FSK。

4. 多进制数字调制

多进制数字调制是提高传输效率的有效方法。在多进制数字调制体制中,每个码元能携带更多的信息量,从而能提高传输效率。与此同时,为了得到相同的误码率,需要有更高的信噪比为代价,即需要用更大的信号功率或者更宽的频带。

1）多进制数字调制的特点

用多进制的数字基带信号调制载波,可以得到多进制或多电平数字调制信号（进制数 M 是信号电平数的平方）。多进制数字已调信号的被调参数有多个可能取值。

当携带信息的参数分别为载波的幅度、频率和相位时,数字调制信号称为 M 进制幅度键控(MASK)、M 进制频移键控(MFSK)和 M 进制相移键控(MPSK)。

与二进制数字调制相比,多进制数字调制具有如下特点。

（1）在码元速率(传码率)相同条件下,可提高信息速率(传信率)。

（2）在信息速率相同条件下,可降低码元速率,以提高传输的可靠性。

（3）在接收机输入信噪比相同条件下,多进制系统的误码率比相应的二进制系统要高;设备复杂。

在信噪比相同的情况下,多相调制的相数越多,误码率越高。在不同的调制方式中,当已调波相量点数相同时,正交幅度调制(M-QAM)、相移键控(M-PSK)、幅度键控(M-ASK)的误码率依次增高。

2)多进制数字相位调制

在无线通信系统中,为了提高信息传输速率,常采用多进制的调相技术,利用载波的多种不同相位(或相位差)来表征数字信息的调制方式。

多进制数字相位调制又称多相制,相数越多,传输速率越高,但相邻载波之间的相位差越小,还将使得接收时的误码率增加,且增加了设备的复杂性。

图 2-53 所示为数字相位调制的矢量图。

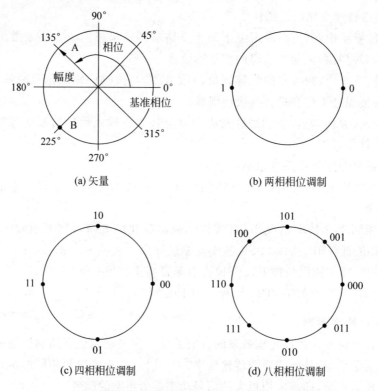

图 2-53   数字相位调制的矢量图

目前,在多相调制方式中常采用四相制相移键控(记为 4PSK 或 QPSK)、偏置正交相移键控(OQPSK)等。当信号通过非线性设备时,OQPSK 比 QPSK 的幅度波动要小得多。

对于正交幅度调制,在提高频谱利用率方面与多进制相移键控具有相同的效果。高的频谱利用率则要求已调信号所占的带宽窄,辐射到邻信道的功率小。频谱利用率常用单位频带内所能传输的比特率(bit/s/Hz)来表征。

2.6.4   现代数字调制技术

应用于无线通信的现代数字调制技术,有不同的分类方法。

按信号相位是否连续,可分为相位连续的调制和相位不连续的调制。

按信号包络是否恒定,可分为恒定包络和非恒定包络。

若采用恒定包络调制,可工作于线性放大区,具有较高的功率效率,但会引起大的带外辐射。为了获得高的频谱利用率,可选用多电平调制,该方式已调波的包络变化大;由于要求线性放大,将使功率效率降低。

1. 正交幅度调制(QAM)

正交幅度调制是利用多进制幅度键控(MASK)和正交载波调制相结合产生的调制方法。由两路独立的两个载波调制合成而得到,即利用同相载波传送一路 ASK 信号,利用正交载波传送另一路 ASK 信号,然后合成信号,来提高频带利用率。这种调制方法具有能充分利用带宽、抗噪声能力强等优点。QAM 技术常用于数字微波通信等系统。

MQAM 信号是一种幅度、相位复合调制信号。M 表示已调波的状态数(是信号电平数的平方),不同状态与不同的幅度和相位相对应,例如,常用的 4 电平正交幅度调制(4-QAM 或 16QAM)、8 电平正交幅度调制(8-QAM 或 64QAM)。

16QAM 信号的产生有两种基本方法:一种是正交调幅法,用两路正交的 4 电平幅度调制信号叠加而成;另一种是复合相移法,用两路独立的四相相移调制信号叠加而成。

采用四相叠加法合成 16QAM 信号矢量图如图 2-54 所示。

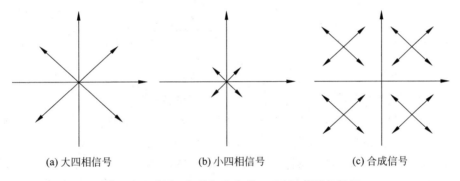

(a) 大四相信号   (b) 小四相信号   (c) 合成信号

图 2-54 采用四相叠加法合成 16QAM 信号矢量图

为获得较理想的工作特性,QAM 接收端需要一个和发送端具有相同频谱及相位特性的载频信号用于解调(即相干解调)。QAM 接收器还需利用自适应均衡技术来补偿传输过程中信号产生的失真,从而增加了 QAM 解调器设计的复杂性。

2. 高斯最小频移键控(GMSK)调制

最小频移键控(MSK)实际上是相位连续的二进制频移键控(2FSK)的一个改进。2FSK 虽然性能优良并易实现,但其频带利用率较低。另外,若二进制信号的码元互相正交,则其误码性能将更好。

随着二进制码元极性改变,FSK 已调波的频率相应改变。一般而言,在相邻码元交界处相位是不连续的,此时 2FSK 信号的带宽较宽,降低了频带利用率。为了克服上述缺点,对于 2FSK 信号做了改进,得到了 MSK 信号。

　　MSK 具有正交信号的最小频差,调制指数 $h=0.5$,相邻码元交界处的相位保持连续。MSK 的频带利用率高,带外功率很小,抗噪声性能相当于 2PSK,因而得到了广泛的应用。

　　MSK 调制方式的突出优点为信号具有恒定的包络,信号的功率谱在带外衰减很快。

　　在某些通信场合中,对信号带外辐射功率的限制非常严格,例如,移动通信中必须衰减 70~80 dB 以上。MSK 信号仍不能满足这样苛刻的要求。GMSK 调制就是针对上述要求而提出的。

　　GMSK 是在 MSK 调制器之前加入一个高斯低通滤波器作为 MSK 调制的前置滤波器。该滤波器需满足窄的带宽且尖锐截止等要求,以满足抑制高频成分、防止过量的瞬时频率偏移,以及进行相干检测的需要。

　　图 2-55 所示为 MSK 调制信号的示意图。

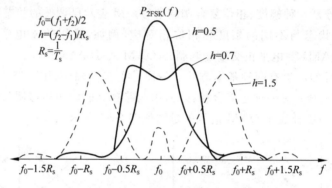

图 2-55　MSK 调制信号

　　图中,$P_{2FSK}(f)$ 为不同调制指数时的 2FSK 功率谱特性。

　　在 GMSK 调制过程中,基带信号首先经过高斯滤波器形成高斯脉冲,然后再进行 MSK 调制。由于滤波形成的高斯脉冲包络无陡峭的边沿且无拐点,因此经调制后的已调波相位路径在 MSK 的基础上进一步得到平滑,GMSK 信号的频谱特性也优于 MSK。但是,GMSK 信号频谱特性的改善是通过降低误比特率性能换来的;前置滤波器的带宽越窄,输出功率谱就越紧凑,误比特率性能变得越差。

　　GMSK 信号的解调可采用与 MSK 信号相同的正交相干解调方式,该方式已确定为 GSM 移动通信的标准解调方式。

3. 正交频分复用(OFDM)

　　正交频分复用是一种采用多进制、多载波、并行传输的频分复用调制体制,具有优良的抗多径传输能力,以及对信道变化的自适应能力,适用于衰落严重的无线信道中。在有线通信(如 ADSL 接入)中,该技术通常称为离散多音频调制(DMT)。

　　1) OFDM 的基本概念

　　OFDM 技术实际上是多载波调制(MCM)的一种。其基本思想:将一段串行的数据流变成 N 组低速并行的数据流,将其分别调制到不同的载频上并行传输,即把一个宽带信道上的整个频带分成 N 个子频带,每个数据流占用一个子带。每个子带有一个载波,各个子带完全独立,所有子带都可以独立调制。OFDM 根据信道性能(如信噪比、噪声、衰减等),通过自适应地分配各子带的比特率,可达到最佳的信道利用率。

OFDM 将信道分成若干正交子信道,将高速数据信号转换成并行的低速子数据流,调制到在每个子信道上进行传输。正交信号可以通过在接收端采用相关技术来分开,这样可以减少子信道之间的相互干扰(ICI)。每个子信道上的信号带宽小于信道的相关带宽,因此每个子信道上的频率选择性可以看成平坦性衰落,从而可以消除符号间干扰。而且由于每个子信道的带宽仅仅是原信道带宽的一小部分,信道均衡变得相对容易。

OFDM 的工作原理:输入数据信元的速率为 R,经过串并转换后,分成 M 个并行的子数据流,每个子数据流的速率为 R/M,在每个子数据流中的若干个比特分成一组,每组的数目取决于对应子载波上的调制方式,如 PSK、QAM 等。

2) OFDM 的主要特点

OFDM 技术结合了多载波调制(MCM)和频移键控(FSK)调制的特点。多载波调制的原理是先将信息流分成并行的比特流,然后将每个数据流调制到单个载体流或子载波上。在频移键控调制技术中,数据是在一个载波上传输,该载波是在一个码持续时间内一系列正交的载波之一,采用多个并行比特流的相反的码持续时间来分离这些载波。采用 OFDM 技术时,所有的正交载波是同时传输的,即多个窄的正交子带之和占据了整个分配的信道。用并行方式传输多个符号,可以相应地增加码的持续时间,减少了多径衰落造成的色散对码间干扰的影响。

OFDM 技术具有如下特点。

(1) 为提高频带利用率和增大传输速率,各路子载波的已调信号有部分重叠。

(2) 各路已调信号严格正交,以便接收端能完全分离出各路信号;每路子载波的调制为多进制调制。

(3) 每路子载波的调制体制可不同,并可为适应信道的变化而自适应地改变。

目前,OFDM 已广泛应用于非对称数字用户线(ADSL)、高清晰度电视(HDTV)信号传输、数字视频广播(DVB)、无线局域网(WLAN)等,并将可能作为无线广域网(WWAN)和下一代移动通信系统中的关键技术之一。

本 章 小 结

通信系统是构成各种通信网的基础。数字通信系统是利用数字信号传输信息的系统,是构成现代通信网的基础。

数字通信系统具有抗干扰、抗噪声性能好,差错控制可消除噪声积累,易加密,易于与现代技术相结合等特点,已成为现代通信的主流技术。

信源编码是为提高数字通信传输的有效性而采取的一种技术措施。模拟信号经过抽样、量化、编码完成模/数转换,称为脉冲编码调制(PCM)。语音压缩编码与图像压缩编码都是针对信源发送信息所进行的压缩编码。

信道编码(差错控制编码)是针对传输信道不理想而采取的提高数字传输可靠性的一种措施。在该技术中,编码器根据输入信息码元产生相应的监督码元,实现对差错进行控制。差错控制编码所具备的检错和纠错能力,是因为在被传输的信息中附加了一些冗余码(即监督码元),在两者之间建立了某种校验关系,该校验关系若因传输错误而受到破坏,则可被发现并予以纠正。该检错和纠错能力是用信息量的冗余度来换取的,是通过降低信息传输的有效性来换取可靠性的提高。

常用差错控制方式有检错重发、前向纠错和混合纠错等。常用的信道编码方法有奇偶校验码、二位奇偶校验码、汉明码、循环码、卷积码等。

信道复用是指多个用户同时使用同一信道进行通信,常用体制主要有频分复用(FDM)、时分复用(TDM)、码分复用(CDM)等。

若干多路传输的网或链路间的互联称为复接。数字复接是按照一定的规定速率,从低速到高速分级进行的,其中某一级的复接是把一定数目的具有较低规定速率的数字信号,合并成为一个具有较高规定速率的数字信号。采用时分复用方式的准同步数字系列(PDH)和同步数字系列(SDH)是目前传输网上的主要技术体制。

同步是使系统的收发两端在时间上和频率上保持步调一致。

基带传输和频带传输是通信系统中信号传送的两种基本方式。基带是由消息转换而来的原始信号所固有的频带,不搬移基带信号的频谱直接进行传输的方式称为基带传输。频带传输是将基带信号的频谱搬移到某个载频频带再进行传输的方式。

数字信号在传输过程中受到干扰的影响将会产生失真,从而可能引起接收端的错误接收,适合在有线信道中传输的数字基带信号码型称为线路传输码型。

在码间干扰和噪声同时存在的情况下,系统性能的定量分析更是难以进行,因此在实际应用中需要用简便的实验方法来定性测量系统的性能,其中一个有效的实验方法是观察接收信号的眼图。

调制是将基带信号的频谱搬移到某个载频频带再进行传输的方式。这种适合于信道传输的信号频谱搬移过程,以及在接收端将被搬移的信号频谱恢复为原始基带信号的过程,称为信号的调制和解调。

数字调制又称为"键控",其将数字信息码元的脉冲序列视为"电键"对载波的参数进行控制。与模拟调制相似,数字调制所用的载波一般也是连续的正弦型信号,但调制信号则为数字基带信号。数字调制利用数字信号本身的规律性(时间离散、幅度离散等)去控制一定形式的载波而实现调制。利用矩形的基带脉冲序列去控制正弦波的振幅、频率和相位,即可获得幅度键控(ASK)、频移键控(FSK)、相移键控(PSK)等。

用多进制的数字基带信号调制载波,可得到多进制或多电平数字调制信号。常用的现代数字调制技术包括正交幅度调制(QAM)、高斯最小频移键控(GMSK)调制、正交频分复用(OFDM)等。

习　题

2.1　简述数字通信系统组成及各部分功能。
2.2　简述数字通信系统研究的主要问题。

2.3　试述数字通信的主要特点。

2.4　简述模拟信号的数字化过程。

2.5　试述脉冲编码调制(PCM)的概念。

2.6　简述非均匀量化的基本原理和实现方法。

2.7　常用的语音编码方法有哪些? 试分类说明。

2.8　数字图像编码有何特点?

2.9　信道中的差错包括哪两类? 常用的差错控制方式有哪些?

2.10　简述差错控制编码的分类。

2.11　复用技术与复接技术有何区别?

2.12　简述频分复用、时分复用、码分复用的基本原理。

2.13　什么是数字复接? ITU 推荐的数字速率系列有哪两类?

2.14　简述同步的概念及类型。

2.15　什么是基带传输? 数字信号传输的主要技术内容有哪些?

2.16　简述基带传输系统的基本组成。

2.17　试述数字传输中对传输码型的基本要求。

2.18　什么是调制? 什么是解调? 简述调制的作用和分类。

2.19　分别画出 2ASK、2FSK、2PSK、2DPSK 调制原理框图。

2.20　分别画出 2ASK、2FSK、2PSK、2DPSK 解调原理框图。

2.21　试述 2ASK、2FSK、2PSK/2DPSK 系统的性能比较。

2.22　试述 QAM、GMSK、OFDM 等现代调制技术的主要特点及应用场合。

2.23　设输入信号抽样值 I_s 为 -445Δ(Δ 为一个量化单位,表示输入信号归一化值的 1/2048),采用逐次比较型编码器,按 A 律 13 折线编成 8 位码。

2.24　已知 8 个码组为 000000、001110、010101、011011、100011、101101、110110、111000,求该码组的最小码距。给码组若用于检错,能检出几位错码? 若用于纠错,能纠正几位错码?

2.25　已知某(7,4)汉明码,其监督码元和信息码元之间的关系为

$$c_2 = c_6 \oplus c_5 \oplus c_4$$
$$c_1 = c_6 \oplus c_5 \oplus c_3$$
$$c_0 = c_6 \oplus c_4 \oplus c_3$$

(1) 求 n、k 和编码效率 R。

(2) 若输入信息码元为 1001,写出相应的汉明码字。

(3) 验证 0100110 和 0000011 是否符合该汉明码的编码规则? 如果不符合,请纠正。

2.26　已知(7,4)循环码的生成多项式为 $g(x)=x^3+x+1$,若信息位为 1001,请编写其完整码组。

2.27　请画出码串 11000 0110000 01 的 NRZ 码、BNRZ 码、RZ 码、BRZ 码、Machester 码、CMI 码、AMI 码和 HDB3 码的波形。

2.28　设发送数字信息序列为 11010011，码元速率为 $R_B = 2000$ bit/s。先采用 2FSK 进行调制，并设 $f_1 = 2$ kHz 对应"1"码；$f_2 = 3$ kHz 对应"0"码；f_1、f_2 的初始相位为 0 相位。

　　试解答：(1) 画出 2FSK 信号的波形。

　　　　　　(2) 计算 2FSK 信号的带宽。

2.29　设发送数字信息序列为 011010001，码元速率为 $R_B = 2000$ bit/s，载波频率为 2 kHz。

　　试解答：(1) 分别画出 2ASK、2PSK、2DPSK 信号的波形。

　　　　　　(2) 计算 2ASK、2PSK、2DPSK 信号的带宽。

2.30　试归纳总结数字通信涉及的技术问题及其相关概念。

CHAPTER 3

第 3 章

电信交换

交换技术是通信网的核心技术。在通信网中,信息的交换是在通信的源和目的终端之间建立通信信道,实现信息传送的过程。为实现多个终端之间的相互通信,通信网往往是由多个交换节点构成的,交换节点通过多种组网形式,构成了覆盖区域广泛的通信网络。不同的通信网络由于所支持的业务的特性不同,其交换设备所采用的交换方式也各不相同。

本章学习目标

- 理解电信业务网的分类与电话通信网结构。
- 理解电路交换、分组交换的原理。
- 了解数字程控交换机的基本组成。
- 了解电话接续信令流程和信令类型。
- 了解软交换相关概念、功能特点、主要协议及技术解决方案。

3.1 电信业务网概述

电信业务网是向用户提供诸如电话、电报、传真、数据、图像等各种业务的网络,包括电话通信网、数据通信网、智能网、移动通信网、IP 网等。其中交换设备是构成业务网的核心要素,其基本功能是完成接入交换节点链路的汇集、转接接续和分配,实现一个呼叫终端(用户)与其所要求的另一个或多个用户终端之间的路由选择的连接。

3.1.1 电信业务网分类

电话业务长期以来是电信网中的基本业务,使用最为广泛,因而电话网也一直是电信业务网的主体。随着计算机技术的出现和发展,人们对数据通信业务的需求不断增长。特别是近年来互联网技术的广泛应用,移动通信技术的飞速发展,人们对宽带、智能业务等需求都促进了其他各种类型业务网的发展。

1. 电话通信网

为公众提供电话业务而建立和运营的电信网称为公用电话交换网(PSTN)。PSTN包括本地电话网、长途电话网和国际电话网。电话通信网是我国覆盖范围最广、用户数量最多、应用最广泛的一种通信网络。

截至 2005 年上半年,我国电话用户总数已达 7.1 亿户,其中固定电话 3.4 亿户,移动电话 3.7 亿户,均居世界首位。

2. 移动通信网

移动通信是指移动中的用户利用无线频段与静止或移动中的用户实时交换信息的通信方式。移动通信系统种类很多,并有不同的分类方式。

1)按使用环境分类

可分为陆地移动通信系统、海上移动通信系统和航空移动通信系统。

2)按服务对象分类

可分为公众移动通信系统、专用移动通信系统和军用移动通信系统。

3)按通信设备分类

可分为无绳电话系统、无线寻呼系统、集群移动通信系统、蜂窝移动通信系统。

近年来,移动通信得到了迅速的发展,蜂窝移动通信在经历了模拟系统(第一代)、数字系统(第二代)以后,正在向第三代移动通信系统发展。

3. 数据通信网

数据通信是指在终端以编码方式表示信息,在信道上以脉冲形式传送信息的通信。现代数据通信是指计算机之间、计算机和各种终端之间进行信息的交互,因此,数据通信有时也称为计算机通信。而计算机通信网也被归入数据通信网。

数据通信的历史短于电话通信,但对数据业务的广泛需求使其得到了飞速的发展。在基础数据业务网中广泛采用的有 X.25 网(分组交换网)、DDN(数字数据网)、FR(帧中继网)、ATM(异步传送模式)等。

互联网(IP)技术是一种采用 TCP/IP 协议的分组交换,采用无连接的传送方式,网络中各个节点独立地处理数据分组,根据分组头中的目的地址选路、传送数据,是目前业务量发展最快的数据多媒体通信网络。

数据通信网的发展方向是建设宽带 IP 网络。

4. 智能网

智能网(IN)实际上是一个以计算机和数据库为核心的平台,目的是为所有的通信网提供服务。

在传统的通信网络中,当需要提供新的电信业务时,每增加一种新业务就需要在交换机中增加新软件,不仅工作量大、成本高、投入运行时间长,而且软件繁杂、难以互通和维护、易引起错误。采用智能平台方式提供新的电信业务,可以将业务交换、业务控制、语音处理等功能都集中于一个平台之上,各功能块之间采用平台设计自定义的内部协议,无标准接口,实施速度快,但难以实现不同系统之间的互联。

5. 窄带综合业务数字网

综合业务数字网(ISDN)的概念是在电话综合数字网的基础上演变而来的,于 20 世纪 70 年代提出。ISDN 充分利用了已有电话网的网络资源,把数字化延伸到用户环路,从而实现在一个单一的网络中提供语音、数据、图像等综合的业务；但 ISDN 的标准及其技术体系使其只能支持用户线接入速率低于 2 Mbit/s 的业务。

用户线接口速率低于 2 Mbit/s 的网络定义为窄带综合业务数字网(N-ISDN)。

6. 宽带综合业务数字网

随着人们对业务需求的不断提高,要求网络能够传送高速数据、高清晰度图像等高速业务。ITU-T 定义了支持各种高速信息传送业务的网络——宽带综合业务数字网(B-ISDN),用户线接口速率可达数百 Mbit/s。

B-ISDN 由于技术复杂等原因尚未获得预期的进展。

3.1.2　电话通信网

电话通信是人们使用最普遍的一种通信方式,电话通信网的核心是电话交换局,电话交换采用适于实时、恒定速率业务的电路交换方式。

1. 电话通信过程

电话通信传递的信息是语音。其基本工作过程:通话人发出的语音通过话机送话器变成电信号,然后通过线路传输至对方,对方话机受话器将电信号还原为语音,受话者能听到。在电话传输中,语音所产生的电信号(具有一定幅度和频带宽度的交流信号)是传输对象。

对于彼此之间都可能有通话需求的众多用户话机,若全部采用直接连线的方法,所需要的线对数将会很多。为解决该问题,可在用户分布区域的中心设置一台交换机(常称为总机)。每个用户只需一对线路和交换机相连,当任意两个用户需要通话时,交换机就将其接通;通话完毕,再拆除连线。这就是电路交换的基本思想,既保证了较可靠的通信联络,又可以使线路费用大为减少。

从完成一次通话的连续过程来看,交换机应具备的最基本的功能如下。

(1) 在用户呼出阶段,电话机发送呼叫信号,交换机应能及时发现。

(2) 在数字接收及分析阶段,能辨识被叫用户。

(3) 在通话建立阶段,能发出信号将被叫用户呼出。

(4) 在通话阶段,能够把主叫用户和被叫用户连接起来,使其进行通话。

(5) 在呼叫释放阶段,当电话机发出中止话音信号时,交换机能随时发现并拆除连线。

2. 电话通信网基本构成

根据电话通信的需要,电话通信网通常由用户终端(电话机)、交换机、通信信道、路由器及附属设备等构成。

1) 用户终端(电话机)

用户终端是电话通信网构成的基本要素,用户终端为通信用户所拥有。电话机的送话器和受话器主要完成通信过程中电/声和声/电转换任务;二/四转换是指完成二线和四线转换的混合电路;消侧音电路用于消除回声改善话音质量;按键和振铃器用于发送通信地址(被叫号码)和呼叫被叫。电话机按其功能的不同,可分为扬声电话机、免提电话机、无绳电话机、录音电话机、可视电话机、投币电话机、磁卡电话机等,并有数字电话机、多媒体用户终端、IP电话机等新型电话机相继出现。

2) 交换机

交换机为电话通信网构成的核心部件,完成语音信息的交换功能,给用户提供自由选择通信对象的方便。交换机为通信服务部门所拥有。

3) 通信信道

通信信道是电话通信网构成的主要部分,为信息的流通提供合适的通路。通信信道为通信服务部门所拥有。

4) 路由器及附属设备

路由器等设备是为了电话通信网功能扩充或性能提高而配置。

3. 电话通信网结构

若需要在两部电话机之间进行通话,只需用一对线将两部电话机直接相连即可。若有成千上万部电话机需要互相通话,则需要把每一部电话机通过用户线连到电话交换机上。交换机根据用户信号(摘机、挂机、拨号等)自动进行话路的接通与拆除。

若一个城市只装一台交换机,称为单局制,大城市往往需要建立多个电话分局,分局间使用局间中继线互联。与用户线不同,中继线由各用户共用。分局数量太多时,需要建立汇接局,汇接局与所属分局以星型连接,汇接局间是全互联的。分局间通话需经过汇接局转接。

为了使不同城市用户能互相通话,还需建立长话局,长话局与市话分局或市话汇接局间以长(话)市(话)中继线相连。不同城市的长话局、长话汇接局间用长途中继线相连。

电话通信网常采用等级结构。等级结构是将全部交换局划分成两个以上的等级,低等级的交换局与高等级的交换局(管辖局)相连,各等级交换局将本区域的通信流量逐级汇集。

在长途电话网中,一般根据地理条件、行政区域、通信流量的分布情况等设立各级汇接中心。汇接中心是指下级交换中心间的通信需通过汇接中心转接来实现,在汇接交换机中只接入中继线。每一个汇接中心负责汇接一定区域的通信流量,逐级形成辐射的星型网或网状网。一般是低等级的交换局与高等级的交换局(管辖局)相连,形成多级汇接辐射网,最高级的交换局则采用直接互联,组成网状网。

在电话通信网中,由本地接入网、多级汇接网组成的网络结构称为等级制网络结构。等级制网络结构的电话网一般是复合型网,电话通信网采用该结构可将各区域的话务流量逐级汇集,达到保证通信质量和充分利用电路的目的。电话通信网的等级制网络结构如图3-1所示。

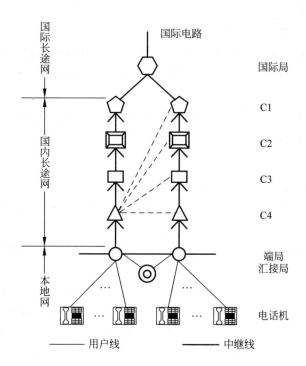

图 3-1 电话通信网的等级制网络结构

1）本地电话网

本地电话网简称本地网,是在同一编号地区范围内,由若干个端局(或由若干个端局和汇接局)及局间中继线、用户线和话机终端等组成的电话网。本地电话网用来疏通本长途编号地区范围内任何两个用户间的电话呼叫以及长途发话、来话业务。

本地电话网的构成示意图如图 3-2 所示。

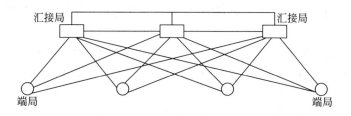

图 3-2 本地电话网的构成示意图

2）长途电话网

长途电话网简称长途网。为有利于全网的网络管理和维护运行,目前我国长途网已由四级向二级逐渐转变。在二级长途网中,省级(含直辖市)交换中心的职能主要是汇接所在省的省际长途话务,以及所在本地网的长途终端话务;地(市)级交换中心的职能是汇接本地网的长途终端话务。

3) 用户接入网

用户接入网是本地交换机与用户终端设备之间所实施的系统。用户接入网全部(或部分)取代传统的用户本地线路网,可以包含复用、交叉连接和传输功能。接入网可以采用星型、总线型、环型或复合型等网络结构形式,并实现光纤化和宽带化,以支持宽带多种业务的综合接入。

我国的电话通信网将进一步发展,形成由一级长途网和本地网组成的二级网络,实现长途无级网,届时我国的电话网将由长途电话网、本地电话网和用户接入网3个层面组成。

4. 电话通信网的性能指标

除了对一般通信网的性能要求外,电话通信网的主要性能指标有话务量和呼损率。

1) 话务量

话务量是电信业务流量的简称,表示电信设备承受的负载量,也表示用户对电信需求的程度。

话务量的大小与用户数量、用户通信的频繁程度、每次通信占用的时间长度,以及观测的时间长度(例如1分钟、1小时或是1天等)有关。单位时间内通信的次数越多,每次通信占用的时间越长,观测的时间越长,则话务量就越大。由于通信次数以及每次通信所占用时间等都在变化,所以话务量也是一个随时间变化的量。

话务量可以分为流入话务量和成功话务量。流入话务量的定义为单位时间(1小时)内平均呼叫次数和每次呼叫平均持续(占用线路)时间之积,表示每小时中平均线路占用的时间。成功话务量的定义为单位时间(1小时)内呼叫成功次数和每次呼叫平均持续(占用线路)时间之积。

国际通用的话务量单位是原CCITT建议使用的单位,称为"爱尔兰"(Erl)。1 Erl就是一条电路可能处理的最大话务量。若对某条电路观测1小时,该电路被连续不断地占用了1小时,话务量就是1 Erl(也可称作"1小时呼")。若有100条电路,在1小时内平均每条电路的占用时间为0.7小时,则其话务量为0.7 Erl(或0.7小时呼)。

2) 呼损率

由于一般的通信网并不能保证所有呼叫都能够成功地被转接到对方用户,所以必然会有少量的呼叫失败,即发生"呼损"。呼损率是指损失话务量与流入话务量之比。呼损率越小,成功话务量就越大。

一个电话网的流入话务量取决于客观需求,在设计电话网时应将流入话务量作为给定条件之一。呼损率和电话网的设计能力有关,例如,交换机和中继线等设备的容量都直接和呼损率有关。设备容量越大,呼损率越小,网络的性能当然越好,但是投资和运行费用也大。所以,在网络性能和经济性之间需综合考虑。

5. 电话通信系统

在固定电话通信系统中,主要应用的技术包括PCM编码、时分复用、交换、复接、数字信号的基带传输、信令与同步等。固定电话通信系统框图如图3-3所示。

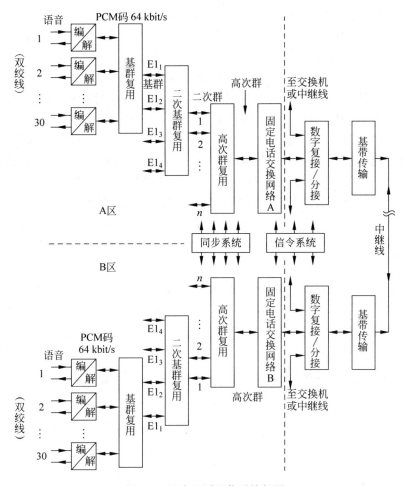

图 3-3　固定电话通信系统框图

3.2　交换技术基础

交换技术是伴随着通信网的演进而发展的,即交换技术必须与终端业务、传输技术相适应。作为通信网中心节点的交换设备,或称交换系统,在通信网中占有重要地位。

3.2.1　电信交换的作用

通信的目的是实现任意时间、任意地点和任意用户之间信息的传递。当用户数量增加,用户分布范围较广时,需要在用户分布密集的中心安装一个交换设备,该设备应能完成任意两个用户之间交换信息的任务。

1. 交换的引入

在仅涉及两个终端的单向或交互通信的点对点通信系统中,若信息以电信号的形式传输,系统至少由终端和通信电缆组成。终端将话音、图像、数据等信息转换为电信号形式,同时将来自通信电缆的电信号还原;通信电缆则把电信号从一个地点传送至另一个地点。

当存在多个终端,并希望其中的任何两个都可以进行点对点通信时,最直接的方法是把所有终端两两相连,该连接方式称为全互联式。在实际应用中,全互联式仅仅适合于终端数目较少、地理位置相对集中且可靠性要求很高的场合。

引入交换设备后,交换设备与所连接的用户终端设备以及其间的传输线路一起,构成了最简单的通信网。每个用户终端设备都用各自专用的线路连接在交换设备上。当任意两个用户之间需要交换信息时或通信完毕,交换设备就把连接这两个用户的相应开关接点合上或者断开。引入了交换设备,对 N 个用户只需要 N 对线即可满足要求,线路的投资费用大大降低。多个交换设备可构成实用的大型通信网。

例如,在由多个交换节点组成的电话通信网中,直接与电话机或终端连接的交换机称为本地交换机或市话交换机,相应的交换局称为端局或市话局;仅与各交换机连接的交换机称为汇接交换机。当连接距离很远时,汇接交换机也称为长途交换机。用户终端与交换机之间的线路称为用户线,其接口称为用户网络接口,交换机之间的线路称为中继线,其接口称为网络接口。

2. 交换的基本功能

由电话交换推广到一般电信交换系统,接口功能、连接功能、控制功能和信令功能是电信交换系统必须具有的 4 项基本功能,如图 3-4 所示。

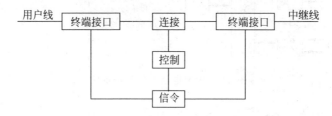

图 3-4　通信交换系统的基本功能

1) 接口功能

接口分为用户接口和中继接口,分别将用户线和中继线终接到交换网络。采用不同交换技术的设备具有不同的接口。例如,程控数字电话交换设备要具有适配模拟用户线、模拟中继线和数字中继线的接口电路;ATM 交换设备则要求具有适于不同码速率、不同业务的各种物理媒介接口。

2) 连接功能

通过交换网络可实现任意入线和任意出线之间的连接,连接可以是物理的也可以是虚拟连接。网络的拓扑结构以及选路原则将直接影响交换网络的服务质量。无阻塞的交换网络和配置双套冗余结构的设计,将增强交换网络的故障防卫能力。

3) 控制功能

有效的控制功能是交换系统实现信息自动交换的保障。控制功能的基本方式有集中控制和分散控制两种。现代电信交换系统多采用分散控制方式,且控制功能多以软件实现。

4) 信令功能

信令是电信网中的接续控制指令,通过信令可以使不同类型的终端设备、交换节点设备和传输设备协同运行。信令的传递需要通过规范化的一系列信令协议实现,由于交换技术的不断发展,信令协议和信令方式也因不同的应用而有所差别。

3.2.2　基本交换原理

交换节点中所传送的信号,与节点交换技术密切相关。不同的信号对交换有不同的要求,其交换与传送需选用最适合的交换技术,如光信号的传送需经过光交换,而电信号的传送则需经过电交换。

1. 交换节点的基本组成

交换节点是指通信网中的各类交换机,主要包括交换网络、通信接口、信令单元和控制单元,如图 3-5 所示。

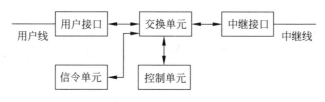

图 3-5　交换节点的基本组成

1) 交换网络

交换网络主要用于提供用户通信接口之间的连接,采用与硬件有关的交换结构,在控制单元的控制下完成整个连接的建立和释放过程。

在不同的交换方式中,可有物理连接或逻辑连接。

物理连接:指用户通信过程中,无论用户有无信息传送,交换网络始终按照预先分配的物理带宽资源保持其专用的接续通路。

逻辑连接:只有在用户有信息传送时,才按需分配物理带宽资源,提供接续通路,因此逻辑连接也称为虚连接。

2) 通信接口

交换系统的通信接口一般分为用户接口和中继接口两类,通信接口技术主要由硬件来实现,不同类型的交换系统具有不同的通信接口。终端用户通过用户线连接到交换系统的用户接口,交换机之间通过中继线连接到中继接口。

3) 信令单元

电信交换必须利用信令实现任意用户之间的呼叫接续,完成交换功能。信令处理过程必须采用一系列规范化的标准协议来实现,不同的交换系统可以采用不同的信令方式,信令方式也在不断发展。

4）控制单元

交换系统在控制单元的控制下完成各种接续连接，目前控制系统主要采用计算机存储程序控制。控制技术的实现与处理机控制结构有关，它将直接影响交换系统的性能和质量。

2. 交换节点中传送的信号

目前，使用较多的是采用时分多路复用技术的数字信号。该数字信号主要有两种，即同步时分复用信号和统计时分复用信号。

1）同步时分复用信号

时分复用采用时间分割的方法，把一条高速数字信道分成若干低速数字信道，构成同时传输多个低速信号的子信道。

同步时分复用是指将时间划分为基本时间单位，1 帧占用时长为 125 μs。每帧分成若干个时隙，并按顺序编号，所有帧中编号相同的时隙将成为一个恒定速率的子信道，传递一个话路的信息。该信道也称为位置化信道，根据它在时间轴上的位置，可以区分不同的话路。

对同步时分复用信号的交换，是话路所在位置上的交换，即时隙内容在时间轴上的移动。同步时分复用的基本原理如图 3-6 所示。

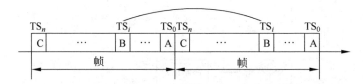

图 3-6　同步时分复用的基本原理

2）统计时分复用信号

统计时分复用（异步时分复用）信号涉及分组、路由标记和统计复用的概念。

分组是把需要传送的信息分成很多小段。每个分组前附加标志码（路由标记），标志所分发的输出端。各个分组在输入时使用不同的时隙，可将它所占的信道容量视为一个子信道（该子信道可以是任何时隙）。此时，一个信道被划分成了若干子信道，称为标志化信道。

统计复用器是将上述子信道合成一个信道的复用器，它有一个存储器把接收到的信息按先后顺序分组发送，称为统计复用。

对统计时分复用信号的交换，实际上就是按照每个分组信息前的路由标记，将其分发到出线上。统计时分复用的基本原理如图 3-7 所示，其中 X、Y、Z 为标志。

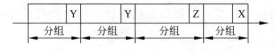

图 3-7　统计时分复用的基本原理

分组交换中的统计复用信号使用的分组长度不相等，所以各个子信道速率不固定，不适于采用硬件交换单元。

　　在宽带交换的 ATM 交换技术中,所用统计时分复用信号的分组长度相等,用于传输各子信道的时间小段的长度相等,故适合于硬件交换。

3.2.3　电信业务网的节点交换技术

　　不同类型电信业务网的形成,关键在于该业务网使用的节点交换技术。各种业务网所提供的主要业务、使用的节点交换设备及节点交换技术列于表 3-1 中。

表 3-1　电信业务网的种类及其节点交换技术

业　务　网	通信业务	业务节点	交换方式	应用特点
电话交换网	模拟电话	数字程控电话交换机	电路交换	应用广泛
分组交换网	中低速数据 ($\leqslant 64$ kbit/s)	分组交换机	分组交换	应用广泛 可靠性高
窄带综合业务数字网	数字电话、传真、数据等($64 \sim 2048$ kbit/s)	ISDN 交换机	电路交换 分组交换	灵活方便 节省开支
帧中继网	永久虚电路 ($64 \sim 2048$ kbit/s)	帧中继交换机	帧中继	速率高 灵活、价格低
数字数据网(DDN)	数据专线业务 ($64 \sim 2048$ kbit/s)	数字交叉连接设备	电路交换	应用广泛 速率高、价格高
宽带综合业务数字网	多媒体业务 ($\geqslant 155.52$ Mbit/s)	ATM 交换机	ATM 交换	高速宽带
IP 网	数据、IP 电话	路由器	分组交换	应用广泛 灵活简便
智能网	智能业务	业务交换点(SSP) 业务控制点(SCP)等		快速提供 新业务
数字移动通信网	电话、低速数据 ($8 \sim 16$ kbit/s) (GSM,CDMA) 电话、中速数据 (<100 kbit/s) (GPRS) 多媒体 2 Mbit/s (3G)	移动交换机	电路交换 分组交换	应用广泛 移动通信

3.3　常用交换方式

　　不同的通信网络由于所支持业务的特性不同,其交换设备所采用的交换方式也各不相同。交换技术通常分为窄带交换和宽带交换。窄带交换指传输速率低于 2 Mbit/s 的交换,如电路交换和低速分组交换;宽带交换指传输速率高于 2 Mbit/s 的交换,如快速分组交换和 ATM 交换,以及在宽带 IP 网络中应用的 IP 交换、标记交换和光交换等新技术。

3.3.1　电路交换

电路交换是通信网中最早出现的一种交换方式,也是一种应用最广泛的交换方式,主要应用于电话通信网中。

1. 电路交换的基本过程

在电话通信网中,对于彼此之间都可能有通话需求的众多用户话机,若全部采用直接连线的方法,所需要的线对数将会很多。为解决该问题,可在用户分布区域的中心设置一台交换机(常称为总机)。每个用户只需一对线路和交换机相连,当任意两个用户需要通话时,交换机就将其接通;通话完毕,再拆除连线。这就是电路交换的基本思想,既保证了较可靠的通信联络,又可以使线路费用大为减少。从完成一次通话的连续过程来看,电话通信分为 3 个阶段:呼叫建立、通话、呼叫拆除。

电路交换的基本过程与电话通信的过程相同,也包括连接建立、信息传送和连接拆除 3 个阶段,如图 3-8 所示。

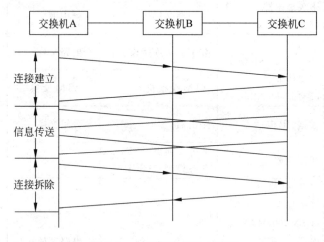

图 3-8　电路交换的基本过程

2. 电路交换的特点

1) 面向连接的工作方式(物理连接)

电路交换是一种面向连接的技术,即必须利用信令在信息传送以前建立连接(即信息传送的通路),而且电路交换所建立的连接为物理连接通路,只要通信即刻就可传送信息。

2) 同步时分复用(固定分配带宽)

同步时分复用是把时间划分为等长的基本单位,一般称为帧;每个帧再划分为更小的单位即时隙,时隙依据它在帧中的位置编号。对于一条同步时分复用的高速数字信道,采用该时间分割方法,可把不同帧中各个编号相同的时隙组成一个恒定速率的数字子信道,则数字信道上就存在多条子信道。这些子信道有一共同特征,即依据数字信号在每一帧中的时间位置来确定是第几路子信道。因此,这些子信道又称为位置化信道,即通过时间位置来识别每路通信。而每路通信所分配的带宽是固定的。在信息传送阶段无论有无信息传送,都占用这个时隙子信道,直到通信结束。

3) 时隙是信息传送的最小单位

电路交换基于 PCM 传输系统中的时隙,在 PCM 30/32 路传输系统中,每秒传送 8000 帧,每帧 32 个时隙,每路通信的信道为一个时隙,每个时隙为 8 位,每路通信为 64 kbit/s 恒定速率。时隙是电路交换方式传输、复用和交换的最小单位,且长度固定。

4) 信息传送无差错控制

电路交换是专门为电话通信网设计的交换方式。语音业务的特点是实时性要求高,对可靠性要求没有数据通信高。因此,为减少语音信息的时延,在电路交换中没有循环冗余校验(CRC)、重发等差错控制机制,以满足业务特性的需求。

5) 信息具有透明性

为满足语音业务的实时性要求,快速传送语音信息,电路交换对所传送的语音信息不作任何处理,而是原封不动地传送(即透明传送);用于低速数据传送时也不进行速率、码型的变换。

6) 基于呼叫损失制的流量控制

在电路交换中的过负荷情况下,对于再到来的呼叫不是采用排队等待的方式,而是将其直接呼损掉,从而达到流量控制的目的;过负荷时呼损率增加,但不影响已建立的呼叫。基于呼叫损失制的流量控制方法符合实时业务特性。

通信网采用的交换方式一定要适应其业务特性。

电话通信网中的话音业务具有实时性强、可靠性要求不高的特点。电路交换的面向连接、对信息无差错控制、透明传输,以及基于呼叫损失制的流量控制特点,都符合语音业务的特性,所以电话通信网采用电路交换方式。

电路交换方式的无差错控制机制,对数据交换的可靠性没有分组交换方式高,不适合差错敏感的数据业务;同时,电路交换采用固定带宽分配方式,其电路利用率低,也不适合突发业务。此外,电路交换所建立的连接通常只提供固定的传送速率,故难以满足各种不同业务的带宽需求。

3.3.2　分组交换

分组交换是数据通信网广泛应用的交换方式,它采用存储-转发的处理方式。分组交换将用户信息分成若干个小的数据单元进行传送,数据单元称为分组(packet)或包。为了保证分组能够正确地传送到目的地,每个分组必须携带一个用于路由选择、流量控制、拥塞控制等地址和控制信息的分组头。

1. 分组交换的基本过程

分组交换的本质是存储转发,它将所接收的分组暂时存储下来,在目的方向路由上排队,当可以发送信息时,再将信息发送到相应的路由上而完成转发。该存储转发的过程就是分组交换的过程。

　　分组交换的思想来源于报文交换。两种交换过程的本质都是存储转发,但最小信息单位有所不同:分组交换为分组,而报文交换则是一个报文。由于以较小的分组为单位进行传输和交换,所以分组交换比报文交换的速度快。报文交换主要应用于公用电报网中。

　　分组交换的基本过程如图 3-9 所示。

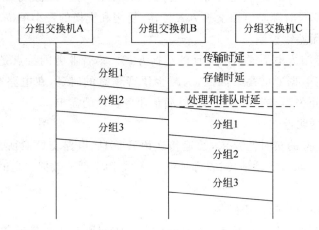

图 3-9　分组交换的基本过程

2. 分组交换工作方式

　　分组交换可提供虚电路和数据报两种工作方式。

1) 虚电路方式

　　虚电路采用面向连接的工作方式,其通信过程与电路交换相似,具有连接建立、数据传送和连接拆除 3 个阶段。在用户数据传送前先建立端到端的虚连接;一旦虚连接建立,属于同一呼叫的数据分组均沿着这一虚连接传送;通信结束时拆除该虚连接。虚连接也称为虚电路,即逻辑连接,它不同于电路交换中实际的物理连接,而是通过通信连接上的所有交换节点保存选路结果和路由连接关系来实现连接,因此是逻辑的连接。

　　虚电路为双向连接,一条虚呼叫建立临时连接的电路可跨越若干个节点,各段由逻辑信道相连。逻辑信道都分配一个逻辑信道号,一条物理线路可以有 4096 个逻辑信道号,所以在该线路上可实现多路通信。此时多台终端并不是在同一瞬间利用该线路,而是采用统计时分复用,依靠分组头和控制信息实现的。此时,在一条线路上似有多条通路,故称其为虚电路。

　　虚电路分为交换虚电路(SVC)和永久虚电路(PVC)。

　　交换虚电路(SVC):数据终端通信设备之间具有呼叫建立、数据传输和呼叫连接释放 3 个阶段的虚电路。

　　永久虚电路(PVC):由用户向电信管理部门申请,维护管理人员通过操作平台设置;在数据终端设备之间没有呼叫建立和释放两个阶段,可直接进入数据传输阶段,其效果如同网络向用户提供了一条专线。

虚电路方式的特点：传送分组前先建立逻辑连接，分组沿相同路径传送，发送分组顺序与接收分组顺序相同。

2）数据报方式

数据报的处理过程与报文处理类似，采用无连接工作方式，在呼叫前不需要事先建立连接，而是边传送信息边选路，并且各个分组依据分组头中的目的地址独立地进行选路，每一个分组都当作独立的报文来处理。

分组交换机根据网络当前的工作状态，为每一个分组选择传送路径，所以一份报文被分成若干分组后，经过网络传送时可能会通过不同的路径，且以不同的次序到达目的地，收端必须对收到的属于同一报文的分组重新排序。

数据报方式的特点：不需要建立源到目的之间的连接而直接发送分组，分组沿不同路径传送，发送分组与接收分组顺序不一致。

3. 面向连接和无连接方式的比较

从虚电路方式和数据报方式，可对面向连接和无连接方式的特点进行比较。

1）面向连接方式的特点

无论是面向物理的连接还是面向逻辑的连接，其通信过程都可分为 3 个阶段：连接建立、传送信息、连接拆除；一旦连接建立，通信的所有信息均沿着该连接路径传送，且保证信息的有序性（发送信息顺序与接收信息顺序一致）；信息传送的时延比无连接工作方式的时延小；对网络故障敏感，一旦建立的连接出现故障，信息传送就会中断，必须重新建立连接。

2）无连接方式的特点

无连接方式中同时选路与传送信息，没有连接建立过程；属于同一个通信的信息沿不同路径到达目的地，该路径无法预知，无法保证信息的有序性（信息发送与接收顺序不一致）；采用存储-转发方式，引入了较大时延，信息传送的时延比面向连接方式大；对网络故障不敏感。

4. 分组交换的特点

（1）分组是信息传送的最小单位。分组由分组头和用户信息组成，分组头含有选路和控制信息。

（2）面向连接（逻辑连接）和无连接两种工作方式。虚电路采用面向连接的工作方式，数据报是无连接工作方式。

（3）采用动态统计时分复用，按需动态分配带宽。只有在传送数据分组时才占用传输媒介带宽资源，提高了资源利用率。

（4）信息传送有差错控制。数据分组传输时，在网络中的每一段链路上都独立地进行差错控制和流量控制，因此数据传输质量高、可靠性高。分组交换是专门为数据通信网设计的交换方式，数据业务的特点是可靠性要求高，对实时性要求不如电话通信高，因而在分组交换中为保证数据信息的可靠性，设有循环冗余校验（CRC）、重发等机制。

（5）信息传送不具有透明性。分组交换对所传送的数据信息要进行处理，如拆分、重组信息等。

（6）基于呼叫延迟制的流量控制。在分组交换中，当数据流量较大时，分组排队等待处理，而不像电路交换那样立即呼损掉，因此其流量控制基于呼叫延迟。

分组交换的技术特点决定了它不适合对实时性要求较高的语音业务，而适合突发以及对差错敏感的数据业务。

分组交换可支持中低速率的数据通信，但无法支持高速的数据通信，主要是由复杂的协议处理所导致。

分组交换使用的最典型的通信协议是 CCITT 的 X.25 协议，该协议包含了物理层（一层）、数据链路层（二层）和分组层（三层），分别对应于 OSI 参考模型的低 3 层。

分组交换为保证数据传送的高可靠性，在各段链路（数据链路层）以及每个逻辑信道上（分组层）都进行差错控制和流量控制，使信息通过交换节点的时间增加，从而在整个分组交换网中无法实现高速的数据通信。

3.3.3　帧中继

随着数据业务的发展，需要更快速而可靠的数据通信。为满足高速数据通信的需要，产生了帧中继（frame relay，FR）。

帧中继是一种新型的传送网络，它采用动态分配传输带宽和可变长度帧的快速分组技术，可以处理突发性信息和可变长度帧的信息，非常适用于局域网互联。

由于数据信号在网络上的传输或交换都是基于 OSI 参考模型的第二层（即数据链路层或帧层），所以称为帧中继。与分组交换不同，帧中继的信息传送最小单位为帧，信息与信令传送信息则是分离的。

在帧中继通信中，局域网（LAN）分组通过路由器接入公共通信网。帧中继通过分组节点间的重发、流量控制来纠正差错和防止拥塞，将 X.25 分组交换网内的处理移到网外端系统中来实现，从而简化了节点的处理过程，缩短了处理时间，并且有效地利用了高速数字传输信道。同时，帧中继采用虚电路技术，能充分利用网络资源，因而帧中继具有吞吐量高、延迟低和适于突发性业务等特点。

帧中继和帧交换对协议的简化是基于以下两个条件：一是具有高带宽、高质量的传输线路的大量使用（如光纤系统），使简化差错控制和流量控制成为可能；二是终端系统日益智能化，将纠错功能放在终端来完成，网络只完成公共的核心功能，从而提高了网络的效率，增加了应用的灵活性。

3.3.4　ATM 交换

异步传送模式（ATM）是一种用于宽带综合业务数字网内传输、复用和交换信元的技术，它采用异步时分复用方式，是以固定信元长度为单位、面向连接的信息传送模式。

1. ATM 的基本概念

电路传送模式 CTM（如电路交换）的技术特点：固定分配带宽，面向物理连接，同步时分复用,适应实时语音业务,具有较好的时间透明性。

分组传送模式 PTM(如分组交换)的技术特点:动态分配带宽,面向无连接或逻辑连接,统计时分复用,适应可靠性要求较高、有突发特性的数据通信业务,具有较好的语义透明性。对于宽带多媒体业务,传统的电路传送模式和分组传送模式都不能满足需求。

为宽带综合业务数字网(B-ISDN)专门研究的 ATM 交换技术,以分组传送模式为基础,并融合了电路传送模式的优点发展而来,是一种简化的面向连接的、在光纤大容量传输媒介环境下开发的新的高速分组传送模式。

ATM 将语音、数据及图像等所有的数字信息分解成长度固定(48 B)的数据块,并在各数据块前装配地址、流量控制、差错控制(HEC)信息等构成的信元头(5 B),形成 53 B 的完整信元。

ATM 交换具有综合电路交换和分组交换的优势。

ATM 采用异步时分复用方式,实现了动态分配带宽,可适应任意速率的业务;固定长度的信元和简化的信头,使快速交换和简化协议处理成为可能,极大地提高了网络的传输处理能力,使实时业务应用成为可能。ATM 可以实现高速、高吞吐量和高服务质量的信息交换,提供灵活的带宽分配,适应从低速率到高速率的宽带业务的交换要求,具有高效的网络运营效率的交换和复用技术。

当通信网络中的节点采用 ATM 交换技术时,可以构成 ATM 传送网和 B-ISDN 网。

2. ATM 交换的技术特点

1) 固定长度的信元和简化的信头

在 ATM 中,信息传送的最小单位是信元(cell),信元有 53 B,其中前 5 B 是信头,其余 48 B 为信息域(也称为净荷)。信元的长度固定,使基于硬件的高速交换成为可能。

ATM 信元的信头简化主要针对虚连接标志、优先级标志、净荷类型标志、信头差错检验等字段。信头的简化减少了交换节点的处理开销,加快了交换的速度。此外,ATM 仅对重要的信头做差错检验,并未对整个信元做差错检验,从而简化了操作,提高了信息处理能力。

2) 采用了异步时分复用方式

异步时分复用与统计时分复用相似,也是动态分配带宽,即不固定分配时间片,各路通信按需使用。所不同的是异步时分复用将时间划分为等长的时间片,用于传送固定长度的信元,它依据信头中的标志来区分是哪一路通信的信元,而不是靠时间位置来识别,这一点与统计时分复用相似。

图 3-10 示出了异步时分复用与同步时分复用的区别。

3) 采用了面向连接的工作方式

ATM 采用面向连接的工作方式,与分组交换的虚电路相似,它不是物理连接,而是逻辑连接,称为虚连接(VC)。为便于管理和应用,ATM 的虚连接分为两级:虚通道连接(VPC)和虚信道连接(VCC)。

4) 技术复杂

ATM 技术的缺点是其技术过于复杂,协议的复杂性造成了 ATM 系统研制、配置、管理、故障定位的难度,使其推广受到极大的限制。

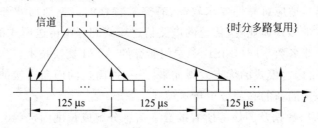

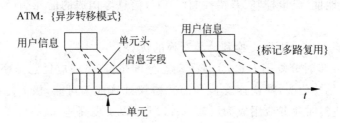

图 3-10   异步时分复用与同步时分复用的区别

ATM 至今尚未成为语音、数据、图像等综合业务的一个平台。目前 ATM 主要用于数据通信。

表 3-2 列出了常用交换技术的比较。

表 3-2   常用交换技术的比较

项　　目	电路交换	分组交换	帧中继	ATM 交换
用户速率	4 kHz 带宽速率	2.4~64 kbit/s	64 kbit/s~ 2 Mbit/s	$N \times 64$ kbit/s~ 622 Mbit/s
时延可变性	很短 不变	较长 可变性较大	较短 可变	短 可变/不可变
动态分布带宽	固定时隙 不支持	统计复用 有限	统计复用 支持较强	统计复用 支持强
突发适应性	差	一般	较强	强
电路利用率	差	一般	较好	好
数据可靠性	一般	高	依靠高质量 信道和终端	较高/可变
媒体支持	语音、数据	语音、数据	多媒体	高速多媒体
业务互联性	差	好	好	好,待标准化
服务类型	面向连接	面向连接	面向连接	面向连接
成本	低	一般	较高	高

3.3.5　交换技术的发展

现有的通信网络技术正处于巨大的变化之中,将从传统的采用时分复用和电路交换的电信网演变为采用分组交换的 IP 宽带网络。IP 交换、光交换、软交换等技术是应用于宽带网络通信中的新一代交换技术。

1. IP 交换

IP 交换技术是指 IP 与 ATM 融合的技术,即 IP over ATM。

随着互联网的迅猛发展,IP 技术得到广泛应用,而面向宽带应用的 ATM 技术具有高带宽、快速交换和可靠服务质量保证的优点。若已有建设完善的 ATM 网,即可在 ATM 网上传送 IP 业务。

IP over ATM 中常采用 IP 交换、标记交换和多协议标记交换(MPLS)等来实现两种技术的融合。

1) IP 交换

IP 交换是 IP 与 ATM 技术的结合,其核心思想是对业务数据流进行分类,对持续期长的用户数据流提供快速直通路径,对持续期短的用户数据流利用默认路径转发。IP 交换机本质上是连接到 ATM 交换机上的路由器。IP 交换的目的是在快速交换硬件上(标准的 ATM 交换加上 IP 交换软件控制器)获得最有效的 IP 实现,实现非连接的 IP 和面向连接的 ATM 的优点互补。

2) 标记交换

标记交换是基于传统路由器的 ATM 承载 IP 技术。标记交换将交换技术和选路技术相结合,但未脱离路由器技术,而是在一定程度上将数据传递从路由变为交换,提高了传输的效率。用标记替换 IP 地址可使长度缩短。标记的创建和分发与特定业务流的到达无关,而是依据反映网络拓扑变化的选路控制协议的更新信息。标记交换技术可以在不同的低层协议上使用,不受限于使用 ATM 技术;它支持多种上层协议,也不受限于转发 IP 业务。

3) 多协议标记交换

多协议标记交换(MPLS)是一种在开放的通信网上利用标记引导数据高速、高效传输的新技术。MPLS 是一种交换和路由的综合体,其基本思想是采用标记交换。MPLS 技术在网络时代发展迅速,并且已经成为宽带骨干网中的重要技术。MPLS 标准化工作正在进行中。在已有的 ATM 与 IP 融合技术中,多协议标记交换(MPLS)是较佳方案。

2. 光交换

通信网的干线传输越来越广泛地使用光纤,光纤目前已成为主要的传输媒介。

目前,通信网中大量传送的是光信号,若信息在交换节点上仍以电信号的形式进行交换,当光信号进入交换机时,则需将光信号转变成电信号,才能在交换机中交换;而经过交换后的电信号从交换机出来后,仍需转变成光信号,才能在光的传输网上传输。

光-电-光的转换过程不仅效率低,而且由于涉及电信号的处理,要受到电子器件速率"瓶颈"的制约。

光交换是基于光信号的交换。在整个光交换过程中,信号始终以光的形式存在,在进、出交换机时不需要进行光/电转换或者电/光转换,从而大大地提高了网络信息的传送和处理能力。

3. 软交换

以互联网为代表的新技术正深刻影响着传统电信网络的概念和体系,下一代网络(NGN)代表了信息网络的发展方向。

广义的 NGN 泛指大量采用新技术,不同于目前的支持语音、数据和多媒体业务的融合网络。

狭义的 NGN 特指以软交换为核心、光传送网为基础,多网融合的开放体系架构。现阶段所述的 NGN 通常是指狭义的基于软交换的 NGN。

NGN 实现了传统的以电路交换为主的电话交换网(PSTN)网络向以分组交换为主的 IP 电信网络的转变,从而使在 IP 网络上发展语音、视频、数据等多媒体综合业务成为可能。NGN 的出现标志着新一代电信网络时代的到来。

软交换是下一代网络的控制功能实体,它独立于传送网络,主要完成呼叫控制、资源分配、协议处理、路由、认证、计费等主要功能,同时可以向用户提供现有电路交换机所能提供的所有业务,并向第三方提供可编程能力,是下一代网络呼叫与控制的核心。

软交换的核心思想是业务/控制与传送/接入相分离,其主要技术特点如下。

(1) 应用层、控制层与核心网络完全分开,以利于快速方便地引进新业务。

(2) 传统交换机的功能模块被分离为独立的网络部件,各部件功能可独立发展。

(3) 部件间的协议接口标准化,使异构网络的互通变得方便灵活。

(4) 具有标准的全开放应用平台,可定制各种新业务和综合业务,满足用户需求。

3.4 数字程控交换

3.4.1 数字交换网络

电话通信网中的电路交换系统从人工交换系统发展为自动交换系统,而自动交换系统又从模拟交换系统进入数字交换系统。采用计算机软件控制交换的交换机,即存储程序控制的交换机称为程控交换机。我国的程控交换技术和产业已经跻身于世界先进的行列。

程控数字交换机是最常用的电路交换系统,其直接交换数字化的语音信号,只有正反两个方向的交换被同时建立,才能完成数字语音信号交换。实现该功能需依靠数字交换设备。

1. 数字交换功能

在程控数字交换机中,为便于传输与处理,常将多条话路信号复用在一起,然后再送入交换网络。此时,在一条物理电路上顺序传送着多路语音信号,每路信号占用一个时隙。在数字交换网络中对语音电路的交换,实际上是对时隙的交换。

因此,数字交换也称为时隙交换,其实质是把 PCM 系统有关的时隙内容在时间位置上进行搬移。

当进入数字交换设备而只有一套 PCM 系统时,交换仅在这条总线的 30 个话路时隙之间进行。为了扩大数字信号的交换范围,要求数字交换设备还应具有在不同 PCM 总线之间进行交换的功能。

数字交换设备应该具有以下交换功能。

(1) 在同一条 PCM 复用总线的不同时隙之间进行交换。

(2) 在不同 PCM 复用总线的同一时隙之间进行交换。

(3) 在不同 PCM 复用总线的不同时隙之间进行交换。

2. 程控电话交换的接续过程

电话交换是电路交换技术的典型应用。从建立一次电话接续来看,电路交换过程可分为 3 个阶段。

第一阶段:呼叫建立。根据主叫用户拨出的被叫用户地址信号,在通信进行之前需在双方用户终端之间建立起专用的物理连接通路,使主叫被叫用户线、节点交换系统以及相应局间中继线保持连通状态。

第二阶段:信息传送。在已建的通路中传送信息,且通信进行中连接通路必须始终保持(即使语音信息暂时停顿也要保持)。

第三阶段:连接释放。通信结束当用户发出"话终"信号后,系统要及时释放连接通路,以便其他用户使用。

程控电话交换的接续过程为:

(1) 主叫摘机,识别主叫、向主叫送拨号音。

(2) 接收主叫拨号脉冲。

(3) 分析号码,确定是局内接续还是出局接续。

(4) 测试被叫状态。若闲,向被叫送振铃并向主叫送回铃音;若忙,则向主叫送忙音。

(5) 被叫应答,完成通话接续。

(6) 话终拆线。

3. 数字交换单元

数字交换单元是构成交换网络的最基本的部件。若干个交换单元按照一定的拓扑结构连接起来,可构成各种各样的交换网络。交换网络由一组入线、一组出线、控制端口及状态端口 4 部分组成。交换单元最基本的特性是连接特性,反映出交换单元从入线到出线的连接能力,其外部特性可用容量、接口、功能、质量等指标来描述。

交换单元可分为空间(空分)交换单元和时分交换单元。时分接线器是构成数字交换网络的基本部件。

数字交换的过程可分为时分交换和空分交换。

时分交换是在一条电路的任意两个时隙之间进行的交换,由时间(T)型接线器或数字交换单元(DSE)完成。

空分交换是在两条电路上的相同时隙之间进行的交换,由开关阵列或空间(S)型接线器完成。

1) 空分交换单元

空分交换单元主要有开关阵列和空间(S)型接线器。

（1）开关阵列。控制简单,容易实现同发与广播,信息在开关阵列中具有均匀的三维延迟时间,适合于构成较小规模的大交换单元。其性能取决于所使用的开关,开关阵列的交叉点数反映了开关阵列的复杂度。实际的开关阵列主要有继电器、模拟电子开关和数字电子开关。

（2）空间型接线器。又称 S 型接线器,其功能是完成不同 PCM 复用线之间同一时隙内容的交换。对于容量不大的交换机,其数字交换网络可以只用 T 型接线器构成。适当提高接线器输入/输出复用线的复用度,可以有限地增加交换容量。对于大容量的数字交换网络,需要同时实现时隙交换和复用线之间交换,因而还需采用 S 型接线器。

S 型接线器由 $M \times N$ 型电子接点矩阵和 M 个(或 N 个)控制存储器组成,M 表示接线器的输入复用线数,N 表示输出复用线数。电子接点采用多路数据选择器构成,各接点的"闭合"时刻由控制存储器(CM)控制。S 型接线器按接点的受控性不同也有两种类型:输出控制型和输入控制型。S 型接线器的结构如图 3-11 所示。

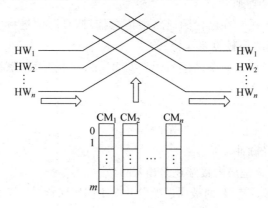

图 3-11　S 型接线器的结构

2) 时分交换单元

时分交换单元主要有共享存储器型交换单元和共享总线型交换单元。

（1）时间型接线器(T 型接线器),典型的共享存储器型交换单元。其功能是完成同一条 PCM 总线上不同时隙内容的交换。T 型接线器由话音存储器(SM)和控制存储器(CM)组成,SM、CM 都采用随机存储器(RAM)来实现。SM 用于存储输入复用线上各个话路时隙的 8 位编码数字话音信号;CM 用于存储 SM 的读出或写入地址,其作用是控制 SM 各单元内容的读出或写入顺序。依照 SM 读/写的受控性不同,时间型接线器又分为顺序写入控制读出(顺入控出)型和控制写入顺序读出(控入顺出)型两种。

T 型接线器的结构如图 3-12 所示。

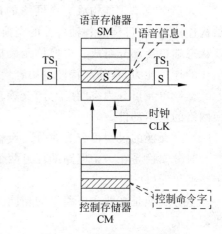

图 3-12　T 型接线器的结构

（2）数字交换单元（DSE），典型的共享总线型交换单元。DSE 主要由输入部件、输出部件和总线构成，可完成 16 条 32 路双向 PCM 信号的交换，同时具有空间交换和时间交换功能，故又被称为时空交换单元。S-1240 数字程控交换系统采用 DSE 组成了多级多平面的交换网络。

4. 交换网络

交换网络由交换单元构成，其分类包括：单级交换网络和多级交换网络，有阻塞交换网络和无阻塞交换网络，单通路交换网络和多通路交换网络，空分交换网络和时分交换网络等。

1）CLOS 网络

CLOS 网络是多级多通路的交换网络，3 级 CLOS 网络属无阻塞交换网络，广泛应用于大型电话交换系统中。

2）TST 网络

T 型接线器的交换容量一般只能达到 512 时隙，S 型接线器通常不能单独使用（它仅能完成复用线之间交换）。实际应用中，都是将 T 型接线器和 S 型接线器按不同方式组合成多级数字交换网络。在多种形式结构中，TST 型使用较多。

TST 型数字交换网络由两级 T 型接线器和一级 S 型接线器构成；T 型接线器位于 S 型接线器的左右两侧，分别称为输入 T 级（初级 T）和输出 T 级（次级 T）。TST 网络可以完成不同总线、不同时隙的交换。

另一类是 STS 型数字交换网络，其中间一级采用 T 型接线器，左右两侧为 S 型接线器，该交换网络与 TST 网实现交换功能的原理基本相同。

当数字交换机容量较大时，可以采用增加级数的办法，如构成 TSST 或 TSSST 等更多级的网络。

典型的 TST 型数字交换网络的结构如图 3-13 所示。

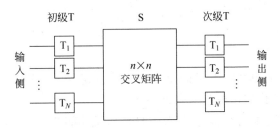

图 3-13　典型的 TST 型数字交换网络的结构

3）DSN 网络

DSN 网络是由数字交换单元（DSE）构成的多级多平面时空结合的交换网络，应用于 S-1240 数字程控交换系统中。DSN 具有自选路由功能，网络扩充方便，能承受较大话务量。

4）banyan 网络

banyan 网络常由若干个 2×2 交换单元构成，是多级空分单通路交换网络，在 ATM 交换机中得到广泛应用，适用于统计时分复用信号和异步时分复用信号的交换。

3.4.2　数字程控交换机的组成

数字程控交换机硬件的基本结构如图 3-14 所示。

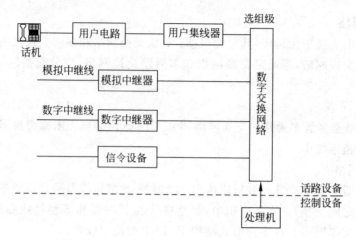

图 3-14　数字程控交换机硬件的基本结构

数字程控交换机包括硬件和软件两大部分。

程控交换机的硬件结构又可分为话路系统和控制系统两部分,软件部分主要是指存放在存储器中的数据和程序。

话路系统包括用户电路、用户集线器、远端用户集线器,以及数字交换网络构成的数字选组级和各种中继接口。

控制系统由各个微处理机和交换软件模块组成。

此外,还有产生各种信令,辅助建立接续通路的信令设备。

1. 话路系统

1) 用户电路

程控交换机必须将电话机发出的模拟信号转换成数字信号,并对电话机进行馈电、振铃和测试等,其功能由用户电路来完成。

用户电路的具体功能可简称为 BORSCHT(每项功能的首位字母)。

B(用户话机馈电):馈电电压在我国规定为-60 V、国外设备多为-48 V。

O(过压保护):防止高压进入数字交换网络,使用户内线电压保持规定数值。

R(振铃控制):在用户电路配置振铃继电器,由软件控制铃流回路的通断。

S(监视):通过监视用户线回路的通/断状态检测用户摘挂机、拨号等状态。

C(编译码和滤波):语音信号的模/数转换,并滤除语音频带以外的频率成分。

H(二线/四线转换):模拟用户线为二线,收发共用;模拟语音信号经过用户电路转换为数字信号,发送方向为二线,接收方向也为二线,使数字信号发送/接收分开。

T(测试):提供一组测试开关,供测试用户内线和用户外线使用。

2）用户集线器

电话交换系统的用户数量很大，但每个用户话务量不高，通过用户集线器可将一群用户的话务集中，通过较少的链路接到数字交换网络，以提高链路利用率。

3）数字交换网络

数字交换网络提供连接和数字语音信号的交换功能。

4）中继接口

中继接口是数字电话交换系统与其他交换系统联网的接口设备，分为模拟中继接口（C 接口）和数字中继接口（A 接口和 B 接口）两类。

模拟中继接口在数字交换系统与模拟中继线之间完成适配作用，两端分别连接数字交换网络和模拟中继线，具有监视中继线状态、信令配合和编译码等功能。

数字中继接口则在数字交换系统与数字中继线（或远端模块）之间完成适配作用，其输入和输出都是数字信号。该接口具有码型变换、时钟提取、帧与复帧同步、帧定位、信令提取/插入、告警检测等功能。A 接口、B 接口分别经由 PCM 一次群线路和 PCM 二次群线路与其他交换机相连。

2. 控制系统

控制系统对话路系统施加控制，以便完成通话接续。控制软件一般采用分层模块化结构，从功能角度划分为操作系统、呼叫处理和维护管理 3 部分。

由微处理机组成的控制结构一般采用多机分散控制（分级分散控制或分布式分散控制）。为了安全可靠，微处理机及程序模块都需要一定方式的备份，微处理机的数量及分工取决于备用的配置方式。

3. 软件系统

数字程控交换机是存储程序控制的交换机，即通过运行处理器中的程序来控制整个话路的接续。其软件系统从总体上可分为运行软件和支持软件两大部分。

运行软件系统是指运行呼叫处理、管理和维护等工作所需的程序和数据，是在线运行的。在线程序是交换机中运行使用的、对交换系统各种业务进行处理的软件总和。

支持软件（即支援软件）系统是在编写和调试程序时为提高效率而使用的程序，是脱机运行的，指编译程序、模拟程序和连接编辑程序等软件。

除了上述功能要求外，对程控交换机软件系统还有如下特殊要求：运行快、占存储空间小，以多道程序运行的方式工作，保证系统不中断，通用性能好。

数字程控交换机的软件系统结构如图 3-15 所示。

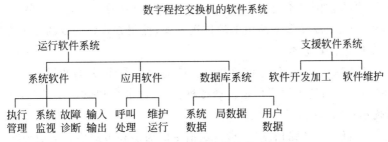

图 3-15　数字程控交换机的软件系统结构

3.4.3　信令系统

信令是指通信系统中的控制指令,信令系统在通信网中起着指挥、联络、协调的作用。

1. 电话接续的基本信令流程

图3-16示出了两个用户通过两个端局进行电话接续的基本信令流程。

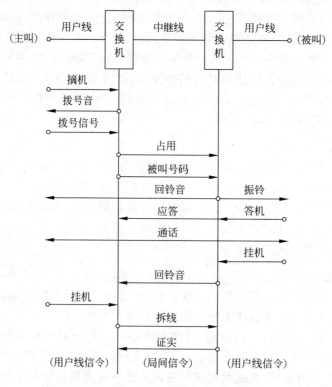

图3-16　电话接续的基本信令流程

2. 信令的基本类型

信令可以指导终端设备、交换系统及传输系统协同运行,在指定的终端之间建立临时的通信信道,并维护网络本身正常运行。信令的传送要遵守一定的规约。信令方式包括信令的结构形式、信令在多段路由上的传送方式、控制方式。信令的分类方法如下。

1) 按信令传输方式分类

局间信令按传输方式(即信令信道与语音信道的关系)可分为两类。

(1) 随路信令。指使用语音信道传送各种信令,即信令和语音在同一条通路中传送。随路信令系统示意图如图3-17所示。

(2) 公共信道信令(共路信令)。指传送信令的通道和传送语音的通道在逻辑上或物理上完全分开,有单独传送信令的通道,在一条双向信令通道上,可传送上千条电路信令消息。共路信令方式具有许多优点：信令传送速度快；信令容量大，可靠性高；具有改变和增加信令的灵活性；信令设备成本低；在通话的同时可以处理信令；可提供多种新业务等。原 CCITT 通过的 No.7 信令系统是一种新型的应用于电话网、移动网、综合业务数字网和智能网的共路信令系统。共路信令系统示意图如图 3-18 所示。

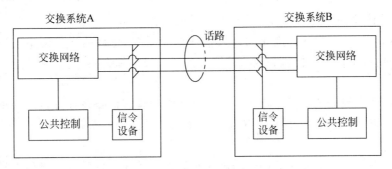

图 3-17　随路信令系统示意图

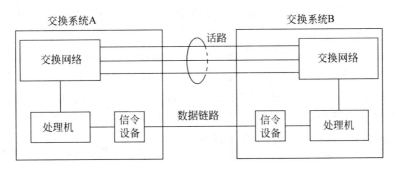

图 3-18　共路信令系统示意图

2）按信令的功能分类

（1）监视信令。用以检测或改变中继线呼叫状态和条件，以控制接续的进行。

（2）选择信令。又称地址信令（在随路信令中称记发器信令），主要用以传送被叫（或主叫）的电话号码，供交换机选择路由以及选择被叫用户。

话机（根据其类型不同）发出的选择信令的波形分为直流脉冲型和双音多频型（DTMF）。目前多用双音多频型，用户拨一位号码沿着用户线送出两个不同频率的正弦信号，以频率的不同组合代表号码数值。

（3）音信令。交换机通过用户线发给用户的各种可闻信令称为音信令，包括拨号音、忙音、振铃信号、回铃音、催挂音等。

（4）维护管理信令。仅在局间中继线上传送，在通信网的运行中起着维护和管理作用。

3）按信令的传送区域分类

（1）用户线信令。用户话机和交换机间传送的信令，包括监视信令、选择信令、音信令。

（2）局间信令。交换机之间（或交换机与网管中心）、数据库之间传送的信令，包括监视信令、选择信令、维护管理信令。

4)按信令的传送方向分类

（1）前向信令。指信令沿着从主叫端局到被叫端局的方向传送。

（2）后向信令。指信令沿着从被叫端局到主叫端局的方向传送。

3. No.7 信令系统

No.7信令系统是国际标准化的公共信道信令系统,是目前通信网中使用的主流信令。它适于由数字程控交换机和数字传输设备所组成的综合数字网,并广泛应用于多种业务网中。

No.7信令系统能满足传送呼叫控制、遥控、维护管理信令及处理机之间事务处理信息的要求,并提供可靠方法,使信令按正确的顺序传送又不致丢失或重复。

1）No.7信令系统结构

No.7信令系统属于局间计算机的数据通信系统。计算机间数据通信系统采用开放系统互联(OSI)参考模型描述,故No.7信令系统功能结构描述也参照OSI参考模型,采用分层格式。No.7信令系统从功能上可以划分为两部分：公用的消息传递部分,适用于不同用户而各自独立的用户部分。

消息传递部分作为一个公共传送系统,在相应的两个用户部分之间可靠地传递信令消息。其功能分为信令数据链路功能级、信令链路功能级和信令网功能级3个功能级。

用户部分是使用消息传递部分传送能力的功能实体,每个用户部分具有各自特有的功能,包括电话用户部分、数据用户部分、综合业务数字网用户部分、移动通信用户部分、信令连接控制部分、事务处理能力应用部分、操作维护应用部分和信令网维护管理部分等。

No.7信令系统结构如图3-19所示。

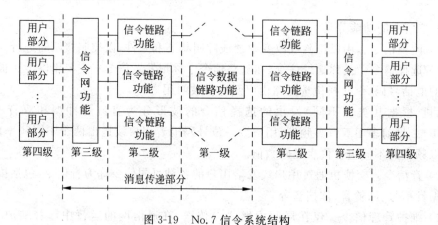

图3-19   No.7信令系统结构

2）No.7信令系统的主要应用

在通信网中,No.7信令系统的主要应用范围如下。

（1）传送电话网的局间信令。

（2）传送电路交换数据网的局间信令。

（3）传送综合业务数字网的局间信令。

（4）在各种运行、管理和维护中心传递有关信息。

（5）传送移动通信网中与用户移动有关的控制信息。

（6）在业务交换点和业务控制点间传送各种数据信息。

（7）支持各种类型的智能业务。

4. No.7 信令网

信令网实际上是一个载送各种信息的数据传送系统，是一个专用的数据通信网。No.7 信令网是现代通信网的三大支撑网（数字同步网、No.7 信令网、电信管理网）之一，是通信网向综合化、智能化发展的基础。

1）No.7 信令网组成

当电话网采用共路信令方式后，信令和语音分开传送，除原有电话网外，还要有一个独立的数据通信网，即信令网。信令网除传送呼叫控制等电话信令以外，还要传送网络管理与维护等信息。

信令网由信令点（SP）、信令转接点（STP）和连接它们的信令链路组成，是专门用于传送信令消息的数字网。

信令点（SP）：在信令网内能提供共路信令消息的节点。

信令转接点（STP）：把一条信令链路收到的消息，转发到另一条信令链路。

信令链路：是连接各个信令点以传送信令消息的物理链路，可以是数字通路或高质量的模拟通路，可以是有线的或无线的传输媒介。

信令网结构分为无级信令网和分级信令网。

2）No.7 信令网的功能

（1）电话网的局间信令完成本地网、长途网和国际网的自动、半自动电话接续。

（2）电路交换的数据网局间信令完成本地网、长途网和国际网各种数据的接续。

（3）ISDN 网的局间信令完成本地网、长途网和国际网各种电话和非语音业务的接续。

（4）智能网的信令网可以传递与电路无关的各种数据信息，完成业务交换点（SSP）和业务控制点（SCP）间的对话，开放各种增值业务。

3.5　软交换

随着通信网络技术的发展，人们对于宽带及业务的要求也在迅速增长，为了向用户提供更加灵活、多样的现有业务和新增业务，提供给用户更加个性化的服务，提出了下一代网络的概念并进行下一代通信网络的实验。下一代网络作为近年来的一个热点，得到了各方面广泛的关注。从 Internet 的领域来看，下一代网络指下一代互联网（NGI）；对于移动网而言，下一代网络指 3G 和后 3G 网络；从控制层面来看，下一代网络指软交换；从传送网层面来看，下一代网络则指下一代光网络。显然，广义的下一代网络（NGN）包容了所有新一代网络技术。

3.5.1　软交换概述

1. 软交换概念的产生及提出

软交换的概念最早起源于美国。当时在企业网络环境下,用户采用基于以太网的电话,通过一套基于 PC 服务器的呼叫控制软件(CallManager、CallServer),实现 PBX 功能(IP PBX)。对于这样一套设备,系统不需要单独铺设网络,而只通过与局域网共享就可实现管理与维护的统一,综合成本远低于传统的 PBX。由于企业网环境对设备的可靠性、计费和管理要求不高,主要用于满足通信需求,设备门槛低,许多设备商都可提供此类解决方案,因此 IP PBX 应用获得了巨大成功。受到 IP PBX 成功的启发,为了提高网络综合运营效益,网络的发展更加趋于合理、开放,更好地服务于用户。业界提出了这样一种思想:将传统的交换设备部件化,分为呼叫控制与媒体处理,二者之间采用标准协议(MGCP、H248)且主要使用纯软件进行处理,于是 Softswitch(软交换)技术应运而生。

根据国际 Softswitch 论坛 ISC 的定义,Softswitch 是基于分组网利用程控软件提供呼叫控制功能和媒体处理相分离的设备和系统。因此,软交换的基本含义就是将呼叫控制功能从媒体网关(传输层)中分离出来,通过软件实现基本呼叫控制功能,从而实现呼叫传输与呼叫控制的分离,为控制、交换和软件可编程功能建立分离的平面。软交换主要提供连接控制、翻译和选路、网关管理、呼叫控制、带宽管理、信令、安全性和呼叫详细记录等功能。与此同时,软交换还将网络资源、网络能力封装起来,通过标准开放的业务接口和业务应用层相连,可方便地在网络上快速提供新的业务。

2. 软交换技术的主要特点及功能

软交换是一种正在发展的概念,包含许多功能。其核心是一个采用标准化协议和应用编程接口(API)的开放体系结构,这就为第三方开发新应用和新业务敞开了大门。软交换体系结构的其他重要特性还包括应用分离(de-coupling of applications)、呼叫控制和承载控制。

软交换是一种功能实体,为下一代网络 NGN 提供具有实时性要求业务的呼叫控制和连接控制功能,是下一代网络呼叫与控制的核心。简单地看,软交换是实现传统程控交换机的呼叫控制功能的实体,但传统的呼叫控制功能是和业务结合在一起的,不同的业务所需要的呼叫控制功能不同,而软交换是与业务无关的,这要求软交换提供的呼叫控制功能是各种业务的基本呼叫控制。

1) 技术特点
软交换技术的主要特点表现在以下几个方面。
(1) 支持各种不同的 PSTN、ATM 和 IP 协议等各种网络的可编程呼叫处理系统。
(2) 可方便地运行在各种商用计算机和操作系统上。
(3) 高效灵活性。例如,软交换加上一个中继网关便是一个长途/汇接交换机(C4 交换机)的替代,在骨干网中具有 VoIP 或 VTOA 功能。软交换加上一个接入网关便是一个语音虚拟专用网(VPN)/专用小交换机(PBX)中继线的替代,在骨干网中具有 VoIP 功能。软交换加上一个 RAS,便可利用公用承载中继提供受管的 MODEM 业务。软交换加上一个中继网关和一个本地性能服务器便是一个本地交换机(C5 交换机)的替代,在骨干网中具有 VoIP 或 VTOA 功能。

(4)开放性通过一个开放的和灵活的号码簿接口便可以再利用 IN(智能网)业务。例如,其提供一个具有接入关系数据库管理系统、轻量级号码簿访问协议和事务能力应用部分号码簿的号码簿嵌入机制。

(5)为第三方开发者创建下一代业务提供开放的应用编程接口(API)。

(6)具有可编程的后营业室特性。例如,可编程的事件详细记录、详细呼叫事件写到一个业务提供者的收集事件装置中。

(7)具有先进的基于策略服务器的管理所有软件组件的特性。包括展露给所有组件的简单网络管理协议接口、策略描述语言和一个编写及执行客户策略的系统。

2)主要功能

软交换是多种逻辑功能实体的集合,它提供综合业务的呼叫控制、连接和部分业务功能,是下一代电信网语音/数据/视频业务呼叫、控制、业务提供的核心设备。主要功能表现在以下几个方面。

(1)呼叫控制和处理为基本呼叫的建立、维持和释放提供控制功能。

(2)协议功能支持相应标准协议,包括 H.248、SCTP、H.323、SNMP、SIP 等。

(3)业务提供功能可提供各种通用的或个性化的业务。

(4)业务交换功能。

(5)互通功能可通过各种网关实现与响应设备的互通。

(6)资源管理功能对系统中的各种资源进行集中管理,如资源的分配、释放和控制。

(7)计费功能根据运营需求将话单传送至计费中心。

3.5.2　软交换技术解决方案

1. 软交换技术的设计原理及其实现目标

软交换技术是一个分布式的软件系统,可以在基于各种不同技术、协议和设备的网络之间提供无缝的互操作性,其基本设计原理是设法创建一个具有很好伸缩性、接口标准性、业务开放性等特点的分布式软件系统,其独立于特定的底层硬件/操作系统,并能很好地处理各种业务所需要的同步通信协议,且有能力支持下列基本要求。

(1)独立于协议和设备的呼叫处理或同步会晤管理应用的开发。

(2)在其软交换网络中能够安全地执行多个第三方应用而不存在由恶意或错误行为的应用所引起的任何有害影响。

(3)第三方硬件销售商能增加支持新设备和协议的能力。

(4)业务和应用提供者能增加支持全系统范围的策略能力而不会危害其性能和安全。

(5)有能力进行同步通信控制,以支持包括账单、网络管理和其他运行支持系统的各种各样的后营业室系统。

（6）支持运行时间捆绑或有助于结构改善的同步通信控制网络的动态拓扑。

（7）从小到大的网络可伸缩性和支持彻底的故障恢复能力。

软交换的实现目标是在媒体设备和媒体网关的配合下，通过计算机软件编程的方式实现对各种媒体流进行协议转换，并基于分组网络（IP/ATM）的架构实现 IP 网、ATM网、PSTN 网等的互联，以提供和电路交换机具有相同功能并便于业务增值和灵活伸缩的设备。

2. 软交换技术的体系结构

异构网络并存是目前网络的现状，多种异构网络融合则是大势所趋。随着 IP 网的迅速发展，软交换将以 IP 网为骨干，在各种网络相互融合的基础上，以统一的方式灵活地提供业务。软交换控制器（Softswitch）是软交换体系中的控制核心，其独立于底层承载协议，主要完成呼叫控制、媒体网关接入控制、资源分配、协议处理、路由、认证、计费等主要功能，可以向用户提供现有网络能够提供的业务，并向业务支撑环境提供底层网络能力的访问接口。应用服务器则是软交换体系中业务支撑环境的主体，也是业务提供、开发和管理的核心。软交换网络体系如图 3-20 所示。

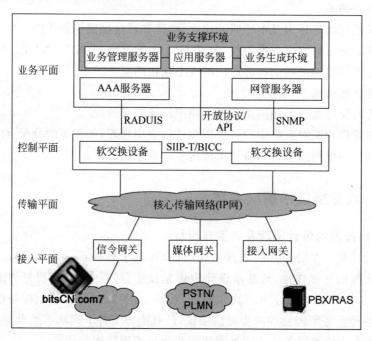

图 3-20　软交换网络体系

软交换网络从功能上可以分为接入平面、传输平面、控制平面和应用平面。

（1）接入平面：提供各种网络和设备接入核心骨干网的方式和手段，主要包括信令网关、媒体网关、接入网关等多种接入设备。

（2）传输平面：负责提供各种信令和媒体流传输的通道，网络的核心传输网将是 IP分组网络。

（3）控制平面：主要提供呼叫控制、连接控制、协议处理等能力，并为业务平面提供访问底层各种网络资源的开放接口。该平面的主要组成部分是软交换设备。

（4）应用平面：利用底层的各种网络资源为用户提供丰富多样的网络业务。主要包括应用服务器（application server）、策略/管理服务器（policy server）、AAA 服务器（authority authentication and accounting server）等。其中最主要的功能实体是应用服务器，它是软交换网络体系中业务的执行环境。

信令方面，SS7 信令通过信令网关转换成 IETF 制定的 SIGTRAN 信令作为与软交换设备之间的接口，软交换设备通过 ITU-T 和 IETF 共同制定的 Megaco/H. 248 控制媒体网关和接入网关，软交换设备之间通过 IETF 制定的 SIP-T 协议或 ITU-T 制定的 BICC 协议进行通信。而软交换设备和应用服务器之间的接口，目前推崇采用开放的 API（应用编程接口）规范，例如，由 Parlay 组织制定的 Parlay API 标准。媒体方面，媒体网关将传统的固定、移动网的话音分组打包，以 RTP 流的形式在核心 IP 网上传输。

可以看出，软交换采用分层、开放的体系结构，将传统交换机的功能模块分离成独立的网络实体，各实体间采用开放的协议或 API 接口，从而打破了传统电信网封闭的格局，实现了多种异构网络间的融合。下一代网络的体系通过将业务与呼叫控制分离、呼叫控制与承载分离，来实现相对独立的业务体系，使得上层业务与底层的异构网络无关，灵活、有效地实现业务的提供，从而能够满足人们多样的、不断发展的业务需求。

3. 软交换技术在固网中的应用

在我国，随着技术的日趋成熟及固网运营商的推动，软交换技术在网络中得到了广泛的应用，包括 PSTN 长途网、固网智能化、退网 TDM 端局交换机替换以及提供大客户业务等方面的应用。与 PSTN 相比，软交换具有非常明显的技术优势。第一，软交换网络基于分组交换网络并且控制层和承载层分离，因此组网的灵活性大大增加，可以在较大范围内实现平面组网，网络层次要比传统电路交换网更为扁平；而传统 PSTN 网的拓扑结构复杂，必须采用多级的树型结构进行组网。第二，软交换设备因为采用分组交换技术，在能耗、占用空间、容量等方面均优于传统 TDM 交换机。第三，软交换网络由于控制层与承载层分离，控制层设备的容量可以做得非常大，网络上的控制节点数量因此也相应减少；而传统 TDM 交换机受制于架构和技术的限制，设备容量不可能做得更大。第四，TDM 承载是衡比特流方式的，这种方式并不适合于数据的传输，因此在传统 PSTN 网上开展视频、数据等业务比较困难；而软交换可以通过支持 SIP 协议、配置应用服务器等方式灵活地提供包括语音、视频以及数据在内的多媒体业务。

1）传统 PSTN 长途网改造

软交换在国内 PSTN 上的第一种应用是建设软交换长途网。这种应用的场景是，运营商采用软交换技术建设第二张 DC1 长途网络，与原有的基于 TDM 交换机的 DC1 网络形成双平面，两张网络可以对长途流量进行负荷分担。这种应用具体的实施步骤是，运营商首先建设一张覆盖全国的骨干 IP 网，然后将全国的各个省（区、市）分成数个大区（一般不超过 10 个），每个大区在中心城市放置一对软交换，而在每个省（区、市）内放置 TG 设备与 DC2 交换机相连，同时配置相应的 SG 与七号信令网相连。采用软交换建设

PSTN 长途网,交换节点数量大大减少,同时资源调配也更加简单。交换节点方面,当采用软交换建设一个全国范围的 DC1 长途网时,基本每个大区放置一对软交换设备就可以满足。当某些省份之间长途业务流量发生变化时,只需要相应调整骨干传输网络的带宽分配,就可以实现资源的重新配置,而在软交换 DC1 长途网的控制层面基本不用进行任何改动。基于软交换的 PSTN 长途网改造方案如图 3-21 所示。

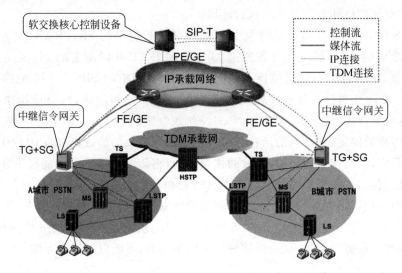

图 3-21　基于软交换的 PSTN 长途网改造方案

软交换之所以适合长途网建设,除了上述软交换技术的自身优势外,最主要的有如下几点:第一,由于 DC1 长途网节点少,可以采用平面组网的方式,回避了软交换的大规模组网问题;第二,长途网软交换不携带终端用户,避免了安全攻击等问题;第三,长途网不涉及城域网或接入网,而骨干 IP 传输网的带宽又比较容易保障,因此也不会出现 QoS 问题。综合各方面因素,使软交换在 PSTN 长途网中的应用最为成熟,对比传统 PSTN 长途网取得的技术优势也最为明显,在国内逐渐开始获得广泛的应用。

2) 传统 PSTN 网络基于汇接局的固网智能化改造

软交换的第二种应用是进行固网智能化改造。这种应用的场景是运营商采用软交换替换原有的汇接局交换机,提供固网智能化所需要的业务触发能力。

这种应用具体的实施步骤:运营商先在本地网中对需要智能化改造的本地网进行端汇结构调整,取消端局之间的直达电路,形成完整的端汇两级结构,并且要求所有端局的本地呼叫都转发到汇接局;然后在汇接局设置一个或一对软交换,并同时建设软交换的承载网。软交换承载网可以单独建设,如果城域网资源充足,也可以使用原来的城域网作为承载网。软交换与智能网之间采用 SG 进行互通,同时也可以配置应用服务器来提供更为丰富的智能业务。接下来,在端局层面需要设置 TG 设备实现与端局交换机的互通,同时配置相应的 SG 设备与七号信令网相连。基于汇接局的固网智能化改造方案如图 3-22 所示。

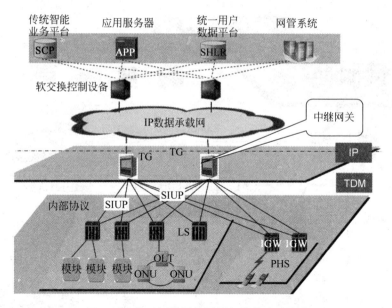

图 3-22 基于汇接局的固网智能化改造方案

软交换设备必须满足固网智能化对交换机的要求,包括具有内置的集中数据库或者具备访问外置集中数据库的接口,集中数据库中存放智能业务签约用户的签约信息以及业务接入码;具有 SSP 业务触发能力等。用软交换进行智能化改造,主要优势并不只在于实现固网智能化,更重要的是,引入软交换后为固定网运营商提供了部署其他业务形式的机会。比如,如果汇接局软交换容量充足,并且配置了端局业务能力,那么就可以直接开展软交换的本地业务,如通过 IAD、AG 提供话音,通过 SIP 终端提供视频电话、数据业务等。

3)传统 PSTN 网络基于端局的改造

软交换的第三种应用是退网 TDM 端局交换机替换,应用的场景是,当传统 PSTN 网上某个端局交换机达到使用年限需要退网时,采用软交换的接入设备进行替换。这种应用具体的实施步骤:运营商首先要在本地网建设软交换网络,通过 SG 和 TG 设备与原有 PSTN 网络互通。当有端局交换机退网时,采用大容量的 AG 设备进行替换,同时将所有本地网用户数据迁移到软交换网络上。随着 TDM 交换机的逐步退网,PSTN 网络也将逐步演进到软交换网络。软交换除了接纳原有的 PSTN 用户外,也可以通过部署 IAD 或 SIP 终端发展新的软交换用户。基于软交换的 PSTN 端局改造方案如图 3-23 所示。

这种应用实际就是软交换的端局应用模式。当软交换能够大量地在端局层面出现时,才能说软交换真正开始了大规模的应用。但此时软交换面临的诸多问题都会出现,比如,当所有本地网都建设了软交换后,不可避免地需要讨论组网问题;在放置了大量的软交换用户侧终端后,就要考虑网络安全问题,以及接入网的带宽保障等一系列问题;更重要的是,这样还涉及软交换在未来 NGN 网络中的定位问题。

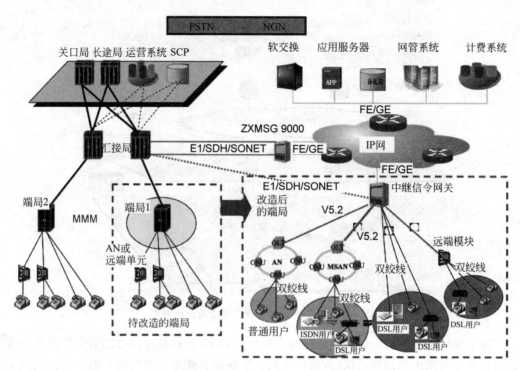

图 3-23　基于软交换的 PSTN 端局改造方案

本 章 小 结

电信业务网包括电话网、数据网、智能网、移动网、IP 网等,可分别提供不同的业务。其中交换设备是构成业务网的核心要素,其基本功能是完成接入交换节点链路的汇集、转接接续和分配,实现一个呼叫终端(用户)与它所要求的另一个或多个用户终端之间的路由选择的连接。

电信交换系统具有的基本功能为接口功能、连接功能、信令功能和控制功能。交换节点指通信网中的各类交换机,主要包括交换网络、通信接口、控制单元和信令单元。

交换节点中所传送的信号,与节点交换技术密切相关。目前,使用较多的数字信号有同步时分复用信号和统计时分复用信号。

交换技术通常分为窄带交换和宽带交换。窄带交换指传输速率低于 2 Mbit/s 的交换,宽带交换指传输速率高于 2 Mbit/s 的交换。常用的交换技术包括电路交换、分组交换、帧中继、ATM 交换及 IP 交换等。

电话通信网的核心是电话交换局,电话网通常由用户终端(电话机)、通信信道、交换机、路由器及附属设备等构成。

在电话通信网中,由本地接入网、多级汇接网组成的网络结构称为等级制网络结构。等级制网络结构的电话网一般是复合型网,电话网采用该结构可将各区域的话务流量逐级汇集,达到保证通信质量和充分利用电路的目的。

　　电话交换采用适用于实时、恒定速率业务的电路交换方式。数字程控交换机是最常用的电路交换系统,其硬件结构可分为话路系统和控制系统两部分,软件包括数据和程序。电路交换过程可分为 3 个阶段:呼叫建立、信息传送、连接释放。

　　信令是指通信系统中的控制指令。信令可以指导终端设备、交换系统及传输系统协同运行,在指定的终端之间建立临时的通信信道,并维护网络本身正常运行。No.7 信令系统是国际标准化的公共信道信令系统,是目前通信网中使用的主流信令。信令网是一个专用的数据通信网。No.7 信令网是现代通信网的三大支撑网(数字同步网、No.7 信令网、电信管理网)之一,是通信网向综合化、智能化发展的基础。

　　软交换的基本含义就是将呼叫控制功能从媒体网关(传输层)中分离出来,通过软件实现基本呼叫控制功能,从而实现呼叫传输与呼叫控制的分离,为控制、交换和软件可编程功能建立分离的平面。软交换主要提供连接控制、翻译和选路、网关管理、呼叫控制、带宽管理、信令、安全性和呼叫详细记录等功能。与此同时,软交换还将网络资源、网络能力封装起来,通过标准开放的业务接口和业务应用层相连,可方便地在网络上快速提供新的业务。

习　题

3.1　简述电信业务网的基本分类情况。

3.2　试述电话通信的一般过程及电话通信网的构成。

3.3　试述电话通信网的等级制网络结构。

3.4　简述电信网中话务量的概念。

3.5　试述交换的基本功能及交换节点的基本组成。

3.6　分析电路交换和分组交换的基本过程。

3.7　试比较虚电路方式和数据报方式的优缺点。

3.8　数字交换功能包含哪几层含义?

3.9　试比较面向连接和面向无连接方式的特点。

3.10　简述帧中继的基本概念。

3.11　简述 ATM 交换的基本概念。

3.12　试分析程控电话交换的接续过程。

3.13　分别简述 T 型接线器和 S 型接线器的工作原理。

3.14　试分析程控数字交换机的系统组成。

3.15　简述信令系统中的信令基本类型。

3.16　简述 No.7 信令系统的结构及其主要应用。

3.17　N-ISDN 的用户-网络接口结构有哪些?其对应速率为多少?应用对象有何不同?

3.18　什么是智能网?它有哪些特点?

3.19　电话网采用的是_____交换方式。

　　　A. 电路　　　　　B. 报文　　　　　C. 分组　　　　　D. 信元

3.20 在数字交换网中,任一输入线和任一输出线之间的交换是_____。

A. 时分交换   B. 空分交换   C. 频分交换   D. 波分交换

3.21 在话路设备中,_____完成话务量集中的任务。

A. 用户电路   B. 用户集线器   C. 数字用户电路   D. 信号设备

3.22 用 ATM 构成的网络,采用_____的形式。

A. 电传输,电交换   B. 光传输,电交换

C. 电传输,光交换   D. 光传输,光交换

3.23 本地电话网的端局与长途出口局之间,一般以_____网结构连接。而不同地区的长途局之间,以_____网结构连接。

3.24 ATM 传递方式以_____为单位,采用_____复用方式。

3.25 ATM 交换结构应具有_____、_____和排队 3 项基本功能。

3.26 试归纳电话交换系统中的各类基础技术及其作用。

3.27 什么是软交换? 与传统交换技术的区别是什么?

3.28 简述软交换技术的功能与特点。

3.29 试绘出软交换网络体系架构简图。

CHAPTER 4

数据通信

    数据通信是通信技术和计算机技术相互渗透和结合的一种通信形式,作为一种新的通信业务而迅速发展,数据通信网已成为发展最迅速、应用最广泛的通信领域之一。数据通信业务涉及的范围包括数据传输与交换、信息处理系统、计算机通信、基础数据通信业务、视频传输业务、多媒体通信业务等。

本章学习目标

- 理解数据通信网的基本概念。
- 理解数据通信网络体系结构。
- 了解基础数据网的技术特点及业务。
- 了解以太网的技术发展。
- 理解 IP 网络基本原理。
- 了解互联网的结构与接入方式。
- 了解 IP 技术的发展及应用。
- 了解网络信息安全的关键技术与法律法规。

4.1 数据通信概述

    数据通信是用通信线路(包括通信设备)将远地的数据终端设备与主计算机连接起来进行信息处理,以实现硬件、软件和信息资源共享。数据通信是以传输和交换数据为业务的一种通信方式,是为了实现计算机与计算机或终端与计算机之间信息交互而产生的一种通信技术,是计算机与通信相结合的产物。

4.1.1 数据通信的概念

    按现代通信的概念,凡是在终端以编码方式表示的信息,且以在信道上传送该数据为主的通信系统或网络,都称为数据通信。

    数据通信通常是指计算机之间或计算机与终端之间在通信信道上进行信息传输和交换的通信方式。数据通信侧重研究数据信息的可靠及有效传输,其主要任务是数据信息的传送。

    计算机通信则常指计算机之间或计算机与终端之间为共享硬件、软件和数据资源而协同工作,以实现数据信息传送的通信方式。计算机通信除了完成数据传送外,还要在数据传输的每一阶段分析所传数据信息的含义并作出相应处理,其主要任务是实现信息交换,以达到资源共享、分布处理、高速数据传送、通信与信息处理等目标。

　　随着技术的进步,数据通信与计算机通信的功能相互渗透而难以严格区分;计算机通信和数据通信、数据通信和网络通信、计算机通信网和数据通信网的术语也经常相互混用。

1. 基本概念

　　在数据通信中涉及关于数据、数据信号、数据通信和协议(规程)的基本概念。

　　数据:是指能够由计算机或数字终端设备进行处理,并以某种方式编制成二进制码的数字、字母和符号的集合。

　　数据信号:携带数据信息(以编码方式表示)、具有两个状态(高、低电平或正、负电平)的电脉冲序列。

　　数据通信:是指通信双方(或多方)按照一定协议(或规程),以数字信号(也可是模拟信号)为载体,完成数据传输的过程或方式。

　　协议(规程):是指为了能有效可靠地进行通信而制定的通信双方必须共同遵守的一组规则,包括相互交换信息的格式、含义,以及过程间的连接和信息交换的节拍等。

2. 数据通信的特点

　　数据通信具有以下主要特点。

　　(1) 数据通信是"人-机"或"机-机"之间的通信,通信过程不需要人的直接参与,为了保证通信的顺利进行,必须采用严格统一的传输控制规程(通信协议)。

　　(2) 数据通信的传输速率极高,可以同时处理大量数据。

　　(3) 数据通信要求误码率不大于 $10^{-7} \sim 10^{-9}$,而语音及视频业务仅要求误码率不大于 10^{-4},即数据通信可靠性要求高,因此必须采用严格的差错控制技术。

　　(4) 数据呼叫(一次完整的通信过程)具有突发度高和持续时间短的特点。其中突发度是指数据通信的峰值速率与平均速率之比。

　　(5) 数据通信业务的实时性要求比音视频业务低,可采用存储-转发方式传输信号。

3. 数据传输方式

　　1) 异步传输与同步传输

　　异步传输:一般以字符为单位传输,在发送每一个字符代码时,都在前面加上一个起始位,长度为一个码元长度,若极性为"0",表示一个字符的开始;后面加上一个终止位,若极性为"1",表示一个字符的结束。

　　同步传输:又称独立同步方式。同步传输以固定的时钟节拍来发送数据信号,因此在一个串行数据流中,各信号码元之间的相对位置是固定的(即同步)。该方式收发双方要保证比特同步。字符同步通过同步字符(SYN)来实现。

　　2) 并行传输与串行传输

　　并行传输:数据(一定信息的数字信号序列)按其码元数可分成 n 路(通常 n 为一个字长,如 8 路、16 路、32 路等),同时在 n 路并行信道中传输,信源可将 n 位数据一次传送到信宿。并行传输的特点是需多条信道、通信线路复杂、成本较高,但传输速率快且不需要外加同步措施,就可实现通信双方的码组或字符同步,其多用于短距离通信(例如,计算机与打印机之间的通信)。

串行传输:数字流以串行方式在一条信道上传输,即数字信号序列按信号变化的时间顺序,逐位从信源经过信道传输到信宿。

3) 单工传输、半双工传输与全双工传输

若通信仅在两个设备之间进行,按信息流向与时间关系的不同,传输方式则可分为单工传输、半双工传输与全双工传输。

单工传输:指信息只能向一个方向传输的方式。一条链路的两个站点中,只有一个可进行发送,另一个只能接收。例如,广播、电视即为单工传输模式。

半双工传输:两个站点都可发送和接收数据,但同一时刻仅限于一个方向传输。

全双工传输:能同时进行双向通信,双方可同时发送和接收数据。两个方向的信号使用两条独立的物理链路或者共享一条链路进行传输,每个方向的信号平分信道的带宽。

4.1.2　数据通信系统

数据通信系统由终端、数据电路和计算机系统 3 种类型的设备组成。

1. 数据通信系统的组成

在数据通信系统中,远端的数据终端设备(DTE)通过由数据电路终接设备(DCE)和传输信道组成的数据电路,与计算机系统实现连接,如图 4-1 所示。

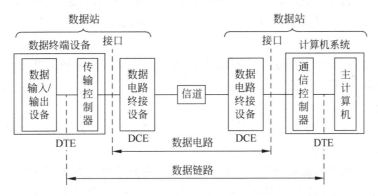

图 4-1　数据通信系统的组成

1) 数据终端设备(DTE)

DTE 是数据通信网中用于处理用户数据的设备,从简单的数据终端、I/O 设备到复杂的中心计算机均称为 DTE。

2) 数据电路终接设备(DCE)

DCE 属于网络终接设备,调制解调器(Modem)、线路接续控制设备及与线路连接的其他数据传输设备均称为 DCE。

若数据通信网由电话交换网构成,此时传输信道(电话用户线)是模拟信道,数据传输采用语音频带数据传输方式,DCE 主要起(频带)调制解调器的作用,即把 DTE 所传送的数字信号变换为模拟信号再送往信道,或把信道所传送的模拟信号变换为数字信号再送往 DTE。此外,调制解调器还有同步、双工方式、自动拨号/自动应答等功能。

若信道是数字信道,DCE 由数据服务单元(DSU)和信道服务单元(CSU)组成。DSU 的功能是把面向 DTE 的数字信道上的数据信号变化为双极性的数字信号、包封的形成/还原、定时信号的传输与提取;CSU 完成信道的均衡、信号整形、环路检测等。

3) 传输信道

传输信道有不同的分类方法,可分为模拟信道和数字信道、专用线路和交换网线路、有线信道和无线信道,并可分为频分信道、时分信道、码分信道等。

4) 数据链路

数据电路终接设备(DCE)与信道一起构成数据电路。数据电路加上传输控制规程以及两端的执行规程的传输控制器和通信控制器构成数据链路。链路是一条无源的点到点的物理线路段,中间没有任何的交换节点。在传输质量上,数据链路优于数据电路。

2. 数据通信系统的功能

1) 传输系统的充分利用

传输设施通常会被多个正在通信的设备所共享。信道复用技术可在若干用户间分配传输系统的总传输能力。为保证系统不会因过量的传输服务请求而超载,需引入拥塞控制技术。

2) 接口

建立设备与传输系统之间的接口并产生信号是进行通信的必要条件,其信号格式及信号强度应能在传输系统上进行传播,并能被接收器转换为数据。

3) 同步

发送器和接收器之间需达成某种形式的同步。接收器必须能判断信号的开始到达时间、结束时间,以及每个信号单元的持续时间。

4) 交换的管理

若在一段时间内数据的交换为双向,则收发双方必须合作,系统为此需收集其他信息。

5) 差错控制

任何通信系统都可能出现差错(如传送的信号在到达终点前失真过度),在不允许出现差错的环节中(如在数据处理系统中)就需要有差错检测和纠正机制。为了保证目的站设备不致超载,还需进行流量控制以防源站设备将数据发送得过快。

6) 寻址和路由选择

寻址是指传输系统必须保证只有目的站系统才能收到数据。路由选择是指在多路径网络的传输系统中选择某条特定的路径。

7) 恢复

当信息正在交换时,若因系统某处故障而导致传输中断,则需使用恢复技术,其任务是从中断处开始继续工作,或恢复到数据交换前的状态。

8) 报文的格式化

在数据交换或传输的格式上,收发双方须达成一致的协议(如使用相同的编码格式)。

9）安全措施

数据通信系统中必须采取若干安全措施，以保证数据准确无误地从发送方传送到接收方。

10）网络管理

数据通信系统需要各种网络管理功能来设置系统、监视系统状态，在发生故障和过载时进行处理。

3. 数据通信系统的性能评价

1）带宽

带宽有信道带宽和信号带宽之分，一个信道（广义信道）能够传送电磁波的有效频率范围称为该信道的带宽；对信号而言，信号所占据的频率范围就是信号的带宽。

2）信号传播速度

信号传播速度是指信号在信道上每秒传送的距离（单位为 m/s）。通信信号通常是以电磁波的形式出现，因此信号传播速度一般为常量，约为 300 000 km/s，其略低于光在真空中的速度。

3）数据传输速率（比特率）

数据传输速率即信息传输速率，指每秒能够传输多少位数据，单位为 bit/s。

4）最大传输速率

每个信道传输数据的速率有一上限，该速率上限称为信道的最大传输速率，即信道容量。

5）码元传输速率（波特率）

波特率（Baud）为单位时间内传输的码元个数。

6）吞吐量

吞吐量是信道在单位时间内成功传输的信息量，单位一般为 bit/s。

7）利用率

利用率是吞吐量和最大数据传输速率之比。

8）延迟

延迟指从发送者发送第一位数据开始，到接收者成功地收到最后一位数据为止所经历的时间，可分为传输延迟和传播延迟。传输延迟与数据传输速率、发送机/接收机及中继和交换设备的处理速度有关，传播延迟与传播距离有关。

9）抖动

延迟的实时变化称为抖动。抖动往往与设备处理能力和信道拥挤程度等有关，某些应用对延迟敏感，如电话；某些应用则对抖动敏感，如实时图像传输。

10）差错率

差错率是衡量通信信道可靠性的重要指标，在数据通信中常用的是比特差错率、码元差错率和分组差错率。

比特差错率是二进制比特位在传输过程中被误传的概率。在样本足够多的情况下，错传的位数与传输总位数之比近似地等于比特差错率的理论值。

码元差错率对应于波特率,指码元被误传的概率。

分组差错率是指数据分组被误传的概率。

【例 4-1】　数据通信系统的信道特性描述。

某数据通信系统的信道特性:带宽 3000 kHz,最大传输速率为 30 kbit/s,实际使用的数据传输速率为 28.8 kbit/s,传输信号的波特率为 2400 bit/s,其吞吐量为 14 kbit/s。该信道的利用率约为 50%,延迟约为 100 ms;由于环境稳定,故抖动很小,可忽略不计。

4.1.3　数据通信网

数据通信网一般指计算机通信网中的通信子网,即由电信部门组建的公共数据通信网。

1. 数据通信网的组成

数据通信网是数据通信系统的扩充,即为若干个数据通信系统的归并和互联。其基本组成部件和数据通信系统相同,所增加的主要设备为数据交换机(一般为分组交换机)。数据通信网按传输技术分类,有交换网和广播网两种形式。

1) 交换网

数据交换设备是数据交换网的核心,其基本功能是完成对接入交换节点的数据传输链路的汇集、转接接续和分配。交换网由交换节点和通信链路构成,用户之间的通信要经过交换设备。根据交换方式的不同,交换网又可分为电路交换网、分组交换网、帧中继网、ATM 网,以及采用数字交叉连接设备(DXC)作为数据传输链路转接设备的数字数据网(DDN)。

2) 广播网

每个数据站的收发信机共享同一传输媒介。通过不同的媒介访问控制方式,产生了各种类型的广播式网络。在广播网中,没有中间交换节点,其采用多路访问技术来共享传输媒介。从任一数据站发出的信号可被所有其他数据站接收。局域网中绝大多数属于广播网。

2. 数据通信网与计算机通信网

数据通信是计算机通信的基础,数据通信网可视为计算机通信网的一个组成部分。

计算机通信网由通信子网和本地网(用户资源子网)以及通信协议组成。在大多数场合中,数据通信网是指计算机通信网中的通信子网。

1) 通信子网

通信子网是由电信部门组建的公共数据通信网,由若干专用的通信处理机和连接这些节点的通信链路所组成,承担全网的数据传输、转接、加工和变换等通信信息处理功能。通信子网具备传输和交换功能,其在原有通信网传输链路上加装了专用于数据交换(或连接)的节点交换机,从而构成了专门处理数据信息的数据通信网,并随着通信业务及网络的不断变化而变更,进一步发展成为能够处理各种通信业务的综合通信网。

2）本地网

本地网（用户资源子网）是由若干计算机和终端设备、数据通信专用设备（如集线器、复用器、通信控制器、前置处理机等），以及设备与各类通信网的专用接口、各种软件资源和数据库等构成，负责全网数据处理业务，并向网上用户提供各种网络资源和网络服务。本地网的数据通信业务一般经由主机送往各节点交换机。除上述情况外，通信运营部门也可根据租用电路的要求，把若干个用户终端之间的电路在交换局的配线架上进行固定连接，组成一个固定通路的专用数据通信网（即数字数据网 DDN）。

4.1.4 计算机通信网

1. 计算机通信网的特点

（1）数据快速传送。通过该功能实现了计算机与计算机、计算机与数据终端之间的信息传送，从而实现对地理位置分散的计算机进行集中管理和控制。

（2）资源的共享。通过网络互联，使得网内的硬件、软件及数据得以共用。计算机通信网的引入大大提高了整个计算机系统的数据处理能力，有效降低了信息的平均处理费用。

（3）可靠性高。网中的计算机可互为备用，当某台计算机出现故障时，可将其任务交由其他（备用）计算机去完成，而不会使整个系统瘫痪；又如某数据库的处理机发生故障而使数据受到破坏时，计算机通信网可从另一台计算机的备份数据库中调入数据进行处理，并及时恢复遭破坏的数据库，从而提高系统的可靠性。

（4）均衡负载。若网中某台计算机负担过重时，可将部分任务转交给系统中较空闲的计算机去完成。通过对网中计算机的均衡负载与相互协作，来提高每台计算机的可用性。

（5）分布式处理方式。对于较大型的综合性处理任务，当单台计算机不能完成时，可将问题进行分解，并按一定的算法交由不同的计算机协作完成，达到均衡使用网络资源和分布处理的目的。利用网络技术，可将多台计算机连接成具有高性能的计算机通信网，使用该网去解决大型设计及较为复杂的问题，其费用远低于采用高性能的计算机系统机器及设备。

（6）机动灵活的工作环境。在计算机通信网中，用户不再局限于固定工作场所办公，可以通过网络实现流动工作环境（如家庭办公）。

（7）方便用户，易于扩充。随着各种网络软件的日益丰富和完善，用户可通过终端设备获取各种有用的信息和良好的网络服务，可把整个网络看作自己的系统。当需要扩充网络规模时，只需将新设备挂于原网络上即可实现。

（8）性能价格比高。网络设计者可以全面规划，根据系统总要求和各站点实际情况，确定各工作站点的具体配置，达到用最少投资获得最佳效果的目的。

2. 计算机通信网的基本类型

计算机通信网由于构成的方式、信息处理的形式、连接的手段等的不同而存在一定的差异，因此可从不同的角度进行分类。

1) 按传输距离分

若按传输距离来分类,计算机通信网可分为局域网、城域网和广域网。

(1) 局域网。局域网是在有限距离内联网的通信网。其支持所有通信设备的互联,以同轴电缆或双绞线构成通信信道,并能提供宽频带通信及信息资源的共享能力。局域网的传输距离一般在数千米以内,速率在 10 Mbit/s 以上,数据传输采用共享媒介的访问方式,采用 IEEE 802 协议标准。局域网可分为 3 类:局部区域网、高速局部网和计算机化分支交换网。

① 局部区域网(LAN):是一种通用局域网,主要支持工作站、微型机和用户终端等设备。其使用分组交换技术,既可传送数据,也可传输语音和视频图像信号,特别适合于自动化办公室。LAN 普遍采用同轴线组成总线型或树型拓扑结构,或由同轴线、双绞线和光纤组成环型拓扑结构。

② 高速局部网(HSLN):用于主机与大容量存储设备之间的连接与通信,具有很高的数据传输速率(可达 50 Mbit/s)和高速物理接口,可为文件的传输、大批量数据的传送和后援装入提供 I/O 通道。HSLN 采用分布式访问控制方式以及分组交换技术,从而提高了通信的可靠性和有效性。

③ 计算机化分支交换网(CBX):是数字交换、电话交换与计算机技术相结合的综合技术,专门用于处理语音数据的数字化和终端-终端、终端-主机的数据传送。CBX 通常采用星型拓扑结构,利用双绞线将节点与交换网相连接,也可利用光纤等高速传输媒介将转接单元连接到中央交换单元上。CBX 使用电路交换技术,虽然数据传输速率低,但带宽可以保证;通信中一旦建立通路连接,传输则几乎不存在时延。

(2) 城域网。城域网(MAN)的传输距离一般为 50~100 km,是能够覆盖整个城区和城郊范围的计算机通信网(实质上是能覆盖一个城市的规模很大的局域网)。城域网作为一个骨干网,可将位于同一城市不同地点的主机、数据库及多个局域网互联起来。城域网具有自恢复机制,以保证数据传输的安全。

城域网以光纤为传输媒介进行数据传输,可提供 45~150 Mbit/s 的高速率,能支持数据、语音、图像的综合业务。其拓扑结构采用与局域网类似的总线型或环型,所有联网的设备均通过专门的连接装置与传输媒介相连。

城域网的主要应用:局域网的互联、专用小交换机(PBX)的互联、主机到主机的互联、电视图像传输,以及与广域网的互联。

(3) 广域网。广域网(WAN)是在一个广泛的地理范围内所建立的计算机通信网,也称为远程网。其作用范围通常为数十千米到数千千米。互联网(Internet)即为广域网,基础数据网中的 X.25 网、帧中继网及 ATM 网也为广域网。

广域网作为核心网,对通信的要求较高,必须采取适当的措施来提高通信效率和通信资源利用率,以降低通信成本,保证一定的通信质量。同时,还需提高网络控制、维护及管理能力。

广域网由通信子网与资源子网两部分构成。通信子网提供面向连接或者面向无连接的服务,实际上是一个数据网(如专用网或公用网);资源子网由连在网上的计算机、终端设备及数据库构成,包括硬件、软件和数据资源。

广域网是按照一定的网络体系结构和相应的协议实现的。开放系统互联(OSI)参考模型及相应的一系列标准协议(如 TCP/IP),对广域网的建立、实现和应用有其重要作用。

互联网是一个特定的计算机网络,其通过 IP 协议把各个具体的数据通信子网互联在一起,形成一个逻辑上的互联网络。子网之间的互联设备称为路由器,能实现 IP 分组的选路和转发,并通过各子网传送 IP 分组。在互联网的资源子网上有许多服务器,提供 Web、电子邮件、文件共享、语音聊天等服务。互联网普及的关键因素在于其简单易通的 IP 协议以及丰富而价廉的业务。

2) 按网络服务对象分

若按网络服务对象分类,计算机通信网还可分为公用网和专用网。

(1) 公用网。公用网是对全社会开放并提供服务的网络,如 CHINANET 是中国电信经营管理的中国公用计算机互联网,是中国的互联网骨干网,其向国内外所有用户提供互联网接入服务。

(2) 专用网。专用网是某个部门因某个特殊需要而建设的网络设施,如军队、铁路、公安、银行等系统所设有的专用网络。

4.2　基础数据网

基础数据网属通信子网,是由电信部门组建的、运营基础数据业务的公共数据通信网,主要包括 X.25 数据网(分组交换业务)、数字数据网(DDN 业务)、帧中继网、ATM(快速分组交换业务)等。随着各行各业信息化的发展,对基础数据通信业务的需求将不断增加。基础数据传送业务类型主要为永久虚电路(PVC)业务和交换虚电路(SVC)业务,并支持虚拟专用网(VPN)等应用。

4.2.1　分组交换网(X.25 网)

X.25 网是以原 CCITT 的 X.25 协议(公用数据网建议)为基础的分组交换网。X.25 网在数据传输中,信息被分为信息段,每一段都加一信息头而构成信息分组(包),信息头含有收发地址和一些控制信息,在网内以分组为单位进行交换和传输。

1. X.25 网概述

分组交换是为适应计算机通信而发展起来的一种通信手段,其以 CCITT X.25 协议为基础,可以满足不同速率、不同型号的终端与终端、终端与计算机、计算机与计算机间,以及局域网间的通信,实现数据库资源共享。分组交换是按一定规则,把一整份数据报文分割成若干定长的数据段,并给每一个数据段加上收发终端地址及其他控制信息,然后以分组为单位在网内传输。

X.25网可以在一条电路上同时开放多条虚电路,为多个用户同时使用,网络具有动态路由功能和误码检错功能,性能较佳。X.25网具有严格流量控制和差错控制措施,保证端到端用户数据传送的可靠性。通过X.25网提供的业务称为X.25数据传送业务。

X.25网是为解决专用线和电话网传输数据所存在的问题而开发的,其特点如下。

(1) 增加了差错控制,减少了误码,提高了传输质量。

(2) 增加了路由控制,增加了通信的可靠性。

(3) 增加了流量控制,可实现不同速率终端间的通信。

(4) 采用分组交换,可实现分组复用,提高了线路利用率。

(5) 按数据量而不是按通信时间计费。

在X.25网中采用动态统计时分复用方式,线路利用率较高,但通信协议开销较大。

2. X.25网协议

X.25网协议为以分组方式工作的终端规定了用户终端(DTE)与分组交换网络(DCE)之间的接口,为终端DTE和DCE之间建立对话和交换数据提供了规程,其中包括数据传输通路的建立、保持和释放;数据传输的差错控制和流量控制;防止网络发生阻塞的相关规定等。

X.25协议包含了3层,即物理层、数据链路层和分组层,对应于OSI参考模型的物理层、数据链路层和网络层,并分别由网络终端和通信网完成这些功能。其中,物理层定义了DTE和DCE之间的电气接口和建立物理的信息传输的过程;数据链路层采用高级数据链路控制规程(HDLC)的帧结构;分组层则利用数据链路层提供的可靠传送能力完成分组。

3. X.25网的组成

X.25网的组成框图如图4-2所示。

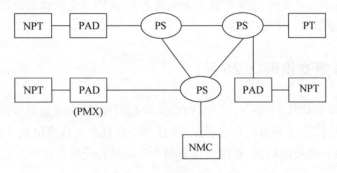

图4-2   X.25网的组成框图

图4-2中,PS为分组交换机;NMC为网络控制中心;PMX为集中器;PAD为分组装拆设备;NPT为非分组终端;PT为分组终端。另外,还有中继线(64 kbit/s数字或模拟信道)、用户线等。

X.25 网中各组成部分的功能如下。

1）分组交换机（PS）

PS 实现分组网的各通信协议，如 X.25 协议等；实现路由选择和流量控制；以虚电路方式实现信息交换；完成局部维护（运行管理、故障诊断与报告、业务统计与计费等）。

2）分组装拆设备（PAD）

PAD 完成非分组终端（NPT）接入 X.25 网的协议转换，主要包括规程转换功能（NPT 接口与 X.25 协议的相互转换）和数据集中功能。数据集中功能是指 PAD 可将多个终端的数据流组成分组，在 PAD 至交换机之间的中高速线路上复用，并扩充 NPT 接入的端口数。

3）集中器（PMX）

PMX 完成分组装拆设备（PAD）功能和分组终端（PT）的集中功能，并具有本地交换功能，比分组交换机（PS）结构简单，无路由选择功能。

4）网络控制中心（NMC）

NMC 实现下列功能：网络结构配置、用户业务管理、故障诊断、网络维护、网络状态显示、信息数据收集与统计和计费管理等。

4. X.25 网业务

X.25 网吸收了电路交换的低时延及报文交换的路由选择自由的优点，能够向用户提供不同速率、代码及通信规程的接入，是一种传输可靠性较高的数据通信方式。

1）X.25 网的应用场合

（1）传输速率低、安全性高、可靠性高、允许一定时延的应用。

（2）需要经常与不特定对象通信的用户。

（3）需要与不同类型、不同速率的终端设备通信的用户。

（4）通信量较少且通信时间较分散的用户。

（5）需要建立闭合用户群的用户。

X.25 网业务适用于：银行、保险、证券、海关、税务、零售业营业网络的互联；集团公司、企业、事业单位的办公系统的互联；民航、火车站等售票系统的互联；LAN/WAN（局域网/广域网）的互联、不同类型网络的互联等。

2）公用分组交换网业务实现

我国公用分组交换网（CHINAPAC）可以提供下列业务。

（1）基本业务。如交换虚电路和永久虚电路。

（2）任选业务及增值业务。如电子信箱、电子数据交换（EDI）、可视图文、传真存储转发和数据库检索等。

公用分组交换业务实现方式有拨号方式和专线方式。

拨号方式：提供 SVC 业务。客户只需在现有电话线路上加上终端设备和调制解调器，以电话拨号方式（X.28 或 X.32）接入分组交换网。

专线方式：提供永久虚电路（PVC）和交换虚电路（SVC）业务。可分为通过数据专线（如 DDN 等）或普通专线（数字专线、模拟专线）接入分组交换网。

随着用户日益增长的带宽和速率要求,我国建于20世纪80年代的X.25网已不相适应。其用户已逐步退网(设备也将开始逐步退网),转向其他速率更高更先进的技术手段。

4.2.2 数字数据网(DDN)

数字数据网(DDN)是利用光纤、数字微波、卫星等数字信道,以传输数据信号为主的数字通信网络,可以提供2 Mbit/s及2 Mbit/s以内的全透明的数据专线,并承载语音、传真、视频等多种业务。DDN利用数字信道,向用户提供永久性和半永久性连接电路来传输数据信号,可以满足相对固定用户间的大业务量、时延稳定和实时性的要求。

1. DDN 概述

DDN主要向用户提供端到端的数字型数据传输信道,既可用于计算机远程通信,也可传送数字传真、数字话音、图像等各种数字化业务。

DDN具有传输质量高、误码率低、传输时延小、支持多种业务、提供高速数据专线等特点。

DDN能够提供高质量数字专线,并具有数据信道带宽管理功能。其向用户提供专用的数字数据传输信道,为用户建立专用数据网提供条件。

DDN所采用的半永久性连接方式介于永久性连接和交换式连接之间。半永久性连接是指DDN所提供的信道是非交换型的,用户之间的通信通常是固定的,沿途不进行复杂的软件处理,因此延时较小。可根据需要,在约定的时间内接通所需带宽的线路,信道容量的分配和接续在计算机控制下进行,具有较大的灵活性。

作为数据通信网,DDN的基本特点如下。

(1)透明的传输网。DDN本身不受任何协议规程的约束,可以支持数据、语音、图像等多种业务。

(2)同步数据传输网。DDN不具备交换功能,通过数字交叉连接设备可向用户提供固定的或半永久性信道,并提供多种速率的接入。

(3)传输速率高。DDN网络时延小,可提供$N\times64$ kbit/s~2 Mbit/s的数据业务。

2. DDN 的组成

DDN是以数字数据传输系统为基础而构成的,其由本地传输系统、复用及交叉连接系统、局间中继传输和网同步系统、网络管理系统组成,系统框图如图4-3所示。

1)本地传输系统

本地传输系统(用户环路传输系统)是指终端用户至DDN本地节点之间的传输子系统。

2)复用及交叉连接系统

数字交叉连接数字设备是由计算机控制的复用器和配线架,是不受信令控制的静态交换机,由程序控制形成半永久性连接。

DDN中数据信道的时分复用器是分级实现的。节点复用包括PCM帧复用、超速率

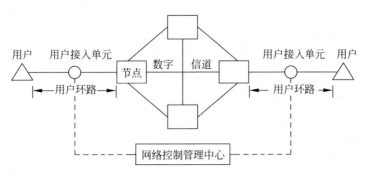

图 4-3　数字数据传输系统组成框图

$(N×64\ kbit/s,N=1\sim32)$复用和子速率$(<64\ kbit/s)$复用 3 种。

3）局间中继传输和网同步系统

局间中继传输指 DDN 节点间的数字信道,DDN 的中继速率为 4.8 kbit/s~2 Mbit/s,其中包括 ISDN 的基本速率和基群速率。

DDN 的网同步系统中,国际互联采用准同步方式,国内节点间采用主从同步方式。

4）网络管理系统

网络管理系统的功能:网络监管和业务配置、监视网络运行、网络维护、故障测量和网络信息收集。

5）节点类型

从组网功能上分,数字数据网节点分为 2M 节点、接入节点和用户节点 3 种类型。

（1）2M 节点:DDN 的骨干节点,负责执行网络业务的转换功能。

（2）接入节点:为 DDN 各类业务提供接入功能。

（3）用户节点:为 DDN 用户入网提供接口,并进行必要的协议转换,包括小容量的时分复用设备等。用户节点可以设置在用户处。

3. DDN 应用特点

（1）DDN 专线提供点到点的通信,保密性强,特别适合金融、证券、保险等客户的需要。

（2）DDN 专线传输质量高,通信速率可根据需要在 $9.6\sim N×64\ kbit/s(N=1\sim32)$之间选择,网络时延小。

（3）DDN 专线信道固定分配,保证通信的可靠性,不会受其他客户使用情况的影响。

（4）DDN 网提供灵活的连接方式,电路可以自动迂回,可靠性高。

（5）DDN 网为全透明网,支持数据、话音、图像多种业务,对客户通信协议没有要求,客户可自由选择网络设备及协议。

（6）DDN 网技术成熟,网络运行管理简便,DDN 将检错等功能放到智能化程度较高的终端来完成,简化了网络运行管理和监控内容,为用户参与网络管理创造了条件。

（7）DDN 业务的传输媒介多为普通双绞铜线,覆盖范围广,接入方便。

4. DDN 业务

DDN 主要为用户提供专用电路,包括规定速率的点到点（或点到多点）的数字专用电路和特定要求的专用电路。

　　1) DDN 的主要业务

　　(1) 为分组交换网、公用计算机互联网等提供中继电路。

　　(2) 专用电路业务(如金融证券、教育、政府等部门租用专线组建专用网)。

　　(3) 帧中继业务,用户可以配置多条虚连接。

　　(4) 压缩语音/传真业务。

　　(5) 提供虚拟专用网业务。

　　2) DDN 的用户入网方式

　　(1) 用户终端设备接入方式。例如,采用调制解调器(Modem)接入 DDN,通过 DDN 提供的远端数据终端设备接入 DDN,通过用户集中器接入 DDN 的 2 Mbit/s 端口,通过模拟电路直接接入 DDN 音频接口等。

　　(2) 用户网络通过 DDN 互联。例如,局域网通过路由器利用 DDN 互联,分组交换机通过 DDN 互联,专用 DDN 通过公用 DDN 互联,用户交换机通过 DDN 互联等。

4.2.3　帧中继(FR)

　　帧中继(FR)技术是在分组技术充分发展,数字与光纤传输线路逐渐替代已有的模拟线路,用户终端日益智能化的条件下发展起来的。帧中继网采用快速分组交换技术,具有网络吞吐量高、传送时延低、适于突发性业务,以及灵活、经济、可靠的特点,是一种解决高带宽的组网形式,适用于局域网互联。

1. 帧中继概述

　　帧中继属于快速分组交换(FPS),其基本思想是尽量简化协议,克服分组交换协议处理复杂的缺点,只具有数据链路层核心的网络功能(如帧的定界、同步、传输差错检测等),而将流量控制、纠错等留给智能终端去完成,有效利用了高速数字传输信道,以提供高速、高吞吐量和低时延的服务。

　　帧中继仅完成数据链路层、核心层的功能,而将流量控制、纠错等留给智能终端去完成,大大简化了节点机之间的协议;同时,帧中继采用虚电路技术,能充分利用网络资源,因而帧中继具有吞吐量高、延迟低、费用低和适于突发性业务等特点。

　　帧中继成本较低,但也存在一些缺点,如速率受限制、可变长度的帧将会产生不受用户控制的可变时延,故不适宜发送对时延敏感的数据(如实时音频或视频)。

　　典型的帧中继网络结构如图 4-4 所示。

2. 帧中继的技术特点

　　帧中继和分组交换类似,其以比分组容量大的帧为传送单位,而不是以分组为单位进行数据传输;帧中继技术在保持了分组交换技术的灵活及较低的费用的同时,缩短了传输时延,提高了传输速率。因此,帧中继成为实现局域网(LAN)互联、局域网与广域网(WAN)连接等应用的理想解决方案。帧中继的技术特点如下。

　　(1) 高效。帧中继在 OSI 参考模型的第二层以简化的方式传送数据,仅完成物理层

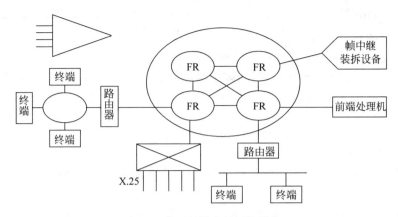

图 4-4　典型的帧中继网络结构

和数据链路层核心层的功能,简化节点机之间的处理过程,智能化的终端设备把数据发送到数据链路层,并封装在帧的结构中,实施以帧为单位的信息传送,网络不进行纠错、重发、流量控制等,帧不需要确认,即能在每台交换机中直接通过。在帧中继中,纠错和流量控制由智能终端实现,大大简化了节点机之间的协议,降低了数据传输延迟。

(2)经济。帧中继在采用统计复用技术(即带宽按需分配)向客户提供共享的网络资源,每条线路和网络端口都可由多个终端按信息流共享。由于帧中继简化了节点之间的协议处理,将更多的带宽留给客户数据,客户不仅可使用预定的带宽,在网络资源富裕时,还允许客户数据突发占用高于预定的带宽。帧中继充分利用了全网资源,适合于传送突发性数据。

(3)可靠。帧中继传输质量好,保证网络传输不容易出错,网络为保证自身的可靠性,采取了 PVC 管理和拥塞管理,客户智能化终端和交换机可以清楚地了解网络的运行情况,不向发生拥塞和已删除的 PVC 上发送数据,以避免造成信息的丢失,保证网络品质。

(4)灵活。帧中继协议简单,利用现有数据网上的硬件设备稍加修改,同时进行软件升级即可实现,操作简单实现灵活。在用户接入方面,帧中继网络能为多种业务类型提供公用的网络传送能力,并对高层协议保持透明,众多路由器厂商支持帧中继 UNI(用户-网络接口)协议,客户便于接入。

3. 帧中继应用特点

(1)一点对多点数据通信。帧中继的高效性使用户可以享有较好的经济性。帧中继可以应用于银行、大型企业、政府部门的总部与各地分支机构的局域网之间的互联,其用户带宽为 64 kbit/s~2 Mbit/s。

(2)突发性数据处理。帧中继具有动态分配带宽的功能,当数据业务量为突发性时可进行有效处理。帧中继在远程医疗、金融机构及 CAD/CAM(计算机辅助设计/计算机辅助生产)的文件传输、计算机图像、图表查询等业务方面有着较佳的适用性。

(3)长距离通信。帧中继的高效性使用户可以享有较好的经济性,当通信距离较长时,应优选帧中继。

例如,通过帧中继技术可完成企业总部与各办事处及公司分部的局域网的互联,从而实现公司内部数据传送、企业邮件服务、话音服务等,适合有突发信息要求的用户使用;并可通过连接互联网来实现电子商务等应用。

目前的路由器都支持帧中继协议,帧中继可承载流行的 IP 业务,IP 加帧中继已成了广域网应用的较佳选择。随着 IP 技术和多媒体业务的发展,作为基础数据网技术的帧中继技术将得到越来越多的应用。

4. 帧中继业务

帧中继网作为 X.25 网的中继网(骨干网),大大提高了 X.25 网的网络吞吐能力,降低了网络时延。

帧中继业务是提供双向业务数据单元传送并保持其顺序不变的一种承载业务,业务数据通过数据链路层的信息段来传送。中国公用帧中继网(CHINAFRN)是为适应数据通信要求,面向公众数据通信而建立的经济有效的公用帧中继网。CHINAFRN 分为国家骨干网、省内网和本地网。

1) 帧中继的基本业务

帧中继业务包括基本业务和用户可选业务。其中,基本业务包括永久虚电路(PVC)业务和交换虚电路(SVC)业务。

永久虚电路是指在帧中继用户终端之间建立固定的虚电路连接,并在其上提供数据传送业务。

交换虚电路是指在两个帧中继用户之间通过呼叫建立虚电路,网络在已建立的虚电路上提供数据信息传送服务,用户终端通过呼叫清除操作来终止虚电路。

2) 帧中继业务的主要应用

帧中继业务发展迅速,特别适合当前计算机通信的需求,主要应用如下。

局域网(LAN)互联是帧中继业务的最典型的应用。帧中继可为要求互联的局域网用户提供高速率、低时延、适合突发性数据传送的信道。通过帧中继网,一个 LAN 只需一个物理端口和相应线路就可与多个远端的 LAN 互联,可大大节省租用电路和端口的费用,还可满足自身突发性业务的需要。

虚拟专用网(VPN)是由帧中继网的部分网络资源构成一个相对独立的逻辑分区,分区内用户可共享分区的网络资源,在分区内设置相对独立的网管机构,分区网络资源的管理也相对独立于整个帧中继网。

除了提供以上两种典型应用外,帧中继还可提供高吞吐量、低时延的数据传送业务,如高分辨率图形数据的数据传送业务、IP 电话业务等。

3) 帧中继网的用户接入方式

局域网(LAN)接入方式:LAN 通过路由器或网桥接入 CHINAFRN。

终端接入方式:帧中继、ATM 型终端可直接接入 CHINAFRN。

专用帧中继网接入:用户专用帧中继网中的交换机通过 FR 用户网络接口(UNI)直接接入 CHINAFRN。

帧中继网的用户接入电路包括专线接入、DDN 专线接入、ISDN 网接入等。

4）公用帧中继网与其他数据网的关系

（1）公用帧中继网作为中继传输网时，除提供用户接入业务外，还可为其他数据网提供中继传输。

（2）公用帧中继网可将分组交换网、数字数据网（DDN）作为其接入网。

（3）公用帧中继网作为中国公用计算机互联网（CHINANET）的接入网。

4.2.4 异步传送模式（ATM）

异步传送模式（ATM）技术是一种简化的面向连接的、在光纤大容量传输媒介环境下新的高速分组传送方式，是一种集电路传送和分组传送两种优点于一体的传输方式。其主要特点是通过统计复用方式，对任何形式的业务分布都能达到最佳的网络资源利用率。

ATM 是一种用于宽带网内传输、复用和交换信元的技术，可以适用于任何业务，不论其特性（速率高低、突发性大小、质量和实时性要求）如何，网络都按同样的模式来处理，实现了完全的业务综合。ATM 可以支持高质量的语音、图像和高速数据业务。

1. ATM 的信元结构

在 ATM 网中，信息被拆开后形成固定长度的信元，由 ATM 交换机对信元进行处理，实现交换和传送功能。信元是 ATM 特有的分组。所有的数据信息（语音、数据、视频等）都被分成长度一定的数据分组。ATM 采用异步时分复用方式将来自不同信息源的信元汇集到一起，在一个缓冲器内排队，然后按"先进先出"的原则将队列中的信元逐个输出，从而在传输线路上形成首尾相接的信元流。

ATM 信元共有 53 个字节。前面 5 个字节为信头，用以表征信元去向的逻辑地址、优先等级等控制信息，网络根据信头中的地址标志来选择信元的输出端口转移信元。后面 48 个字节为信息字段，用来承载来自不同用户、不同业务的信息。

任何业务的信息都经过分割，封装成同一格式的信元。包含某一段信息的信元的再现，取决于该段信息所要求的比特率。ATM 的信元结构如图 4-5 所示。

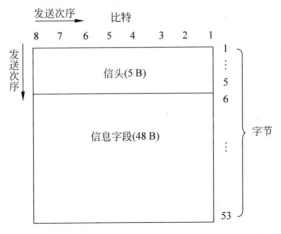

图 4-5 ATM 的信元结构

ATM采用固定长度的信元,可使信元像同步时分复用中的时隙一样定时出现。ATM可以采用硬件方式高速地对信头进行识别和交换处理,从而具有电路传送方式的特点,为提供固定比特率和固定时延的电信业务创造了条件。

2. ATM 的网络结构

用 ATM 构成的网络,采用光传输、电交换的形式。ATM 以光纤线路为传输媒介,信道容量大,传输损失小。

ATM 传输实质上是一种高速分组传送。来自不同信息源(不同业务和不同发源地)的信元汇集到一起,在一个缓冲器内排队;在队列中,信元按输出次序复用在传输线路上。具有同样标志的信元,在传输线上并不对应某个固定时隙,也不按周期出现,即信息与其在时域中位置无关,信息只按信头中标记区分。

ATM 是一种面向连接的通信方式,在网络中设置两个层次的虚连接,即虚通道 VP 和虚通路 VC;在每个信元的信头中含有虚通道标识符/虚通路标识符(VPI/VCI)作为地址标志,信元将沿着呼叫建立时确定的虚连接传送。

ATM 网络由 ATM 复用系统、ATM 传输信道和 ATM 交换系统组成,如图 4-6 所示。图中,UNI 为用户网络接口;NNI 为节点网络接口。

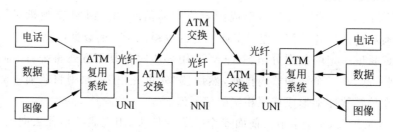

图 4-6　ATM 网络结构

1) ATM 复用系统

发端 ATM 复用系统承担着将用户终端接入 ATM 网的任务,将用户端产生的各类业务信息(如电话、数据、图像等)变换成 ATM 信元的形式,并进行统计时分复用,按用户终端的实际需要动态地分配带宽,使得带宽能够高效利用。

收端 ATM 复用系统则进行反变换。ATM 复用系统和 ATM 交换机之间的接口称为公用用户-网络接口。

2) ATM 传输信道

ATM 传输信道采用光纤信道,其传输方式有 3 种。

(1) 基于同步传输体系(SDH)的传输方式。

(2) 基于准同步传输体系(PDH)的传输方式。

(3) 基于信元的传输方式。

3) ATM 交换系统

ATM 交换系统的基本功能包括以下几项。

(1) 接口功能(包括用户网络接口 UNI 和节点网络接口 NNI)。

(2) 连接功能(包括终接功能和信元交换功能)。

（3）信令功能。

（4）呼叫控制功能。

（5）业务流管理功能。

（6）运行、管理和维护功能等。

ATM 交换机由入线（送入信元的线）处理部件、出线（接收信元的线）处理部件、交换结构（执行信元交换的任务）和控制单元（处理信令信息并对交换结构进行接续控制）等模块构成，如图 4-7 所示。

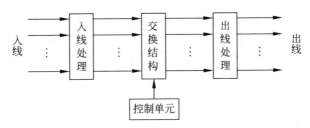

图 4-7　ATM 交换机的简化结构图

ATM 交换机的核心是 ATM 交换单元，而 ATM 交换单元的核心是交换结构。ATM 交换结构具有信头变换、选路和排队 3 项基本功能。

3. ATM 业务

目前，ATM 网络可为用户开放以下 4 种业务等级。

1）恒定比特率（CBR）业务

CBR 业务的特点是面向连接、有固定比特率、通信端点之间存在定时关系。在整个连接过程中可以持续的峰值信元速率（PCR）进行传输，通信终端可以在任意时刻、时段内以等于或小于 PCR 的信元速率进行传输。

主要应用于需要固定带宽的连接，如语音业务、要求严格定时的图像业务和电路仿真业务等。

2）实时可变比特率（RT-VBR）业务

RT-VBR 业务的特点是面向连接，比特率可变，通信端点之间存在定时关系。通信端点占用的带宽随不同时间内终端信息发送速率变化而变化，ATM 网络对通信终端给予可维持信元速率（SCR）的保证，同时要求通信终端不得大于峰值信元速率（PCR）的速率发送信息。

主要应用于对时间敏感性（时延）要求严格的业务，如图像业务等。

3）非实时可变比特率（NRT-VBR）业务

NRT-VBR 业务的特点是面向连接，比特率可变，通信端点之间不存在定时关系。通信端点所占用的带宽随不同时间内终端信息发送的速率而变化，ATM 网络对通信终端给予 SCR 的保证，同时要求通信终端不大于峰值信元速率（PCR）的速率发送信息。

主要应用于突发性的对时延和时延变化要求不严格的业务，如数据传输、E-mail、FAX 等业务。

4）非限定比特率（UBR）业务

UBR 业务的特点是面向连接,比特率可变,通信端点占用的带宽随不同时间内终端信息发送速率和可用带宽的变化而变化。ATM 网要求通信终端以不大于峰值信元速率的速率发送信息。

主要应用于对服务质量和传输速率要求不高的业务,如数据备份。

4. ATM 接入方式

ATM 的实现主要有以下接入方式。

（1）帧中继延伸接入。对于 ATM 网络暂时没有覆盖到的地区,可以利用帧中继网络进行延伸接入,ATM 交换机和帧中继交换机有多个互联中继实现业务互通。

（2）xDSL＋专线接入。xDSL 是 ADSL、VDSL、HDSL 等基于铜线的数字用户环路技术总称,x 代表 A、V、H 等字母。其中,ADSL 上行最高可达 1 Mbit/s,下行最高可达 8 Mbit/s,是非对称的数字用户环路技术；VDSL 上行最高可达 19.2 Mbit/s,下行最高可达 55 Mbit/s,是非对称的数字用户环路技术；HDSL 上行、下行最高可达 2 Mbit/s,是对称的数字用户环路技术。用户侧通过 xDSL 设备,通过双绞铜线以较高速率接入 ATM 网络。ADSL 和 HDSL 的接入范围可达 3～5 km,VDSL 的接入范围为 800 m 以内。

（3）用传输网络延伸接入。对于距离较远（一般 4 km 以外）、速率较高（2 Mbit/s 以上）或者链路可靠性要求高的用户,可以利用传输设备通过光纤连接后接入,用户侧传输设备负责提供透明通道,不包封 ATM 协议。

5. ATM 技术的主要应用领域

（1）支持现有电信网逐步从传统的电路交换技术向分组（包）交换技术演变。

（2）支持现有电话网（如 PSTN/ISDN）的演变,并作为其中继汇接网。

（3）支持并作为第三代移动通信网（支持移动 IP）的核心交换网与传送网。

（4）支持现有数据网（FR/DDN）的演变,作为数据网的核心,并提供租用电路,利用 ATM 实现校园网或企业网间的互联。

（5）作为 Internet 骨干传送网的互联核心路由器,支持 IP 网的持续发展。

ATM 技术的缺点是其技术过于复杂,协议的复杂性造成了 ATM 系统研制、配置、管理、故障定位的难度,使其推广受到极大的限制。

从发展趋势来看,ATM 作为综合业务的传送平台正在受到挑战。目前,可以利用 ATM 交换机的宽带硬件交换能力、优良的网络功能、可扩展性和低成本改造 Internet 骨干网的路由器（即 IP 交换技术方案）,以解决 Internet 网络发展中遇到的瓶颈问题,使得 IP 技术与 ATM 技术相融合,共同向未来信息网的核心技术方向发展。

4.3 以太网

以太网（Ethernet）是目前应用最广泛的局域网（LAN）,在实际应用的计算机网络系统中约占 80% 份额。由于以太网带宽和网络性能大大提高、新协议和新标准的出现,以及光纤通信技术的飞速发展,使得以太网技术愈加成熟和实用。

4.3.1　以太网概述

以太网是一种共享媒介的数据网,采用随机访问控制方式,结构简单,性价比高。目前,以太网从共享型发展到交换型,实现了全双工技术,使整个以太网系统的带宽成百倍增长,并保持足够的系统覆盖范围。以太网正以其高性能、低价格、使用方便的特点继续发展。

1. 媒介访问控制方式

以太网的媒介访问控制方式是以太网的核心技术,决定了以太网的主要网络性质。传统以太网与前述的基础数据网(交换式数据网)有着很大的差别,其核心思想是利用共享的公共传输媒介。

在公共总线型或树型拓扑结构的局域网上,通常使用带冲突检测的载波侦听多路访问技术(CSMA/CD)。CSMA/CD 又可称为随机访问或争用媒体技术,其讨论网络上多个站点如何共享一个广播型的公共传输媒体问题。由于网络上每一站的发送都是随机发生的,不存在用任何控制来确定该轮到哪一站发送,故网上所有站都在时间上对媒体进行争用。

CSMA/CD 的基本原理:欲发送信息的工作站,首先要监听媒体,以确定是否有其他的站正在传送;若媒体空闲,该工作站则可发送。在同一时刻,经常发生两个或多个工作站都欲传输信息的情况,这样会引起冲突,双方传输的数据将受到破坏,导致网络无法正常工作。为此,当工作站发送信息后的一段时间内仍无确认,则假定为发生冲突并且重传,因此需要争用。

为了解决上述问题,CSMA/CD 采用了监听算法和冲突监测。为减少同时抢占信道,监听算法使得监听站都后退一段时间再监听,以避免冲突。该方法不能完全避免冲突,但通过优化设计可把冲突概率减到最小。冲突检测的原理是在发送期间同时接收,并把接收的数据与站中存储的数据进行比较,若结果相同,表示无冲突,可继续;若结果不同,说明有冲突,立即停止发送,并发送一个简短的干扰信号令所有站都停止发送,等待一段随机长的时间重新监听,再尝试发送。

2. 协议结构

以太网体系结构以局域网的 IEEE 802 参考模型为基础。该模型与 OSI 的区别:局域网用带地址的帧来传送数据,不存在中间交换,故不要求路由选择,所以不需要网络层;在局域网中只保留了物理层和数据链路层,其中数据链路层分成两个子层,即媒体接入控制子层(MAC)和逻辑链路控制子层(LLC)。

MAC 子层负责媒体访问控制,以太网采用适于突发式业务的竞争方式。LLC 子层负责没有中间交换节点的两个站点之间的数据帧的传输。其不同于传统的数据链路层,即不仅要有差错控制、流量控制,还需有复用、提供无连接的服务或面向连接的服务等功能。

在以太网的寻址问题中,MAC 地址标识局域网上的一个站地址,即计算机硬件地址

（网络上的物理连接点）；LLC 地址则标识一个 LLC 用户（即 LLC 子层上的服务访问点 SAP），即进程在某一主机中的地址。

3. 以太网系统基本结构

在早期由双绞线连接的 10Base-T(IEEE 802.3i)以太网中，采用基带传输方式，其传输速率为 10 Mbit/s，T 表示用双绞线连接，传输距离限制为 100 m。

在 10Base-T 以太网中，定义了星型拓扑结构，有一组站点和一个中心节点（集线器，即多端口转发器），以太网系统则由集线器（HUB）、双绞线和网卡组成。每个站点通过一对双绞线连接到集线器，集线器的主要功能是媒体上信号的再生和定时，检测冲突并扩展端口。置于计算机中的网卡功能则分别由网卡内编码/译码模块和收发器实现，收发器向媒介发送或从媒介接收信号，并识别媒介是否存在信号和识别冲突。10Base-T 以太网系统以其价格低廉、安装维护方便、性能高且扩展性好等特点成为局域网技术的热点，并对整个局域网技术的发展具有很大的影响。

4.3.2　以太网技术的发展

以太网从最初的同轴电缆上共享 10 Mbit/s 传输技术，发展到现在双绞线和光纤上的 100 Mbit/s 甚至 1 Gbit/s 的传输技术、交换技术等，应用技术已成熟。

1. 10Base-F 光纤以太网

使用光纤作为网络传输媒介可带来带宽的拓展及媒介段长度的增加，且其抗外界磁场干扰及抗泄漏性能是铜质媒介所无法比拟的。10Base-F 的传输速率仍为 10 Mbit/s，但其使用环境与 10Base-T 是不同的，如媒介段最长可达 2 km。

2. 100Base-X 高速以太网

100Base-X 技术是在 10Base-T 和 10Base-F 基础上，借助于双绞线、光缆以及星型拓扑结构的特点而实现的。100Base-TX(使用双绞线)和 100Base-FX(使用光纤)高速以太网的帧结构、差错控制及信息管理与 10Base-X 相同，其拓扑结构和使用的媒介分别与 10Base-T 或 10Base-F 相仿，而传输速率为 100 Mbit/s。

3. 交换型以太网

共享型以太网的带宽由所有站点共同分割，随着站点的增多，每个站点能得到的带宽将减少，网络性能将迅速下降。由于会发生数据冲突，共享型以太网在同一时刻，只能有一个站点与服务器通信，且局域网的覆盖范围受 CSMA/CD 的限制。

在交换型以太网中，网络的终端连接在以太网交换机上，分别独占 10 Mbit/s 的端口速率，可形成多个数据通道，无数据冲突。只要交换机的端口空闲，即可同时实现多对终端的通信。系统的带宽为 10 Mbit/s×N（即局域网的高速率出口速率）。

交换型集线器既隔离又连接了多个网段，集线器上所有端口平时都不连通，需要时可对诸多站点同时建立多个收发通道。

交换型以太网组网采用星型拓扑结构，如图 4-8 所示。

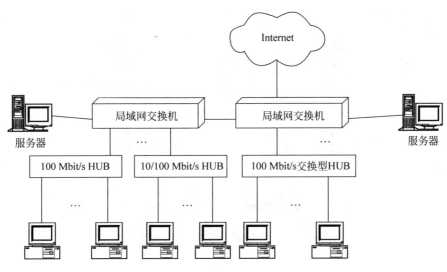

图 4-8　交换型以太网

交换型集线器技术的产生,使用光缆的交换型集线器与全双工以太网技术的结合,使得局域网的带宽以及覆盖范围都有了很大的发展。

4. 千兆位以太网

千兆位以太网(以下简称千兆以太网)被称为第三代以太网,是一种新型高速局域网,可提供 1 Gbit/s 的通信带宽,为局域主干网和城域主干网(借助多模光纤和光收发器)提供了一种高性价比的宽带传输交换平台,并已得到广泛的应用。

千兆以太网采用和传统 10/100 Mbit/s 以太网相同的 CSMA/CD 协议、帧格式和帧长,因此可以实现在原有低速以太网的基础上平滑、连续性的网络升级,从而能最大限度地保护用户以前的投资。

在千兆以太网协议中,共享媒体集线器模式比基础的 CSMA/CD 模式有两大提高。

(1) 载波扩充。在短的 MAC 帧末尾加上了一组特殊的符号,使每一帧从 10 Mbit/s 和 100 Mbit/s 的最小的 512 bit 提高到至少 4096 bit,从而保证一次传输的帧长度超过 1 Gbit/s 时的传输时间。

(2) 帧突发。是允许连续发送某个限制内的多个短帧,无须在每个帧之间放弃对 CSMA/CD 的控制。帧突发可避免当某站点有多个短帧要发送时,载波扩充所产生的耗费。

对于交换型集线器,由于站点上的数据传输和接收可通过集线器同时进行,不存在对共享媒体的争用,故不需要载波扩充和帧突发技术。

【例 4-2】　千兆以太网的典型应用。

在图 4-9 所示的千兆以太网配置中,一个 1 Gbit/s 的交换型集线器为中央服务器和高速工作组提供与主干网的连接。

每个工作组的集线器既支持以 1 Gbit/s 的链路连接到主干网集线器上,来支持高性能的工作组服务器;同时又支持以 100 Mbit/s 的链路连接到主干网集线器上,来支持高性能的工作站、服务器。

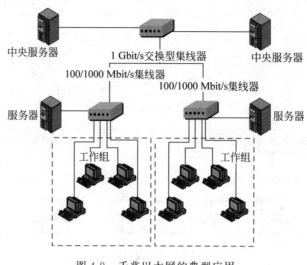

图 4-9　千兆以太网的典型应用

5. 10G 以太网

10G 以太网(10GE,万兆以太网)是以太网在速度和距离方面的自然演化。尽管以太网速度在不断提高,但其基本帧格式仍保持不变。10GE 遵循的标准是 IEEE 802.3ae,对应 OSI 的数据链路层,包括 IEEE802.1 MAC 媒体接入控制子层和 IEEE 802.2 LLC 逻辑链路控制子层,对 IP 数据包的封装采用 RFC1042 建议。10GE 以全双工模式工作,取消了 CSMA/CD 冲突检测。10GE 支持局域网和广域网两种物理接口。为了适用于广域网,10GE 在 MAC 子层增加了数据控制模式,使 MAC 子层的数据速率适配到 SONET/SDH 的数据速率。

以太网速率发展到 10G,不仅是带宽的提升,还标志着以太网技术已经从传统局域网范围扩展到城域网应用领域,进一步应用于广域网。

在局域网范围,10G 以太网适用于 POP 节点内网络设备的背靠背高速互联以及局域网内存储网应用服务器、磁带库之间的高速互联,相对于 10G POS 接口,10GE 性价比高。城域网内,适合在网络核心层设备之间采用 10GE 互联,10GE 接口已经成为网络设备的标准配置,网络设备可以是高端路由器或第三层核心交换机;物理层可以是裸光纤或 SDH 传送网,以太网接口需要分别采用 LAN PHY 和 WAN PHY。由于 10G 以太网帧沿袭了传统 802.3 模式,没有特殊的字段描述网络运行状态和进行故障定位,还是采用 802.1d/w 生成树协议进行环路保护,在网络核心层这样的链路保护性能无法满足针对运营商的电信级要求,这是目前以太网技术仍然存在欠缺的地方。在实际组网应用中,可以采用 WAN PHY 接口,通过 SDH 系统的复用段/通道保护提供小于 50 ms 的故障恢复,或者采用 L3 设备,将 10G 以太网只作为点到点链路应用,将故障恢复交由第三层 IP 路由协议的收敛去完成。

4.3.3　以太网的互联

将以太网连接起来有两个原因，一是扩展网络的地理覆盖范围；二是通过网络互联来划分业务负载。连接以太网的设备包括中继器、网桥、路由器、网关和信道业务单元/数据业务单元（CSU/DSU）。

1. 中继器

最简单的网络连接设备为转发器，用于两个网络物理层的连接，以增加其网段的有效长度。转发器不具有过滤功能，只是对所连接的网段进行信息流的简单复制，在 OSI 的第一层实现局域网的连接。转发器为物理层中继系统。

信号在网络媒介上传输时，将会随距离的增加而减弱。中继器从一个网络段上接收到信号后，将其放大并重新定时后传送到另一个网络，这样可防止由于电缆过长和连接设备过多而造成的信号丢失和衰减。

中继器用于连接网络之间的媒介部分，将若干段电缆作为一段独立的电缆对待，连接以太网的几段可以扩展网络。中继器接收输入端口的业务，然后在输出端口重传。集线器（HUB）是一个具有多个输出端口的中继器。中继器工作在 OSI 参考模型的物理层。

2. 网桥

网桥（又称为桥接器）具有过滤功能，能对输入的数据帧进行分析，并根据信宿的媒介访问地址（MAC 地址）来决定数据的传送；网桥还具有高协议的透明性，适合广域网的连接。网桥为数据链路层中继系统。

网桥常被称为 MAC 层的转发器，它是处于比路由器更低层的无连接操作方式。网桥方式假定所有网络在连接层使用相同的协议。网桥用以将同构网络的不同部分连接起来，其工作在数据链路层。网桥基于帧的目的地址转发帧，可以控制数据流量和检测传输错误。

每个网桥都保留着网络上与其直接相连的设备的硬件地址，网桥检查信息帧的硬件目的地址，并且根据自己的硬件地址表决定是否向前传送帧。如果需要传送，则产生新的帧。

网桥的功能是分析输入帧的目的地址，基于站的位置作转发决定。

3. 路由器

路由器是一种主要的网络节点设备（其实就是一台专用计算机），工作在 OSI 参考模型的网络层，具有互联多个子网、网络地址判断、最佳路由选择、数据处理和网络管理功能；可提供不同网络类型、不同速率的链路或子网接口。路由器为网络层中继系统，将为从一个以太网到另一个以太网的帧选择路由。路由器必须识别连接到路由器的以太网各段的网络层以选择路由。识别多个网络层的路由器称为多点协议路由器。

路由器的主要功能是决定最佳的数据传输路径，信息沿着该路径传输。路由器的另一个功能是帧的类型转换。路由器分为静态路由器和动态路由器。对于静态路由器，路由表通过网络管理员，由人工决定路由；对于动态路由器，其自动建立和刷新路由表，并可与网络的下一个路由器交换信息。

4. 网关

网关又称为网间连接器或信关。网关用于连接具有不同工作协议的主机设备,能通过在各种不同协议间的转换,实现网络间的互联。网关只需在某一高层的协议相同,而不必关注低层的协议;若高层协议不同则需进行协议的转换。网关是在网络层以上的中继系统。

5. 信道业务单元/数据业务单元(CSU/DSU)

从以太网到广域网,帧格式和信号类型都不同,CSU/DSU 可以完成帧格式和信号类型的转换。CSU/DSU 用于将以太网连接到广域网。例如,办公室以太网通过路由器连接起来,而路由器通过通信链路连接到帧中继网络。

4.4　IP 网络

IP 网络一般指互联网(Internet)的承载网,其以 TCP/IP 协议的开放性将各种不同的网络连接成一个互联网,使其融合为一个全球性的信息网络。近年来,IP 技术在网络结构、传输能力,以及业务开拓上都取得了巨大的进展。

4.4.1　TCP/IP 协议

TCP/IP(传输控制协议/互联协议)是当今计算机网络应用最广泛的互联技术,其拥有一套完整而系统的协议标准。TCP/IP 已成为全球用户和厂商所接受的应用广泛的工业标准。互联网是基于 TCP/IP 互联的计算机网络。

1. TCP/IP 协议分层结构

目前,TCP/IP 已成为一种得到广泛应用的事实上的互联网国际标准。其泛指以 TCP 和 IP 为基础的一组协议(而不是单指 TCP 和 IP 两个协议),具有高可靠性、安全性、灵活性和互操作性的特点。

TCP/IP 协议分层结构如图 4-10 所示。

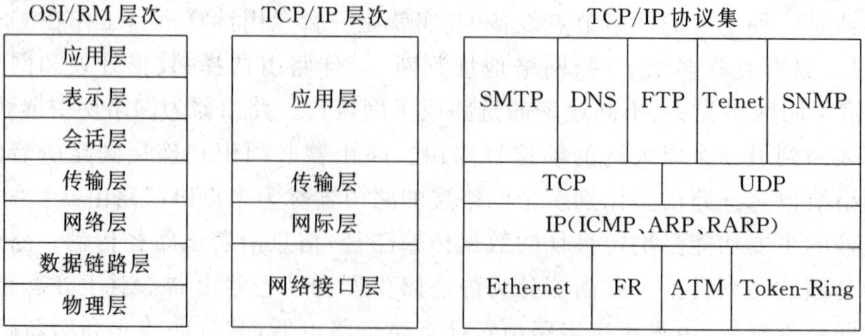

OSI/RM 层次	TCP/IP 层次	TCP/IP 协议集				
应用层	应用层	SMTP	DNS	FTP	Telnet	SNMP
表示层						
会话层						
传输层	传输层	TCP			UDP	
网络层	网际层	IP(ICMP、ARP、RARP)				
数据链路层	网络接口层	Ethernet		FR	ATM	Token-Ring
物理层						

图 4-10　TCP/IP 协议分层结构

2. TCP/IP 模型各层功能

1）网络接口层

网络接口层与 OSI 参考模型中的物理层和数据链路层以及网络层的部分功能相对应,负责接收从 IP 层交来的 IP 数据报,并将 IP 数据报通过底层网络(即能够支持 TCP/IP 高层协议的物理网络,如以太网、高速局域网、X.25 网、ATM 等)发送出去,或从底层物理网络上接收数据帧,抽出 IP 数据报交给网际层。该层所使用的协议为各通信子网本身固有的协议。网络接口有两种类型:设备驱动程序(如局域网的网络接口)以及含自身数据链路协议的复杂子系统(如 X.25 网中的网络接口)。

2）网际层

网际层作为通信子网的最高层,负责相邻节点之间分组数据报的传送,提供面向无连接的不可靠传输服务。TCP/IP 协议提出了协议端口(简称端口)的概念,用于标识通信的进程。端口是操作系统可分配的一种资源。

IP 协议规定了统一的 IP 数据报格式,以消除各通信子网的差异,所以采用不同物理技术的网络也可在网际层上达到统一。

网际层主要协议是无连接的 IP 协议。与其配合使用的协议有互联网控制报文协议(ICMP)、地址解析协议(ARP)、反向地址解析协议(RARP)等。

网际层把传输层送来的消息封装成 IP 数据报,并使用路由算法来选择是直接把数据发送到目的地还是先交给中间路由器,然后交给下层(网络接口层)去发送;同样,该层对接收到的 IP 数据报还要进行类似的处理,包括检验其正确性,使用路由算法来决定对 IP 数据报是向下一站转发或交给本机的上层协议去处理。

3）传输层

在 TCP/IP 网络体系结构中,传输层的作用与 OSI 参考模型中传输层的作用相同,即在不可靠的互联网络上,实现可靠的端到端字节流的传输服务,以增强网络层提供的服务质量(QoS)。传输层提供了传输控制协议(TCP)和用户数据报协议(UDP)。

TCP 协议是一个面向连接的数据传输协议,向服务用户(即应用进程)提供可靠的、全双工字节流的虚电路服务。TCP 协议可自动纠正各种差错,并支持许多高层协议,是目前广泛使用的一种数据传输协议。

UDP 是无连接的数据传输协议,向服务用户提供不可靠的数据报服务,其将可靠性问题交给应用程序解决。UDP 是对 IP 协议集的扩充(即依赖于 IP 协议传送报文),所提供的服务可能会出现报文的丢失、重复及失序等现象。但 UDP 协议是一种简单的协议机制,通信开销小,效率比较高,适合于面向请求/应答式的交互型应用,也可应用于那些对可靠性要求不高,但要求网络的延迟较小的场合,如语音和视频数据的传送。

IP 数据报格式和 IP 头信息如图 4-11 所示。图示格式称为"IPv4"(IP 协议的第 4 版)数据报格式。

4）应用层

应用层是面向用户的协议层,根据不同的应用场合,其对网络的需求也各有差异。

图 4-11　IP 数据报格式和 IP 头信息

早期的应用层协议有远程登录协议(Telnet)、文件传输协议(FTP)和简单邮件传输协议(SMTP)等。

新的应用层协议包括：用于将网络中主机名映射成 IP 网络地址的域名服务(DNS)协议,用于网络新闻的传输协议(NNTP),以及用于从互联网上读取页面信息的超文本传输协议(HTTP)等。

在互联网所使用的各种协议中,最重要的协议是传输控制协议(TCP)、用户数据报协议(UDP)和网际协议(IP)。

3. IPv6 协议简介

IPv6 是 IP 协议的第 6 版,也称为下一代互联网协议。

目前的互联网统一采用 TCP/IP 体系中的 IP 协议(即 IPv4 协议)。经过多年发展,原 IPv4 地址协议已出现明显的局限性,最主要的问题是 IP 地址已经不能满足需要。IPv4 的 IP 地址约为 40 亿,但因为美国掌握了绝对的控制权,在 IP 地址资源的分配上,明显不利于美国以外的国家。随着应用范围的扩大,IPv4 面临诸多严重问题,如地址枯竭、网络号码缺乏、路由表急剧膨胀等。因此,以 IPv6 为核心的下一代互联网就提上了日程。

1) IPv6 的特点

(1) 简化的数据报头和灵活的扩展。以减少处理器开销并节省网络带宽。

(2) 层次化的地址结构。IPv6 将现有的 IP 地址长度扩大 4 倍,由当前 IPv4 的 32 位扩充到 128 位,以支持大规模数量的网络节点。IPv6 采用了层次化的地址结构,以利于骨干网路由器对数据报的快速转发。

(3) 即插即用的联网方式。IPv6 具有自动将 IP 地址分配给用户的标准功能。计算机一旦连接上网络,即可自动设定地址,使最终用户用不着费时进行地址设定,并可以大大减轻网络管理者的负担。

(4) 网络层的认证与加密。IPSec(IP 安全协议)是 IPv6 的一个组成部分(IPSec 在 IPv4 中是一个可选扩展协议)。IPSec 的主要功能是在网络层对数据分组提供加密和鉴别等安全服务,提供了认证和加密这两种安全机制。作为 IPSec 的一项重要应用,IPv6 集成了虚拟专用网(VPN)的功能,易于实现更为安全可靠的虚拟专用网。

（5）更多的服务质量说明措施。IPv4 的互联网在设计之初，只有一种简单的服务质量，即采用"尽最大努力"传输，从原理上讲服务质量 QoS 是无保证的。文本传输、静态图像等传输对 QoS 并无要求。随着 IP 网上多媒体业务增加，如 IP 电话、视频点播（VOD）、电视会议等实时应用，对传输延时和延时抖动均有严格的要求。

（6）可直接支持移动 IP 特性。

2）IPv6 的数据报格式

图 4-12 示出了 IPv6 的数据报格式。

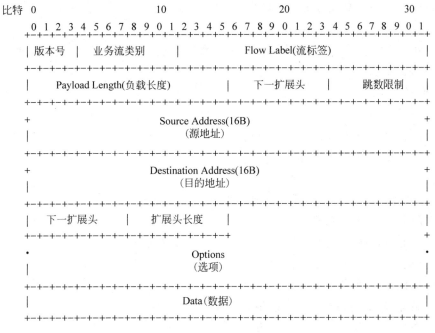

图 4-12　IPv6 的数据报格式

IPv6 的数据报格式包含一个 8 位的业务流类别（以某种方式相关的一系列信息包）和一个新的 20 位的流标签，其目的是允许发送业务流的源节点和转发业务流的路由器在数据报上加上标记，并进行除默认处理之外的不同处理。

4.IPv6 的推进

为加快网络基础设施和应用基础设施升级步伐，促进下一代互联网与经济社会各领域的融合创新，工信部于 2018 年印发了关于贯彻落实《推进互联网协议第六版（IPv6）规模部署行动计划》，提出了推进 IPv6 技术要在以下几方面进行改造。

1）实施 LTE 网络端到端 IPv6 改造

（1）LTE 网络 IPv6 改造。到 2018 年年末，基础电信企业完成全国范围 LTE 核心网、接入网、承载网、业务运营支撑系统等 IPv6 改造并开启 IPv6 业务承载功能，为移动终端用户数据业务分配 IPv6 地址，提供端到端的 IPv6 访问通道。

（2）基础电信企业自营业务系统 IPv6 改造。到 2018 年年末，基础电信企业完成门户网站、网上营业厅网站 IPv6 改造，并完成活跃用户规模排名前 10 位的自营移动互联网应用(APP)及相应系统服务器 IPv6 升级改造。

（3）移动终端全面支持 IPv6。

（4）基础电信企业间网络与应用 IPv6 互通。

2）加快固定网络基础设施 IPv6 改造

（1）骨干网 IPv6 互联互通。到 2018 年年末,完成互联网骨干直联点 IPv6 改造。到 2020 年年末,完成所有互联网骨干直联点 IPv6 改造。

（2）城域网和接入网 IPv6 改造。到 2018 年年末,基础电信企业完成城域网和接入网 IPv6 改造并开启 IPv6 业务承载功能。

（3）固定终端全面支持 IPv6。

（4）业务运营支撑系统改造。到 2018 年第三季度末,基础电信企业完成业务运营支撑系统升级改造。

3）推进应用基础设施 IPv6 改造

（1）数据中心 IPv6 改造。

（2）内容分发网络(CDN)IPv6 改造。

（3）云服务平台 IPv6 改造。

（4）域名系统 IPv6 改造。

4）开展政府网站 IPv6 改造与工业互联网 IPv6 应用

（1）政府网站 IPv6 改造。

（2）工业互联网 IPv6 应用。

5）强化 IPv6 网络安全保障

（1）加强 IPv6 网络安全管理。

（2）做好 IPv6 网络安全保障措施升级改造。

（3）强化 IPv6 网络安全能力建设。

4.4.2　IP 网络基本原理

TCP/IP 协议采用了一种全网通用的地址格式,为全网的每一个网络和每一台主机都分配一个网络地址,该地址称为 IP 地址。互联网是在 IP 层用路由器互联的网络,在 IP 网上给每一台主机分配一个在全球范围内的唯一的 32 位 IP 地址(逻辑地址)。IP 网用 IP 地址寻址并传送数据。为了提高 IP 地址的使用效率,可将 IP 网划分成许多子网,并使用子网掩码来表示。掩码为 32 位,其中的 1 和 0 分别用于识别 IP 地址中的网络部分和主机部分。

IP 网采用无连接的数据报方式传送数据,而路由器作为 IP 网的节点对数据报进行转发和过滤,路由器根据 IP 地址采用查找路由表的方法将一个包从一个网转发到另一个网。

1. IP 地址与域名

为了在网络环境下实现计算机之间的通信,网络中任何一台计算机必须有一个地址,而且该地址在网络上是唯一的。用这个地址可以在这个网络中唯一地标识出这台计算机。在进行数据传输时,通信协议必须在所传输的数据中增加发送信息的计算机地址(源地址)和接收信息的计算机地址(目标地址)。

1) IP 地址

互联网中为每台计算机分配了一个唯一识别的地址(即 IP 地址)。IP 地址是互联网主机的一种数字型标识,由网络标识(Net ID)和主机标识(Host ID)组成。

目前,使用的互联网网际层协议 IP 协议版本(IPv4)的规定:IP 地址的长度为32 位。整个互联网的地址空间可以分为 A 类、B 类和 C 类网络地址空间 3 个子空间。

A 类网络:地址空间包括 126 个网络地址,每个 A 类网络中最多可以有16 387 064 台主机。A 类网络适用于主机较多的大型网络。

B 类网络:地址空间包括 16 256 个网络地址,每个 B 类网络中最多可以有 64 516 台主机。B 类网络适用于中等规模网络。

C 类网络:地址空间包括 2 064 512 个网络地址,每个 C 类网络中最多可以有 254 台主机。C 类网络适用于主机较少的小型网络。

整个互联网的 IP 地址空间包括 200 多万个各类网络,最多可包括 36 亿台主机。目前,所出现的 IP 地址不够用的现象,一是由于 IP 地址被大量分配;二是许多地址已分配给申请者而并未充分利用。因此,必须注意合理使用地址资源的问题。

2) 域名

IP 地址是一种数字型标识,不便于记忆,因而提出了字符型的域名标识。目前,互联网上使用的域名是一种层次型命名法,其与互联网的层次结构相对应。域名使用的字符包括字母、数字和连字符,而且必须以字母或数字开头和结尾。整个域名总长度不得超过 255 个字符。在实际使用中,每个域名的长度一般小于 8 个字符。

一台计算机可有多个域名(用于不同的目的),但只能有一个 IP 地址。一台主机从一个地方移到另一个地方,当它属于不同的网络时,其 IP 地址必须更换,但可保留原域名。

域名采用层次结构,每一层构成一个子域名,子域名之间用圆点隔开,自左至右分别为计算机名、网络名、机构名、最高域名。例如,www. tsinghua. edu. cn,该域名表示中国(cn)教育科研单位(edu)清华大学(tsinghua)的一台 Web 服务器(www)。

3) 地址解析与域名解析

IP 地址是主机在抽象的网络层中的地址,不能直接在数据链路层寻址,故不能直接用来通信。若要将网络层中传送的 IP 数据报交给目的主机,还需要传送到数据链路层转换为帧后才能发送到实际的网络上。将 IP 报转换为物理地址(或 MAC 地址)的过程称为地址解析。地址解析采用的具体方法因底层网络的不同而异,当数据链路层为以太网时,互联网采用的地址解析协议是 ARP 协议。

用户一般使用易记忆的主机名(域名),故需在主机域名和 IP 地址之间进行转换,该转换过程称为域名解析。域名翻译成 IP 地址的软件称为域名系统(DNS)。DNS 的功能相当于一本电话号码簿,已知姓名即可查到电话号码,号码的查找自动完成。完整的域名系统可以双向查找,即可完成域名和 IP 地址的双向映射。装有域名系统的主机称为域名服务器。域名系统一般设计为一个联机分布式数据库,采用分布式的层次结构的命名树作为主机的域名。由于系统是分布式的,因此即使单台计算机出现故障,也不会妨碍整个系统的正常运行。

2. IP 网络服务的特点

(1) 不可靠的服务。不能保证投递,分组可能丢失、重复、延迟或不按序投递,服务不检测分组是否正确投递,也不提醒收发双方。

(2) 无连接的服务。每个分组独立选路,乱序到达。

(3) 尽力投递的服务。互联网软件并不随意放弃分组,只有当资源用尽或底层网络出现故障时才可能出现不可靠性。

IP 网络所提供无连接的服务方式的优点如下。

(1) 设施灵活。可处理各种网络(其中某网络本身就是无连接的),对网络成员要求很少。

(2) 服务健壮。由于使用无连接的数据报传递方式,若一个节点出现故障,其后的分组可寻找替换路由以绕过该节点。

3. IP 数据报的封装与转发

1) 虚拟数据报

由于路由器需要连接异构物理网络,而不同类型(异构)的物理网络的帧格式有可能不同。为了克服异构性,IP 协议定义了一种虚拟的通用数据报,其独立于底层硬件,该数据报可以无损地在底层硬件中传输。

2) 封装

当主机或路由器处理一个数据报时,IP 软件首先选择数据报发往的下一站,然后通过物理网络将数据报传给下一站。因网络硬件不了解 IP 数据报的格式和互联网的寻址,此时底层物理网络通过底层封装来传送 IP 数据报。其过程:将 IP 数据报封装入物理网络帧的数据区内;发送方与接收方在帧的类型域中的值达成一致,以标识该帧的数据区为一个 IP 数据报;将下一站的 IP 地址解析成物理地址,填入帧头的目的地址域。

IP 包的封装过程如图 4-13 所示。

图 4-13　IP 包的封装过程

在通过互联网的整个过程中,帧头未累加,只有在 IP 数据报要通过一个物理网络时才进行底层封装,封装后的帧携带 IP 数据报通过物理网络到达下一站(路由器或主机)

后，从帧中取出数据报同时丢弃帧头，选路并重新封装到一个输出帧。

3）IP 数据报的转发过程

路由选择（选路）指选择一条路径发送数据报的过程，可分为直接投递和间接投递。

直接投递指在一个物理网络上，数据报从一台计算机直接传送到另一台计算机上，仅当两台计算机连到同一底层物理传输系统时才能进行直接投递。它有两种情况：源站点与目的站点在同一个物理网络上；在数据报从源站点到目的站点路径的最后一台路由器上（该路由器与目的站点在同一物理网络上），故最后一台路由器使用直接投递来投递数据报。

间接投递指当目的网点不在一个直接连接的网络上时进行的投递，发送方必须把数据报发给一台路由器才能投递数据报。

在路由器中主要包括两项基本内容：目的网络地址和下一跳地址。路由器根据目的网络地址来确定下一跳路由器，可将整个 IP 数据报的转发过程分为间接交付过程和直接交付过程。

间接交付过程：IP 数据报由目的地址设法找到目的主机所在网络上的路由器。

直接交付过程：目的网络上的路由器将 IP 数据报传送到目的主机。

在多数情况下，互联网是基于目的主机所在网络的路由，但也支持特定主机路由（指对特定的目的主机指明一个路由）。

路由器还可采用默认路由，IP 选路软件首先在选路表中查找目的网络，若表中无匹配的路由项，则把数据报发送到一台默认路由器上。

4. 路由器转发原理

1）路由器基本功能

路由器是一种主要的网络节点设备，是 TCP/IP 网际层（OSI 网络层）中继系统。其具有互联多个子网、网络地址判断、最佳路由选择、数据处理和网络管理功能。可提供不同网络类型、不同速率的链路或子网接口。

路由器在网际层（IP 层）提供连接服务，多协议路由器可连接使用完全不同的网络层、数据链路层和物理层协议的网络。路由器操作的 OSI 层次比网桥/集线器高，故路由器提供的服务更为完善，例如，路由器可以判断网络号，而网桥/集线器则不能。

路由器可根据传输费用、转接时延、网络拥塞或信源和终点间的距离来选择最佳路径。路由器了解整个网络的状态，维持互联网络的拓扑，可使用最有效的路径转发分组，这是路由器与网桥的另一个重要差别。

2）路由器的控制平面与数据通道

路由器内部可以划分为控制平面和数据通道。

在控制平面上，路由协议可以有不同的类型。路由器通过路由协议交换网络的拓扑结构信息，按照拓扑结构动态生成路由表。路由表中存储有关目的网络以及到达目的网络途径的信息。

在数据通道上，当从输入线路接收 IP 分组后，通过分析与修改分组头，可使用转发表查找下一步路由器的IP地址(即下一跳地址),把数据交换到输出线路上,向相应方向转发。转发表由路由表生成并有直接对应关系,但其格式和路由表不同,更适合实现快速查找。转发的主要流程包括线路输入、分组头分析、数据存储、分组头修改和线路输出。

若两台设备连到同一底层物理传输系统(例如,同一个以太网中),就能进行直接交付,而不用通过其他路由器转发。此时需要通过地址解析协议(ARP)把IP地址转换成底层物理地址,若在以太网中则向MAC地址转换。

3) 路由选择

路由选择是指选择通过网络从源节点向目的节点传输信息的通道,并有多种具有不同特性的路由选择算法。信息可能通过多个中间节点进行转发,有多种路径可以选择,需要使用某种算法进行路由选择。常用的路由协议有路由信息协议(RIP)、开放最短路径优先协议(OSPF)等。

为了实现路由选择,每台主机和路由器上维持一张路由选择表,这张路由选择表为每个可能到达的目的网络给出了互联网数据报应当被发送的下一段路由。

路由选择表可能是静态的,也可能是动态的。使用静态路由表的网络,需要在路由表中包含替换路由,以便在某台路由器无效时进行替换。动态路由表更加灵活,可以响应差错控制和拥塞的状态。例如在互联网中,当某台路由器发生故障时,其所有邻站都会发出一个状态报告,以使其他路由器和站点更新各自的路由选择表。

【例4-3】 路由器互联。

图4-14为路由器互联示意图。

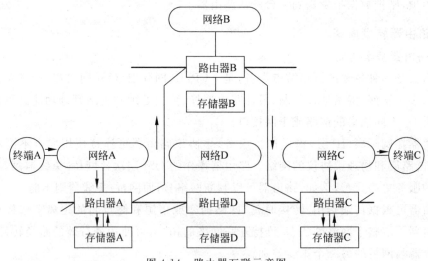

图4-14　路由器互联示意图

5. 应用层服务模式

网络通信量的大小和效率的高低是决定一个通信系统整体运行效率的主要因素。

TCP/IP应用层直接为用户的应用进程(即运行中的计算机程序)提供服务。应用层的具体内容是规定应用进程在通信时所遵循的协议。目前,互联网最流行的计算模式是客户机/服务器模式和对等网(P2P)模式。

1) 客户机/服务器(Client/Server)模式

客户机/服务器模式是指将网络中需处理的工作任务分配给客户机端和服务器端共同完成。该模式将应用分解,把较复杂的计算和重要资源交给网络上的服务器进程,而把一些频繁与用户打交道的计算任务交由较简单的客户端进程来完成。

在客户机/服务器模式下,客户机是服务请求方,服务器是服务提供方。例如,当进程A需要进程B的服务时,就主动呼叫进程B,在这种情况下,A是客户机而B是服务器。

客户机与服务器的通信关系一旦建立,通信则为双向的,客户机和服务器都可以发送和接收信息。建立通信关系的主要步骤:由客户机发起连接建立请求,服务器接收该请求并建立起连接。

在客户机/服务器模式中,两者之间传递的是服务请求和服务的结果,不仅实现了客户机和服务器的合理分工和协作,充分发挥各自的处理能力,而且极大地减少了网络通信量,综合提高了网络的性能。

同时,客户机/服务器模式对客户端的要求不高,能较好地适应互联网中客户端多样化的特点,使得通过简单的终端即可完成复杂的工作。

随着信息的全球化,区域界限已经被打破,电子商务作为互联网的强大的驱动力,驱使客户机/服务器模式从局域网向广域网延伸。在互联网的环境下实现数据的客户机/服务器模式正是目前的流行趋势。

2) P2P 模式

P2P(peer to peer)称为对等网或点对点技术。P2P 是一种网络模型,在该网络中所有的节点是对等的(称为对等点),各节点具有相同的责任与能力并协同完成任务。对等点之间通过直接互联共享信息资源、处理器资源、存储资源甚至高速缓存资源等,无须依赖集中式服务器或资源即可完成。

相对于客户机/服务器模式,P2P 模式的主要优点如下。

(1) 对资源的高度利用。在 P2P 网络上,空闲资源有机会得到利用,所有节点的资源总和构成了整个网络的资源,整个网络可以被用作具有海量存储能力和巨大计算处理能力的超级计算机;而在客户机/服务器模式下,客户端的闲置资源无法被利用。

(2) 各对等点都向网络贡献资源。在 P2P 网络中,每个对等体都是活动的参与者,对等点越多,则网络的性能越好,随着规模的增大网络将愈发稳固;而随着节点的增加,客户机/服务器模式下的服务器的负载将越来越重,形成系统瓶颈,服务器一旦崩溃将导致整个网络瘫痪。

(3) 信息在网络设备间直接流动,高速及时,降低中转服务成本。

(4) 对等点存在,网络即活动。P2P 网络中的节点所有者可随意将己方信息发布到网络上;而客户机/服务器模式下的网络完全依赖于中心点,网络若无服务器就将失去意义。

P2P 的不足之处在于其不易管理,且 P2P 网络中数据的安全性难以保证。而对客户机/服务器模式,只需在网络中心点进行管理。

因此,在安全策略、备份策略等方面,P2P 的实现要复杂一些。另外,由于对等点可以随意地加入或退出网络,会造成网络带宽和信息存在的不稳定性。

4.4.3 互联网结构与接入

互联网是由分布在世界各地共享数据信息的计算机所共同组成,这些计算机通过电缆、光纤、卫星等连接在一起,包括了全球大多数已有的局域网(LAN)、城域网(MAN)和广域网(WAN)。

1. 互联网结构

互联网是在 IP 层用路由器互联的网络,在 IP 网上给每一台主机分配一个在全球范围内的唯一的 32 位 IP 地址(逻辑地址)。IP 网用 IP 地址寻址并传送数据。

互联网结构示意图如图 4-15 所示。

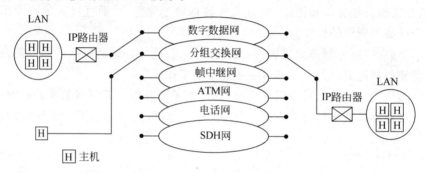

图 4-15　互联网结构示意图

在互联网结构中,局域网经过路由器连入广域网。信息在计算机网络中是按存储、转发方式进行传递的,这与日常生活中的信件邮递有些相似。

用户信息被放在一个个分组中,每个分组都有一个"信封",上面有收信人、发信人地址等信息。这些"信"送到路由器(是互联网的网络交换机,相当于"邮局"),路由器根据收件人地址向下一台路由器转发,直到最终交给用户。

2. 未来网络构架

"互联网+"业务的发展对网络的基础设施提出了更高的要求。互联网诞生的网络体系主要特点是设备之间的"互联",是一种对等式的通信方式,没有主从概念,也没有全网调控的概念。但随着"互联网+"的发展,互联网与实体经济结合,业务运行大大超越了其诞生年代的背景,传统的架构不能适应业务的发展,成为互联网产业发展的瓶颈。鉴于目前的网络架构已不适合互联网产业发展,一种根据业务需求可动态弹性分配资源,根据网络运行和安全状态快速更新策略,并向第三方开放的新网络体系结构已得到快速的发展,如同云架构改变了计算资源和存储资源的建设、运行和业务模式一样,这种新型的网络体系结构也将对网络的建设、运维和业务提供模式带来革命性影响,这种新型的网络体系结构称为未来网络架构。

未来网络架构有多种,一般目前普遍被业界认可的有软件定义网络(software defined network,SDN)和网络功能虚拟化(network function virtualization,NFV)。两者是相辅相成的,SDN 侧重于网络架构的定义,而 NFV 则注重对网络设备结构的定义,两者结合起来可以将网络业务从特定的硬件紧耦合关系中分离开来。因此,也有人把 SDN 和 NFV 合并为 SDNFV。

SDN 是一个新的网络结构,通过将传统网络设备紧耦合的架构分解为应用、控制、转发独立的 3 层,并实现可编程控制。在传统网络中,每个路由或者交换设备都是一个控制和数据的合体,数据包由分布式设备自行决定操作方式,最后通过各台设备的合作达到目的。在 SDN 网络架构中,控制层和数据层分离,数据层设备只管数据的转发操作,控制功能被集中转移到称为控制器的服务器,高层的应用、低层的转发设备被抽象为多个逻辑实体。控制器负责收集全网信息,进行决策,并向数据层设备下发策略,每个数据层设备按照这些策略对不同数据包执行操作,未来网络架构如图 4-16 所示。

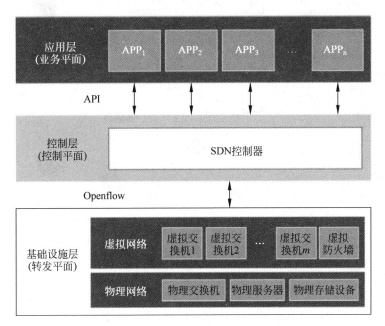

图 4-16 未来网络构架

3. 互联网的接入

互联网的接入是指将主机连接到互联网的边缘路由器(主机到任何其他远程主机的路径上的第一台路由器)的物理链路。

互联网的接入形式如图 4-17 所示。

1) 拨号接入

拨号接入技术主要包括电话线上网、ISDN 上网、ADSL 上网和 Cable Modem 上网。

(1) 电话线上网:使用普通调制解调器(Modem),是早期速率较低的一种接入方式。

(2) ISDN 上网:利用 ISDN 的 2B+D 接口,用户可在一条电话线上(同一用户号码)实现两路不同方式的同时传输,可同时上网和通话。

(3) ADSL 上网:其在用户线两端各安装一个 ADSL 调制解调器,是一种非对称的数字用户线。ADSL 在同一根铜线上分别传送数据和语音信号,其上行速率为 640 kbit/s~1 Mbit/s,下行速率为 1~8 Mbit/s,有效传输距离为 3~5 km。

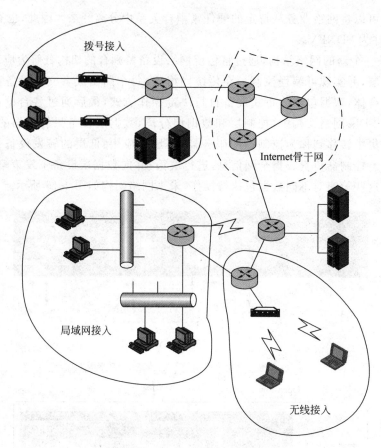

图 4-17　互联网的接入形式

（4）Cable Modem 上网：用户通过有线电视网进行高速数据接入，在 50 MHz 以上的频段（多在 550 MHz）用电视的 6 MHz 带宽提供下行信道，在 5～50 MHz 频段开辟上行信道。利用 Cable Modem 接入互联网的主要问题为有线电视网大多不具备双向能力，而网络改造的费用则非常昂贵。

2）以太网接入技术

以太网接入利用了其简单、低成本、可扩展性强、与 IP 网络和业务融合性好等特点，将局域网上的主机与互联网连接，常用于公司、校园、小区等主机上网。由于以太网本质上是一种局域网技术，用于公用电信网的接入网时，在认证计费和用户管理、用户和网络安全、服务质量控制、网络管理等方面需要发展和完善。此外，由于以太网接入还需要进行综合布线，初期投资成本高，在实装率低时经济效益较差。

3）无线接入

无线接入是将主机通过无线链路与互联网连接，是继有线接入之后发展起来的另一种互联网的接入方式，其最大特点是接入方便。典型的无线接入技术主要包括通用分组无线业务（GPRS）接入、本地多点分配业务（LMDS）接入和无线局域网（WLAN）接入等。

（1）GPRS：是一种拨号的分组交换数据传送技术。使用 GPRS 上网下载资料和通话可同时进行,是目前较普遍使用的一种无线上网方案。GPRS 的用途包括通过手机发送及接收电子邮件,在互联网上浏览等。

(2) LMDS:是一种微波宽带接入技术,工作于较高的频段(24～39 GHz),可提供很宽的带宽(达 1 GHz 以上),可在较近的距离实现双向传输语音、数据图像、视频、会议电视等宽带业务。

(3) WLAN:具有可移动、组网灵活、扩容方便、与多种网络标准兼容等优点。无线局域网通常设置于商旅人士汇聚的场所或者数据业务需求较大的公共场合,如机场、会议中心、展览馆、宾馆、咖啡屋或大学校园等。若将 ADSL 用户端设备和无线局域网的接入点(AP)集成,可形成 ADSL+WLAN 模式以实现家庭多终端接入。

各种互联网接入方式的比较如表 4-1 所示。

表 4-1　各种互联网接入方式的比较

接入方式	优　势	劣　势
拨号	接入成本最低,简单方便	带宽最低,服务质量难以保证
ADSL	充分利用电信现有网络资源,对各种业务支持能力较强	价格高于拨号方式,传输质量受传输距离影响较大,很难达到理论值
DDN	专线接入独享带宽,传输速率高	租用价格昂贵,要单独设立传输线路
以太网	简单方便,带宽大	目前只适合居民集中居住区域,要单独架设网络,前期投入比较大
Cable Modem	利用有线电视网络,带宽大,普及性高	对有线电视网络双向改造投资很大
无线	适用于不方便布线或移动的场合,可以随时获取信息	带宽比以太网接入小,服务质量易受环境影响

4.4.4　IP 技术的发展及应用

1. 当前 IP 网络的主要问题

面对电信业由语音业务向数据业务进行战略性转变,面对网络 IP 化的必然趋势,各运营商纷纷进行 IP 数据网络的建设,目前已基本建成了具有一定规模、覆盖范围较广的 IP 网络。但是,现有的 IP 网络在业务承载和运营上还存在不足。

在业务承载方面,自从 Internet 进入电信级商用领域,原有的尽力而为传送的技术已不能满足不同用户不同应用的各种要求。IP 技术也在逐步完善以满足不同用户、不同应用对网络的不同要求。由于早期尚缺乏完整的系统考虑,现有的 IP 网在电信级业务承载上还存在不少问题。虽然 IP 网络在 QoS 上有了很大的进步,但现有的 IP 网络大都只是在单个节点上提供相对优先权的处理。如果没有在全网层面上(特别是在接入网中)解决业务感知和接入允许控制,就不可能真正解决端到端的业务质量问题。此外,现有 IP 网络在业务承载上的不足还体现在网络业务安全性和网络管理能力不足上。由于 IP 技术的开放性使得 IP 网络业务很容易受到攻击(黑客无处不在、业务不时受到攻击),这些都导致用户业务体验无法提高。在网络管理问题上,传统 IP 网络没有定义和设计针对公众环境的管理维护体系,当网络发生故障时,对故障点无法定位或者定位不够迅速,也影响着网络业务的服务质量。

在业务运营模式方面,尽管数据通信业务的增长迅速,网络的 IP 化趋势已经达成共识,但到目前为止数据业务仍不是运营商的主要业务收入来源;数据业务在整个电信业务收入中的比重不高,难以支撑下一代电信业务的发展,这也与 IP 网络的用户数和业务量不相称。目前,制约数据业务发展的主要因素:一是服务和资费模式比较单一,不利于把各种层次的消费群都吸纳到网络上来;二是缺乏成熟的商业运营模式,没有建立比较完善的宽带产业链,把社会上的各种资源吸纳到网络上来,充实网络的内容,把客户留在网内;三是缺乏用户确实感兴趣的,同时又消费得起的业务。

2. IP 技术的关键问题

1) QoS 问题

QoS(Quality of Service,服务质量)指一个网络能够利用各种基础技术,为指定的网络通信提供更好的服务能力,是网络的一种安全机制,是用来解决网络延迟和阻塞等问题的一种技术。在正常情况下,如果网络只用于特定的无时间限制的应用系统,并不需要 QoS,如 Web 应用或 E-mail 设置等。但是对关键应用和多媒体应用就十分必要。当网络过载或拥塞时,QoS 能确保重要业务量不受延迟或丢弃,同时保证网络的高效运行。

能否保证 QoS 是 IP 网络能否成为未来统一平台的关键,目前基于分组承载网的各种 QoS 解决方案主要关注于承载网络设备的 QoS 处理能力,更多的是基于分组承载网络设备的实现技术,这些相关技术是所有 QoS 实施的基础,即 IP QoS 关注的重点。

IP 网络需要从网管/资源方面实施相应的 QoS 控制策略,因此需要有一个全网的 QoS 解决方案。IP 电信网的 QoS 方案是一种基于资源隔离和业务请求的 IP QoS 框架及方法,把传统电信网的思路应用到 IP 网络中,将信令、DiffServ、MPLS、流量工程(TE)和策略控制(Policy)技术结合应用,能够严格保证每条业务流穿越 IP 骨干网时的 QoS 要求,使得 IP 网络可以支持各类需要电信级服务质量的新业务。

2) IP 网络安全

IP 网络在承载层面是相互可见的。运营商网络设备、协议甚至拓扑对用户可见,用户侧产生的 IP 信息既有可能在用户侧终结,也有可能在网络中终结,这就使得用户侧有机会与运营商网络交换非法路由信息,也可能攻击运营商网络的路由器和控制设备。另外,位于网络边缘的用户侧网络、业务和应用一般都使用 TCP/UDP/IP 技术,用户之间在承载层和应用层都相互可见。这种要在通信过程中才确定信任关系的不面向连接的工作方式为用户之间的相互攻击对方网络、攻击对方的应用和业务提供了方便。同时,在目前的 IP 网络上,安全性要求低的一般 Internet 业务与安全性要求高的电信级业务混杂在一起,没有进行很好的物理或逻辑上隔离,对业务的安全性产生很大影响。

在一个安全的 IP 网络中,Internet 业务和电信级业务的隔离是保证业务安全的重要前提之一。IP 电信网安全技术方案就是在现有的 IP 网络上,将 Internet 业务和电信级业务作为两大业务区别对待,并在承载网中通过多协议标签交换(MPLS)的标签交换路径(LSP)技术隔离传送,并利用信令机制建立端到端之间的连接,使 IP 网络变成一个面向连接的安全的网络。通过在边缘设备上实施流分类技术,识别出不同的电信级业务流和 Internet 业务流。通过在接入和边缘设备实施针对业务流的带宽管理机制,隔离和控制不同业务的资源使用,可以有效地防止业务盗用和恶意攻击,从而保证电信业务在 IP 承载网上的安全。

3) MPLS 技术

多协议标签交换(MPLS)技术目前已成为 IP 网络 QoS 的基础技术,具有良好的可扩展性,适用于大规模核心网络。通过 MPLS 技术可实施流量工程,区分服务和计费管理,增强电信 IP 网络的盈利能力。MPLS 快速重路由功能使 LSP 上的节点或链路在出现故障时,能自动迂回或切换到新的 LSP 上,保证网络业务的不中断。MPLS 通过路由受限标记分配协议(CR-LDP)设置有关节点,通过流量检测决定有关流量分流的情况。IP 网络也可以通过 MPLS 技术提供语音和电路仿真业务。

4) IPv6 技术的应用与演进问题

对于 IPv6 协议,最大优势是提供了巨大的地址空间。IPv6 适合于 IP 业务端到端的特性、巨大的用户数目、永远在线等特点。但一次性地以 IPv6 取代现有的 IPv4 网络不可能且不现实,IPv4 和 IPv6 网络将共存相当长的时间。

3. 我国 IP 通信技术的发展重点

(1)关于下一代互联网的研究,包括路由协议、编址、演进和 IPv6 业务应用,例如,大规模点到点的多媒体通信、无线/移动应用、定位应用、计算网格和数据网格、视频会议、高清晰度电视、基于组播的多点多路视频会议、支持远程教育和远程医疗等综合应用、基于组播的高清晰度电视、流媒体业务与应用等的研究。

(2)IP 相关技术的研究,包括 IP QoS(比如,IP QoS 的模型结构、信令机制、服务协议、监测手段、计费和互通等)、基于 IP 网络和 MPLS 网络的性能、以太网性能等方面的研究。

(3)关于互动多媒体网络与业务、流媒体网络与业务的研究。

(4)关于虚拟专用网(VPN)技术和应用的研究,包括 VPN 网络和业务框架、通用 VPN 功能要求、MPLS VPN 的 QoS 技术、MPLS VPN 的网络管理技术等。

(5)关于 IP 视讯通信技术的研究,包括视讯系统的技术要求、框架结构、认证、授权和计费、编号与编址等。

(6)关于 MPLS 传送话音(VoMPLS)技术的研究。

(7)关于电子政府、企业的信息化和运营发展模式的网络化、网格技术的大量应用、集中计算以及企业的协同工作对数据网络的影响的研究。

4. IP 技术的应用实例——IP 多播技术

随着 Internet 网络传输和处理能力的大幅提高,特别是视音频压缩技术的发展和成熟,使得网上视音频业务成为互联网上最重要的业务之一。

在 Internet 上实现的视频点播(VOD)、可视电话、视频会议等视音频业务和一般业务相比,有着数据量大、时延敏感性强、持续时间长等特点。因此,采用最少时间、最小空间来传输和解决视音频业务所要求的网络利用率高、传输速度快、实时性强的问题,就要采用不同于传统单播、广播机制的转发技术及 QoS 服务保证机制来实现,而 IP 多播技术是解决这些问题的关键技术。

1) IP 多播技术的概念

IP 多播(也称多址广播或组播)技术是一种允许一台或多台主机(多播源)发送单一数据包到多台主机(单次、同时)的 TCP/IP 网络技术。多播作为一点对多点的通信,是节省网络带宽的有效方法之一。

在网络音频/视频广播的应用中,当需要将一个节点的信号传送到多个节点时,无论是采用重复点对点通信方式,还是采用广播方式,都会严重浪费网络带宽,只有多播才是最好的选择。多播能使一个或多个多播源只把数据包发送给特定的多播组,而只有加入该多播组的主机才能接收到数据包。

目前,IP 多播技术被广泛应用在网络音频/视频广播、AOD/VOD、网络视频会议、多媒体远程教育、push 技术(一种基于客户端/服务器机制,由服务器主动地将信息发往客户端的技术),如股票行情等和虚拟现实游戏等方面。

2) IP 多播技术的基础知识

(1) IP 多播地址和多播组。IP 多播通信必须依赖于 IP 多播地址。使用同一个 IP 多播地址接收多播数据包的所有主机构成了一个主机组,也称为多播组。一个多播组的成员是随时变动的,一台主机可以随时加入或离开多播组,多播组成员的数目和所在的地理位置也不受限制,一台主机也可以属于几个多播组。此外,不属于某一个多播组的主机也可以向该多播组发送数据包。

(2) 多播分布树。为了向所有接收主机传送多播数据,用多播分布树来描述 IP 多播在网络中传输的路径。多播分布树有两个基本类型:有源树和共享树。

有源树是以多播源作为有源树的根,有源树的分支形成通过网络到达接收主机的分布树,因为有源树以最短的路径贯穿网络,所以也常称为最短路径树(SPT)。共享树以多播网中某些可选择的多播路由中的一个作为共享树的公共根,这个根被称为汇合点(RP)。共享树又可分为单向共享树和双向共享树。单向共享树指多播数据流必须经过共享树从根发送到多播接收机。双向共享树指多播数据流可以不经过共享树。

(3) 逆向路径转发。逆向路径转发(RPF)是多播路由协议中多播数据转发过程的基础,其工作机制是当多播信息通过有源树时,多播路由器检查到达的多播数据包的多播源地址,以确定该多播数据包所经过的接口是否在有源的分支上:如果在,则 RPF 检查成功,多播数据包被转发;如果 RPF 检查失败,则丢弃该多播数据包。

(4) Internet 多播主干网络。Internet 多播主干(MBONE)网络是由一系列相互连接的子网主机和相互连接支持 IP 多播的路由器组成。其可看成是一个架构在 Internet 物理网络上层的虚拟网,在该虚拟网中,多播源发出的多播信息流可直接在支持 IP 多播的路由器组之间传输,而在多播路由器组和非多播路由器组之间要通过点对点隧道技术进行传输。

3) IP 多播技术的应用

IP 多播应用大致可以分为 3 类:点对多点应用、多点对点应用和多点对多点应用。

（1）点对多点应用。点对多点应用是指一个发送者，多个接收者的应用形式，这是最常见的多播应用形式。典型的应用包括媒体广播、媒体推送、信息缓存、事件通知和状态监视。

媒体广播：如演讲、演示、会议等按日程进行的事件。其传统媒体分发手段通常采用电视和广播。这一类应用通常需要一个或多个恒定速率的数据流，当采用多个数据流（如语音和视频）时，往往它们之间需要同步，并且相互之间有不同的优先级。它们往往要求较高的带宽、较小的延时抖动，但是对绝对延时的要求不是很高。

媒体推送：如新闻标题、天气变化、运动比分等一些非商业关键性的动态变化的信息。它们要求的带宽较低、对延时也没有太高要求。

信息缓存：如网站信息、执行代码和其他基于文件的分布式复制或缓存更新。它们对带宽的要求一般，对延时的要求也一般。

事件通知：如网络时间、组播会话日程、随机数字、密钥、配置更新、有效范围的网络警报或其他有用信息。它们对带宽的需求有所不同，但是一般都比较低，对延时的要求也一般。

状态监视：如股票价格、传感设备、安全系统、生产信息或其他实时信息。这类带宽要求根据采样周期和精度有所不同，可能会有恒定速率带宽或突发带宽要求，通常对带宽和延时的要求一般。

（2）多点对点应用。多点对点应用是指多个发送者，一个接收者的应用形式。通常是双向请求响应应用，任何一端（多点或点）都有可能发起请求。典型应用包括资源查找、数据收集、网络竞拍、信息询问和点播（Juke Box）等。

资源查找：如服务定位，它要求的带宽较低，对时延的要求一般。

数据收集：它是点对多点应用中状态监视应用的反向过程。它可能由多个传感设备把数据发回给一个数据收集主机。带宽要求根据采样周期和精度有所不同，可能会有恒定速率带宽或突发带宽要求，通常这类应用对带宽和延时的要求一般。

网络竞拍：拍卖者拍卖产品，而多个竞拍者把标价发回给拍卖者。

信息询问：询问者发送一个询问，所有被询问者返回应答。通常这对带宽的要求较低，对延时不太敏感。

点播：如支持准点播（near-on-demand）的音/视频倒放。通常接收者采用"带外的"协议机制（如 HTTP、RTSP、SMTP，也可以采用组播方式）发送倒放请求给一个调度队列。其对带宽的要求较高，对延时的要求一般。

（3）多点对多点应用。多点对多点应用是指多个发送者和多个接收者的应用形式。通常，每个接收者可以接收多个发送者发送的数据，同时，每个发送者可以把数据发送给多个接收者。典型应用包括多点会议、资源同步、并行处理、协同处理、远程学习、讨论组、分布式交互模拟（DIS）、多人游戏和即时播放等。

多点会议：通常音/视频和文本应用构成多点会议应用。在多点会议中，不同的数据流拥有不同的优先级。传统的多点会议采用专门的多点控制单元来协调和分配它们，采用多播可以直接由任何一个发送者向所有接收者发送,多点控制单元用来控制当前发言权。这类应用对带宽和延时要求都比较高。

　　资源同步:如日程、目录、信息等分布数据库的同步。它们对带宽和延时的要求一般。

　　并行处理:如分布式并行处理。它对带宽和延时的要求都比较高。

　　协同处理:如共享文档的编辑。它对带宽和延时的要求一般。

　　远程学习:媒体广播应用加上对上行数据流(允许学生向教师提问)的支持,对带宽和延时的要求一般。

　　讨论组:类似于基于文本的多点会议,还可以提供一些模拟的表达。

　　分布式交互模拟(DIS):它对带宽和时延的要求较高。

　　多人游戏:一种带讨论组能力的简单分布式交互模拟,对带宽和时延的要求都比较高。

　　即时播放:一种音频编码共享应用,对带宽和时延的要求都比较高。

　　IP 多播带入了许多新的应用并减少了网络的拥塞和服务器的负担。目前,IP 多播的应用范围还不够广,但能够降低占用带宽,减轻服务器负荷,并能改善传送数据的质量,尤其适用于需要大量带宽的多媒体应用(如音频、视频等)。

4.5　网络通信的信息安全

4.5.1　网络信息安全的基本概念

　　计算机通信网在存储和传输过程中具有资源共享的特点,但其信息资源也会被盗用、破坏或篡改。网络所具有的广泛地域性和协议开放性,决定了计算机通信网络易受攻击。另外,由于计算机系统本身的不完善,使得用户设备在网上工作时容易受到来自各方面的攻击。因此,在开放的计算机通信网环境中,对信息资源的安全保护具有重要意义。

1. 网络安全机制

计算机通信网的安全性包括保密性、安全协议的设计和接收控制。

保密性是计算机通信网安全最重要的内容,协议安全性是网络安全的另一方面,接收控制(或访问控制)是对接入网的权限加以控制,即规定每个用户的接入权限。

国际标准化组织(ISO)在 OSI 安全体系结构中提出的安全机制,提供了实现安全服务的手段,并增设了安全服务、安全机制和安全管理的内容描述。

1) 安全服务

安全服务可能包含在体系结构中,也可能包含在体系结构的服务和协议实现中。针对网络系统受到的威胁,OSI 安全体系结构提出了 6 类安全服务。

（1）对等实体鉴权服务。表现在两个开放同等层中的实体建立连接和数据传输阶段，为提供对连接实体身份鉴别而规定的一种服务。

（2）访问控制。是为防止未授权用户非法使用资源系统而设置的安全措施之一。

（3）数据保密。是指网络中各系统之间交换数据时，为防止因数据被截获而造成信息泄密而采取的安全措施，包括连接保密、无连接保密、选择字段保密和信息流保密等手段。

（4）数据完整性。是为了防止非法实体对正常交换的数据进行修改、插入，以及在交换过程中丢失数据而采取的有效措施。

（5）数据源点鉴别。是对数据来源的证明，也是层向层提供的服务。通过数据源点鉴别，是确保数据由合法实体发出而采取的有效措施。

（6）禁止否认。用以禁止数据发送方发出数据后又否认曾发送，或接收者收到数据后又否认曾接收。

2）安全机制

安全机制实现各种安全服务，可以根据具体的应用环境，将数种安全机制结合在一起，以达到安全保护的目的。ISO 建议采用下列 8 种安全机制。

（1）加密机制。是一种最基本的安全机制，用来防止信息被非法获取。可以单独使用，更多的场合是与其他机制结合使用。这是一种在网络环境中对抗被动攻击而行之有效的安全机制。

（2）数据签名机制。引入签名技术，能防止网上用户否认、伪造、篡改和冒充等问题的出现。签名者利用"秘密密钥"对需要签名的数据作加密运算，验证者利用签名者的"公开密钥"对签名数据作解密运算，仲裁机构也可根据消息上数字签名来裁定该消息是否由发送方发出。

（3）访问控制机制。可按照事先约定的有效规则，确定网上主体对客体访问是否合法。该机制以访问控制数据库、口令安全标记和能力表为应用基础。

（4）数据完整性机制。包括数据单元的完整性和数据单元序列的完整性。保证方法：发送实体在数据单元上加一个标记，该标记是数据本身的函数（或密码校验函数），其本身经过加密；接收实体产生一个对应标记，并将该标记与所收标记相比较，以确定在传输过程中是否被修改过。数据单元序列的完整性则是要求数据编号的连续性和时间标记的正确性。

（5）鉴权交换机制。以交换信息的方式来确认实体身份的机制，采用的手段有口令、安全协议、密码技术、应用实体的特征或所有权。

（6）业务流量填充机制。主要是对抗非法者在线监听数据，并对其进行流量和流向分析。基本方法是在无信息传输时，连续发送伪随机序列，以混淆有用和无用信息。

（7）路由控制机制。可使信息发送者选择特殊的路由申请，绕过不安全的线路，以保证数据的安全。

（8）公证机制。提供公证服务的机构，仲裁所出现的问题。通信双方必须直接或间接经过公正机制来交换数据信息，供在特殊情况发生时的仲裁之用。

3) 安全管理

安全管理主要是实施一系列安全策略,对于通信安全服务以外的操作进行管理。

(1) 鉴别管理。

(2) 访问控制管理。

(3) 密钥管理。定期产生与安全等级相对应的密钥,是非常重要的一个环节;根据访问控制要求,确定哪些实体可以接收密钥副本;在实际开放系统中,以秘密方式把密钥分配到各实体。

(4) 安全审计跟踪。包括远程事件收集报告,以及是否允许对所选事件进行审计跟踪等。

2. 网络安全面临的威胁

在实际应用中,尽管对通信过程采取了各方面的安全控制,但计算机通信网还存在诸多安全方面的威胁,必须引起高度重视。例如,信息的泄露、识别(猜疑)、假冒、篡改和恶意攻击(如计算机病毒传播、通过向网络注入破坏性病毒实施攻击)等。

对计算机通信网安全的威胁一般可以分为被动攻击和主动攻击两类。

被动攻击是攻击信息的保密性,但并不修改信息的内容。常用的攻击手段包括搭线窃听、利用电磁泄漏和利用信息流分析。

主动攻击是攻击信息传输的真实性、数据完整性和系统服务的可用性,即通过修改、销毁、替代或伪造网络上传输的数据,以欺骗接收方,并作出对攻击者自身有利的操作。常用的攻击手段包括假冒攻击、破坏数据的完整性、非法登录、非授权访问和抵赖(来自合法用户)等。

3. 计算机通信网安全措施

计算机通信网有多种安全措施,其中最常用的是利用密码学机制来完成网络与信息的安全及防护。

1) 常用的加密体制

(1) 常规密钥密码体制。"加密密钥"与"解密密钥"相同的密码体制。

(2) 数据加密标准体制。

(3) 公开密钥密码体制。"加密密钥"与"解密密钥"不同,可解决密钥分配问题及数字签名的要求。

2) 计算机通信网安全的策略

通常有两种不同的加密策略,即端到端加密和链路加密。

端到端加密的方法是在网中每对端点都有一对安全设备,用于对网上每一条虚电路信息进行安全保护。数据不但在传输过程中受到保护,而且在网内的中继节点上也受到保护,数据保密性由收发双方来保证。端到端的加密方法易实现,可以不改变用户通信程序,不改变原有网的运行方式,并独立于用户设备;可将安全设备置于用户设备和公用分组交换网之间;可防止合法用户的非法操作;系统安全功能对用户安全透明。

链路加密是对网中每一条链路上传输的信息都进行安全保护,独立实现对每条链路的加密。为了获得更好的安全性,可以将链路加密的方法与端到端加密的方法结合使用。

　　3）协议识别技术

　　在当今高速大容量的互联网环境中,内容安全是网络安全的重要组成部分。对于网络管理来说,最重要的就是识别和区分网络流量,通过协议识别可以对网络进行流量控制、网络计费、内容过滤,以及流量管理。

　　协议识别技术的出现和发展给电信运营商提供了一种全新的网络监测和控制手段,可实现对网络流量的业务细分,并可对不同用户、业务流量进行区别化的控制和管理。协议识别技术推动了网络智能化的深入,并有利于未来实现对互联网的精细化运营。

4.5.2　网络信息安全的关键技术

1. 加密技术

　　鉴于数字信息已经成为信息存储和传播的主要方式,因而有必要对数字信息进行加密处理,经过加密的数据即便被非法获得也很难还原出真实的数据。常用的加密技术有对称加密技术、公钥加密技术、混沌加密技术等。

　　1）对称加密技术

　　对称加密技术采用单钥密码体制,也就是其用于对数据进行加密和解密的密钥相同。其优点在于加密速度快,易于实现,适合短距离用户间少量数据传输,一旦用户过多且用户分布过于扩散,则很容易在数据传输过程中被破解,不利于保护数据的安全。典型对称加密算法有 DES 算法及其改进算法等。

　　2）公钥加密技术

　　该技术的加密密钥和解密密钥不同,公钥是开放的、可获取的,但是获取了公钥不代表获取了加密数据的真实报文,还需要用户端持有的私钥才能够实现数据的解密。该算法适应网络数据传输的开放性要求,但是可以获得相较于对称加密技术更安全的信息保护效果。实际应用中,人们常常将对称加密技术和公钥加密技术结合使用来提高信息的安全性能。对称加密算法主要用于对大数据进行加密,公钥加密算法则主要用于对传递密钥等进行加密,这种加密方式可以有效提高加密效率,简化用户对密钥的管理。经典的公钥加密算法有 SRA 算法、Diffie-Hellman 密钥交换算法等。

　　3）混沌加密技术

　　该技术是一种基于混沌理论发展起来的新型加密算法。该算法将混沌系统具有的伪随机特性应用到加密算法中,使得加密数据和密钥难以被重构、分析和预测。混沌加密算法控制初始条件和加密参数对信息进行加密,由于其具有数据敏感性和遍历性,故由该算法产生的密钥在密钥空间中类似于随机分布,即便被他人获取,混沌系统方程也很难被破解。

2. 身份认证与数字签名技术

　　对信息进行数字签名、对访问信息的用户进行身份认证可以对用户或者信息进行身份验证,确认该信息是否完整,用户是否有访问权限。对用户进行身份验证如用户凭用户名和密码进行数据访问可以有效对抗冒充、非法访问、重演等威胁。对消息进行数字签名可以保证信息的完整性,防止非法用户伪造、篡改原始信息等。

3. 数字水印技术

数字水印技术是将密钥或者其他数据在不影响数字信息存储和访问方式的前提下写入数字信息内部,当用户访问或者使用该信息时首先对数字水印进行校对,只有与数字水印中信息相符的用户才能够获得访问或者操作授权。在信息完整性保护方面,数字水印是否完整决定了数字信息的完整性与否。由于数字水印具有对信息进行隐藏性标识,同时不增加信息带宽等优点,故得到了广泛的应用。

4. 反病毒技术

网络环境中,计算机病毒具有非常大的威胁性和破坏力,严重影响了信息的安全,因此在信息存储所使用的操作系统中安装反病毒软件,防止病毒对信息造成破坏也是信息安全防护的一项重要措施。反病毒技术主要包括预防病毒技术、检测病毒技术、消除病毒技术等。其中,预防病毒技术是防病毒软件自身常驻在系统运行内存空间中,且其权限非常高,可以监视和判断与正常操作不相符的异常行为,并对该行为进行阻止;检测病毒技术则是根据病毒的特征进行文件扫描或者文件检测,将符合病毒特征的文件检测出来;消除病毒技术则是对已检测出的病毒文件进行删除,并尽可能回复原始信息,减少病毒所带来的损失。

5. 防火墙技术

防火墙技术是对应于信息通信而言的。应用防火墙技术可以将通信网络划分为多个相对独立的子网络,不同网络之间进行数据通信时,防火墙按照相应的通信规则对通信内容进行监控。应用防火墙技术可以指定特定用户或者特定信息通过防火墙进行数据通信,也可以限定特定用户或者特定信息不能够通过防火墙进行数据通信。

6. 构建安全的体系结构

保护信息的安全,避免威胁信息安全的事件发生最重要的是建立和完善有效的安全管理体制来规范信息使用和用户访问行为,确保多种信息安全技术的有效运行,对当前信息环境进行评估并作出合理的决策。

4.5.3　网络信息安全的法律法规

当前,网络安全已成为国家安全战略。没有网络安全就没有国家安全,就没有经济社会稳定运行,广大人民群众利益也难以得到保障。

为了保障网络安全,维护网络空间主权和国家安全、社会公共利益,保护公民、法人和其他组织的合法权益,促进经济社会信息化健康发展,我国已于 2017 年 6 月 1 日起施行《中华人民共和国网络安全法》。

《中华人民共和国网络安全法》分为总则;网络安全支持与促进;网络运行安全;一般规定;关键信息基础设施的运行安全;网络信息安全;监测预警与应急处置;法律责任;附则。在中华人民共和国境内建设、运营、维护和使用网络以及网络安全的监督管理适用本法。

　　我国网络安全法规大体可以分为 3 个层面：国家法律、地方法规和行业管理办法。

　　《中华人民共和国网络安全法》中关于个人和组织使用网络应该遵守的条款主要包括以下内容。

　　第四十六条　任何个人和组织应当对其使用网络的行为负责，不得设立用于实施诈骗，传授犯罪方法，制作或者销售违禁物品、管制物品等违法犯罪活动的网站、通信群组，不得利用网络发布涉及实施诈骗，制作或者销售违禁物品、管制物品以及其他违法犯罪活动的信息。

　　第四十七条　网络运营者应当加强对其用户发布的信息的管理，发现法律、行政法规禁止发布或者传输的信息的，应当立即停止传输该信息，采取消除等处置措施，防止信息扩散，保存有关记录，并向有关主管部门报告。

　　第四十八条　任何个人和组织发送的电子信息、提供的应用软件，不得设置恶意程序，不得含有法律、行政法规禁止发布或者传输的信息。

本 章 小 结

　　数据通信是计算机通信的基础，是以传输和交换数据为业务的一种通信方式。在数据通信中涉及关于数据、数据信号、数据通信和协议的基本概念。数据通信系统由终端、数据电路和计算机系统 3 种类型的设备所组成。在大多数场合，数据通信网是指计算机通信网中的通信子网，即由电信部门组建的公共数据通信网。数据通信网按传输技术分类，有交换网和广播网两种形式。计算机通信网由通信子网和本地网（用户资源子网）以及通信协议组成。在大多数场合中，数据通信网是指计算机通信网中的通信子网。

　　基础数据网属通信子网，是由电信部门组建的、运营基础数据业务的公共数据通信网，主要包括 X.25 数据网（分组交换业务）、数字数据网（DDN 业务）、帧中继网、ATM（快速分组交换业务）等。随着各行各业信息化的发展，对基础数据通信业务的需求将不断增加。基础数据传送业务类型主要为永久虚电路（PVC）业务和交换虚电路（SVC）业务，并支持虚拟专用网（VPN）等应用。

　　以太网是共享媒介的一种数据网，采用随机访问控制方式，结构简单，性价比高。以太网从最初的同轴电缆上共享 10 Mbit/s 传输技术，发展到现在双绞线和光纤上的 100 Mbit/s 甚至 10Gbit/s 的传输技术、交换技术等，应用技术已成熟。连接以太网的设备包括中继器、网桥、路由器、网关和信道业务单元/数据业务单元（CSU/DSU）。

　　IP 网络一般指互联网（Internet）的承载网，其以 TCP/IP 协议的开放性将各种不同的网络连接成一个互联网，使其融合为一个全球性的信息网络。互联网是在 IP 层用路由器互联的网络，在 IP 网上给每一台主机分配一个在全球范围内的唯一的 IP 地址（逻辑地址）。IP 网用 IP 地址寻址并传送数据。未来网络架构有多种，一般目前普遍被业界认可的有软件定义网络（software defined network，SDN）和网络功能虚拟化（network function virtualization，NFV），SDN 侧重于网络架构的定义，而 NFV 则注重对网络设备结构的定义。IP 多播（也称多址广播或组播）技术是一种允许一台或多台主机（多播源）

发送单一数据包到多台主机(一次的,同时的)的 TCP/IP 网络技术。

计算机通信网的安全性包括保密性、安全协议的设计和接收控制。对计算机通信网安全的威胁一般可以分为被动攻击和主动攻击两类。网络信息安全的关键技术包括加密技术、身份认证与数字签名技术、数字水印技术、反病毒技术、防火墙技术、构建安全的体系结构等。信息安全保障的三大支柱包括信息安全技术、信息安全标准和信息安全法律法规。我国网络安全法规大体可以分为 3 个层面:国家法律、地方法规和行业管理办法。

习　题

4.1　简述数据通信的基本概念及其特点。

4.2　简述数据通信系统的基本构成。

4.3　区分串行传输和并行传输,区分异步传输和同步传输。

4.4　简述数据通信的主要性能指标。

4.5　区分 DTE 和 DCE。

4.6　简述数据通信网的两种形式。

4.7　基础数据网的业务主要有哪些?

4.8　简述 X.25 网的构成及其特点。

4.9　简述数字数据网的基本特点及其基本组成。

4.10　简述数字数据网的应用特点及其主要业务。

4.11　简述帧中继的基本思想。

4.12　帧中继的基本业务包括哪两类?帧中继网中有哪几种用户接入方式?

4.13　LAN 通过 FR 网络在网络层处的互联采用_____;LAN 通过 FR 网络在数据链路层的互联采用_____。

　　A. 帧中继终端　　　B. 帧中继装/拆设备　　　C. 网桥　　　D. 路由器

4.14　简述 ATM 的主要技术特点。

4.15　什么是 CSMA/CD 技术?简述其工作原理。

4.16　简述交换式以太网的基本特点。

4.17　简述以太网互联设备的功能作用。

4.18　试指出 TCP/IP 与 OSI/RM 体系结构的对应关系。

4.19　_____协议是 Internet 的基础与核心。

　　A. PPP　　　B. MPOA　　　C. TCP/IP　　　D. SIP

4.20　TCP/IP 的应用层对应于 OSI 参考模型的_____。

　　A. 第 7 层　　　　　　　　　　B. 第 6 层

　　C. 第 6~7 层　　　　　　　　　D. 第 5~7 层

4.21　IPv6 将 IP 的地址空间扩展到了_____位,有效解决了 IPv4 地址空间被迅速耗尽的问题。

　　A. 32　　　B. 64　　　C. 96　　　D. 128

4.22　试分析 IP 网络服务的特点。

4.23　简述互联网中 C/S 模式和对等网 P2P 模式各自的特点。

4.24　试述路由器转发原理。

4.25　简述互联网接入的几种方式及其各自的特点。

4.26　简述 IP 技术的关键问题。

4.27　简述 IP 多播技术的几类应用。

4.28　简述 OSI 安全体系结构提出的关于安全服务的基本内容。

4.29　简述 ISO 建议采用的几种安全机制。

4.30　简述网络信息安全的几种关键技术。

4.31　简述我国网络安全立法体系框架。

4.32　简述《中华人民共和国网络安全法》中关于个人和组织使用网络应该遵守的条款。

第 5 章

无线通信

无线通信技术是以无线电波为媒介的通信技术。为避免系统间的互相干扰,所有无线通信系统使用国际(或国家)规定的频率资源,不同的无线通信系统使用不同的无线频段。无线通信作为现代通信的一个组成部分,主要包括无线传输和无线接入,其应用已突破传统范围,在整个通信技术领域中具有重要的作用。

本章学习目标

- 理解无线传播的基本特性。
- 了解天线及无线信道的基本知识。
- 了解无线通信中的关键技术应用特点。
- 了解微波通信技术及其应用特点。
- 了解卫星通信技术及其应用特点。
- 了解无线接入技术及其应用特点。

5.1 无线通信概述

无线通信系统大致可以分成两类,一类是利用无线电波来解决信息传输问题,如微波传输系统、卫星传输系统;另一类是利用无线方式作为系统接入,形成具有覆盖能力的通信网络,如陆地移动通信系统、卫星移动通信系统及各种短距离无线通信等。

5.1.1 无线传播的基本特性

无线通信与有线通信最大的区别在于,不同的通信目的和通信手段构成了不同的无线传播环境。

例如,卫星通信的电波传播环境与地面移动通信系统、微波中继通信的传播环境具有明显的不同。但各种无线通信系统均采用无线电波传播,因此在电波的传播上具有共性。

无线信道的基本特征如下。

(1) 带宽有限。其取决于可使用的频率资源和信道的传播特性。

(2) 干扰和噪声影响大。由无线通信工作的电磁环境所决定。

(3) 在移动通信中存在多径衰落。在移动环境下,接收信号起伏变化。

1. 电波的自由空间传播

无线电波是由导体中或由若干导体组成的天线中的电子流动而产生的,并以横向电磁波(TEM)的形式在空间中传播,这意味着电场、磁场和无线电波的传播方向是垂直的。

无线电波一旦被发射出去,就能够在自由空间中以及其他物质材料中进行传播。自由空间是指理想的电磁波传播环境。自由空间传播损耗的实质是因电波扩散损失的能量,其基本特点是接收电平与距离的平方以及频率的平方均成反比关系。

无线电波在自由空间中的传播速度与光速一样,约为 300 000 km/s。无线电波在其他传播媒介中的传播速度要低一些。在频率低于 27 MHz 时(此时空气介电常数接近于 1),无线电波的损耗极小。

无线电波的传播具有覆盖的特性,容易形成面的覆盖。无线电波利用高度定向天线还具有点的特性,因此也可作为点对点通信的传输媒介。

2. 电波的地面传播

电波的地球表面传播与自由空间传播的最明显区别:地面传播的范围常常受到地平面的限制,信号从地球本身反射回来,而且在发射机与接收机之间存在各种各样的障碍物。

电波的地球表面传播示意图如图 5-1 所示。

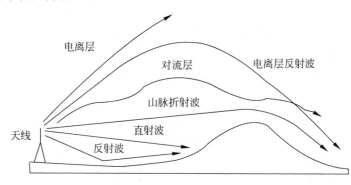

图 5-1　电波的地球表面传播示意图

1) 视距传播

视距传播的实际通信距离受到地球表面曲率的限制。一般无线通信的视距距离要比可视的视距长 1/3。要获得最大通信距离,需要结合使用合理的大功率发射机和高增益天线,并且使天线的位置越高越好。

实际应用中并不总是需要获得最大的通信距离,有时还需要限制有效通信距离,例如蜂窝移动通信系统。

2) 多径传播

尽管视距传播使用从发射机到接收机的直接路径,但是接收机有时也能拾取反射信号,直接信号与反射信号将会相互干扰。多径传播示意图如图 5-2 所示。

干扰是加强型还是削弱型,取决于两信号之间的相位关系。若两信号为同相,则结果信号是加强的;若两信号的相位相差 180°,则会有部分抵消,其效应称为衰落。

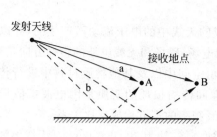

地点的电波	A地点	B地点
路径a的电波		
路径b的电波		
接收点的电波		

图 5-2　多径传播示意图

当信号从大型建筑物等大型目标物体反射回来时,将不仅存在相位的抵消,还存在显著的时间差别。目标指向直射信号方向的定向接收天线能够减小固定接收机的这种反射问题。

3)移动环境

在发射机和接收机都固定的环境中,可按减小多径干扰影响的方式来安装天线。但在实际应用中,发射机或接收机常处于不断运动中,使电波传播条件恶化,其多径状态也处于不断变化的状态中,移动和便携式环境还由于来自建筑物和交通工具的多个反射而变得混乱。

同时,当发射机和接收机的一方或多方均处于运动中时,将会使接收信号的频率发生偏移,即多普勒效应,且移动速度越快,多普勒效应越严重。

3. 电波的多径传播和衰落

无线电波在传播中,会受到长期慢衰落和短期快衰落的影响,如图 5-3 所示。

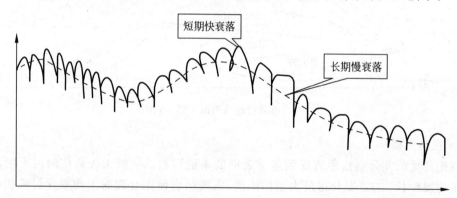

图 5-3　无线电波在传播中的衰落

1)长期慢衰落

长期慢衰落由传播路径上的固定障碍物(如建筑物、地形等)的阴影引起,其信号衰落缓慢,且衰落速率与工作频率无关,仅与地形、地物的分布和高度及物体的移动速度有关。

2)短期快衰落

电波具有反射、折射、绕射的特性,接收信号是发送信号经过多种传播途径的叠加信号。而反射、折射、绕射物体的位置可能随时间而变化,因此接收端接收到的多径信号可能不同时刻有所不同,信道条件随时间变化,即接收信号具有多径时变特性。无线通信中的电波传播经常受到这种多径时变(短期快衰落)的影响。

由于无线传播环境的复杂性和特殊性,不同的无线通信系统的传输技术也各异。利用各种方法来对抗无线传输中的多径时变特性,已成为无线通信技术的一大特色。

另外,无线电波的传播环境是开放的,各种电波均有可能同时传播,因此无线通信又具有易受干扰的特性,通信的安全性日益成为无线通信中的一个重要问题。

5.1.2　天线基本知识

天线是发射和接收电磁波的一个重要设备,没有天线也就没有无线电通信。

1. 天线的作用

无线通信是利用无线电波进行通信。无线电发射机输出的射频信号功率通过馈线(电缆)输送到天线,由天线以电磁波形式辐射出去。电磁波到达接收地点后,由天线接收下来(仅接收很小一部分功率),并通过馈线送到无线电接收机。

利用无线电波可以形成点到点的通信系统,或利用多址方式形成多点到多点的通信系统。典型天线示意图如图 5-4 所示。

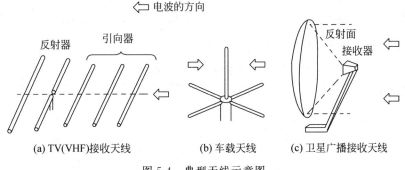

图 5-4　典型天线示意图

2. 天线的特性

若天线的类型、位置及参数选择或设置不当,都会直接影响通信质量。

1) 天线方向性

发射天线有两种基本功能:一是把从馈线取得的能量向周围空间辐射出去;二是将大部分能量向所需的方向辐射。天线根据其方向性可分为全向天线和方向性(或定向)天线。

2) 天线增益

天线增益是指在输入功率相等的条件下,实际天线与理想的球形辐射单元在空间同一点处所产生的信号的功率密度之比,其定量地描述一个天线把输入功率集中辐射的程度。天线增益的物理含义:在相同距离上某点产生相同大小信号所需发送信号的功率比。

【例 5-1】　天线增益计算。

若用理想的无方向性点源作为发射天线,需要 100 W 的输入功率,而用增益为 20 的某定向天线作为发射天线时,输入功率只需 $100/20=5$ W。因此,与无方向性的理想点源相比(指其最大辐射方向上的辐射效果),某天线的增益是把输入功率放大的倍数。

3) 天线的极化

天线的极化是指天线辐射时形成的电场强度方向。当电场强度方向垂直于(或平行于)地面时,此电波就称为垂直(或水平)极化波。由于电波的特性,决定了水平极化传播的信号在贴近地面时将在大地表面产生极化电流。

极化电流因受大地阻抗影响产生热能而使电场信号迅速衰减,而垂直极化方式则不易产生极化电流,从而避免了能量的大幅衰减,保证了信号的有效传播。

5.1.3　无线通信的频率资源

无线频谱在各个国家都是一种被严格管制使用的资源。对于某个特定的通信系统而言,频谱资源是非常有限的。

根据"中华人民共和国无线电频率划分规定"(工业和信息化部令第 46 号,2018),无线电频谱可分为 14 个频段,无线电频率以 Hz(赫兹)为单位,其表达方式如下。

3000 kHz 以下(包括 3000 kHz),以 kHz(千赫兹)表示。

3 MHz 以上至 3000 MHz(包括 3000 MHz),以 MHz(兆赫兹)表示。

3 GHz 以上至 3000 GHz(包括 3000 GHz),以 GHz(吉赫兹)表示。

无线电频段和波段的命名如表 5-1 所示。

表 5-1　无线电频段和波段的命名

带号	频带名称	频率范围	波段名称	波长范围
−1	至低频(TLF)	$0.03\sim0.3$ Hz	至长波或千兆米波	10 000~1000 兆米(Mm)
0	至低频(TLF)	$0.3\sim3$ Hz	至长波或百兆米波	1000~100 兆米(Mm)
1	极低频(ELF)	$3\sim30$ Hz	极长波	100~10 兆米(Mm)
2	超低频(SLF)	$30\sim300$ Hz	超长波	10~1 兆米(Mm)
3	特低频(ULF)	$300\sim3000$ Hz	特长波	1000~100 千米(km)
4	甚低频(VLF)	$3\sim30$ kHz	甚长波	100~10 千米(km)
5	低频(LF)	$30\sim300$ kHz	长波	10~1 千米(km)
6	中频(MF)	$300\sim3000$ kHz	中波	1000~100 米(m)
7	高频(HF)	$3\sim30$ MHz	短波	100~10 米(m)
8	甚高频(VHF)	$30\sim300$ MHz	米波	10~1 米(m)
9	特高频(UHF)	$300\sim3000$ MHz	分米波	10~1 分米(dm)
10	超高频(SHF)	$3\sim30$ GHz	厘米波	10~1 厘米(cm)
11	极高频(EHF)	$30\sim300$ GHz	毫米波	10~1 毫米(mm)
12	至高频(THF)	$300\sim3000$ GHz	丝米波或亚毫米波	10~1 丝米(dmm)

注:频率范围(波长范围也类似)均含上限、不含下限;相应名词非正式标准,仅作简化称呼参考之用。"频段 N"($N=$带号)从 0.3×10^N Hz 至 3×10^N Hz。词头:k=千(10^3),M=兆(10^6),G=吉(10^9)。

1. 长波信道

长波信道所使用的频率是在 300 kHz 以下,波长在 1000 m 以上。长波沿着地面(尤其是沿海平面)的传播损耗较小,并具有较好的对海水渗透性;但可用的带宽较小,不宜用作传送大容量的通信系统之用;使用长波通信手段的发射天线和接收天线庞大,难以架设。长波方式传输信息一般只用于航海导航和对潜通信系统。

2. 中波信道

中波信道的频率在 0.3～3 MHz,波长在 100～1000 m 范围内。该中频频段内的电磁波是以地面波为主要传播方式,传播损耗比长波稍大,传播距离比较远。无线电中波广播即工作于中波信道。

3. 短波信道

短波频段为 3～30 MHz,波长为 10～100 m,也称为高频信道。该频段的地面传播损耗较大,地面传播距离较短;但借助地球上空的电离层反射,可进行远距离通信,这种传播方式通常称为天波。短波波长较短,因而天线设备及天线高度可做得比较小,建立两点之间通信所需费用较小。短波通信距离远,可达数千千米,在卫星通信尚未出现之前,短波通信是国际通信的主要手段。

短波信道具有机动灵活、廉价和架设方便的特点,在现代通信中得到广泛应用,特别是大功率短波电台作为远距离通信手段的补充和备用,是现代通信网中较为重要的通信信道。

4. 超短波信道

超短波频率范围一般为 30～3000 MHz,其中 30～300 MHz 称为甚高频(VHF),300～3000 MHz 称为特高频(UHF),有时也把 300～3000 MHz 划入微波信道。在该频段中,由于频率高而电离层不能反射,地面损耗又较大,因此传播的主要方式是空间直射波和地面反射波的合成。该频段一般作为近距离(<100 km)的通信手段,较适宜建立移动通信网。

现代通信网中的移动通信系统大多数借助于超短波信道的部分频带来传输信息,完成移动通信的任务。

5. 微波信道

3000 MHz 以上的波段,通常泛称为微波,其在现代通信网中占有重要地位。微波的含义并不十分确定,部分超短波波段如 1000～3000 MHz,甚至 300～1000 MHz 的信道,也称为微波信道。

在微波频段中,其波长很短,天线的方向性相当强;在自由空间传播时,能量沿一定方向发射,传输效率较高,容许调制的频带较宽,适用于大容量的信息传输。目前,进行长距离微波通信已完全实现,微波信道是建设和维护费用最低的信道,在现代通信网实现远距离传输信息的信道中占了很大的比重。该频段主要工作方式是中继线路(或接力线路),每隔大约 50 km 设一个中继站,连续接力可构成一条长距离大容量的微波干线;另外,车载无线接力设备具有的机动性,也是构成现代通信网节点和节点连接的主要信道。

6. 卫星信道

卫星信道是微波中的数 GHz 到数十 GHz 的频段。卫星信道是指利用人造地球卫星作为中继站转发无线电信号,在多个地球站之间进行通信的信息传输信道。一颗通信卫星天线的波束所覆盖的地球表面区域内的各种地球站,都可以通过卫星中继和转发信号来进行通信。卫星通信是地面微波中继通信的发展,是微波中继通信的一种特殊方式。

目前,卫星通信分国际卫星通信、区域卫星通信和国内卫星通信等。卫星信道发展的主要趋势是星体间向集传输、交换和信号处理于一体的"空中节点"发展。

7. 散射信道

在现代通信网的微波通信方式中,还常用散射信道。利用对流层和电离层的不均匀性或流星余迹,对于一定仰角的电磁波射束在上层空间中,有一部分电磁波能量可回到地面而被接收到的散射现象,构成散射信道。对流层、电离层和流星余迹的散射对工作频段的要求各不相同,实际使用的频段可以是超短波或微波。

散射通信方式的优点是不用地面中继,一次可跳跃几百千米,但信道衰落快、多径效应影响大和信号很弱,通常需要采用分集接收和大功率发射。散射信道基本上不受磁暴、电离层扰动、太阳活动和雷电的影响,对现代通信具有特殊意义。

5.2　无线通信的关键技术

在无线通信中,为了充分利用信道,在多点之间实现相互间互不干扰的多边通信,常采用不同的多址技术,如频分多址、时分多址、码分多址、空分多址等。同时,还采用了多类先进的调制技术,如具有抗干扰能力强和信号隐蔽等突出特点的扩频技术,具有无线环境高速传输特征的正交频分复用(OFDM)技术等。

5.2.1　多址技术

无线通信系统以信道来区分通信对象,充分利用信道则要同时传送更多的用户信号。在两点之间的信道上同时传送互不干扰的、多个相互独立的用户信号是信道的"复用"问题,在多点之间实现相互间互不干扰的多边通信称为"多址通信"。

1. 多址接入概述

在无线通信环境的电波覆盖区内,如何建立用户之间的无线信道的连接,是多址接入方式的问题。解决多址接入的方法称为多址接入技术。

在无线通信中,一个信道只容纳一个用户进行通话;许多同时通话的用户,可以共享无线媒体;用某种方式可区分不同的用户,即为多址方式。多址接入方式的数学基础是信号的正交分割原理。

信道分割的概念:赋予各个信号不同的特征,根据各个信号特征之间的差异来区分,实现互不干扰的通信。无线电信号可表达为时间、频率和码型的函数。当分别以传输信号的载波频率不同、存在的时间不同和码型不同来区分信道建立多址接入时,则分别称为频分多址(FDMA)方式、时分多址(TDMA)方式和码分多址(CDMA)方式,如图 5-5 所示。

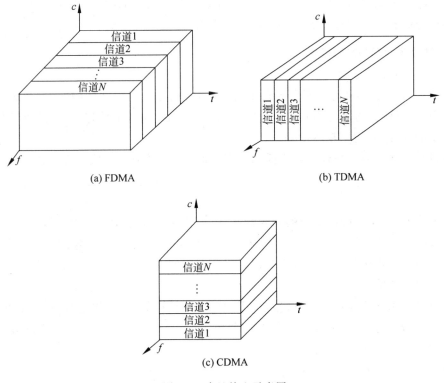

图 5-5　多址接入示意图

　　另外,采用智能天线技术,可以构成空间上用户的分割,称为空分多址(SDMA)方式,该方式一般需要与其他多址方式结合。

2. 频分多址(FDMA)技术

1) FDMA 系统原理

　　FDMA 系统是基于频率划分信道的,其为每一个用户指定了特定信道,这些信道按要求分配给请求服务的用户;在呼叫的整个过程中,其他用户不能共享这一频段。

　　FDMA 的基本原理:将给定的频谱资源按频率划分,把传输频带划分为若干较窄的且互不重叠的子频带(或称信道),每个用户分配到一个固定子频带,按频带区分用户;将信号调制到该子频带内,各用户信号同时传送;接收时分别按频带提取,从而实现多址通信。

　　模拟信号和数字信号都可采用频分多址(FDMA)方式传输,也可由一组模拟信号用频分复用方式(FDM/FDMA)或一组数字信号用时分复用方式,来占用一个较宽的频带(TDM/FDMA),调制到相应的子频带后传送到同一地址。模拟信号数字化后占用带宽较大,需采用压缩编码技术和先进的数字调制技术来缩小间隔。

2）FDMA 系统应用

在模拟蜂窝移动通信系统中,采用频分多址方式是唯一的选择;在数字蜂窝移动通信系统中,则很少采用纯频分的方式。

FDMA 是使用最早的一种多址方式,技术较为成熟,应用也比较广泛,目前仍在卫星通信、移动通信、一点多址微波通信等系统中应用。

3. 时分多址(TDMA)技术

1）TDMA 系统原理

TDMA 是在给定传输频带的条件下,把传递时间分割成周期性的帧,每一帧再分割成若干个时隙(帧或时隙均为互不重叠)。各用户在同一频带中传送,用户的收发各使用一个指定的时隙,时间上互不重叠。

经过数字化后的用户信号被安插到指定的时隙中,多个用户依序分别占用时隙;经过信道传输,各用户接收并解调后分别提取相应时隙的信息,并按时间区分用户,从而实现多址通信。

在传输时,由于实际信道中的幅频特性、相频特性不理想及多径效应等因素的影响,可能形成码间串扰。因此在通信中,除了传送用户信息外,还需要一定的比特开销(在每个时隙中插入同步序列和自适应均衡器所需的训练序列),用于控制和信令信息的传输,以保证和提高传输质量。

TDMA 系统只能传送数字信号,若用户信号是模拟的,必须先进行 A/D 变换,使之成为数字信号。每时隙可以是单个用户占用,也可以是一组时分复用的用户占用,即TDM-数字调制-TDMA 方式。

2）TDMA 系统应用

TDMA 系统的收发可采用频分双工(FDD)方式或时分双工(TDD)方式。

在 FDD 方式中,上行链路和下行链路的帧结构既可相同也可不同。在 TDD 方式中,通常收发工作在相同频率上;在一帧中,一半的时隙用于移动台发送,另一半的时隙用于移动台接收。因为收发处于不同时隙,由高速开关在不同时间把接收机或发射机接到天线上即可,故采用 TDD 方式时无须使用双工器。

4. 码分多址(CDMA)技术

1）CDMA 系统原理

当以不同的互相正交的码序列来区分用户并建立多址接入时,称为码分多址(CDMA)方式。

CDMA 系统中,各用户使用相同的载波频率,占用相同频带,发射时间是任意的。即各用户的频率和时间可相互重叠,用户的划分是利用不同地址码序列实现的。

由于在每一个用户信息码元时隙中填入了一定长度的用户码序列,序列中每一个用户的信息子码宽度远小于码元时隙宽度,因而传输信号的宽度将远远大于用户信号的原始宽度。

CDMA 方式是频谱扩展的通信方式,即扩频方式。用户信号经过扩频处理,再经载波调制后发送出去。接收端使用完全相同的扩频码序列,同步后与接收的宽带信号作相关处理,把宽带信号解扩为原始数据信息。不同用户使用不同的码序列,其占用相同频带,可以同时传输,接收机虽然能收到但不能解出,这样可实现互不干扰的多址通信。

CDMA 系统运用相互正交的码序列互不干扰的原理来实现多址通信,在 CDMA 中,相互正交的码序列也就是地址码,符合确定的正交条件。

2) CDMA 系统应用

CDMA 将是今后无线通信中主要的多址手段,应用范围已涉及数字蜂窝移动通信、卫星通信、微蜂窝系统、一点多址微波通信和无线接入网等领域。

5. 空分多址(SDMA)技术

1) SDMA 系统原理

空分多址(SDMA)是利用不同的用户空间特征(最明显的特征是用户的位置)区分用户,从而实现多址通信的方式。

配合电磁波被传播的特征,可使不同地域的用户在同一时间使用相同频率,实现互不干扰的通信。例如,可以利用定向天线或窄波束天线,使电磁波按一定指向辐射,局限在波束范围内;不同波束范围可以使用相同频率,也可以控制发射的功率,使电磁波只能作用在有限的距离内。在电磁波作用范围以外的地域仍可使用相同的频率,以空间来区分不同用户。

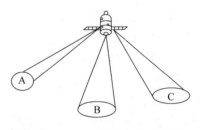

图 5-6　SDMA 多址方式示意图

图 5-6 是 SDMA 多址方式示意图。

2) SDMA 系统应用

在蜂窝移动通信中,由于充分运用了 SDMA 方式,才能用有限的频谱构成大容量的通信系统,该频率再用技术也是蜂窝通信中的一项关键技术。

卫星通信中采用窄波束天线实现 SDMA,也提高了频谱的利用率。由于空间的分割不可能太细,虽然卫星天线采用阵列处理技术后其分辨率有较大提高,但某一空间范围一般不可能仅有一个用户,所以 SDMA 通常与其他多址方式综合运用。

近年来,智能天线技术在移动通信中的发展迅速,其利用数字信号处理技术产生空间定向波束,以高效利用用户信号并可删除或抑制干扰信号。以智能天线技术为基础的新一代空分多址方式正在形成。此外,其他复用方式(如波分复用等)也可用于多址通信中。

5.2.2　扩频通信技术

扩展频谱通信(简称扩频通信)技术是一种信息传输方式,其信号所占有的频带宽度远大于所传信息必需的最小带宽;频带的扩展是通过一个独立的码序列来完成,并用编码及调制的方法来实现,与所传信息数据无关;在接收端则用同样的码进行相关同步接收、解扩及恢复所传信息数据。其抗干扰能力强、误码率低、保密性能强、功率谱密度低,易于实现大容量多址通信。

1. 扩频通信的概念

扩频技术利用伪随机编码对将要传送的信息数据进行调制,实现频谱扩展后再传输;在接收端,则采用相同的伪随机码进行解调及相关处理,恢复成原始信息数据。

与常规的窄带通信方式相比,扩频通信方式主要具备以下特点。

(1) 信息的频谱扩展后形成宽带传输。

(2) 相关处理后恢复成窄带信息数据。

扩频通信的上述两大特点,使其具有以下优良特性。

(1) 抗干扰、抗噪声、抗多径衰落。

(2) 保密性、功率谱密度低、隐蔽性和低截获概率。

(3) 可多址复用和任意选址。

(4) 可高精度测量等。

图 5-7 示出了扩频通信的信号特性。

扩频通信技术的定义包括以下 3 个方面的含义。

1) 信号的频谱被展宽

传输任何信息都需要一定的带宽(称为信息带宽),如语音信息带宽为 $300\sim3400$ Hz,电视图像信息带宽为 6 MHz。为了充分利用频率资源,通常尽量采用基本相当的带宽信号来传输信息,如用调幅信号来传送语音信息,其带宽为语音信息带宽的两倍;电视广播射频信号带宽则是其视频信号带宽的一倍多。这些都属于窄带通信。对于一般的调频信号(或 PCM 信号),其带宽与信息带宽之比一般低于 $10\sim20$。而扩频通信的信号带宽与信息带宽之比则高达 $100\sim1000$,属于宽带通信。

采用信息带宽的 100 倍(甚至 1000 倍)以上的宽带信号来传输信息,其目的是提高通信的抗干扰能力,即在强干扰条件下保证可靠安全地通信。这是扩频谱通信的基本思想和理论依据。

2) 采用扩频码序列调制的方式来展宽信号频谱

在时间上有限的信号,其频谱是无限的。例如,很窄的脉冲信号,其频谱则很宽。信号的频带宽度与其持续时间近似成反比。1 μs 脉冲的带宽约为 1 MHz。若用很窄的脉冲序列被所传信息调制,则可产生很宽频带的信号。该脉冲码序列很窄,其码速率很高,称为扩频码序列。

扩频码序列与所传信息数据无关;与正弦载波信号相同,其不影响信息传输的透明性。扩频码序列仅仅起展宽信号频谱的作用。

3) 在接收端应用相关解调来解扩

在一般的窄带通信中,已调信号在接收端都要进行解调,以恢复所传的信息。在扩频通信中,接收端采用与发送端相同的扩频码序列,与收到的扩频信号进行相关解调,恢复所传的信息。即相关解调起到了解扩的作用,把扩展以后的信号又恢复成原来所传的信息。

扩频通信是在发端把窄带信息扩展成宽带信号,而在收端又将其解扩成窄带信息的处理过程。

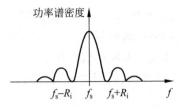

(a) 信息调制器输出信号功率谱

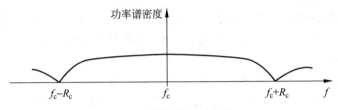

(b) 发送的扩频信号功率谱

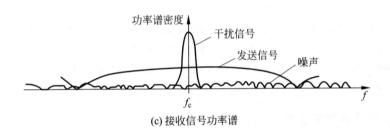

(c) 接收信号功率谱

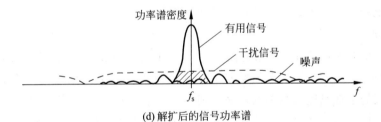

(d) 解扩后的信号功率谱

功率谱密度

f_s

(e) 窄带中频滤波器输出信号功率谱

图 5-7 扩频通信的信号特性

2. 扩频通信的基本原理

在扩频通信中,系统占用频带宽度远大于要传输的用户基带信号原始带宽。在发送端,频带的展宽通过编码及调制(即扩频调制)的方法来实现;在接收端,则用与发送端完全相同的扩频码进行相关解调(解扩)来恢复信息数据。

在数字扩频系统中,可把周期很长、码元持续时间远小于信息码元间隔的伪随机码序列(PN 码)作为"载波",载荷信息的 PN 码的带宽比信息码要展宽几十倍到上千倍。由于真正的随机信号和噪声是不能重复再现和产生的,只能产生一种周期性的脉冲信号来近似随机噪声的性能,故称为伪随机码(或 PN 码)。

在由扩频实现的码分复用及多址连接构成的无线移动通信系统中,各用户采用不同的互为正交的伪随机码序列作为地址码,可使大量用户共享数兆赫以上的扩频带宽,且具有极强的抗干扰能力。

当扩频通信的信道容量的要求确定后,即可用不同的带宽 W 和信噪比 S/N 的组合来实现。若传输带宽减小,则必须发送较大的信号功率(即有较大的信噪比 S/N);若传输带宽较大,同样的信道容量则能由较小的信号功率(较小的信噪比 S/N)来传送。这表明宽带系统表现出较好的抗干扰性。因此,当信噪比太小而不能保证通信质量时,常采用宽带系统,即用增加带宽(展宽频谱)来提高信道容量,以带宽换功率以改善通信质量。扩频通信的信号带宽与信息带宽之比一般高达 $100\sim1000$。

扩频通信将用户信号的频谱扩展,然后再进行传输,因而提高了通信的抗干扰能力,即使在强干扰情况下(甚至在信号被噪声淹没时)仍可保持可靠的通信。

3. 扩频通信系统的主要技术指标

采用扩展频谱信号进行通信的优越性在于用扩展频谱的方法来换取信噪比的提高。扩频通信系统的主要技术指标为处理增益和干扰容限。

1) 处理增益

在扩频通信系统信道上,传输的是一个远宽于基带数据信号带宽的伪随机码(PN码)与基带数据信号调制后的信号,解扩将所接收到的扩展频谱信号与一个和发端伪随机码完全相同的本地码进行相关处理来实现。

当收到的信号与本地码相匹配时,所提取的信号会恢复到其扩展之前的原始带宽,而任何不匹配的输入信号则被扩展至本地码带宽或更宽的频带上。解扩后的信号经过一个窄带滤波器后,有用的信号被保留,干扰信号被抑制,从而改善了信噪比,提高了抗干扰能力。

各种扩频通信系统的抗干扰性能和处理增益 G_p 成正比,G_p 是指扩频信号带宽 W 与基带数据信号带宽 B 之比。

处理增益 G_p 表示了系统信噪比改善的程度,是扩频通信系统的一个重要性能指标。

【例 5-2】 扩频通信系统的信噪比改善。

在某扩频通信系统中,$W=20\text{ MHz}$,$B=10\text{ kHz}$,则处理增益 $G_p=2000(33\text{ dB})$,说明该系统在接收机的射频输入端和基带滤波器输出端之间有 33 dB 的信噪比增益改善。

2）干扰容限

干扰容限的概念：在保证系统正常工作的条件下（即保证输出端有一定的信噪比），接收机输入端能承受的干扰信号比有用信号所高出的分贝（dB）数。其直接反映了扩频通信系统接收机所允许的极限干扰强度，更确切地表征了系统的抗干扰能力。

4. 扩频通信系统的特点

扩频技术最初应用于军用通信领域，20 世纪 80 年代起应用于民用通信领域。目前，该技术已广泛应用于蜂窝电话、无绳电话、微波通信、无线数据通信、遥测、监控、报警、电子对抗等系统中。

扩频通信系统的主要优点如下。

（1）抗干扰能力强，误码率低。

（2）保密性能强。

（3）功率谱密度低，对其他通信系统及对人体的干扰影响小，具有良好的隐蔽性能。

（4）易于实现大容量多址通信。

（5）能精确定时与测距，可广泛应用于雷达、导航、通信、测距等系统。

（6）适合于随参信道（指信道参数随时间随机变化的信道）的无线通信。

扩频通信系统的主要缺点为占用信道频带宽（扩频后的信息码序列带宽远大于扩频前的信息码序列带宽）。但是，若让许多用户共用该宽频带，则可大大提高频带的利用率。

由于存在扩频码序列的扩频调制，因此扩频技术充分利用各种不同码型的优良特性（扩频码序列之间的自相关性和互相关性），可以在接收端利用相关检测技术进行解扩，在分配给不同用户码型的情况下可以区分不同用户的信号，提取出有用信号。在该宽频带上，可以有许多对用户同时通话而互不干扰。

码分多址（CDMA）即利用了扩频技术的上述特点。

5. 扩频通信系统的工作方式

扩频通信系统的工作方式有直接序列扩频（DS）、跳变频率扩频（FH）、跳变时间扩频（TH）和混合式扩频。

1）直接序列扩频（DS）方式

直接序列扩频方式简称为直扩方式。图 5-8 示出了直接序列扩频系统原理框图。

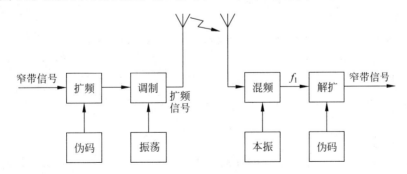

图 5-8　直接序列扩频系统原理框图

在扩频过程中,基带信号的信码是需传输的信号,通过速率很高的编码序列进行调制,将其频谱展宽;对频谱展宽后的序列进行射频调制(多采用 PSK 调制),其输出则是扩展频谱的射频信号,经天线辐射出去。

在接收端,射频信号经混频后变为中频信号,与本地的发端相同的编码序列进行反扩展,将宽带信号恢复成窄带信号,该过程称为解扩。解扩后的中频窄带信号经普通信息解调器进行解调,恢复成原始的信息码。

与其他工作方式比较,直接扩频方式实现频谱扩展方便,因此是一种最典型的扩频系统。若将扩频和解扩这两部分去除,该系统就变成普通的数字调制系统。因此,扩频和解扩是扩展频谱调制的关键过程。

2) 跳变频率扩频(FH)方式

跳变频率扩频简称为跳频。跳频是指载波频率在很宽的频带范围内,按某种序列进行跳变。即在工作频率范围内,在一个伪随机码(PN)的控制下,载频的频率按 PN 码的规律不断地变化。在接收端,接收机的接收频率也受伪随机码的控制,保持与发射端的规律一致变化。由于定频干扰只会干扰部分频点,所以跳频是以躲避干扰来提高信噪比。

跳频指令(又称为跳频图案,见图 5-9)由所传送的信息码与 PN 码的组合(按模 2 加规律)来构成。在跳频图案中,横轴为时间,纵轴为频率,由时间和频率组成的平面称为时频域图。平面中的阴影线即为跳频图案,其表征了在何时以何频率进行通信,通信频率随时间不同而异。

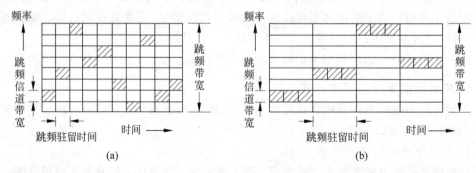

图 5-9　跳频图案

跳频系统的指标是跳变的速率,可分为慢跳频和快跳频。

慢跳频(一跳传输多个码元)比快跳频更易于实现。其跳速远比信号速率低,可能为数秒至数十秒才跳变一次。快跳频(一个码元用多跳来传输)的跳速接近信号的最低频率,可达每秒几十跳、上百跳甚至上千跳。例如,GSM 移动通信系统规定的跳频为每秒 217 跳。

图 5-9(a)、图 5-9(b)分别示出了快跳频图案和慢跳频图案。

当收发双方在空间上相距一定距离时,只要时频域上的跳频图案完全重合,即表示收发双方可建立同步跳频通信,如图 5-10 所示。

在跳频系统中,发送端信息码与伪随机码调制后,按不同的跳频指令去控制频率合

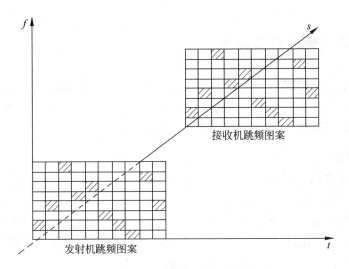

图 5-10　建立跳频通信示意图

成器,使发射机的输出频率在很宽的频率范围内随机地不断改变,从而使射频载波也在一个很宽的范围内变化,形成了一个宽带离散谱。在接收端,收发跳频必须同步,以保证通信的建立。

为了对输入信号进行解扩(即解跳),需要有与发端相同的跳频指令去控制频率合成器,使其输出的跳频信号在混频器中,能与接收到的跳频信号差频出一个固定中频信号;经中频放大器后,送到解调器恢复出原基带数据信号信息。解决同步及定时是实现跳频的一个关键问题。

跳频系统原理框图如图 5-11 所示。

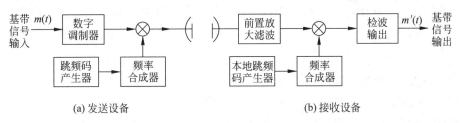

图 5-11　跳频系统原理框图

3) 跳变时间扩频(TH)方式

跳变时间扩频又称为跳时。跳时是指已调载波在 PN 码的控制下,伪随机地在一帧的不同时隙内以突发信号形式发送。由于在时隙中传送的突发信号速率要比原信号高,从而达到扩频的目的。该方式一般和其他方式混合使用。

4) 混合式扩频方式

在实际系统中,仅仅采用单一工作方式不能满足要求时,往往采用两种或两种以上工作方式。该扩频方式称为混合扩频,如 FH/DS、DS/TH、FH/TH。

目前,扩频通信的应用以 DS 和 FH 为主,其基本思想是把原信号变成带宽大得多的类噪声(伪随机)信号,将原信号隐蔽再发送出去,因此被称为二次调制技术。

5.2.3　正交频分复用技术

正交频分复用(OFDM)技术是一种无线环境下的高速传输技术,属多载波调制。OFDM 技术的主要思想是在频域内将给定信道分成许多正交子信道,在每个子信道上使用一个子载波进行调制,并且各子载波并行传输。

1. OFDM 概述

OFDM 最早应用于军事通信系统中,因设备结构复杂限制了其发展。20 世纪 70 年代,离散傅里叶变换(DFT)、快速傅里叶变换(FFT)算法实现了多载波调制,使 OFDM 的实际应用成为可能。20 世纪 90 年代以来,大规模集成电路技术的发展解决了 FFT 的实现问题。随着 DSP 芯片技术的发展,格栅编码技术、软判决技术、信道自适应技术等的应用,OFDM 技术开始从理论向实际应用转化。

近 10 年来,OFDM 开始应用于广播信道的宽带数据通信、数字音频广播(DAB)、高清晰度数字电视(HDTV)和无线局域网(WLAN)等领域。此外,OFDM 具有更高的频谱利用率和良好的抗多径干扰能力,还被视为第四代移动通信(4G)系统的核心技术。

无线信道的频率响应曲线大多为非平坦的,具有频率选择性。但在 OFDM 系统中,因每个子信道相对平坦且为窄带传输,信号带宽小于信道的相应带宽,由此可大大消除信号波形间的干扰。由于在各个子信道的载波相互正交,其频谱是相互重叠的,既减少了子载波间的相互干扰,又提高了频谱利用率。

在新一代无线通信系统的开发中,基于 OFDM 技术的数字信号处理(DSP)芯片已问世,并成为众多系列产品开发之首选。随着通信数据化、宽带化、个人化和移动化的需求增长,OFDM 技术在固定无线接入领域和移动接入领域中将获得日益广泛的应用。

2. OFDM 原理

传统的频分复用方法中各个子载波的频谱是互不重叠的,需要使用大量的发送滤波器和接收滤波器,增加了系统的复杂度和成本;同时,为了减小各个子载波间的相互串扰,各子载波间必须保持足够的频率间隔,从而降低了系统的频率利用率。

现代 OFDM 系统采用数字信号处理技术,各子载波的产生和接收都由数字信号处理算法完成,极大地简化了系统的结构。同时,为提高频谱利用率,而使各子载波上的频谱相互重叠,且使这些频谱在整个符号周期内满足正交性,从而保证接收端能够不失真地复原信号。OFDM 将高速串行数据变换成多路相对低速的并行数据,并对不同的载波进行调制。该并行传输体制大大扩展了符号的脉冲宽度,提高了抗多径衰落等恶劣传输条件的性能。

当传输信道中出现多径传播时,接收子载波间的正交性将被破坏,使得每个子载波上的前后传输符号间以及各个子载波间发生相互干扰。为解决该问题,在每个 OFDM 传输信号前插入一个保护间隔(由 OFDM 信号进行周期扩展得到)。只要多径时延超过保护间隔,子载波间的正交性就不会被破坏。

若要实现 OFDM,需要利用一组正交的信号作为子载波,并以码元周期为 T 的不归零方波作为基带码型,经调制器调制后送入信道传输。DSP 技术的发展,使 OFDM 系统可采用快速傅里叶反变换/快速傅里叶变换(IFFT/FFT)代替多载波调制和解调,这为 OFDM 技术的推广创造了极为有利的条件。

3. OFDM 技术特点

1) 增强了抗频率选择性衰落和抗窄带干扰的能力

在单载波系统中,单个衰落或者干扰可能导致整个链路不可用,但在多载波的 OFDM 系统中,只会有一小部分载波受影响。此外,纠错码的使用还可以帮助其恢复一些载波上的信息。通过合理地挑选子载波位置,可以使 OFDM 的频谱波形保持平坦,同时保证了各载波之间的正交。

2) OFDM 不同于过去的 FDM

OFDM 尽管还是一种频分复用(FDM),但其接收机实际上是通过 FFT 实现的一组解调器。它将不同载波搬移至零频,然后在一个码元周期内积分,其他载波信号由于与所积分的信号正交,故不会对信息的提取产生影响。OFDM 的数据传输速率也与子载波的数量有关。

3) 每个载波所使用的调制方法可以不同

OFDM 技术使用自适应调制,各个载波能够根据信道状况的不同选择不同的调制方式,如 BPSK、QPSK、8PSK、16QAM、64QAM 等,以频谱利用率和误码率之间的最佳平衡为原则。通过选择满足一定误码率的最佳调制方式,就可以获得最大频谱效率。无线多径信道的频率选择性衰落会使接收信号功率大幅下降,信噪比也随之大幅下降。为了提高频谱利用率,应选择与信噪比相匹配的调制方式。

OFDM 技术根据信道条件来选择不同的调制方式。例如,在终端靠近基站时(信道条件较好),调制方式可由 BPSK(频谱效率 1 bit/s/Hz)转化成 16QAM~64QAM(频谱效率 4~6 bit/s/Hz),整个系统的频谱利用率就会得到大幅度的提高。自适应调制能够扩大系统容量,但要求信号必须包含一定的开销比特,以告知接收端发射信号所应采用的调制方式。终端还要定期更新调制信息,这也会增加更多的开销比特。

4) 采用了功率控制和自适应调制相协调工作方式

若信道条件好,发射功率不变,OFDM 可增强调制方式(如 64QAM),或在低调制方式(如 QPSK)时降低发射功率,在功率控制与自适应调制之间取得平衡。自适应调制要求系统对信道性能有及时和精确的了解,若在条件差的信道上使用较强的调制方式,则误码率会很高,影响系统的可用性。OFDM 系统可用导频信号或参考码字来测试信道的优劣,例如,发送一个已知数据的码字,测出每条信道的信噪比,根据该信噪比来确定最适合的调制方式。

5) 存在问题

OFDM 对频偏和相位噪声较敏感,易带来衰耗;峰值平均功率较大,会导致射频放大器的功率效率降低;自适应调制技术会相应增加发射机和接收机的复杂度,且不适于高速移动终端(移动速度每小时高于 30 km)。

4. 宽带无线中 OFDM 与 MIMO 的结合应用

"无线＋宽带"是无线通信的重要发展方向。宽带无线通信系统面临两个主要问题:

多径衰落信道和带宽效率。信号在复杂的无线信道中传播将产生多径衰落,且在不同空间位置上其衰落特性不同。若两个位置间距大于天线之间的相关距离(一般相隔 10 个信号波长以上),则认为两处的信号完全不相关,即可实现信号空间分集接收。

多输入多输出(MIMO)也是现代无线通信的关键技术之一。

MIMO 技术的空间复用是在基站发射机和终端接收端使用多个天线,充分利用空间传播中的多径分量,在同一频带上使用多个数据通道(MIMO 子信道)发射信号,使得容量随着天线数量而线性增加。该信道容量的增加不占用额外的带宽,也不消耗额外的发射功率,因此是增加信道和系统容量的一种有效手段。但是,对于频率选择性深衰落,MIMO 技术则无法解决。

OFDM 通过将频率选择性多径衰落信道在频域内转换为平坦信道的方法,来减小多径衰落的影响。对于提高频谱利用率,OFDM 的作用则有限。在 OFDM 的基础上合理开发空间资源(即 MIMO+OFDM),将能提供可靠的数据传输速率。

若将 OFDM 和 MIMO 两种技术相结合,通过在 OFDM 传输系统中采用阵列天线实现空间分集,利用时间、频率和空间 3 种分集技术,使无线系统对噪声、干扰及多径的容限大大增加,则可达到两种效果:一是实现很高的传输速率;二是通过分集实现很高的可靠性。

在 MIMO OFDM 中加入合适的数字信号处理的算法,能更好地增强系统的稳定性。MIMO OFDM 技术还可为系统提供空间复用增益,从而大大增加信道容量。

MIMO 和 OFDM 的结合在提高无线链路的传输速率和可靠性方面具有巨大潜力,并有可能成为未来 OFDM 系统的核心技术。

5.3　微波通信

微波是频率为 300 MHz～300 GHz 的电磁波。微波通信是在微波频段通过地面视距进行信息传播的一种无线通信手段。

5.3.1　微波通信概述

微波通信技术问世已半个多世纪。早期的微波通信系统都是模拟制式的,其与当时的同轴电缆载波传输系统同为通信网长途传输干线的重要传输手段,例如,我国城市间的电视节目传输主要依靠的就是微波传输。

20 世纪 70 年代起,我国研制出了中小容量(如 8 Mbit/s、34 Mbit/s)的数字微波通信系统;20 世纪 80 年代后期,随着同步数字系列(SDH)在传输系统中的推广应用,出现了 $N \times 155$ Mbit/s 的 SDH 大容量数字微波通信系统。数字微波通信和光纤、卫星一起被称为现代通信传输的三大支柱。

随着技术的不断发展,除了在传统的传输领域外,数字微波技术在固定宽带接入领域也越来越引起人们的重视。工作在 28 GHz 频段的 LMDS(本地多点分配业务)已开始大量应用,预示着数字微波技术仍将拥有良好的市场前景。

1. 微波频段的划分

微波是一种频率极高、波长极短的电磁波,一般指频率为 300 MHz~300 GHz 的电磁波,所对应的波长范围为 1 m~1 mm。

微波频段可细分为特高频(UHF)频段/分米波频段,超高频(SHF)频段/厘米波频段,极高频(EHF)频段/毫米波频段。此外,通常将 1~300 GHz 的频段称为微波频段,如表 5-2 所示。其中,Ka~G 频段为毫米波频段。

表 5-2　微波频段的划分

频率范围/GHz	代表字母	频率范围/GHz	代表字母
1.0~2.0	L	40.0~60.0	U
2.0~4.0	S	50.0~75.0	V
4.0~8.0	C	60.0~90.0	E
8.0~12.0	X	75.0~110.0	W
12.0~18.0	Ku	90.0~140.0	F
18.0~26.5	K	110.0~170.0	D
26.5~40.0	Ka	140.0~220.0	G
33.0~50.0	Q		

2. 微波的传播特性

微波的传播具有似光性和极化特性。

(1) 似光性。在电磁波谱中,微波以上的电磁波为光波,而光是直线传播的,因此微波也具有类似光波的直线传播特性。

(2) 极化特性。电磁波在传播过程中,电场和磁场在同一地点随时间 t 的变化存在着某种规律,该规律称为极化特性。

数字微波通信中常采用不同的极化方式,来解决同频信号间的干扰或扩充通信的容量。

5.3.2　微波中继通信

微波中继通信是指利用微波作为载波,通过无线电波进行中继通信的方式。数字微波中继通信是一种工作在微波频段的数字无线传输系统,是无线通信的一种重要的传输手段。

1. 微波中继通信的概念

微波中继通信主要作为有线通信线路的补充,如用以传输长途电话信号、电视信号、数据信号、移动通信基站与移动业务交换中心之间的信号等,还可用于通向特殊地形(如难以铺设有线电缆的海岛、高山)的通信线路、内河船舶电话系统等移动通信的入网线路,以及在一些临时性应用场合(如灾区)的紧急通信。

　　对于地面上的远距离微波通信,采用中继方式有两个直接原因:一是微波传播具有视距传播特性(即电磁波是沿直线传播的),而地球表面是个曲面,为了延长通信距离,需要在通信两地之间设立若干中继站,进行电磁波转接;二是微波在传播过程中有损耗,在远距离通信时需要采用中继方式对信号逐段接收、放大和发送。

　　由于卫星通信实际上也是在微波频段采用中继(接力)方式进行通信,只是其中继站设在卫星上,为了与卫星通信相区别,一般所说的微波中继通信限定于地面上。

　　微波中继通信目前已部分被光纤通信所替代,但仍是长途和专业通信的一种重要补充手段。图 5-12 示出了微波中继通信系统在通信网中的位置。

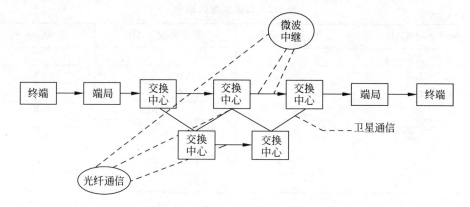

图 5-12　微波中继通信系统在通信网中的位置

2. 微波中继通信系统的基本组成

　　由于微波传输的特性和地球的曲面特性,数字微波线路通常是分段构成的,每一段均可以看成是一个点对点的无线通信系统。微波中继通信系统的微波站分为终端站、分路站和中继站。

　　微波终端站设置在线路末端,其任务是将复用设备送来的基带信号(或由电视台送来的视频及伴音信号)调制到微波频率上并发射出去,将所收到的微波信号解调出基带信号送往复用设备(或将解调出的视频信号及伴音信号送往电视台)。

　　当两条以上的微波中继通信线路在某一微波站交汇时,该微波站称为枢纽站(能上下话路),具有通信枢纽功能。微波中继站和分路站则统称微波中间站(不能上下话路)。

　　微波站由微波天线、射频收发模块、基带收发部分、传输接口等部分组成。其主要设备包括发信设备、收信设备、天线馈电系统、电源设备及监测控制设备(以保障通信线路正常运行和无人维护需求)。

　　与通信线路相对应,数字微波中继通信系统的设备连接示意图如图 5-13 所示。

3. 数字微波中的常用技术

　　为了在一条微波线路上同时传输多路信号,需采用合适的复用技术。数字微波通信系统常采用时分复用技术(TDM),早期系统中的复接按准同步数字系列(PDH)定义的等级进行逐级复分接;正交幅度调制技术(如 16QAM、64QAM、256QAM 等)的应用,使数字微波通信系统的传输效率大大提高。进入 20 世纪 90 年代后,出现了容量更大的数

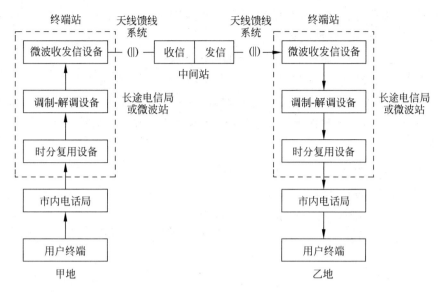

图 5-13　数字微波中继通信系统的设备连接示意图

字微波中断通信系统(采用 512QAM、1024QAM 等调制技术),并出现了基于同步数字系列(SDH)的数字微波中断通信系统。

5.3.3　微波通信技术的应用与发展

1. 微波通信的主要应用

在现代通信技术中,微波通信仍然具有其独特而重要的地位。

1) 干线光纤传输的备份及补充

如点对点的 SDH 微波、PDH 微波等。主要用于干线光纤传输系统在遇到自然灾害时的紧急修复,以及由于种种原因不适合使用光纤的地段和场合。

2) 边远地区和专用通信网中为用户提供基本业务

在农村、海岛等边远地区和专用通信网的场合,可以使用微波点对点、点对多点系统为用户提供基本业务,微波频段的无线用户环路也属于这一类。

3) 城市内的短距离支线连接

在移动通信基站之间、基站控制器与基站间的互联、局域网之间的无线联网等环境下,也广泛应用微波通信,既可使用中小容量点对点微波,也可使用无须申请频率的微波数字扩频系统。例如,基于 IEEE 802.11 系统标准的无线局域网工作在微波频段,其中 802.11b 工作于 2.4 GHz,802.11a/g 工作于 5.8 GHz。

4) 无线宽带业务接入

无线宽带业务接入以无线传播手段来替代接入网的局部甚至全部,从而达到降低成本、改善系统灵活性和扩展传输距离的目的。

多点分配业务(MDS)是一种固定无线接入技术,其包括运营商设置的主站和位于用户处的子站,可以提供数十 MHz 甚至数 GHz 的带宽,该带宽由所有用户共享。MDS 主要为个人用户、宽带小区和办公楼等设施提供无线宽带接入,其特点是建网迅速但资源分配不够灵活。MDS 包括两类业务。

(1) 多信道多点分配业务(MMDS)。覆盖范围较大。

(2) 本地多点分配业务(LMDS)。覆盖范围较小,但提供带宽更为充足。

MMDS 和 LDMS 的实现技术类似,都是通过无线调制与复用技术实现宽带业务的点对多点接入;两者的区别在于工作的频段不同,以及由此带来的可承载带宽和无线传输特性的不同。

2. 数字微波通信技术的主要发展

1) 提高 QAM 调制级数及严格限带

为提高频谱利用率,一般多采用多电平 QAM 调制技术,目前已达到 256/512QAM,并将实现 1024/2048QAM。与此同时,对信道滤波器的设计提出了极为严格的要求。

2) 网格编码调制及维特比检测技术

为降低系统误码率,需采用复杂的纠错编码技术,但会导致频带利用率的下降。为解决该问题,可采用网格编码调制(TCM)技术。

3) 自适应时域均衡技术

使用高性能、全数字化二维时域均衡技术可减少码间干扰、正交干扰及多径衰落的影响。

4) 多载波并联传输

多载波并联传输可显著降低发信码元的速率,减少传播色散的影响。

5) 其他技术

如多重空间分集接收、发信功放非线性预校正、自适应正交极化干扰消除电路等。

5.4　卫星通信

卫星通信是指利用人造地球卫星作为中继站转发无线电信号,在两个或多个地面站之间进行的通信过程或方式。卫星通信属于宇宙无线电通信的一种形式,工作在微波频段。卫星通信是现代通信技术、航天技术、计算机技术相结合的重要成果。近 30 年来,卫星通信在国际通信、国内通信、军事通信、移动通信,以及广播电视等领域,得到了广泛的应用。

5.4.1　卫星通信概述

卫星通信是宇宙通信(指以宇宙飞行体为对象的无线电通信)形式之一。

卫星通信具有频带宽、容量大、适于多种业务、覆盖能力强、性能稳定、不受地理条件限制、成本与通信距离无关等特点,是现代通信的主要手段之一。

现代通信中广泛应用的是有源静止卫星(即同步卫星)。静止卫星被发射到位于赤道上空 35 800 km 附近的圆形轨道上,其运动方向与地球自转方向一致,绕地球一周的时间恰好为 24 小时,与地球自转周期相同。以静止卫星作为中继站所组成的通信系统,称为静止卫星通信系统或同步卫星通信系统。

1. 卫星通信系统的分类

目前,全球建成了数以百计的卫星通信系统,可归结分类如下。

按卫星的制式分类:可分为静止卫星通信系统、随机轨道卫星通信系统和低轨道卫星(移动)通信系统。

按通信覆盖范围分类:可分为国际卫星通信系统、国内卫星通信系统和区域卫星通信系统。

按用户性质分类:可分为公用(商用)卫星通信系统、专用卫星通信系统和军用卫星通信系统。

按业务范围分类:可分为固定业务卫星通信系统、移动业务卫星通信系统、广播业务卫星通信系统和科学实验卫星通信系统。

按基带信号体制分类:可分为模拟制卫星通信系统和数字制卫星通信系统。

按多址方式分类:可分为频分多址(FDMA)卫星通信系统、时分多址(TDMA)卫星通信系统、空分多址(SDMA)卫星通信系统和码分多址(CDMA)卫星通信系统。

按运行方式分类:可分为同步卫星通信系统和非同步卫星通信系统。

2. 卫星通信的工作频率

卫星通信是电磁波穿越大气层的通信,大气中的水分子、氧分子、离子对电磁波的衰减(称大气损耗)随频率而变化。

在微波频段中,0.3~10 GHz 范围内的大气损耗最小,比较适合于电波穿出大气层的传播,电波可视为自由空间传播(只按直线传播),该频段称为"无线电窗口",在卫星通信中应用最多;在 30 GHz 附近的大气损耗也相对较小,常称此频段为"半透明无线电窗口"。

目前,大部分国际通信卫星(尤其是商业卫星)使用 4/6 GHz 频段,上行为 5.925~6.425 GHz,下行为 3.7~4.2 GHz,转发器带宽为 500 MHz,多数国内区域性通信卫星也应用此频段。

许多国家的政府和军事卫星采用 7/8 GHz 频段,上行为 7.9~8.4 GHz,下行为 7.25~7.75 GHz,与民用卫星通信系统在频率上分开,避免相互干扰。

由于 4/6 GHz 频段卫星通信的拥挤,以及与地面微波网的干扰问题,已开发使用 11/14 GHz 频段,其中上行采用 14.0~14.5 GHz,下行采用 11.7~12.2 GHz、10.95~11.2 GHz 及 11.45~11.7 GHz,并用于民用卫星和广播卫星业务。目前,20/30 GHz 频段也已经开始使用,上行为 27.5~31.0 GHz,下行为 17.7~21.2 GHz。

3. 卫星通信的特点

与其他通信方式相比,卫星通信具有其独特的特点。

(1) 覆盖区域大,通信距离远,通信成本与距离无关。

(2) 以广播方式工作,具有多址连接能力。

(3) 通信容量大,传送的业务种类多。

（4）需采用先进的空间电子技术，如地球站的高增益天线、大功率发射机、低噪声接收设备、高灵敏度调制解调器等。

（5）需解决信号传播时延较大（因信号传输距离长而致）所造成的影响。

（6）需解决卫星的姿态控制问题，以适应复杂多变的空间环境。

（7）通信卫星的一次投资费用较高，且在运行中难以维修，要求卫星具备高可靠性和长使用寿命。

（8）需解决地面微波系统与卫星通信系统之间的干扰问题。

5.4.2　卫星通信系统

卫星通信有两个基本技术问题：一是由于卫星通信具有多址通信特点而涉及的多址连接问题；二是卫星功率和频带的分配方式问题。

1. 同步卫星通信系统的组成

同步卫星通信系统是利用定位在地球同步轨道上的卫星进行通信的系统，原则上只需要3颗同步卫星即可基本覆盖地球。

同步卫星通信系统由地球站、通信卫星、控制与管理系统部分组成，如图5-14所示。

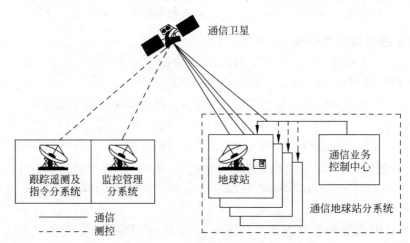

图 5-14　同步卫星通信系统的组成

1）地球站

地球站是卫星通信系统的地面部分，用户通过地球站接入卫星线路进行通信。地球站一般包括天线、馈线设备、发射设备、接收设备、信道终端设备、天线跟踪伺服设备、电源设备等。

2）通信卫星

通信卫星的基本作用是无线电中继。主体是通信装置（星上系统），其保障部分则有星体上的遥测指令、控制系统和能源装置等。通信卫星的星上通信装置主要包括转发器和天线。通信卫星可以包括一个或多个转发器，每个转发器能够同时接收和转发多个地球站的信号。

3）控制与管理系统

控制与管理系统包括跟踪遥测及指令系统和监控管理系统,其任务是对卫星进行跟踪测量,控制其准确进入轨道上的指定位置。正常运行后,需定期对卫星进行轨道修正和位置保持。在卫星业务开通前后需进行通信性能监测和控制,如对卫星转发器功率、卫星天线增益、地球站发射功率、射频频率和带宽等基本通信参数进行监控,以保证卫星通信系统的正常运行。

2. 卫星通信体制

通信体制是指通信系统中的信号形式、信号传输方式和信息交换方式。

卫星通信采用的基带信号形式、基带复用方式、调制方式、多址方式、信道分配及交换方式各不相同,因此产生了不同形式的卫星通信系统。

基带信号可以分为模拟信号和数字信号。在卫星通信中,模拟信号的调制方式通常为调频(FM),数字信号的调制方式通常为相移键控(PSK)调制。基带信号的复用方式也可相应分成频分复用(FDM)或时分复用(TDM)。

各地球站之间的多址连接可以是频分复用多址(FDMA)、时分复用多址(TDMA)、码分复用多址(CDMA)、空分复用多址(SDMA)等。信道的分配形式可以分成预定分配(PA)、按申请分配(DA)或随机占用等。

【例 5-3】　国际卫星通信中多路电话的传输体制。

TDM/PSK/FDMA/PA 体制:表示基带信号采用时分复用(TDM)方式、地球站采用相移键控(PSK)调制,地球站之间采用时分复用多址(TDMA)方式进行多址连接,其中每个地球站的发射和接收频率为预定分配(PA)。该通信体制示意图如图 5-15 所示。

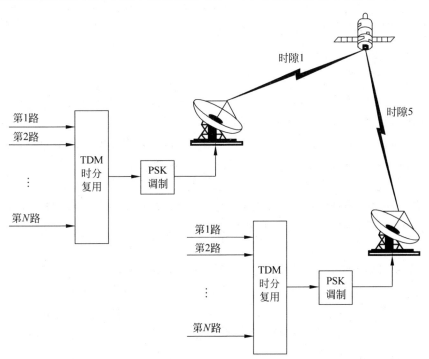

图 5-15　TDM/PSK/FDMA/PA 通信体制示意图

3. 卫星通信的多址技术

卫星通信系统内,多个地球站接入卫星与从卫星接收信号而各自占有信道的连接方式,称为多址技术。

1) 频分复用多址(FDMA)技术

多个地球站共用卫星转发器时,由配置载波频率不同来区分地球站的多址连接方式,称为频分复用多址技术。该技术主要包括单址载波(每个地球站在规定频带内可发多个载波,每个载波代表一个通信方向)、多址载波(每个地球站只发一个载波,利用基带的多路复用进行信道定向)、单路单载波(将卫星转发器带宽分成许多子载波,每个载波只传输一路语音或数据)。

2) 时分复用多址(TDMA)技术

TDMA 是用不同的时隙来区分地球站的地址。该系统中只允许各地球站在规定时隙内发射信号,这些射频信号通过卫星转发器时,在时间上严格依次排序、互不重叠。TDMA 方式需要一个时间基准站提供共同的标准时间,以保证各地球站所发射信号接入转发器时,在规定时隙互不干扰。

3) 码分复用多址(CDMA)技术

CDMA 技术的原理是采用一组正交(或准正交)的伪随机序列,通过相关处理实现多用户共享频率资源和时间资源。每个通信方向采用不同的伪随机序列作为识别。

4) 空分复用多址(SDMA)技术

SDMA 方式是指在卫星上安装多个窄波束天线,分别准确指向地球表面上的不同区域,即用天线窄波束的方向性来分割不同区域的地球站电波,使同一频率能够再用,从而容纳更多的用户,并提高了抗同波道干扰的能力。

4. 卫星通信应用实例

1) VSAT 卫星通信系统

VSAT(小天线地面站卫星通信系统)由一个主站和若干个 VSAT 终端组成,主要用于进行低速率数据(2 Mbit/s 以下)的双向通信。

VSAT 系统中的用户小站对环境条件要求不高,可以直接安装于用户屋顶而不必汇接中转,可以由用户直接控制电路,安装组网方便、灵活,其发展非常迅速。

VSAT 系统工作于 Ku 频段(14/11 GHz)以及 C 频段(6/4 GHz)。系统中综合了分组信息传输与交换、多址协议、频谱扩展等多种先进技术。该系统可以进行数据、语言、视频图像、传真、计算机信息等多种信息的传输。

2) 卫星电视广播

通信卫星可转发电视信号,信号再经接收站所在地的电视广播系统或用户卫星接收站收转,也可利用直播卫星直接向地面用户播送。通信卫星转发时由于发射功率较小,接收站往往需要高增益天线、高质量低噪声接收机才能正常接收;直播卫星则需要很高的发射功率,使用户能直接用小型天线接收电视节目。目前,卫星电视广播和直播所用的卫星都是基于地球同步轨道。

【例 5-4】 卫星电视广播系统。

电视节目源通过通信线路传送到卫星电视转播站,通过转播站发送到卫星;卫星将接收到的电视信号进行变频后转发到地面,各个地面接收站将接收到的卫星电视信号进行解调,并通过有线电视(CATV)网络分送至各个用户。

模拟电视信号的转发通常采用调频(FM)方式,电视信号中的图像信号带宽为 6.5 MHz(PAL 制),调频后整个图像信号带宽约为 27 MHz,一个 36 MHz 带宽的转发器只能传输一路模拟电视图像信号。电视伴音信号的传送方式有单路、副载波法、同步伴声法及副载波多路音频方式等。目前常用的伴音副载波法中,图像信号与已调伴音信号(即全电视信号)对中频载波进行调频,然后再变频发送。

【例 5-5】 卫星电视直播。

与卫星电视广播不同,卫星电视直播用户不需要当地的电视转发中心经过分路系统接收电视信号,而是通过安装在家的小型卫星天线(18~24 英寸)直接接收直播卫星(DBS)的电视节目。DBS 的使用频段为 Ku 波段(12~18 GHz),用户必须拥有 DBS 接收机、碟形天线。

直播卫星(DBS)采用实时数字视频压缩技术,其接收机不同于普通的电视接收机。经过压缩后,一个卫星转发器可以直播 10 套左右的电视节目。由于 DBS 信号是作为数字包发送的,因此 DBS 用户可以接收电视信号、图文电视、计算机数据等形式多样的信号。

由于 DBS 系统是单向系统,因此用户反馈的数据必须经过其他网络传输到 DBS 服务中心,目前常采用电话线传送。

5.4.3　卫星移动通信

卫星移动通信是在全球或区域范围内,以通信卫星为基础为移动体(车辆、船舶、飞机等)提供各种通信业务的通信方式,主要解决陆地、海上和空中各类目标相互之间,以及与地面公用网间的通信任务。

卫星移动通信始于 20 世纪 70 年代。国际海事卫星移动通信系统(INMARSAT)于 1982 年正式提供商业远洋船舶的海上通信业务,后来发展到提供海、陆、空全方位的全球卫星移动通信业务。个人通信概念的形成,进一步促进了卫星移动通信的发展。

1. 全球卫星移动通信系统的概念

在同步轨道上运行的同步卫星(静止卫星)和地球呈静止关系。在同步卫星上安装转发器以接收和放大来自地面站(固定或移动)的信号,经频率转换再转发出去,为各地面站提供无线通路,从而可实现移动用户之间或移动用户和固定用户之间的通信。

一颗同步卫星的有效覆盖区域约为地球表面的 1/3。3 颗相隔 120° 的同步卫星就能基本上覆盖全球(除两极地区外),若在其有效覆盖区的重叠部分内分别设置 3 个地面中继站,用来转发来自卫星的信号,就能在全球范围内实现任何两个用户之间的通信,该系统称为全球卫星移动通信系统。

同理,若在卫星上使用窄波束天线,使波束有效覆盖区减小,就能构成国内或地区性的卫星移动通信系统。

2. 卫星移动通信的分类

卫星移动通信系统有多种类型。若从卫星轨道划分,一般可分为静止轨道(HEO)、低地球轨道(LEO)及中地球轨道(MEO)3 类卫星移动通信系统。

1)静止轨道卫星移动通信系统

利用静止轨道卫星建立的卫星移动通信系统,是最早出现并投入商用的系统(海事卫星通信即为典型系统)。其静止轨道高,传输路径长,信号时延和衰减都非常大,所以多用于船舶、飞机、车辆等移动体。

2)低地球轨道卫星移动通信系统

低地球轨道卫星移动通信系统于 20 世纪 80 年代后期提出,也是目前卫星移动通信发展的一大热点。低地球轨道卫星移动通信系统的轨道很低,一般在 1500 km 以内,因而信号的路径衰耗小,信号传输时延短,并能获得更有效的频率复用。低地球轨道卫星研制周期短,费用低,能一箭多星发射,实现全球覆盖。

3)中地球轨道卫星移动通信系统

中地球轨道卫星移动通信系统是近年提出的,其兼有静止轨道和低轨道的优点,并能克服相应轨道的不足。

3. 卫星移动通信的特点

1)通信范围广

陆地移动通信基站台的天线高度有限,电波传播受地形地物影响大,使通信范围受到很大限制;而卫星移动通信的服务区域广,除仰角很低地区之外,受地形地物的影响很小。因此,卫星移动通信适用于构成国内、国际的航空、陆上、海上固定或移动通信网。尤其在地形复杂的情况下(如远洋船舶、远航飞机、人烟稀少地区、受灾待援地区等),利用卫星移动通信更显示出其优越性和灵活机动性。

2)通信容量大

卫星移动通信可使用比地面移动通信更高的频段,可用频段宽,通信容量大。

3)移动地面站小型化

对移动地面站的基本要求是小型、轻量、成本低、可靠性高、维护操作方便,便于携带;移动台定向天线应具有自动跟踪卫星能力。为此,星上设备应尽量提高能力,如采用大口径天线、高功率输出,并降低星上接收机噪声。

4. 卫星移动通信的应用

卫星移动通信系统的主要特点:不受地理环境、气候条件和时间的限制,在卫星覆盖区域内无通信盲区。卫星移动通信区可提供移动用户间、移动用户与陆地用户间的语音、数据、寻呼和定位等业务,适用于多种通信终端。

利用卫星移动通信业务可以建立范围宽广的服务区,成为覆盖地域、空域、海域的超越国境的全球系统。这是其他任何系统难以实现的。

卫星移动通信系统的应用领域广泛,目前已应用于大型远洋船舶的通信、导航和海难救助,还可广泛应用于陆地移动通信和航空移动通信,如军事通信、新闻报道、野外勘探、体育探险、科学考察、抢险救灾、商务旅行、新开发区的最初阶段期通信、重点旅游点通信和航空服务通信等。

　　卫星移动通信系统将成为未来全球个人通信系统的一个重要组成部分。

5.5　无线接入

　　无线接入是用无线传输代替接入网的全部或部分,向用户终端提供电话和数据服务。由无线接入系统所构成的用户接入网,称为无线接入网。

5.5.1　无线接入概述

1. 无线接入的基本概念

　　无线接入是从公用电信网的交换节点到用户终端之间的传输设备采用无线方式,为用户提供固定或移动的接入服务的技术。无线接入以无线传播手段来补充或替代有线接入网的局部甚至全部,从而达到降低成本、改善系统灵活性和扩展传输距离的目的。

　　无线接入的方式有很多,如微波传输技术(包括一点多址微波)、卫星通信技术、蜂窝移动通信技术、数字无绳通信(DECT)、无线市话(PHS)、集群通信、无线局域网(WLAN)、无线异步转移模式(WATM)等。

　　与有线宽带接入方式相比,虽然无线接入技术的应用还面临着开发新频段、完善调制和多址技术、防止信元丢失、时延等方面的问题,但其以自身的无须铺设线路、建设速度快、初期投资小、受环境制约不大、安装灵活、维护方便等特点在接入网领域备受关注。

　　无线接入网的覆盖范围取决于基站的发射功率,基站发射功率越大,其覆盖范围也就越大。根据基站覆盖半径,无线接入网通常可分为宏区(覆盖半径 5~50 km)、微区(覆盖半径 0.5~5 km)和微微区(覆盖半径 50~500 m)。

　　无线接入技术按终端的移动性,可分为固定无线接入技术和移动无线接入技术。

2. 固定无线接入技术

　　固定无线接入(FWA)主要是为固定位置的用户(或仅在小范围区域内移动的用户)提供通信服务,其用户终端包括电话机、传真机或计算机等。

　　目前,FWA 连接的骨干网络主要是公共电话交换网(PSTN)。FWA 作为 PSTN 的无线延伸,为用户提供透明的 PSTN 业务。

　　我国规定的固定无线接入系统工作频段:用于模拟系统的 450 MHz 频段,用于数字系统的 800/900 MHz、1.5 GHz、1.8/1.9 GHz 频段,用于中宽带无线接入的 3 GHz 频段。

　　固定无线接入(FWA)按其向用户提供的数据传输速率,一般可分为窄带($\leqslant$64 kbit/s)、中宽带(64 kbit/s~2 Mbit/s)和宽带系统($\geqslant$2 Mbit/s)。

　　1) 窄带固定无线接入技术

　　窄带固定无线接入以低速电路交换业务为特征,提供语音、低速率数据、调制解调器及 ISDN 等业务,其数据传输速率不大于 64 kbit/s,采用的技术主要有微波一点多址技术、固定蜂窝技术和固定无绳技术等。

微波一点多址系统由一个中心站和若干个不同方向的终端站组成。站与站之间的无中继距离为 5～50 km，工作频率为 1.5 GHz、1.9 GHz、2.4 GHz 或更高。

微波一点多址系统的用户多采用时分复用多址(TDMA)接入方式，分组连接到终端站上，适用于不宜进行有线建设的地区。

2) 中宽带固定无线接入技术

中宽带固定无线接入系统可提供 64 kbit/s～2 Mbit/s 的无线接入速率，开通 ISDN 等接入业务。其结构和窄带系统相类似，由基站控制器、基站和用户单元组成。基站控制器和交换机的接口一般为能同时支持多种接入业务的 V5 接口，控制器与基站间通常使用光纤或无线连接。该类系统的用户多采用 TDMA 接入方式，工作在 3.5 GHz 或 10 GHz 的频段上。

3) 宽带固定无线接入技术

窄带和中宽带固定无线接入都是基于电路交换，其系统结构类似。宽带固定无线接入系统基于分组交换，主要提供视频业务，并已从最初提供的单向广播式业务发展到提供双向视频业务，如视频点播(VOD)等。

宽带固定无线接入的主要应用如数字直播卫星(DBS)接入、多路多点分配业务(MMDS)、本地多点分配业务(LMDS)等。

3. 移动无线接入技术

移动无线接入的用户终端具有在较大范围的移动性。移动无线接入主要是提供移动用户和固定用户之间，以及移动用户之间的通信服务，其移动用户终端主要包括手持式、便携式和车载式电话等，具体实现的典型技术方式有蜂窝移动通信系统、无绳通信系统(如无线市话)和卫星移动通信系统等。

4. 常用无线接入技术

1) 无线本地环路(WLL)

无线本地环路是通过无线信号取代电缆线，连接用户和公共交换电话网(PSTN)的一种技术。WLL 系统包括无线接入系统、专用固定无线接入及固定蜂窝系统。在某些情况下，WLL 又称为环内无线(RITL)接入或固定无线接入(FWA)。WLL 的带宽使用率高于电缆环路。对于不具备线路架构条件的地方，WLL 提供了一种既实用又经济的最后一公里的解决方案。WLL 利用无线方式把固定用户接入固定电话网，即利用无线方式代替传统的有线用户接入，为用户提供终端业务服务。

无线本地环路包括数字无绳电话(DECT)、无线市话(PHS)、码分复用多址(CDMA)、频分复用多址(FDMA)等系统应用，其具有部署灵活、建网速度快、适应环境能力强、网络配置简单等优点。

WLL 系统基于全双工无线网络，为用户组提供一种类似电话的本地业务。WLL 单元由无线电收发器和 WLL 接口组成，其统一安装在一个金属盒中。出口处提供两根电缆和一个电话连接器，其中一根电缆连接定向天线和电话插座，另一根连接通用电话装置。若为传真或计算机通信业务，就连接传真机或调制解调器。

WLL 系统中集中了多种无线技术。

（1）时分复用/时分复用多址（TDM/TDMA）技术和点对多点（P-MP）系统。WLL 系统中使用的通信设备基于 TDM/TDMA 与 P-MP,支持包含基站、中继站和用户站以内的各类业务。

（2）固定蜂窝系统。采用蜂窝电话系统中的无线设备,缩减了对移动功能的使用。用户终端采用蜂窝电话,可以降低系统成本。

（3）PHS-WLL 系统。WLL 系统采用的是 PHS（无线市话,即个人手持电话系统）终端技术和无线设备。由于语音加密系统采用 32 kbit/s 自适应差分脉冲编码调制（ADPCM）方式,电话的语音质量可以达到标准要求。

2）多路多点分配业务（MMDS）接入

MMDS 接入是一种单向传送技术,需要通过另一条分离通道（如电话线路）实现与前端的通信。MMDS 可分配在多个地点,每个小区的半径随地域而变化（约 40～60 km）,采用 2.150～2.682 GHz 频段,可提供 33 路模拟电视信号。

3）本地多点分配业务（LMDS）接入

LMDS 接入是一种近年来发展较快的、可实现双向传送的宽带无线接入技术,可支持广播电视、视频、数据和话音等业务。LDMS 使用 ATM 传送协议,具有标准化的网络侧接口和网管协议,能够在本地环路中向用户提供宽带的双向互动传输服务,并能满足不同用户对不同业务种类和业务带宽的要求。

4）数字直播卫星（DBS）接入

DBS 接入技术利用位于地球同步轨道的通信卫星,将高速广播数据送到用户的接收天线,一般也称为高轨卫星通信技术。其特点是通信距离远,费用与距离无关,适用于多业务传输,可为全球用户提供大跨度、大范围、远距离的漫游和机动灵活的移动通信服务。

在 DBS 系统中,大量的数据通过频分或时分等调制后,利用卫星主站的高速上行通道和卫星转发器进行广播,用户通过卫星天线和卫星接收器来接收数据,接收天线的直径一般为 18 英寸（0.45 m）或 21 英寸（0.53 m）。DBS 主要是广播系统,用户的回传数据则要通过电话 Modem 送到主站的服务器。由于数字卫星系统具有高可靠性,不需要较多的信号纠错,因此可使下载速率达到 400 kbit/s,而实际 DBS 广播速率最高为 12 Mbit/s。

在已开展的 DBS 服务中,主要用于互联网接入,其用户通过小口径卫星终端（VSAT）天线、卫星接收器及相应的软件来接收从通信卫星传来的信号。典型的 DBS 的数据传输也是不对称的,在接入互联网时,下载速率为 400 kbit/s,上行速率为 33.6 kbit/s。该速率虽然比普通电话调制解调器提高不少,但远低于数字用户线 DSL 及 Cable Modem 技术。

5）微波无线接入

微波无线接入是目前军事通信上常用的一种接入技术。微波指频率高于 1 GHz 的电波。若应用较小的发射功率（约 1 W）配合定向高增益微波天线,每隔 16～80 km 距离设置一个中继站,即可架构起微波通信系统。数字微波设备所接收与传送的是数字信号,数字微波采用正交调幅(QAM)或移相键控(PSK)等调幅方式,传送语音、数据或图像等数字信号。与模拟微波相比,数字微波具有较佳的通信质量,且在长距离的传送过程中不会有噪声积累。数字微波作为一种无线传输方式,在灵活性、抗灾性和移动性方面具有光纤传输所无法比拟的优势。

5.5.2 Wi-Fi

Wi-Fi(wireless fidelity)在无线局域网的范畴是指"无线相容性认证",实质上是一种商业认证,同时也是一种无线联网技术;以前通过网线连接计算机,现在则通过无线电波联网。Wi-Fi 是允许电子设备连接到无线局域网(WLAN)的一种技术,通常使用 2.4G UHF 或 5G SHF ISM 射频频段。连接到无线局域网通常有密码保护,也可是开放的,这就允许在 WLAN 范围内的设备都可连接上,其目的是改善基于 IEEE 802.11 标准的无线网络产品之间的互通性。

1. 主要功能

无线网络上网可以简单地理解为无线上网,几乎所有的智能手机、平板电脑和笔记本电脑都支持 Wi-Fi 上网。Wi-Fi 是当今使用最广的一种无线网络传输技术,其将有线网络信号转换成无线网络信号,使用无线路由器供支持其技术的相关计算机、手机、平板设备等接收。手机若有 Wi-Fi 功能,则可在 Wi-Fi 环境下不通过运营商的网络上网,省去了流量费。

无线上网在城市较为常用,由 Wi-Fi 技术传输的无线通信质量尽管还不够理想,数据安全性能尚不如蓝牙,传输质量也有待改进,但其传输速度非常快,能满足一般需求。Wi-Fi 的主要优势是不需要布线,可以不受布线条件的限制,因而适合移动办公用户的需要,且因其发射信号功率低于 100 MW,低于手机发射功率,所以 Wi-Fi 上网的辐射强度也相对安全。Wi-Fi 信号由有线网络提供(如 ADSL、小区宽带等),只需接一无线路由器,即可将有线信号转换成 Wi-Fi 信号。

2. 组成结构

架设无线网络的基本配备一般为无线网卡及一台 AP(Access Point,无线访问接入点,又称为"桥接器"),即可以无线模式配合已有的有线架构来分享网络资源,其架设费用和复杂程度远低于传统的有线网络。若是仅为几台计算机的对等网,则可不需要 AP,而只需在每台计算机上配备无线网卡。AP 主要在媒体存取控制层 MAC 中扮演无线工作站及有线局域网络的桥梁。有了 AP,如同有线网络的 Hub 一样,无线工作站可以快速且轻易地与网络相连。对于宽带的使用,Wi-Fi 则更显优势,有线宽带网络(ADSL、小区 LAN 等)到户后,连接到一个 AP,然后在计算机中安装一块无线网卡即可。典型无线接入网络组成结构如图 5-16 所示。

3. 拓扑结构

Wi-Fi 模块包括两种类型的无线网络的拓扑形式:基础网(Infra)和自组网(Adhoc)。无线网络的拓扑形式需了解以下两个基本概念。

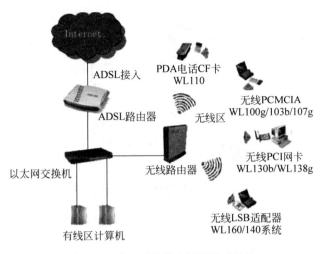

图 5-16　典型无线接入网络组成结构

（1）AP：无线接入点是无线网络的创建者，是网络的中心节点。一般家庭或办公室使用的无线路由器就是一个 AP（热点）。

（2）STA 站点：每一个连接到无线网络中的终端（如笔记本电脑及其他可联网的用户设备）都可称为一个站点。

两种无线网络的拓扑形式如下。

（1）基于 AP 组建的基础无线网络（Infra）：又称为基础网，是由 AP 创建及众多STA 加入所组成的无线网络。AP 是整个网络的中心，网络中所有通信都通过 AP 来转发完成，如图 5-17 所示。

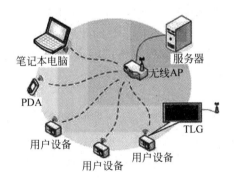

图 5-17　基础网拓扑结构

（2）基于自组网的无线网络（Adhoc）：又称为自组网，是仅由两个及以上 STA 自己组成，网络中不存在 AP。该网络是一种松散的结构，网络中所有的 STA 都可以直接通信，如图 5-18 所示。

5.5.3　蓝牙技术

蓝牙（Bluetooth）是一种短距离无线通信技术，是实现语音和数据无线传输的全球开

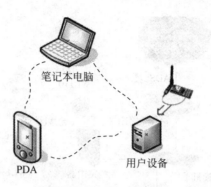

笔记本电脑

PDA

用户设备

图 5-18　自组网拓扑结构

放性标准。其使用跳频(FH/SS)、时分复用多址(TDMA)和码分复用多址(CDMA)等先进技术,在小范围内建立多种通信与信息系统之间的信息传输。

1. 蓝牙技术概述

蓝牙技术是涉及现代通信网络终端的一种无线互联技术,其研究开发的目标是使移动电话、笔记本电脑、掌上电脑等信息设备都能用一种低功率、低成本的无线通信技术连接起来,而不再用电缆连接。

各种移动便携式信息设备在无线网络覆盖范围之内,都能无缝地实现资源共享。嵌入了蓝牙技术的设备相互之间都能自动进行联络与确认,利用相应的控制软件,不需要用户干预就可自动建立连接并传输数据。

蓝牙技术的主要特点如下。

1) 工作频段与信道

蓝牙技术使用全球通行(无须申请许可证即可使用)的 2.4 GHz ISM 频段(ISM 频段指对工业、科学、医疗范围内所有无线电系统的开放频段)。其收发信机采用跳频技术,可有效避免各种干扰。在发射带宽(载频间隔)为 1 MHz 时,其数据传输速率为 1 Mbit/s,并采用低功率时分复用(TDD)双工方式发射。

2) 抗干扰技术

跳频技术是蓝牙使用的关键技术之一。对应于单时隙分组,蓝牙的跳频速率为1600 跳/s;在建立链路时,提高为 3200 跳/s 的高跳频速率,具有足够高的抗干扰能力。蓝牙技术通过快跳频和短分组来减少同频干扰,以保证传输的可靠性。

3) 低功耗无线传输

蓝牙是一种低功耗的无线技术。采用低功率时分复用方式发射时,其有效传输距离约为 10 m,加上功率放大器后,传输距离可扩大为 100 m。当检测到距离小于 10 m 时,接收设备可动态调节功率。当业务量减小或停止时,蓝牙设备可进入低功率工作模式。

4) 连接方式

蓝牙技术支持点到点以及点到多点的连接,可以采用无线方式将若干个蓝牙设备连成一个微微网;若干相互独立的微微网以特定的链接方式又可互联成分布式网络,从而实现各类设备间的快速通信。

蓝牙能在一个微微网内寻址 8 个设备(其中只有 1 个为主设备,7 个为从设备)。不同的主从设备可以采用不同的链接方式,在一次通信中,链接方式也可以任意改变。在蓝牙中没有基站的概念,所有的蓝牙设备都是对等的。

5) 业务支持

蓝牙支持电路交换和分组交换业务。其支持实时的同步定向连接(SCO 链路)和非实时的异步不定向连接(ACL 链路),前者主要传送语音等实时性强的信息,后者以数据包为主。语音和数据可以单独或同时传输。

蓝牙支持一个异步数据通道,或 3 个并发的同步语音通道,或同时传送异步数据和同步语音的通道。

6) 基本组成

蓝牙系统一般由天线单元、链路控制(固件)单元、链路管理(软件)单元和蓝牙软件(协议栈)单元 4 个功能单元组成。蓝牙协议可以固化为一个芯片,安置于各种各样的智能终端中。

7) 技术标准

蓝牙技术具有全球统一开放的技术标准。

在蓝牙技术标准 1.0 A 的版本中,蓝牙的工作频段为 2.4 GHz ISM 频段,其采用每秒 1600 跳的快速跳频技术,传输速率为 1 Mbit/s,标准的有效传输距离为 10 m,添加放大器后可以将传输距离增加到 100 m。蓝牙未来的工作频段可以在 5.8 GHz 的 ISM 频段,传输速率将更高。

蓝牙协议有多层结构,分别负责实现数据比特流的过滤和传输、跳频和数据帧传输、连接的建立和拆除、链路控制、数据包的拆装、服务质量和复用等功能。协议采用前向纠错编码及自动重传等机制,以保证链路的可靠性。蓝牙技术可以同时支持语音、多媒体和一般的分组数据的传输。

IEEE 对蓝牙技术标准成立了 802.15 WPAN 工作组,其中 IEEE 802.15.1 讨论建立与蓝牙技术 1.0 版本相一致的标准;IEEE 802.15.2 主要探讨蓝牙如何与 IEEE 802.11b 无线局域网技术共存的问题;IEEE 802.15.3(高速率 WPAN 任务组)专门研究蓝牙技术向更高速率(如 10~20 Mbit/s)发展的问题,其针对消费类图像和多媒体应用,为低功率、低成本的短距离无线通信制定标准,并形成 IEEE 802.15.3 高速率 WPAN 标准的最终版本。

2. 蓝牙通信网络

蓝牙通信网络的基本单元是微微网,由 1 个主设备(主动发起链接的设备)和至多 7 个从设备(被动链接的设备)组成。当两个蓝牙设备成功建立链路后,便形成了一个微微网,两者之间的通信通过无线电波在 79 个信道中随机跳转而完成。

蓝牙通信网络以 2.45 GHz 为中心频率,工作频段为 2400~2483.5 MHz,其使用了 79 个 1 MHz 带宽的频点(信道),射频信道为 $(2402+k)$ MHz$(k=0,1,\cdots,78)$。

1) 微微网中的信道特性

微微网中的信道特性完全取决于主设备。主设备的主机标识(蓝牙地址)提供了跳频序列和信道接入码,主设备的系统时钟决定了跳频序列的相位和时间。

每个蓝牙无线系统有一个内部系统时钟,用以决定传送的时间以及跳频频率。在微微网建立后,为了与主设备同步,从设备需进行时钟补偿(本地时钟上加偏移),微微网释放后,补偿即取消,也可存储起来以便再用。

在每个微微网中,一组伪随机跳频系列用以确定 79 个跳频信道,该跳频序列对于每个微微网是唯一的,其由主设备地址和时钟决定。信道分成时隙,每个时隙相应有一个跳频频率(通常跳频速率为 1600 跳/s)。

每个信道的设备数量最多为 8 个,可保证设备间有效寻址和大容量通信。实际上,在一个微微网中互联设备的数量并没有限制,但在同一时刻只能激活 8 个(1 主 7 从)设备。

蓝牙系统建立在对等通信的基础上,主从任务仅在微微网生存期内有效;当微微网取消后,主从任务便取消。每一设备都可作为主设备或从设备,可定义建立微微网的设备为主地址。主设备定义了微微网,还控制微微网的信息流量并管理接入。

2) 不同微微网的互联

蓝牙给每个微微网提供了特定的跳转模式,其允许同时存在大量的微微网,同一区域内多个微微网的互联形成了分布式网络。

不同的微微网信道有不同的主地址,因而存在不同的跳转模式。在同一区域中,可有数十个微微网运行。蓝牙的时隙连接采用基于包的通信,使不同微微网可互联。欲进行连接的设备可加入不同的微微网中,但因无线信号只能调制到单一跳频载波上,任一时刻设备将只能在一个微微网中通信。

通过调整微微网的信道参数(即主设备地址和主设备时钟),设备可从一个微微网中跳到另一个微微网中,并可改变任务。例如,某一时刻在微微网中的主设备,其他时刻则在另一个微微网中为从设备。

由于主设备参数标示了微微网信道的跳转模式,因而一个设备不可能在不同的微微网中都为主设备。跳频选择机制应设计成允许微微网间可相互通信,通过改变地址和时钟输入选择机制,新微微网可立即选择新的跳频。为了使不同微微网间的跳频可行,数据流体系中没有保护时间,以防止不同的微微网产生时隙差异。

在蓝牙系统的工作模式中,除了上述的激活(或活动)模式外,还有节能模式等。

3. 蓝牙技术的应用

作为短距离无线连接的一种低成本解决方案,蓝牙技术在对讲机、无绳电话、耳机、拨号网络、传真、局域网接入、文件传输、目标上传、数据同步等方面已获得成功应用。

应用蓝牙技术的设备类型包括无线设备(如 PDA、手机、智能电话、无绳电话)、安全产品(智能卡、身份识别、票据管理、安全检查)、图像处理设备、消费娱乐产品、汽车产品、家用电器、楼宇无线局域网、医疗健身设备及玩具等。

5.5.4　超宽带无线电技术

随着科学技术的发展,各种个人终端诸如便携式电脑、移动电话、手机等已日益普及,人们迫切需要一种低功耗、短距离、能进行双向无线通信的全球规范,以实现个人设备之间的无缝操作。超宽带(ultra wideband,UWB)作为新一代无线通信技术,是实现高速无线个域网(wireless personal area network,WPAN)多媒体传输的关键技术。UWB可为消费类电子设备提供无线连接解决方案,使多种应用能在通用射频平台上运行,例如,数字家庭多媒体的视频连接(数码摄像、音频流、机顶盒到电视的高清晰度视频流)和桌面应用(手机、个人数字助理 PDA、数码相机与 PC 的同步以及在 PC 上实现视频编辑等),实现高速、互操作性的无线多媒体通信。

1. UWB 的主要技术特点

UWB 系统被定义为相对带宽(信号带宽与中心频率的比)大于 25% 或者带宽大于 500 MHz 的信号系统。

UWB 的数据传输速率很高,在 10 m 范围内可达 100~500 Mbit/s。同时,UWB 还具有频谱利用率高、抗多径衰落能力强、发送功率极小、系统安全性好、结构简单、成本低等特点;其低功耗也利于开发低成本的 CMOS 集成电路。

自 20 世纪 60 年代起,UWB 技术已经应用于军用雷达以及定位系统,其通过发射 10 ns 的脉冲信号,超宽带无线电接收并分析反射脉冲的位置,以得到检测对象的信息。作为室内民用通信用途,3.1~10.6 GHz 频段(非许可证频段)已于 2002 年向 UWB 正式开放,UWB 发射功率不得高于放射噪声的规定值(功率谱密度级可达 -41.3 dBm/MHz,相当于 1 mW/MHz),该频段可用于地质勘探及可穿透障碍物的传感器、汽车防冲撞传感器、家电设备及便携终端之间的无线数据通信等用途。

作为一种时域通信技术,UWB 以超短周期脉冲进行调制并使用超宽的 RF 频谱带宽传递数据,可通过重叠的原则共享已占用的频谱资源。与其他窄带射频和频谱扩展技术(如 802.11a/b/g、蓝牙等)不同,UWB 在特定时段能传递更多的数据,且射频链接上潜在的数据传输速率与通道带宽和信噪比的函数(香农定律)成正比。

UWB 的主流技术方案目前集中于多频带正交频分复用(multi-band orthogonal frequency division multiplexing,MB-OFDM)和直接序列码分多址(direct-sequence code division multiple access,DS-CDMA),两种方案均处于 UWB 完整架构的最底层(相当于物理层),但各有其特点。

UWB 的主要技术特点如下。

1) 冲激脉冲技术

一般的无线通信技术是把信号从基带调制到载波上,而 UWB 则是通过对具有很陡的上升和下降时间的冲激脉冲进行直接调制,从而具有 GHz 数量级的带宽,该带宽使其能量被分散,平均功率只有毫瓦级甚至几微瓦。

2) 跳时码调制

跳时技术是扩频技术的一个重要组成部分,在超宽带无线电通信系统中起着重要的作用。跳时技术可视为一种时分系统,是由跳频序列控制的按一定规律跳变位置的时片,而不是在一帧中固定分配一定位置的时片。

3) UWB 信道模型

UWB 信道不同于一般的无线衰落信道。传统无线衰落信道常用瑞利分布来描述单个多径分量幅度的统计特性,前提是每个分量可视为多个同时到达的路径合成。在典型的室内环境下,每个多径分量包含的路径数目是有限的,不符合瑞利分布的假定条件。UWB 可分离的不同多径到达时间之差可短至纳秒级,且频率选择性衰落要比一般窄带信号严重得多,接收波形会产生严重失真,且时延扩展极大。

4) UWB 的信号检测技术

UWB 中信号检测技术的目的是提高信号的接收质量。实现 UWB 接收的主要方法如下。

(1) 相关分集接收机法(PAKE 接收机法)。由一组相关器或匹配滤波器组成,根据接收端所获信道信息对信号的多径成分做分集接收,从而提高接收端的信噪比。接收端的信道估计和相关器(或匹配滤波器)的个数会影响 PAKE 接收机的性能。相关器个数越多,PAKE 接收机的效果越好,但设备的复杂度也越高。

(2) 自相关接收机法。自相关接收机将接收信号和前一时刻的信号进行相关运算,在慢衰落信道中,不用进行信道估计就能捕获到全部的信号能量。但该接收机以带噪信号作为参考信号,接收机的性能会随着信号质量的恶化而恶化。

(3) 多用户检测接收机法。采用自适应最小均方误差算法。

2. UWB 的应用特点

与其他无线通信技术相比,UWB 具有许多优点。

(1) 频谱利用率高。不需要产生正弦载波信号,可直接发射冲激脉冲序列,因而具有很宽的频谱和很低的平均功率,有利于与其他系统共存,从而提高频谱利用率。

(2) 系统结构简单。不需要正弦波调制和上、下变频,也不需要本地振荡器、功放和混频器等,体积小且简化系统结构;对信号的处理只需要使用很少的射频或微波器件;射频设计简单;系统的频率自适应能力强。

(3) 成本低。将脉冲发射机和接收机前端集成到一块芯片上,再加上时间基和控制器,即可构成一部通信设备,故成本低。

(4) 系统安全性能好。由于信号采用了跳时扩频,其射频带宽可以达到 1 GHz 以上,其发射功率谱密度很低,信号隐蔽在环境噪声和其他信号之中,用传统的接收机将无法接收和识别,而必须采用与发端一致的扩频码脉冲序列才能进行解调,因此增强了系统的安全性。

(5) 抗多径衰落能力强。信号的衰落较低,具有很强的抗多径衰落的能力。

(6) 系统容量大。信号的高带宽带来了极大的系统容量,由于信号发射的冲激脉冲占空比极低,系统有很高的增益和很强的多径分辨力,所以系统容量比其他无线技术都高。

3. UWB 在 WPAN 中的应用

UWB 技术与现有的其他无线通信技术相比,数据传输速率高、功耗低、安全性好。UWB 技术可以实现的速率将超过 1 Gbit/s,近期可以达到的速率约为 480 Mbit/s,与有线的 USB 2.0 接口相当,远高于无线局域网 802.11b 的 11 Mbit/s,也比下一代无线局域网 802.11a/g 的 54 Mbit/s 高出近一个数量级。

UWB 通信的功耗较低,能更好地满足使用电池的移动设备的要求;信号的功率谱密度非常低,信号难以被检测到。此外,UWB 所采用的跳频技术、直接序列扩频等技术,使非授权者很难截获传输的信息,因而安全性非常好。

在目前的无线通信技术中,UWB 技术可较好地满足构建无线多媒体家庭域网的要求。

4. UWB 与蓝牙技术的比较

1）传输方式

蓝牙技术:采用基于传统正弦载波的高速跳频传输方式。高速跳频的主要目的是为了以很短的频率驻留时间避开时延多径信号。

UWB:发射的是由信息和用户地址码共同控制脉冲起点的冲激脉冲串,与传统正弦载波通信有本质的不同。每秒可达数百万个脉冲,其波形的特殊性、低占空比和超短脉冲宽度使得多径信号的影响大大降低,比蓝牙技术更加适合多径环境复杂的城区和室内无线通信。

2）传输距离

蓝牙技术:标准传输距离为 10 m 和 100 m。

UWB:通信距离根据不同用途而定,目前开发出的产品的通信距离有 10 m、1 km 和 10 km 以上等,可用于室内通信、组成大范围蜂窝网和无线自组织式网络。

3）传输速率

蓝牙技术:传输速率较低。

UWB:能提供更高的传输速率,更适应未来的无线多媒体业务的需要。

4）抗干扰能力

蓝牙技术:抗干扰能力较弱。

UWB:在相同的平均发射功率的情况下,其抗干扰能力极强。

本 章 小 结

无线通信通常指利用无线电波进行通信。无线电波一旦被发射出去,就能够在自由空间中以及其他物质材料中进行传播。所谓自由空间,是指理想的电磁波传播环境。电波的地球表面传播具有视距传播、多径传播、移动环境等特点。无线电波在传播中,可能受到长期慢衰落(阴影衰落)和短期快衰落(多径衰落)的影响。

在无线通信中,许多同时通话的用户可以共享无线媒体;用某种方式可区分不同的用户,建立起无线信道的连接,即为多址方式。

常用的多址方式有频分复用多址(FDMA)、时分复用多址(TDMA)、码分复用多址(CDMA)、空分复用多址(SDMA)方式及其混合应用方式等。

扩频技术利用伪随机编码对将要传送的信息数据进行调制,实现频谱扩展后再传输;在接收端,则采用相同的伪随机码进行解调及相关处理,恢复成原始信息数据。

正交频分复用(OFDM)技术是一种无线环境下的高速传输技术,属多载波调制。其主要思想是在频域内将给定信道分成许多正交子信道,在每个子信道上使用一个子载波进行调制,并且各子载波并行传输。

微波中继通信是指利用微波作为载波,通过无线电波(空间)进行中继(接力)通信的方式。

卫星通信是指利用人造地球卫星作为中继站转发无线电信号,在两个或多个地面站之间进行的通信过程或方式。以静止卫星作为中继站所组成的通信系统,称为静止卫星通信系统或同步卫星通信系统。卫星移动通信是在全球或区域范围内,以通信卫星为基础为移动体提供各种通信业务的通信方式。

无线接入是从公用电信网的交换节点到用户驻地网(或用户终端)之间的传输设备采用无线手段的接入技术。无线接入按终端的移动性,可分为固定无线接入和移动无线接入。无线本地环路(WLL)是通过无线信号取代电缆线,连接用户和公共交换电话网(PSTN)的一种技术。

Wi-Fi 无线连接是一个高频无线电信号,是一种可以将计算机、手持设备(如 PDA、手机)等终端以无线方式互联的技术。

蓝牙是一种短距离宽带无线通信技术,是实现语音和数据无线传输的全球开放性标准;蓝牙通信网络的基本单元是微微网。

习　题

5.1　简述无线信道的基本特征。

5.2　简述电波的地面传播特征和多径传播特征。

5.3　简述天线增益和极化的概念。

5.4　什么是多址接入? 简述常用的多址技术及其各自的工作原理。

5.5　什么是扩频通信? 扩频通信系统有何特点?

5.6　试述扩频通信系统各工作方式的基本原理。

5.7　什么是 OFDM 技术? 简述其工作原理。

5.8　简述微波通信的基本概念。

5.9　简述数字微波中继通信系统的组成及微波中继方式的分类。

5.10　卫星通信中有几类多址方式? 试加以分析。

5.11　简述同步卫星通信系统的组成及其各自的作用。

5.12　简述卫星移动通信系统的概念及其分类。

5.13　试述无线接入的基本概念。

5.14　简述固定无线接入的分类及其应用特点。

5.15　简述蓝牙技术的概念和特点。

5.16　试对 UWB 技术与蓝牙技术进行比较。

5.17　试归纳日常生活实际应用的各种无线通信手段,并对各自技术进行分析比较。

5.18　微波是频率在＿＿＿＿＿＿范围内的电磁波。

A. 3 MHz～3 GHz
B. 30 MHz～30 GHz
C. 300 MHz～300 GHz
D. 3～3000 GHz

5.19 目前,远距离越洋通信和电视转播大都采用_____通信系统。

A. 异步卫星   B. 准同步卫星   C. 静止卫星

5.20 卫星通信的多址方式是在_____信道上复用的。

A. 基带   B. 频带   C. 群带   D. 射频

5.21 下列选项中,不属于无线固定接入的是_____。

A. 多路多点分配业务   B. 本地多点分配业务

C. 直播卫星系统   D. 无线寻呼系统

5.22 在无线通信系统中,接收点的信号一般是直射波、_____、_____、散射波和地表面波的合成波。

5.23 视线传播的极限距离取决于_____。

5.24 在工程上,通常以大地作为参考标准平面,把磁场方向与大地平面相平行的电磁波称为_____极化波。

5.25 卫星通信多址方式中包括 FDMA、TDMA、_____和_____ 4 种方式。

5.26 试列举现代调制技术在无线通信中的实际应用。

第6章

移动通信

移动通信作为公用通信和专业通信的主要手段,是近年来发展最快的通信领域之一。我国的移动语音业务已超过固定电话业务;而移动通信所能交换的信息已不限于语音,各种非语音服务(如数据、图像等)也纳入移动通信的服务范围。移动通信具有快捷、方便、可靠进行信息交换的特点,已成为一种理想的个人通信形式。第三代移动通信(3G)引入了宽带化,移动通信将向更高速率和支持宽带多媒体业务方向发展。第四代移动通信(4G)集 3G 与 WLAN 于一体,并能够快速传输数据、高质量音频、视频和图像等。第五代移动通信(5G)是 4G 的真正升级版,将在第 8 章介绍。

本章学习目标

- 了解移动通信的分类与特点。
- 理解蜂窝通信的概念及移动通信管理的基本内容。
- 理解移动通信中的无线传输技术和码分复用多址(CDMA)技术。
- 了解第二代移动通信(2G)系统的技术特点、系统组成及通信过程。
- 了解第三代移动通信(3G)系统的技术特点、系统组成及通信过程。
- 了解第四代移动通信(4G)系统技术发展。

6.1 移动通信概述

移动通信是指通信双方或至少有一方是在运动中通过通信网络进行信息交换的。例如,固定点与移动体之间、移动体与移动体之间、人与人之间或人与移动体之间的通信,都属于移动通信。移动通信主要包括陆地移动通信和卫星移动通信,若无特别说明一般泛指前者。

移动通信经历了第一代(1G)和第二代(2G)的发展过程,特别是在第二代移动通信的 GSM 和窄带 CDMA 时期,实现了全世界漫游,用户数量飞速增长。第三代移动通信(3G)系统的主要目标是进一步扩大系统容量和提高频谱利用率,同时满足多速率、多环境和多业务的要求,逐步将现有通信系统集成为统一的、可替代的系统。

6.1.1 移动通信系统的分类

移动通信系统的基本业务是语音业务。基于移动通信网络的移动数据业务也得到了迅速发展,主要有消息型业务(如短信息业务和多媒体信息业务)和无线 IP 业务(如通过移动终端上网)等;基于移动数据业务的各种增值业务可实现多种数据通信应用。移动智能网可在移动通信网上快速有效地生成和实现智能业务。

1. 蜂窝公用移动通信系统

蜂窝式移动通信系统由移动业务交换中心(MSC)、基站(BS)、移动台(MS)及与市话网相连接的中继线等组成,在基于"蜂窝"概念建立的蜂窝式移动通信系统中,一个大区域划分为若干个小区域(往往用六边形,结构类似蜂窝),多个小区域彼此相连,覆盖整个服务区。每个小区半径为几公里,小区基站发射功率一般为 5~10 W。蜂窝公用移动通信系统可以覆盖无限大的范围,为公众用户提供通信服务,如 GSM 系统和 CDMA 系统等。

2. 集群移动通信系统

集群移动通信系统是一种多用途、高效能的无线调度通信系统。集群移动通信系统可实现将几个部门所需的基地台和控制中心统一规划和集中管理,每个部门只需建设自己的分调度台并配置必要的移动台,即可共用频率、共用覆盖区,使资源共享、费用分担,公用性与独立性兼顾,从而获得最大效益。

集群移动通信系统的可用信道为系统的全体用户共用,并有自动选择信道功能。系统具有单呼、组呼、全呼、紧急告警/呼叫、多级优先及私密电话等适合调度业务专用的功能。除了完成调度通信外,该系统也可通过控制中心的电话互联终端与本部门的小交换机相连接,提供无线用户与有线用户之间的电话接续。该系统是专为调度通信而设计的,系统将优先保证调度业务,电话通信只是其辅助业务并受到限制。

3. 无线市话

无线市话(PHS)又称个人接入电话或个人手持电话系统,是电信运营部门利用现有网络和设备潜力,以与固定网相近的低资费,提供有限范围的漫游,开拓新的业务增长点。

无线市话是现有市内电话网的延伸和补充。PHS 把现有的电话传输、交换资源和无线接入技术进行结合,将用户终端以无线方式接入市话网,使传统意义的有线市话能在无线网络覆盖范围内随身携带使用,该业务在我国称为"小灵通"业务。由于 PHS 所存在基站覆盖范围有限、信号穿透能力不强(室内使用效果较差)、越区切换导致通话断续,以及无升级能力等缺陷,加上移动通信业务的竞争,也制约了 PHS 的通话质量和业务发展。

4. 无线寻呼系统

专用寻呼系统由用户交换机、寻呼控制中心、发射台及寻呼接收机组成。公用寻呼系统由与公用电话网相连接的无线寻呼控制中心、寻呼发射台及寻呼接收机组成。寻呼系统是一种单向通信系统,公用和专用系统的区别仅在于规模大小。其有人工和自动两种接续方式。由于蜂窝移动通信系统的发展,无线寻呼业务正逐渐退出市场。

典型的移动通信系统如图 6-1 所示。

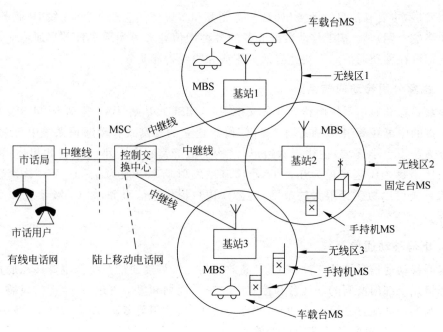

图 6-1　典型的移动通信系统

6.1.2　移动通信的特点

1. 移动通信与其他通信方式的比较

1）无线电波传播模式的复杂性

移动通信系统的移动台和基站所发射的无线电波,在传播中不仅存在大气(自由空间)传播损耗,还有经多条不同路径来反射波合成的多径信号所产生的多径衰落。

例如,由于移动台在不断运动,且安装的天线很低,所以电波传播受地形轮廓的影响很大。地形构造及粗糙程度、各种建筑物的阻碍作用,以及散射和多径反射的影响等,都将使信号发生衰落,其中包括瑞利衰落(快衰落)和阴影衰落(慢衰落)。

多径衰落将使接收信号电平起伏不平,严重时将影响通信质量。移动用户具有移动随机性,尤其是当移动通信传输速率越来越高,且实际移动速度也越来越快时,移动通信系统需要采取必要的(且较复杂的)抗衰落技术。

2）多普勒频移产生调制噪声

移动台(如超高速列车、超音速飞机等)的运动达到一定速度时,固定点接收到的载波频率将随运动速度的不同而产生不同的频移,即产生多普勒效应,使接收点的信号场强、振幅、相位随时间、地点而不断地变化。当工作频率越高,则频移越大;移动速度越快,对信号传播的影响也越大。

在高速移动电话系统中,多普勒频移可能会影响语音而产生附加调频噪声,从而引起失真。若在地面设备接收机中采用锁相技术,则可防止多普勒效应。

3）干扰比较严重

在运动状态中进行通话时,信号场强将随移动台与基站间的距离而变化,即存在着

"远近效应"。

移动通信系统还存在着互调、邻道和其他系统的干扰。其中,互调干扰是由于有新的频率成分(由非线性部件的输出信号所产生)落入其他信道的频率范围内,而对该信道造成干扰;邻道干扰是由于信道隔离度不够,而在相邻或相近信道之间造成的干扰;同频干扰是指使用相同频率的小区之间无用信号造成的干扰;CDMA 系统中还有多址干扰。这些干扰都严重影响移动台的接收效果。此外,还存在人为噪声干扰(尤其是汽车发动机点火噪声等)及工业干扰的影响。

4) 信道传输条件恶劣

移动台使用无线信道,在电波传播的过程中,由于多径衰落、建筑物阻挡造成的阴影效应、移动台运动引起的多普勒频移等,使接收信号极不稳定。

5) 可供使用的频率资源有限

陆地移动通信的用户数迅猛增加,而可用频率范围有限,故有效利用频率资源的技术实现是一个重要研究课题。

6) 需采用跟踪交换技术

由于移动台处于运动状态,为了与移动台保持通信,移动通信系统必须具有位置登记、越区切换及漫游通信等跟踪交换功能。

7) 信令、入网方式和计费方式较复杂

为此,移动通信网络必须具备很强的管理和控制功能。

2. 数字移动通信与模拟通信方式的比较

(1) 容量大。

(2) 可提供多种业务,可与 ISDN 以及局域网互联。

(3) 可有多种加密措施,容易确保通信的安全。

(4) 利用窄带调制和低比特率的语音编码技术,可得到较高的频谱利用率。

(5) 利用高效的差错控制技术,可恢复质量较高的信号。

(6) 信道利用率高,小区制缩短了频率重复使用距离,信道分配等技术可提高频率资源的有效利用。

(7) 便于与固定网及 ISDN 的兼容,较易于实现非话业务传输。

(8) 便于网络智能化、设备集成化与降低系统成本。

数字移动通信采用小区制、微小区制后,增加了位置登记和越区切换的次数,若再考虑不同体制、系统、网间的漫游、切换(多模式、多频),会更增加技术上实现的难度。

6.1.3 蜂窝通信的概念

1. 蜂窝通信的特征

移动通信系统按照服务区电磁波的覆盖方式,可以划分为两类:小容量的大区制与大容量的蜂窝式。

传统的大区制在服务区的最高点建一个大功率的发射机,覆盖一个区域。大区内只有一个基站负责通信的联络与控制。基站的发射功率较大,通常为 50～200 W,天线架设高度一般在 30 m 以上,服务区半径达 30～50 km。在大区制中,移动电话需与基站进行视距传输,在水平距离上受到限制,且能支持的用户数量有限。

蜂窝概念在覆盖区的处理上与大区制不同,其不用广播的方法,而是使用低功率的发射机服务于小的区域。一个城市被划分为若干个小的区域,称为小区。每个小区有一个发射机(而不是整个城市用一个发射机)。通过把覆盖区划分为小区,使得在不同的小区内可以再使用相同的频率。小区的大小可根据容量和应用环境确定。在实际中,小区的覆盖不是规则形状的,为了获得全覆盖、无死角,小区面积多为正多边形,如正六角形(即蜂窝式)。

蜂窝通信的主要特征如下。

1) 低功率的发射机和小的覆盖范围

根据小区覆盖的大小,蜂窝大体可分成巨区、宏区、微区及微微区,其参数包括蜂窝小区半径、终端速度、安装地点、运行环境、业务量密度和适应系统。

小区半径决定了无线电可靠的通信范围,其范围与输出功率、业务类型、接收灵敏度、编码及调制等有关。

终端速度为基站与移动台的相对速度,与移动特性有关,其大小决定了区间切换的次数。

基站的安装高度与蜂窝半径有关,半径越大安装高度也越高。

2) 频率再用

为了降低小区间的干扰,相邻小区使用不同的频率。而为了提高频谱效率,用空间划分的方法,可在不同的空间进行频率再用。即若干个小区组成一个区群,区群内的每个小区占用不同的频率,占用给定的频带;另一区群可重复使用相同的频带。

在一个给定的覆盖区域内,存在着许多使用同一频率的小区,这些小区称为同频小区,其间的信号干扰称为同频干扰。为了减小同频干扰,同频小区必须在物理上隔开一个最小的距离,为传播提供充分的隔离。

3) 小区分裂以增加容量

随着无线服务要求的提高,分配给每个小区的信道数量最终将不足以支持所要求的用户数。一般采用无线小区分裂的办法来增加信道数,以满足系统增加容量的要求。

小区分裂是一种将拥塞的小区分成更小的小区的方法,分裂后的每个小区都有自己的基站,并相应地降低天线高度和减小发射机功率。通过设定比原小区半径更小的新小区和在原有小区间安置这些小区,使得单位面积内的信道数目增加,从而增加系统容量。

4) 切换

移动用户处于通话状态时,若出现从一个小区移动到另一个小区的情况,为保证通话的连续,系统需要将对该移动用户的连接控制也作相应转移。这种将正在处于通信状态的移动用户转移到新的业务信道上(新的小区)的过程称为"切换"。

切换的目的是实现蜂窝移动通信的"无缝隙"覆盖,即当移动台从一个小区进入另一个小区时,保证通信的连续性。

切换的操作不仅包括识别新的小区,而且需要分配给移动台在新小区的业务信道和控制信道。切换处理必须顺利完成且尽可能少地出现,并使用户不易觉察。因此,必须指定启动切换的一个特定信号强度(最小可用信号)。基站在准备切换之前要先对信号

监视一段时间,以保证所测得的信号电平下降原因是移动台正在离开当前服务的基站,
而不是因为瞬间的衰减。

呼叫在一个小区内没有经过切换的通话时间,称为驻留时间。

切换分为硬切换和软切换,如图 6-2 所示。

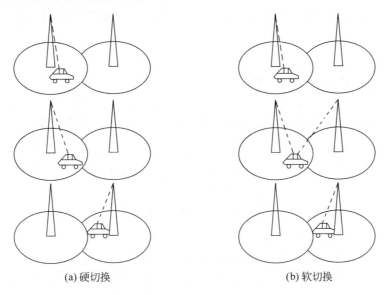

(a) 硬切换   (b) 软切换

图 6-2 硬切换和软切换

硬切换是指移动终端被连接到不同的移动通信系统、不同的频率分配或不同的空中
接口特性时,必须断掉原来小区的无线信道,才能使用新小区的无线信道进行通信。硬
切换在空中接口是先断后通的过程。

软切换是当移动终端的通信被连到另一个小区的业务信道时,不需要中断当前服务
小区的业务信道。如在 CDMA 系统中,当某一基站的信号强于当前基站信号且稳定后,
移动台才切换到该基站的控制上去。

2. 蜂窝式移动通信系统的组成

蜂窝式移动通信系统由移动业务交换中心(MSC)、基站(BS)、移动台(MS)及与市话
网相连接的中继线等组成,如图 6-3 所示。

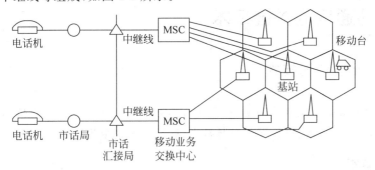

图 6-3 蜂窝式移动通信系统的组成

移动业务交换中心完成移动台和移动台之间、移动台和固定用户之间的信息交换转接和系统的管理。基站和移动台均由收发信机及天线、馈线组成。

每个基站都有移动的服务范围,称为无线小区。

无线小区的大小由基站发射功率和天线高度决定。通过基站和移动业务交换中心即可实现任意两个移动用户之间的通信;通过中继线与市话局的接续,可以实现移动用户和市话用户之间的通信。

6.1.4　移动通信的管理

移动通信的管理主要包括无线资源管理、移动性管理和安全性管理等。

1. 无线资源管理

不同的移动通信系统具有不同的无线资源组合,包括基站、扇区、频率、时间、码道和功率等。

无线资源管理的目标是在有限无线资源的条件下,进行资源调整,为网络内无线用户终端提供业务质量保证和提高系统容量。

无线资源管理的基本出发点是在网络话务量分布不均匀、信道特性因衰落和干扰而变化起伏等情况下,灵活分配和动态调制无线产生部分和网络的可用资源,最大限度地提高无线频谱利用率。

2. 移动性管理

移动性管理用于移动台的位置区发生改变时,网络为保证通信正常而进行的操作,包括移动台的注册和漫游。

3. 安全性管理

保证移动通信系统安全的技术措施包括鉴权和加密。鉴权技术是确保接入网络的终端或用户是合法的,加密技术则确保用户的信息不被第三方窃取。

安全性管理的目的是防止入侵者读取或修改通信过程所产生或存储的数据,并防止入侵者获取对系统资源或服务的访问权。

6.2　移动通信的关键技术

6.2.1　无线传输技术

移动通信中采用了无线传输中的多类先进技术,如分集技术、调制技术、均衡技术、信道编码技术、跳频技术、直接序列扩频技术、智能天线技术等。

1. 分集技术

分集技术的作用是通过两个或更多的接收支路(基站和移动台的接收机)来补偿信

道损耗,其作用一是分散传输,使接收端能获得多个统计独立的携带统一信息的衰落信号;另一作用是集中处理,接收机把收到的多个统计独立的衰落信号进行合并,以降低衰落影响,此时合并方式有 3 种,即选择性合并、最大比合并和等增益合并。

1)显分集和隐分集

根据信号传输方式,分集技术可分为显分集和隐分集。

显分集也称为空间分集,其工作原理是将若干个天线分隔开来,然后连接到一个公共的接收系统,当任一天线监测到信号峰值,接收机即可选择接收到的最佳信号作为输入。

隐分集是在接收端利用信号处理技术实现分集,其分集作用隐蔽于传输的信号中(如交织编码、直接序列扩频技术等),隐分集技术只需单一天线来接收信号,因而广泛应用于数字移动通信系统中。

2)宏分集和微分集

根据分集的目的,分集技术还可分为宏分集和微分集。

宏分集是把多个基站设备安放在不同的地理位置和不同的方向上,同时和小区内的一个移动台进行通信,接收机选择信号最好的基站接收,这种方式可减少慢衰落。

微分集是一种减少快衰落的技术,常用的实现方法有多种,如天线分集技术、时间分集技术、频率隐分集技术、多径分集技术等。

在无线通信系统中,多采用两个接收天线以达到空间分集的效果,而采用编码加交织方式来实现时间隐分集的作用。在无线数据传输中,采用多种自动重传技术实现时间分集,采用跳频、扩频或直接序列扩频技术来实现频率隐分集作用。

2. 调制技术

调制是对信号源的编码信息进行处理,使其变为适合于信道传输形式的过程。调制是通过改变高频载波的幅度、相位或者频率,使其随着基带信号幅度的变化而变化来实现的。而解调则是将基带信号从载波中提取出来以便预定的接收者处理和理解的过程。

移动通信信道具有带宽有限、干扰和噪声影响大、存在多径衰落和多普勒效应等特征,所以在选择调制方式时,必须考虑采取抗干扰能力强的调制方式,能适用于快慢衰落信道,占用较小的带宽以提高频谱利用率,并且带外辐射要小,以减小对临近波道干扰。

应用于移动通信的数字调制技术,按信号相位是否连续可分为相位连续的调制和相位不连续的调制;按信号包络是否恒定可分为恒定包络调制和非恒定包络调制。

移动通信电波环境造成的数字移动信道的时变色散特性和频率资源的限制,对其数字调制技术提出了高带宽效率、高功率效率、低带外辐射、对多径衰落不敏感、恒定包络、低成本、易实现等要求。

GSM 数字蜂窝式移动通信系统目前选用高斯滤波最小移频键控(GMSK)调制。

3. 均衡技术

若在信号调制时,调制带宽超过了无线信道的相干带宽,将会产生码间干扰,并且调制信号会展宽,此时可在接收机内放置均衡器,对信道中幅度和延迟进行补偿。该均衡器在不增加传输功率和带宽的情况下可减少码间干扰,改善通信链路的传输质量。

均衡技术是指对信道的均衡,即接收端的均衡器产生与信道相反的特性,用来抵消信道的时变多径传播引起的码间干扰。均衡适合于信号不可分离多径的情况下,一般分为频域均衡和时域均衡。频域均衡是使总的传输满足无失真传输条件;时域均衡则使总的冲激响应满足无码间干扰的条件。数字通信常采用时域均衡。

4. 信道编码技术

信道编码是通过在发送信息时加入冗余的数据位来改善通信链路的性能。在发射机的基带部分,信道编码器把一段数字序列映射成另一段包含更多数字比特的码序列,然后把已被编码的码序列进行调制,以便在无线信道中传送。

接收机可用信道编码来监测或纠正。在无线信道传输中,由于引入了部分(或全部)的误码,且解码在接收机进行解调之后执行,故编码被视为一种后检测技术。同时,因编码而附加的数据比特会降低在信道中传输的原始数据速率(即会扩展信道的带宽)。在无线和移动通信中的常用信道编码为分组编码和卷积码。

5. 跳频技术

数字调制系统的频率合成器一般被设定在某一频率上,其射频是一个窄带频谱。而跳频系统是使用伪码随机地设定频率合成器,发射机的输出频率在很宽的频率范围内不断地改变,从而使射频在一个很宽的范围内变化,形成了一个宽带离散频谱。这时,接收端需采用同样的伪码设定本地频率合成器,使其与发射端的频谱作相同的改变,即收发跳频必须同步才能保证通信的建立。

移动通信系统采用跳频技术可对以下性能进行改进。

(1) 抗多径。在多径传播环境下,因多径延迟不同信号到达接收端的时间也不同,若接收机可在收到最先到达的信号之后立即将载频跳到另一个频率上,即可避免多径延迟引起的信号干扰。

(2) 抗同频干扰。蜂窝式移动通信中的小区频率复用将引起同频干扰,若使用具有正交性的跳频码,即可避免该频率复用引起的同频干扰。

(3) 抗衰落。当跳频的频率间隔大于信道相关带宽时,各个跳频驻留时间内的信号是相互独立的,因此跳频可以抵抗频率选择性的衰落。

6. 直接序列扩频技术

扩展频谱调制的关键技术包括扩频和解扩两部分,其作用于普通的数字调制系统上。

在扩频过程中,基带信号的信码是预传输的信号,通过速率很高的编码序列进行调制将其频谱展宽,频谱展宽后的序列被进行射频调制,其输出则为扩展频谱的射频信号,再经天线辐射出去。在接收端为解扩过程,射频信号经混频后变为中频信号,与本地发端的相同编码序列进行反扩展,将宽带信号恢复成窄带信号,解扩后的中频窄带信号经普通解调器进行解调,恢复成原始的信码。

扩展频谱的特性取决于所采用的编码序列的码型和速率。为了获得具有近似噪声的频谱,均采用伪噪声序列作为扩频的编码序列。为了获得高的扩频增益,通常以增加射频带宽来提高伪码的速率。

当发送的直接序列扩频信号的码元宽度等于或小于最小多径时延差时,接收端利用直扩信号的子相关特性进行相关解扩后,将有用信号检测出来,从而具有抗多径的能力。

同样,利用直接扩频的自相关特性,将窄带干扰和多址干扰都处理为背景噪声,能够在增益中体现出其抗干扰的能力。当直扩信号的频谱扩展宽度远大于信道相关带宽时,其频谱成分同时发生衰落的可能性很小,通过相关处理可起到频率分集的作用,即直接扩频可以抗频率选择性衰落。

7. 智能天线技术

智能天线是利用数字信号处理技术,产生空间定向波束,使天线主波束对准用户信号到达的方向,副波束对准干扰信号到达方向,以充分利用移动用户信号并抑制干扰信号。

智能天线的有效实现是利用数字方法形成数字波束,通过软件进行自适应处理,增加系统的灵活性和高效性。智能天线可分为开关多波束智能天线和自适应阵天线两类。

(1) 开关多波束智能天线。结构较简单,整个区域由数目确定的多个并行波束覆盖,每个波束的指向和宽度是固定的,用户在小区内移动,基站选择某个波束使接收信号最强。

(2) 自适应阵天线。采用多天线阵元结构形成全向天线,系统采用数字信号处理技术识别用户信号的到达方向,并在此方向形成天线主波束。

智能天线所具有的如扩大系统覆盖区域、提高系统容量、降低基站发射功率和提高频谱利用率的能力,使其成为未来移动通信发展的方向之一。

6.2.2　码分复用多址

码分复用多址(CDMA)是第三代移动通信(3G)的主要体制。窄带 CDMA 能满足语音和一般数据传输的要求,而宽带 CDMA 可满足多媒体通信的要求。CDMA 还将是未来全球个人通信的一种主要多址方式。

1. CDMA 基本原理

CDMA 扩频通信系统原理图如图 6-4 所示。

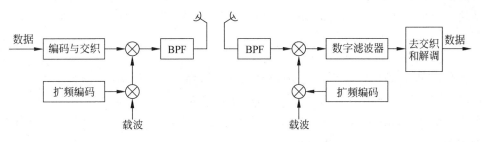

图 6-4　CDMA 扩频通信系统原理图

CDMA 是一种以扩频通信为基础的调制和多址连接技术。

扩频通信技术在信号发端用一高速伪随机序列与数字信号相乘,由于伪随机码的速率比数字信号的速率大得多,因此扩展了信息传输带宽。在收信端,则用相同的伪随机序列与接收信号相乘,进行相关运算,将扩频信号进行解扩。扩频通信具有隐蔽性、保密性、抗干扰等优点。

1) m 序列

扩频通信中用的伪随机码常采用 m 序列,其自相关特性优良,且易于产生。在扩频通信中,只有当收端和发端的伪随机码 m 序列相位相同时,才能恢复发送信号。CDMA技术就是利用了这一特点,采用不同相位的相同 m 序列作为多址通信的地址码。

m 序列的自相关特性与序列长度有关,而作为地址码,其长度应尽可能长,以供更多用户使用,并可获得更高的处理增益和保密性。

同时,在一个服务区内、一个载波上通信的用户数取决于互为正交的码序列的数量,而相互正交的码序列数则取决于码的位数和扩频码的类型。地址码的位数越多,正交码的序列数越多,带宽也展得越宽;但是,若地址码的长度过长,将使电路复杂,且不利于快速捕获与跟踪。

2) 交织编码

交织编码是在发送数据前改变数字信息的时间顺序,以减少信道中的突发差错的影响。其编码方式是把待发送数据序列按行排成一个 $m \times n$ 的矩阵,然后按列顺序传送,收端则按接收的列顺序重新恢复出原来矩阵,再按行顺序进行译码。

CDMA采用交织编码方式的目的,是把一个由衰落造成的较长的突发差错离散成随机差错,再用纠正随机差错的编码(FEC)技术消除随机差错。

3) 多址方式

在CDMA中,所有用户使用相同的频率和相同的时间在同一地区通信,不同用户依靠不同的地址码区分。因此,与其他几种多址方式比较,CDMA多址方式线路分配灵活,往返呼叫占时不会太长。

CDMA的基本原理为扩频调制与解调过程,其区分不同地址信号的方法如下。

在发送端,利用自相关性非常强而互相关性较低的周期性码序列作为地址信息(称为地址码),对被用户信息调制过的已调波进行再次调制,使得频谱更为展宽,即扩频调制。

在接收端,以本地产生的已知地址码为参考,根据相关性的差异对收到的所有信号进行鉴别,从中将地址码与本地地址码完全一致的宽带信号还原为窄带而选出,其他与本地地址码无关的信号则仍保持或扩展为宽带信号而被滤除,称为相关检测或扩频解调。

4) 频带资源

扩频CDMA数字蜂窝系统是频带资源共享的,在一个CDMA蜂窝系统中各个小区都共享一个频带。从频率重用角度来说,蜂窝区群结构的关系大为减弱了。在CDMA蜂窝系统中,蜂窝结构(包括扇区结构)的主要考虑因素在于频带资源共享后的多用户干扰的影响。

使用CDMA技术,用户可以获得整个系统带宽,系统的带宽将远宽于欲传送信息的带宽。窄带CDMA蜂窝系统信号带宽的确定,主要考虑如下因素:频谱资源的限制、系统容量、多径分离、扩频处理增益。

2. CDMA 的主要特点

（1）抗干扰能力强。CDMA 是以抗干扰能力非常突出的扩频技术为基础。

（2）抗多径衰落能力强，信息传输可靠性高。在 CDMA 技术中，频带宽使得抗频率选择性衰落能力强；利用伪码序列尖锐的自相关特性，可以消除多径影响；能够采用路径分集（即分散传输集中处理）措施。

（3）抗多普勒效应好。多普勒效应产生的频移对宽带系统影响甚微。

（4）抗阴影效应强。由于宽带信号与宽带噪声及干扰同时下降，影响较小。

（5）信号功率密度低，相关特性好。扩频系统信号功率密度低，以及伪随机序列码良好的相关特性带来如下特性：信号隐蔽性强；防截获能力强；保密性好；电磁辐射低；所需发射功率小，可使移动台（手机）耗电少而成本低。

（6）系统容量大。CDMA 用户地址的区分在码域中进行，时域和频域共用，不受时隙和频隙划分的制约，系统容量仅受系统运行时总平均干扰（信道噪声加上多用户干扰）的影响。因此，任何使干扰降低的措施，都有助于系统容量的提高。

（7）系统容量具有软特性。CDMA 系统的容量仅与系统运行时的内外干扰因素有关，且与服务质量之间存在着互换的关系。当采取降低信噪比（相当于降低服务质量）、压低邻区干扰、抑制多址干扰或降低数据速率等措施时，均可使系统容量有所增加。

（8）具有软切换的功能。移动台在小区间漫游时，只需改变相应码序而不必进行频率和时隙的硬切换。特别是在越区切换时，先与新的基站连通再与原基站切断，其切换影响甚微。

此外，CDMA 还具有频率复用率高、语音和数据传输质量好、多址能力强、能与传统窄带系统共用频段、组网灵活、频带易于监控和扩展、支持多媒体业务等优点。

3. CDMA 的主要问题与关键技术

1）远近效应与自动功率控制

CDMA/DS（码分多址/直接序列扩频）的主要问题之一是远近效应特性不好。

直接序列扩频的 CDMA 是在码域实现多址，并依靠功率来区分信号的。若网中所有用户都以相同的功率发射信号，则靠近基站的移动台信号就强，而距基站远的移动台信号则较弱，强信号将会掩盖弱信号，因而形成移动通信中远近效应问题。

在采用 DS 扩频方式的通信环境下，必须通过自动功率控制克服远近效应。即系统应根据传输环境和移动台的位置，自适应地调整发射功率，以保证每个用户在收发信息时能保持所需的最小功率，且对其他用户不造成超值干扰。

因此，自动功率控制是 CDMA/DS 系统的关键技术之一。

2）多径衰落与分集接收技术

在移动通信中，多径传播引起的衰落会严重影响通信质量，而克服多径效应的有效措施是采用分集接收技术。

分集接收技术是指接收机能够同时接收到多个输入信号，这些输入信号载荷相同的信息而且所受到的衰落互不相关。接收机分别解调这些信号，并按一定的规则进行合并，从而大大减小了对信道衰落的影响。

经过分集合成,将两个或多个互不相关的信号在接收机中合在一起,每一时刻都选择衰落最小的信号,这样在提取信息之前就已减弱了衰落。若要接收从不同传输路径来的信号,只要接收信号的码元解调信号频带远宽于传输信道的相关带宽,即传送码元解调输出的脉冲宽度比不同路径的相对传播时延差小,则在接收端就可能分出不同路径的码元解调成分。对这些分开的信号进行处理即可达到分集的目的。

在 CDMA 系统中,对不同路径来的多径信号分别进行延迟、加权、相关、合并等处理,使之在时间和相位上校准后相加,把这些携带同一信息的各个路径信号的能量收集起来,即可获得较高的信噪比。

3) 地址码的选择

CDMA 系统所选的地址码应具有良好的相关特性和随机性,其选择直接影响到系统的容量、抗干扰能力、接入和切换速度等性能。

常用的地址码有伪随机码的 m 序列(自相关特性佳,但互相关特性差、序列个数有限)和 Gold 码(其基于 m 序列,序列数更多),以及作为正交码的沃尔什码(自相关特性与互相关特性良好)。

4) 相关接收技术

CDMA 利用地址码的相关特性进行解扩,从噪声中提取信息,此过程为相关接收。相关器可由各种网络实现,常采用匹配滤波器使有用信号匹配输出,而使干扰和噪声不匹配受到抑制,因而得到最大信噪比。

5) 同步技术

在 CDMA 系统中,为了使接收机能正确恢复原始信号码,收发两端伪随机码(PN码)的同步是关键。PN 码的同步一般分为捕获(初始同步)和跟踪两个步骤。

4. OFDM 与 CDMA 技术比较

无线接入设备选择 CDMA 或 OFDM 作为点到多点的关键技术时考虑的主要因素为频谱利用率、支持高速率多媒体服务、系统容量、抗多径信道干扰等。两种技术各有所长。

码分复用多址(CDMA)技术作为第三代移动通信(3G)的核心技术,是基于扩频通信理论的调制和多址连接技术。CDMA 系统具有抗多径衰落能力、抗阴影效应能力和抗多普勒效应能力强,以及系统容量大等诸多优点。

正交频分复用(OFDM)技术作为下一代移动通信(4G)的核心技术,其基本思想是将信道分成许多正交子信道,在每个子信道上使用一个子载波进行调制,并且各个子载波并行传输。采用多种新技术的 OFDM 表现出了良好的网络结构可扩展性、更高的频谱利用率、更灵活的调制方式和抗多径干扰能力。

以下从调制技术、峰均功率比、抗窄带干扰能力等角度,分析 CDMA 和 OFDM 这两种技术在性能上的具体差异。

1) 调制技术

无线通信系统中,频谱效率一般可通过采用 16QAM、64QAM 乃至更高阶的调制方式得到提高。一个好的通信系统应在频谱效率和误码率之间获得最佳平衡。

在 CDMA 系统中,下行链路可支持多种调制,但每条链路的符号调制方式必须相同,而上行链路却不支持多种调制,系统丧失了一定的灵活性。在这种非正交的链路中,采用高阶调制方式的用户还将会对采用低阶调制方式的用户产生很大的噪声干扰。

在 OFDM 系统中,每条链路都可独立调制。系统在上行或下行链路上引入了自适应调制的概念,可同时容纳多种混合调制方式,增加了系统的灵活性。例如,在信道好的条件下,终端可采用较高阶的调制(如 64QAM),以获得最大频谱效率;在信道条件变差时,可选择 QPSK(四相移相键控)调制等低阶调制来确保信噪比,系统即可在频谱利用率和误码率之间取得最佳平衡。

2)峰均功率比

峰均功率比过高会使得发送端对功率放大器的线性要求很高,这就意味着要提供额外功率、电池备份和扩大设备的尺寸,进而增加基站和用户设备的成本。

CDMA 系统的峰均功率比为 $5\sim11$ dB,并随数据速率和使用码数的提高而增加。

在 OFDM 系统中,由于信号包络的不恒定性,使得该系统对非线性很敏感。若无改善非线性敏感性的措施,OFDM 技术将不能用于使用电池的传输系统和手机等。

目前,已有很多技术可以降低 CDMA 系统和 OFDM 系统的峰均功率比。

3)抗窄带干扰能力

CDMA 的最大优势体现于其抗窄带干扰能力方面。

OFDM 中,窄带干扰也仅影响其频段的一小部分,且系统可不使用受到干扰的部分频段,或采用前向纠错及使用较低阶调制等手段来解决。

4)抗多径干扰能力

在无线信道中,多径传播效应会造成接收信号相互重叠,产生信号波形间的相互干扰,使接收端判断错误。从而严重影响信号传输的质量。

CDMA 接收机为了抵消这种信号自干扰,采用延时接收的多径分集(RAKE)接收技术来区分和绑定多路信号能量,通过时间分集来改善链路性能。为了减少干扰源,RAKE 接收机提供一些分集增益。由于多路信号能量不相等,若路径超过一定数量,该信号能量的分散将使得信道估计精确度降低,多径分集的接收性能就会很快下降。

OFDM 技术与多径分集接收的思路不同,其将待发送的信息码元通过串并变换,降低速率,从而增大码元周期,以削弱多径干扰的影响;同时使用循环前缀作为保护间隔,大大减少甚至消除了码间干扰,并保证了各信道间的正交性,从而大大减少了信道间干扰。但该措施需要附加带宽,并带来了能量损失。

5)功率控制技术

在 CDMA 系统中,功率控制技术是解决远近效应的重要方法,而且功率控制的有效性决定了网络的容量。

在 OFDM 系统中,功率控制不是主要问题,OFDM 系统引入功率控制的目的是使信道间干扰最小化。

6)网络规划

CDMA 系统中频率规划问题不突出,但面临着码的设计规划问题。

在 OFDM 系统中,网络规划的最基本目的是减少信道间的干扰。由于该规划是基于频率分配的,只需预留部分频段即可解决小区分裂的问题。

7) 均衡技术

均衡技术可以补偿时分信道中由于多径效应而产生的码间干扰。

在 CDMA 系统中,信道带宽远远大于信道的平坦衰落带宽。由于扩频码良好的自相关性,在无线信道传输中的时延扩展可视为被传信号的再次传送。若这些多径信号相互间的延时超过一个码片的长度,就可被 RAKE 接收端视为非相关的噪声,而不再需要均衡。

对于 OFDM 系统,在一般的衰落环境下,均衡不是改善系统性能的有效方法,因为均衡的实质是补偿多径信道特性。由于 OFDM 技术本身已经利用了多径信道的分集特性,故该系统一般不必再作均衡。

6.3 第二代移动通信系统

第二代移动通信系统(2G)是以数字技术为主体的移动经营网络。在中国,以 GSM 为主,IS-95、CDMA 为辅的第二代移动通信系统只用了十年的时间,就发展了近 2.8 亿用户,并超过固定电话用户数。

第二代移动通信系统主要采用的是数字的时分复用多址(TDMA)技术和码分复用多址(CDMA)技术。2G 提供数字化的话音业务及低速数据业务,其克服了模拟移动通信系统的弱点,话音质量、保密性能得到大的提高,并可进行省内、省际自动漫游。

6.3.1 GSM 系统

GSM 系统是基于时分复用多址的数字蜂窝系统,属于第二代移动通信系统。与第一代移动通信系统(语音传输采用模拟调频方式的模拟蜂窝网)不同,GSM 系统信道中传输的全部是数字信号,其采用窄带时分复用多址(TDMA)、线性预测语音编码和高斯滤波最小移频键控(GMSK)结合的方式,使用户容量扩大,保密性能提高。

1. GSM 系统概述

GSM 的原意为欧洲电信运营部门的移动特别小组(group special mobile)。GSM 系统于 1991 年首次在欧洲开通,故又称为泛欧数字蜂窝系统。我国参照 GSM 标准制定了数字蜂窝移动通信系统的技术要求。我国的 GSM 蜂窝移动通信系统以 GSM 900 系统(工作频率为 900 MHz)为依托、DCS 1800 系统(工作频率为 1800 MHz)为补充,构成 GSM 900/DCS 1800 双频网。

1) GSM 系统基本原理

GSM 系统基于时分复用多址,按时序组成信号的帧结构。由于移动台在收发的同时还要接收基站发送的指令(如越区频道切换或时隙切换等),故 GSM 的帧结构要比固定通信的 PCM 帧结构复杂得多。

GSM 的帧结构示意图如图 6-5 所示。

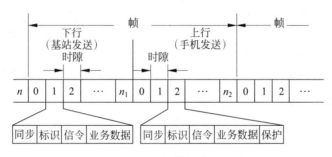

图 6-5　GSM 的帧结构示意图

GSM 基本思想是小区中各移动台占用同一频带,但使用不同的时隙。通常各移动台只在规定的时隙内,以突发的形式发射它的信号,这些信号通过基站的控制在时间上依次排列、互不重叠;同样,各移动台只要在指定时隙内接收信号,就能从合路信号中将发给它的信号区分出来。

2) GSM 系统的特点

(1) 系统灵活。GSM 系统可与各种公用通信网(PSTN、ISDN、PDN 等)互联互通。GSM 各分系统之间、各分系统与各种公用通信网之间都定义了标准化接口规范,保证任何厂商提供的 GSM 系统或子系统能互联。

(2) 采用数字通信方式,提高通信质量。GSM 系统采用了规则脉冲激励线性预测(RPE-LTP)语音压缩技术,将语音速率压缩到 16 kbit/s。采用差错控制编码、分集接收、信道均衡等措施,提高通信的可靠性。

(3) FDMA 与 TDMA 方式相结合,频率利用率大大提高。GSM 900 系统的收发间隔为 45 MHz,其工作频带如下。

① 上行(移动台→基站):905~915 MHz。

② 下行(基站→移动台):950~960 MHz。

DCS 1800 系统的收发间隔为 95 MHz,其工作频带如下。

① 上行(移动台→基站):1710~1785 MHz。

② 下行(基站→移动台):1805~1880 MHz。

(4) 保密性能好。GSM 系统的移动台(手机)必须插入用户识别模块(SIM 卡)才能通信。而第一代模拟移动通信系统的手机即代表用户。

SIM 卡的应用使得移动台并非固定地束缚于一个用户,GSM 系统通过 SIM 卡来识别移动电话用户,这为将来发展个人通信打下了基础。

(5) 多业务与漫游功能。GSM 系统可提供多种电信业务并提供国际漫游功能。

3) GSM 系统的区域定义

在蜂窝式移动通信系统中,无论移动台移动到何处,移动通信网须具有交换控制功能,以实现位置更新、越区切换和自动漫游等。

(1) 小区:指一个基站或基站的一部分(扇形天线)的扇区覆盖区域。

(2) 基站区:由一个基站(一个或数个基站收发信台)提供服务的所有小区覆盖区域。

（3）位置区：指移动台可任意移动而不需要进行位置更新的区域。

（4）移动交换(MSC)区：由一个 MSC 所控制的所有小区共同覆盖的区域。

（5）服务区：指移动台在该区域内可被另一个通信网(如 PSTN 或 ISDN)中的用户找到，无须知道移动台实际位置即可通信的区域。服务区由若干个公用移动通信网组成。

2. GSM 系统的组成

GSM 系统由交换系统(即移动交换中心，MSC)、基站子系统(BSS)、移动台(MS)、操作维护中心(OMC)等部分组成，如图 6-6 所示。

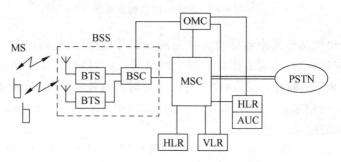

图 6-6　GSM 系统的组成

1）交换系统

交换系统由一系列功能实体构成，主要完成交换、呼叫控制、移动管理、用户数据管理、数据库管理等功能。

交换系统的各功能实体之间，以及交换系统与基站系统之间都通过 No.7 信令系统互相通信。

交换系统主要包括以下部分。

（1）移动交换中心(MSC)/外来用户拜访位置寄存器(VLR)。功能包括使用 No.7 信令系统的移动应用部分，完成信道的接续控制；配合基站完成基站子系统(BSS)的全部功能(如频率管理、信道管理、切换/漫游控制)；鉴权与加密；位置更新；切换；互通功能；操作与维护功能等。

（2）本地用户归属位置寄存器(HLR)。永久性用户的位置信息数据库。

（3）鉴权中心(AUC)。属于 HLR 的一个功能单元，用于产生为确定移动客户身份和保密所需要的鉴权和加密参数(随机号码、符合响应、密钥)，以便对用户鉴权以及对用户信息加密。

（4）短消息业务中心(SC)。短消息业务包括移动台发起和移动台为接收终端的点对点短消息，以及小区广播短消息。

（5）操作维护中心(OMC)。提供日常操作，负荷充分利用和平衡，支持网络维护等服务。

2）基站子系统

基站子系统(BSS)主要由以下部分组成。

（1）基站收发信机(BTS)。是服务于某个小区的无线收发信设备，其通过空中接口实现 BTS 与移动台(MS)之间的无线传输。

（2）基站控制器（BSC）。BSC 上接移动交换中心（MSC），下连基站收发信机（BTS）。BSC 的功能包括监控基站，为每个小区配置业务信道和控制信道；负责建立和管理由 MSC 发起的与移动台的连接；负责定位与切换，无线参数及资源管理，功率控制等。

3）移动台

移动台（MS）是通信网络的终端无线设备，也是用户能与 GSM 系统直接接触的唯一设备。移动台的类型不仅包括手持台（手机），还包括车载台和便携式台，目前手机功能丰富，使用方便，手机用户已占整个用户的极大部分。

移动台由移动终端和客户识别卡（SIM）两部分组成。

移动终端主要由射频部分和逻辑/音频部分组成。

射频部分一般指手机电路的模拟射频和中频处理部分，主要完成接收信号的下变频，得到模拟基带信号，以及发射模拟基带信号的上变频，得到射频信号。按电路结构划分，射频部分又可以分为接收机、发射机和频率合成器。手机的发射功率约为 0.6 W。

移动台的逻辑/音频部分可分为系统逻辑控制单元和音频信号处理单元，后者完成接收音频信号处理和发射音频信号处理。

双频手机有两套射频部分，是一种可在两个频段（GSM 900 和 DCS 1800 系统）中使用的手机，并可使用相同的手机号码。

SIM 卡包含所有与用户相关的信息（也包括鉴权和加密信息）。使用 GSM 标准的移动台都需在插入 SIM 卡的情况下才能操作。

4）GSM 系统信道连接

在 GSM 系统中，移动用户通过基站与移动交换局（即移动交换中心 MSC）相连，基站只提供信道，包括移动用户与基站间的无线信道和基站与 MSC 间的中继线。

图 6-7 示出了 GSM 系统信道连接示意图。

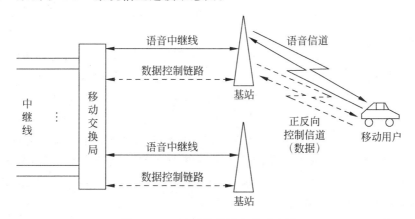

图 6-7　GSM 系统信道连接示意图

3. GSM 系统的通信过程

1）移动用户的小区选择

（1）移动台扫描 GSM 系统中所有高频信道，调到最强的一个载频，并判别该载频是否有广播控制信道。

(2) 若有该信道数据,移动台则选取,并判别是否可以锁定在此小区。

(3) 若该移动通信网所属本系统,而且系统允许此小区提供给移动用户使用,则可锁定在该小区;若为不允许使用的小区,移动台则调谐到次强载频上再重复以上判别。

2) 移动台的位置登记

(1) 每个移动用户的数据(包括移动台国际身份号、国际移动用户识别码、移动用户漫游号码等)存放于本地位置寄存器(HLR)中。

(2) 移动台通过基站向移动交换中心(MSC)发送位置更新请求,MSC把含有其标识和移动台识别码的位置更新信息,通过 No.7 信令网送给 HLR,HLR 再发回响应信息,其中包含全部相关用户数据。

(3) 在被访问的 MSC 覆盖区的访问拜访位置寄存器(VLR)中,进行用户数据登记。

(4) 把位置更新信息通过基站送给移动台,通知原来的 VLR 删除与此移动用户有关的用户数据。

3) 越区切换

判定移动台是否需要越区切换有 3 种标准。

第 1 种标准:当接收信号载波电平低于门限电平时,则进行切换。

第 2 种标准:当载波/干扰比低于给定值时,则进行切换。

第 3 种标准:当移动台到达基站的距离大于给定值时,则进行切换。一般常用第 1 种标准进行判定。

越区切换的过程如下。

(1) 通话中,移动台不断向所在小区基站报告本小区和相邻小区基站无线信号参数;本小区基站依据这些参数,判断是否需要进行越区切换。

(2) 当满足越区切换条件时,基站向移动台发出越区切换请求。越区切换请求信息包括国际移动用户识别码(IMSI)和新基站位置码。同时,将越区切换请求信息传送给移动交换中心(MSC)。

(3) MSC判断新的基站是否属于本辖区,若属于本辖区,MSC 将通知访问位置寄存器(VLR)并为其选择空闲信道。VLR 将空闲信道号及识别码(IMSI)回送给 MSC,MSC 将空闲信道频率及 IMSI 经本小区基站通知移动台。移动台将工作频率切换到新的频率点上,并进行环路核准。核准信息经 MSC 核准后,MSC 通知基站释放原信道。

(4) 若 MSC 判定新基站属于新的 MSC 辖区,则将越区切换请求转送给新 MSC。新MSC 访问其VLR,该 VLR 找出空闲信道并通知新 MSC;而新 MSC 再将新基站号、新信道频率值及识别码经 MSC 本区的基站发送给移动台。以后越区切换的过程同上。

4) 移动用户呼叫固定用户

(1) 移动用户拨号后,移动台向基站请求随机接入信道。

(2) 在移动台和移动交换中心之间建立信令连接。

(3) 对移动台识别码进行鉴权。

(4) 分配业务信道。

(5) 采用 No.7 信令(用户部分)通过固定网(ISDN/PSTN)建立至被叫用户的通路,

向被叫振铃,向移动台回送呼叫接通证实信号。

(6) 被叫摘机应答,向移动台发送应答信息,进入通话阶段。

6.3.2　IS-95 系统

CDMA 蜂窝系统最早由美国 Qualcomm(高通)公司开发。1993 年由美国电信工业协会形成标准——IS-95 标准。经过不断修改,形成了 IS-95A、IS-95B 等一系列标准。1994 年成立了 CDMA 发展组织(CDG)。20 世纪 90 年代末,在美国、中国香港、韩国多地投入商用。基于 IS-95 的一系列标准和产品统称 CDMAOne,如 IS-95、IS-95A、TSB-74、J-STD-008 以及 IS-95B。基于 IS-95 的一系列标准和产品又被称为 IS-95 CDMA 系统和 N-CDMA(窄带 CDMA)系统。

1. IS-95 系统空中接口参数

IS-95 系统空中接口参数如表 6-1 所示。

表 6-1　IS-95 系统空中接口参数

项　目	指　标
下行频段	870~880 MHz
上行频段	825~835 MHz
上、下行间隔	45 MHz
频点宽度	1.23 MHz
多址方式	CDMA
工作方式	FDD
调制方式	QPSK(基站侧),OQPSK(移动台侧)
语音编码	CELP
语音编码速率	8 kbit/s
信道编码	卷积编码
传输速率	1.288 Mbit/s
比特时长	0.8 μs
终端最大发射功率	200 mW~1W

2. IS-95 系统网络结构

IS-95 系统网络结构与 GSM 系统网络结构基本相同,如图 6-8 所示。具体功能不再一一赘述。

3. IS-95 系统特点

IS-95 是前向兼容北美模拟系统 AMPS 的数字蜂窝式移动通信系统标准,其特点如下。

(1) 频段为 800 MHz(上行 824~849 MHz,下行 869~894 MHz),其扩频采用直序扩频方式(DS)。

(2) 前向链路(又称正向链路)采用 64 位 WALSH 码区分信道,共有导频、寻呼、同步、前向业务 4 类信道,不同基站之间采用 2(15 次方)PN 码相位区分,共有 512 个相位(相邻相位之间相差 64 个 PN 码片),采用了卷积编码($K=9$, $R=1/2$)、交织等信道编码方式。

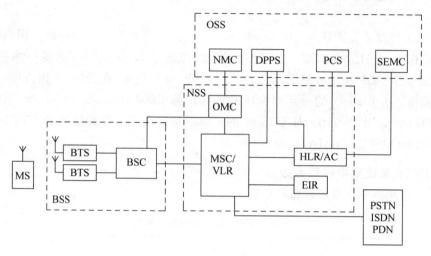

图 6-8　CDMA 网络参考模型

OSS—操作子系统;BSS—基站子系统;NSS—网络子系统;NMC—网络管理中心;DPPS—数据后处理系统;SEMC—安全性管理中心;PCS—用户识别卡个人化中心;OMC—操作维护中心;MSC—移动交换中心;VLR—拜访位置寄存器;HLR—归属位置寄存器;AC—鉴权中心;EIR—移动设备识别寄存器;BSC—基站控制器;BTS—基站收发信机;PDN—公用数据网;PSTN—公用电话网;ISDN—综合业务数字网;MS—移动台

(3) 后向链路(又称反向链路),共有接入和反向业务两类信道,信道及用户之间采用 2(42 次方)−1 PN 码相位区分,采用了卷积编码($K=9$、$R=1/3$)、交织等信道编码方式,同时采用了 64 进制调制方式。

(4) 此标准规定的系统是同步 CDMA 系统(信道、基站区分采用 PN 码相位),因此,必须有一个时间参考源,标准规定采用 GPS 定时。

(5) 为了提高系统容量,一是在前向信道中加入了功率控制子信道,用于移动台的闭环功率控制;二是采用了可变速率声码器,实现话音激活;三是移动台采用非连续发送方式,减少了同一时间相互之间的干扰。

(6) 实现了"软容量",即当系统满负载工作时,再增加少数用户,系统性能会稍有下降,但不会发生阻塞,实际增加的干扰也不大。

(7) 实现了路径分集(RAKE 接收),由于 CDMA 系统传输带宽较宽,信号传输带宽大于相关带宽时,就可以用 $1/W$ 的(时间)分辨率分辨出多径分量,再进行分集合并,从而改善接收性能。

(8) 可以与其他窄带系统共存,因为扩频之后,信号功率谱展宽,功率谱密度降低,对其他窄带系统影响很小,IS-95 系统信号对窄带信号而言近似白噪声。

(9) 实现了高保密通信,鉴权、数字格式、宽带信令可由受话人指定的密码进行保护,可提供较好的保密特性,防止盗号和被窃听。

6.3.3 通用分组无线业务

通用分组无线业务(GPRS)是 GSM 系统中发展出来的一种分组业务。其移动终端通过 GSM 网络提供的寻址方案和运营商的网间互通协议,可实现全球间网络通信。

1. GPRS 的基本概念

GPRS 可视为是 GSM 向 IP 和 X.25 数据网的延伸,或是互联网在无线应用上的延伸。

在 GPRS 上,其移动终端通过 GSM 网络提供的寻址方案和运营商的网间互通协议,可实现 FTP、Web 浏览器、E-mail 等互联网应用。

1) GPRS 与 GSM 系统的区别

GPRS 系统与现有的 GSM 系统的根本区别: GSM 是一种电路交换系统,而 GPRS 是一种分组交换系统。

分组交换的基本过程是把数据先分成若干个小的数据包,通过不同的路由,以存储转发的接力方式传送到目的端,再组装成完整的数据。

作为 GSM 的升级技术,GPRS 在现有 GSM 电路交换模式之上增加了基于分组传输的空中接口,引入了分组交换,支持无线 IP 分组数据传输,实现基于 GPRS 传输的短信业务、多媒体彩信业务,以及终端无线上网业务等。

在 GSM 无线系统中,无线信道资源非常宝贵。若采用电路交换,每条 GSM 信道只能提供 9.6 kbit/s 或 14.4 kbit/s 的传输速率。若多条信道组合在一起(最多 8 个时隙),虽可提供更高的速率,但只能被单一用户独占,在成本效率上缺乏可行性。

采用分组交换的 GPRS 则可灵活运用无线信道,使其为多个 GPRS 数据用户所共用,从而极大地提高了无线资源的利用率。GPRS 最多可将 8 个时隙组合在一起,给用户提供高达 171.2 kbit/s 的带宽,且同时可供多个用户共享。

从无线系统本身的特点看,GPRS 使 GSM 系统提升了高效、便利、低成本地实现无线数据业务的能力。

2) GPRS 结构

由于 GSM 是基于电路交换的网络,GPRS 的引入需对原有网络进行若干改动,并需增加新的设备,如 GPRS 业务支持节点、网关支持节点和 GPRS 骨干网;此外,其他新技术(如分组空中接口、信令和安全加密等)也得到了改进。GPRS 提高了线路利用率,其利用了数据通信统计复用和突发性的特点,只有当数据传送或接收时才占用无线频率资源。

GPRS 网络在现有的 GSM 网络中,增加了 GPRS 网关支持节点(GGSN)和 GPRS 服务支持节点(SGSN),使得用户能够在端到端的分组方式下发送数据和接收数据。

GPRS 系统结构如图 6-9 所示。

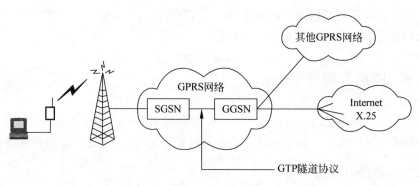

图 6-9　GPRS 系统结构

图 6-9 中,笔记本电脑通过串行或无线方式连接到 GPRS 蜂窝移动电话上,再与 GSM 基站通信。

与电路交换式数据呼叫不同,GPRS 分组是从基站发送到服务支持节点(SGSN),而不是通过 MSC 连接到语音网络上,SGSN 与网关支持节点(GGSN)进行通信;GGSN 对分组数据进行相应的处理,再发送到目的网络,如互联网或 X.25 网。来自互联网的标识有移动台地址的 IP 包,由 GGSN 接收,再转发到 SGSN,然后传送到移动台上。

2. GPRS 的应用

GPRS 特别适用于间断的、突发性的或频繁的、少量的数据传输,也适用于偶尔的大数据量传输,符合移动互联网的应用特点。

GPRS 的典型商务应用是在手机已有语音信道的基础上,增加了一条专用的移动数据通道,手机能同时进行数据通信和语音通信。

对于具有 GPRS 业务功能的移动终端,其本身具有 GSM 和 GPRS 业务运营商提供的地址,分组交换网的终端利用该网识别码即可向 GPRS 终端直接发送数据。

GPRS 支持基于 IP 的网络互通,当在 TCP 连接中使用数据报时,GPRS 提供 TCP/IP 报头的压缩功能。

利用 GSM 现有的无线系统,GPRS 系统通过软件升级和增加必要的硬件来实现分组数据传输,GSM 在承载 GPRS 业务时可以不必中断其他业务,如语音业务等。

作为向第三代移动通信(3G)技术过渡的 2.5 代技术,GPRS 目前仍作为移动数据业务的主要支撑平台之一,其引入将延长 GSM 系统的生存周期,并为 3G 的发展奠定基础。

6.4　第三代移动通信系统

3G 是 3 Generation 的缩写,全称为第三代移动通信系统,最早由 ITU 于 1985 年提出,当时称为未来公众陆地移动通信系统(future public land mobile telecommunication system,FPLMTS),1996 年更名为 IMT-2000(international mobile telecommunication-2000,

国际移动通信-2000),意即该系统工作在 2000 MHz 频段,最高业务速率可达 2000 kbit/s。第三代移动通信系统是历经第一代、第二代移动通信系统发展而来的。

国际电信联盟(ITU)对 3G 系统划分频带为上行(移动站→基站)1885～2025 MHz;下行(基站→移动站)2110～2200 MHz。其中,1980～2010 MHz 和 2170～2200 MHz 用于移动卫星业务(MSS),其他频段上下行不对称,可采用频分双工(FDD)和时分(TDD)方式。附加频段为 806～960 MHz、1710～1885 MHz、2500～2690 MHz。

国际电信联盟(ITU)目前批准的 3G 主流技术标准分别为 WCDMA、CDMA 2000 和TD-SCDMA。3 种 3G 主流技术各具有技术优势,并根据其工作方式采取了不同的关键技术措施。WCDMA 由欧洲标准化组织 3GPP 所制定;CDMA 2000 体制是基于 IS-95的标准基础上提出的 3G 标准,目前其标准化工作由 3GPP2 来完成;TD-SCDMA 标准由中国无线通信标准组织 CWTS 提出,目前已经融合到了 3GPP 关于 WCDMA-TDD 的相关规范中。

6.4.1 WCDMA 系统

WCDMA 是从 GSM 演化而来,故 WCDMA 的许多高层协议和 GSM/GPRS 基本相同或相似,如移动性管理(MM)、GPRS 移动性管理(GMM)、连接管理(CM)以及会话管理(SM)等。移动终端中通用用户识别模块(USIM)的功能也是从 GSM 的用户识别模块(SIM)的功能延伸而来。

WCDMA 系统采用 DS-CDMA 多址方式,码片速率为 3.84 Mchip/s,载波带宽为5 MHz。系统不采用 GPS 精确定时,不同基站可以选择同步或非同步两种方式,可不受GPS 系统限制。在反向信道上,采用导频符号相干 RAKE 接收方式,解决了 CDMA 中反向信道容量受限的问题。WCDMA 采用精确的功率控制,包括基于 SIR 的快速闭环、开环和外环 3 种功率控制方式。

WCDMA 空中接口还采用一系列先进技术,如自适应天线、多用户检测、分集接收(正交分集、时间分集)、分层式小区结构等,来提高整个系统的性能。

1. WCDMA 系统的主要特点

1) 双工方式

WCDMA 支持频分双工(FDD)和时分双工(TDD)。在 FDD 模式下,上行链路和下行链路分别使用两个独立的 5 MHz 的载频,发射和接收频率间隔分别为 190 MHz 或80 MHz,也不排除在现有频段或别的频段使用其他的收发频率间隔;在 TDD 模式下仅使用一个 5 MHz 的载频,上、下行信道不是成对的,上、下行链路之间分时共享同一载频,载频的中心频率为 200 kHz 的整数倍,发射和接收同在一个频率上。

2) 多址方式

WCDMA 为宽带直扩码分多址(DS-CDMA)系统。数据流用正交可变扩频码(OVSF,也称为信道化码)来扩频,扩频后的码片速率为 3.84 Mchip/s;扩频后的数据流使用互相关特性好的 Gold 码为数据加扰,适合用于区分小区和用户。

3）声码器

WCDMA 中的声码器采用自适应多速率（AMR）技术。多速率声码器是一个带有 8 种信源速率的集成声码器。合理利用 AMR 声码器，有可能在网络容量、覆盖以及话音质量间按运营商的要求进行统筹考虑。

4）信道编码

WCDMA 系统中使用卷积码和 Turbo 码。卷积码已经被长期广泛使用（移动通信系统多采用卷积码作为信道编码）；Turbo 码开始于 20 世纪 90 年代初，该编码在低信噪比条件下具有优越的纠错性能，能有效降低数据传输的误码率，适于高速率、对译码时延要求不高的分组数据业务。

5）功率控制

WCDMA 系统的功率控制主要解决远近效应问题（接收机接收到近距离发射机的信号较易，而接收到远距离发射机的信号较难）。其快速功率控制速率为 1500 次/s，称为内环功率控制，同时应用在上行链路和下行链路，控制步长 0.25～4 dB 可变；外环功率控制的速率则低得多，最多 100 次/s。

6）切换

WCDMA 系统支持软切换、更软切换、硬切换和无线接入系统间切换，其目的是当用户设备在网络中移动时，保持无线链路的连续性和无线链路的质量。

7）基站同步方式

WCDMA 系统的不同基站可选择同步和异步两种方式。异步方式可不采用 GPS 精确定时，支持异步基站运行，室内小区和微小区基站的布站就变得简单了，使组网实现方便、灵活。

2. WCDMA 网络结构

在逻辑结构上，WCDMA 系统与第二代移动通信系统基本相同。按功能划分，系统由核心网（CN）、无线接入网（UTRAN）、用户设备（UE）等组成。其中，核心网与无线接入网之间的开放接口为 Iu，无线接入网与用户设备间的开放接口为 Uu。

1）用户设备

用户设备（UE）完成人与网络间的交互，用以识别用户身份并为用户提供各种业务功能，如普通语音、数据通信、移动多媒体、互联网应用等。UE 主要由移动设备（ME）和通用用户识别模块（USIM）两部分组成。UE 通过 Uu 接口与无线接入网相连，与网络进行信令和数据交换。

（1）移动设备（ME）。即手机，有车载型、便携型和手持型，包括射频处理单元、基带处理单元、协议栈模块以及应用层软件模块等部件。

（2）通用用户识别模块（USIM）。物理特性与 GSM 的 SIM 卡相同，提供 3G 用户身份识别，储存移动用户的签约信息、电话号码、多媒体信息等，提供保障 USIM 信息安全可靠的安全机制。

USIM 和 ME 之间的接口称为 Cu 接口(采用标准接口)。

2)通用陆地无线接入网络

无线接入网(UTRAN)位于两个开放接口 Uu 和 Iu 之间,完成所有与无线有关的功能。主要功能有宏分集处理、移动性管理、系统的接入控制、功率控制、信道编码控制、无线信道的加密与解密、无线资源配置、无线信道的建立和释放等。

UTRAN 由一个或若干个无线网络子系统(RNS)组成。RNS 负责所属各小区的资源管理,每个 RNS 包括一个无线网络控制器(RNC)、一个或若干个 Node B(即基站,GSM 系统中对应的设备为 BTS)。

(1)节点 B(Node B)。Node B 的主要功能是 Uu 接口物理层的处理,如扩频、信道编码、速率匹配、交织、调制和解扩、信道解码、解交织和解调,还包括基带信号和射频信号的相互转换功能、无线资源管理部分控制算法的实现等。

Node B 逻辑功能模块包括基带处理部件、射频收发放大器、射频收发系统、基带部分和天线接口单元等部件。Node B 受 RNC 控制,与 RNC 的接口为 E1 或 STM-1。

(2)无线网络控制器(RNC)。主要完成连接建立和断开、切换、宏分集合并等,完成系统信息管理、移动性管理和无线资源管理等功能。

3)核心网

核心网(CN)承担各种类型业务的提供以及定义,包括用户的描述信息、用户业务的定义以及相应的一些其他过程。核心网负责内部所有的语音呼叫、数据连接和交换,以及与其他网络的连接和路由选择的实现。不同协议版本核心网之间存在一定的差异。

4)外部网络

核心网(CN)的电路交换域(CS)通过关口移动交换中心(GMSC)与外部网络相连,如公用电话网(PSTN)、综合业务数字网(ISDN)及其他公共陆地移动网(PLMN)。核心网的分组交换域(PS)则通过 GPRS 网关支持节点(GGSN),与外部的互联网及其他公用数据网(PDN)等相连。

3. 空中接口协议结构

WCDMA 系统结构中的空中接口(Uu)是指用户设备(UE)和无线接入网(UTRAN)之间的接口,通过使用无线传输技术,将用户设备接入系统固定网络部分。

WCDMA 空中接口的协议结构分为两面三层,垂直方向分为控制平面和用户平面;水平方向分为物理层、数据链路层和网络层。数据链路层又包括媒体接入控制(MAC)层、无线链路控制(RLC)层、分组数据汇聚协议(PDCP)层和广播/多播控制(BMC)层,其中 MAC 和 RLC 由控制平面与用户平面共用,PDCP 和 BMC 仅用于用户平面。

Uu 接口协议用于在 UE 和 UTRAN 之间传送用户数据和控制信息,建立、重新配置和释放无线承载业务。

4. 物理层

1)物理层的功能

物理层位于空中接口协议模型的最底层,给 MAC 层提供不同的传输信道,并且为高层提供服务。

3GPP 对物理层的功能描述如下。

(1) 为传输信道进行前向纠错编/解码。

(2) 无线特性测量,如误帧率、信干比等,并通知高层。

(3) 宏分集分布/合并以及软切换实现。

(4) 在传输信道上进行错误检测并通知高层。

(5) 传输信道到物理信道的速率匹配。

(6) 传输信道至物理信道的映射。

(7) 物理信道扩频/解扩、调制/解调。

(8) 频率和时间(位、码片、比特、时隙和帧)同步。

(9) 闭环功率控制。

(10) RF 处理等。

物理层的基本传输单元为无线帧,持续时间为 10 ms,长度为 38 400 chip。无线帧又被划分为 15 个时隙的处理单元,每个时隙有 2560 chip,持续时间为 2/3 ms。物理层的信息速率随着符号速率的变化而变化,而符号速率则取决于扩频因子。

2) 物理信道

物理信道的特征可由载频、扰码、信道化码(可选)和相对相位来体现。按照信息的传送方向,物理信道可分为上行物理信道(UE 至 Node B)和下行物理信道(Node B 至 UE);按照用户共享使用性质,物理信道可分为专用物理信道和公共物理信道。

3) 传输信道

在 WCDMA 空中接口中,高层数据由传输信道承载,不同传输信道必须由不同的物理信道承载。物理层与 MAC 层通过传输信道进行数据交换。传输格式定义了传输信道的特性,并指明物理层对传输信道的处理方式。

传输信道分为专用传输信道和公共传输信道。双向传输的专用传输信道用以传输特定用户物理层以上的所有信息,能够实现以 10 ms 无线帧为单位的业务速率变化、快速功率控制和软切换。

公共传输信道包括广播信道、前向接入信道、寻呼信道、随机接入信道、公共分组信道和下行共享信道。

5. 数据链路层

数据链路层使用物理层提供的服务,并向第三层提供服务。数据链路层分为媒体接入控制(MAC)子层、无线链路控制(RLC)子层、分组数据汇聚协议(PDCP)子层和广播/多播控制(BMC)子层。

1) 媒体接入控制(MAC)子层

MAC 子层位于物理层之上,向高层提供无确认的数据传送、无线资源重分配和测量等服务,通过物理层提供的传输信道借助逻辑信道与上层交换数据。

MAC 子层通过逻辑信道与高层进行数据交互,在逻辑信道上提供不同类型的数据传输业务。逻辑信道是 MAC 子层向无线链路控制(RLC)子层提供的数据传输服务,表述承载的任务和类型。

2) 无线链路控制(RLC)子层

根据实际传输格式,RLC 子层的主要功能为数据分段和重组、级联和填充、用户数据传输和纠错、高层 PDU 顺序传输和复制检测、流量控制、序列检查、协议错误检测与恢复和加密等。

3) 分组数据汇聚协议(PDCP)子层

PDCP 子层提供分组域业务,分别在接收与发送实体对 IP 数据流执行头压缩和解压缩功能,以及用户数据传输等。

4) 广播/多播控制(BMC)子层

BMC 子层以无确认方式提供公共用户的广播/多播业务。其主要功能为小区广播消息的存储、为小区广播业务进行业务量检测和无线资源请求、BMC 消息的调度、向用户设备(UE)发送 BMC 消息以及向高层传递小区广播消息。

6. 无线资源控制层

用户设备(UE)和无线接入网(UTRAN)之间的控制信令主要为无线资源控制层(RRC)消息,控制接口管理和对低层协议实体的配置。主要功能为接入层控制、系统信息广播、RRC 连接管理、无线承载管理、RRC 移动性管理、无线资源管理、寻呼和通知、高层信息路由功能、加密和完整性保护、功率控制、测量控制和报告等。

RRC 层通过业务接入点向高层提供业务。在 UE 侧,高层协议使用 RRC 提供的业务;在 UTRAN 侧,Iu 接口上无线接入网络应用部分(RANAP)使用 RRC 提供的业务。所有高层信令(移动性管理、呼叫控制、会话管理等)都被压缩成 RRC 消息在空中接口传送。

6.4.2 TD-SCDMA 系统

TD-SCDMA 是世界上第一个采用时分双工(TDD)方式和智能天线技术的公众陆地移动通信系统,也是唯一采用同步 CDMA(SCDMA)技术和低码片速率(LCR)的第三代移动通信系统,同时采用了多联合检测、软件无线电、接力切换等一系列高新技术。

1. TD-CDMA 系统的技术特征

1) TDD 模式

TD-SCDMA 系统采用 TDD(时分双工)模式,接收和传送是在同一频率信道即载波的不同时隙,用保护时间来分离接收与传输信道;而在 FDD(频分双工)模式中,接收和传送是在分离的两个对称频率信道上,用保护频段来分离接收与传输信道。

TD-SCDMA 系统的 TDD 模式具有的优势如下。

(1) 频谱灵活性。不需要成对的频谱,可以利用 FDD 无法利用的不对称频谱,结合 TD-SCDMA 系统的低码片速率特点,充分利用频谱(只要有一个载波频段就可以使用),从而能够灵活有效地利用现有的极度紧张的频率资源。

(2) 更高的频谱利用率。TD-SCDMA 系统可在带宽为 1.6 MHz 的单载波上提供高达 2 Mbit/s 的数据业务和 48 路语音通信,使单一基站支持的用户数增多,系统建网及服务费用降低。

（3）支持不对称数据业务。TDD 可以根据上行、下行业务量自适应调整上行、下行时隙个数，以适应比例越来越大的 IP 型数据业务，改变了 FDD 系统上行、下行业务不对称时存在的频率利用率显著降低的状况。

（4）有利于采用新技术。上行、下行链路用相同的频率，其传播特性相同，功率控制要求降低，利于采用智能天线、预瑞克(Pre-Rake)等新技术。

（5）成本低。无收发隔离的要求，可以使用单片 IC 来实现 RF 收发信机。

TDD 模式的缺点如下。

（1）TDD 模式对定时和同步要求很严格，上行、下行之间需要保护时隙，对高速移动环境的支持不如 FDD 模式。

（2）TDD 信号为脉冲突发形式，采用不连续发射(DTX)，发射信号的峰-均功率比值较大，导致带外辐射较大，对 RF 实现提出了较高要求。

2）低码片速率

TD-SCDMA 系统的码片速率为 1.28 Mchip/s，仅为高码片速率 3.84 Mchip/s 的 1/3。接收机接收信号采样后的数字信号处理量大大降低，从而降低了系统设备成本，适合采用软件无线电技术，还可在目前 DSP 的处理能力和成本可接受的条件下采用智能天线、多用户检测、MIMO 等新技术来降低干扰、提高容量。此外，低码片速率使频率使用更灵活，提高了频谱利用率。

3）上行同步

TD-SCDMA 中用软件和帧结构设计来实现严格的上行同步(上行链路各终端的信号在基站解调器完全同步)，是一个同步的 CDMA 系统。通过上行同步，可让使用正交扩频码的各个码道在解扩时完全正交，相互间不会产生多址干扰；克服了由于各移动终端发射的码道信号到达基站的时间不同(造成码道非正交)而带来的干扰，从而大大提高了 CDMA 系统容量和频谱利用率，并可简化硬件，降低成本。

4）接力切换

TD-SCDMA 系统采用智能天线来定位用户的方位和距离，故可在系统中采用接力切换方式。两个小区的基站将接收来自同一个手机的信号，两个小区都将对此手机定位，并在可能切换区域时，将此定位结果向基站控制器报告；基站控制器根据用户的方位和距离信息，判断手机用户是否移动到应切换至另一基站的邻近区域，并告知手机其周围同频基站信息。若进入切换区，便由基站控制器通知另一基站做好切换准备；通过一个信令交换过程，手机就由一个小区切换(如同接力棒)至另一小区。该切换过程具有软切换不丢失信息的优点，又克服了软切换资源浪费(对邻近基站信道资源和服务基站下行信道)的缺点，简化了用户终端的设计。接力切换还具有较高的准确度和较短的切换时间，从而提高了切换成功率。

5）智能天线

TD-SCDMA 系统是以智能天线为中心的 3G 系统。系统中 TDD 的间隔(子帧)定为 5 ms(该值在综合考虑时隙个数和 RF 器件的切换速度两方面因素后折中确定)。相对于 FDD 模式的系统，TD-SCDMA 系统的 TDD 模式可利用上行、下行信道的互惠性(即基站对上行信道估计的信道参数可用于智能天线的下行波束成型),其智能天线技术较易实现。

　　6)软件无线电技术

　　TD-SCDMA系统的TDD模式和低码片速率的特点,使得数字信号处理量大大降低,适合采用软件无线电技术(在通用芯片上用软件实现专用芯片的功能)。其优点:通过软件方式,灵活完成硬件/专用ASIC的功能,在同一硬件平台上利用软件处理基带信号,通过加载不同的软件,实现不同的业务,并可通过软件升级来实现系统功能的增加;可代替昂贵的硬件电路,实现复杂的功能,减少用户设备费用支出。采用软件无线电技术,为TD-SCDMA的发展赢得了时间和空间。

2. TD-CDMA系统的主要参数

　　表6-2列出了TD-SCDMA系统的主要参数。

表 6-2　TD-SCDMA 系统的主要参数

参　　数	标　　准	备　　注
占用带宽	1.6 MHz	
每载波码片速率	1.28 Mchip/s	
扩频方式	DS,SF=1/2/4/8/16	
调制方式	QPSK	
信道编码	卷积码:$r=1/2,1/3$,Turbo 码	
帧结构	系统帧 720 ms,无线帧 10 ms	
交织	10/20/40/80 ms	
时隙数	7 个常规时隙和 3 个特殊时隙	
上行同步	1/2 chip	
容量(每时隙语音信道数)	16	同时工作
每载波语音信道数	48	对称业务
容量(每时隙总传输速率)	281.6 kbit/s	数据业务
每载波总传输速率	1.971 Mbit/s	数据业务
语音频谱利用率	25 Erl/MHz	对称语音业务
数据频谱利用率	1.232 Mbit/s/MHz	不对称语音业务
多址方式	SCDMA+CDMA+TDMA	

3. TD-SCDMA 网络接口与系统技术

　　1)TD-SCDMA系统的网络结构

　　TD-SCDMA与WCDMA具有相同的网络结构、高层指令和基本一致的相应接口定义(网络结构与接口有关内容可参考WCDMA相关内容)。两类制式后向兼容GSM系统,可以使用同一核心网,且都支持核心网逐步向全IP方向发展。TD-SCDMA与WCDMA的差异主要是空中接口的物理层,每个标准各有其特点。

　　2)TD-SCDMA系统空中接口信道

　　在空中接口中,物理层与高层的通信接口有无线资源控制(RRC)子层和媒体接入控制(MAC)子层。在TD-SCDMA系统中,存在3种信道模式:逻辑信道、传输信道和物理信道。

（1）逻辑信道。逻辑信道是 MAC 子层向上层(RLC 子层)提供的服务,其描述的是承载什么类型的信息。TD-SCDMA 的逻辑信道分类与 WCDMA 基本一致,仅在控制信道增加了共享控制信道。

（2）传输信道。TD-SCDMA 通过物理信道模式直接把需要传输的信息发送出去,即在空中传输物理信道承载的信息。传输信道作为物理层向高层提供的服务,其描述的是所承载信息的传送方式。

（3）物理信道。物理信道由频率、时隙、码字共同定义。物理信道的帧结构分为4层:超帧(系统帧)、无线帧、子帧和时隙/码道。子隙是系统无线发送的最小单位。每个子隙由 7 个常规时隙和 3 个特殊时隙组成。

3）TD-SCDMA 系统编码与复用

为了保证数据在无线链路上的可靠传输,物理层需要对来自 MAC 子层和高层的数据流进行编码/复用后发送。同时,物理层对接收自无线链路上的数据需要进行解码/解复用后,再传送给 MAC 子层和高层。

在 TD-SCDMA 模式下,每个子帧的基本物理信道(某一载频上的时隙和扩频码)的全部数量由最大时隙数和每个时隙中最大的码道数来决定。

4）TD-SCDMA 系统扩频与调制

在 TD-SCDMA 中,经过物理信道映射后的数据流还要进行数据调制和扩频调制。数据调制可采用 QPSK 或 8PSK(对于 2 Mbit/s 的业务)方式,即把连续的 2 bit(QPSK)或连续的 3 bit(8PSK)数据映射为一个符号,数据调制后的复数符号再进行扩频调制。

5）TD-SCDMA 系统功率控制技术

TD-SCDMA 系统使用智能天线和联合检测等空时处理技术,与其他的 CDMA 系统相比,该系统的功率控制功能和方法有很大不同。多用户联合检测能有效解决接收电平差异所产生的干扰,从而降低了 CDMA 系统中的远近效应,进而降低功率控制要求。使用智能天线后,因其具有较好的空间选择性和抗远近干扰的能力,可有效降低多址干扰,故功率管理的边界约束条件较为宽松,易实现快速功率控制,以适应快速变化的多种衰落的移动通信环境,系统可以达到理想的设计容量。

6.4.3　CDMA 2000 系统

1. CDMA 2000 的网络特点

1）CDMA 2000 的技术特点

CDMA 2000 标准体系主要分为无线网和核心网两大部分,其技术演进分阶段独立进行。CDMA 系统的无线接口经历了 IS-95、IS-95A、IS-95B、CDMA 2000、1x/EV-DO 和 1x/EV-DV 等发展阶段。CDMA 2000 的核心网架构是基于 3GPP2 制定的全 IP 网络架构。

CDMA 2000 的主要特点是与现有的 TIA/EIA-95-B 标准向后兼容,并可与 IS-95 系统的频段共享或重叠,使得 CDMA 2000 系统可从 IS-95 系统的基础上平滑过渡和发展,保护已有的投资。同时,通过网络扩展方式可提供在基于 GSM-MAP 的核心网上运行的能力。

CDMA 2000 采用 MC-CDMA(多载波 CDMA)的多址方式,可支持话音、分组数据业务等,并且可实现业务质量(QoS)保证。

CDMA 2000 采用的功率控制有开环、闭环和外环 3 种方式(速率为 800 次/s 或 50 次/s),还可采用辅助导频、正交分集、多载波分集等技术来提高系统的性能。

2) CDMA 2000 1x

CDMA 2000 系统的一个载波带宽为 1.25 MHz。若系统分别独立使用每个载波,则称为 CDMA 2000 1x 系统;若系统将 3 个载波捆绑使用,则称为 CDMA 2000 3x 系统。CDMA 2000 1x 系统的空中接口技术称为 1x 无线传输技术(RTT)。CDMA 2000 1x 系统是 CDMA 2000 移动通信系统发展的第一阶段,已在世界上多个国家和地区投入商用。

基于 ANSI-41 核心网的 CDMA 2000 1x 系统结构核心网电路域与 IS-95 一样,包括 BTS、BSC、MSC/VLR 和 HLR/AUC 等网元,新增模块为分组控制功能(PCF)和分组数据服务器(PDSN)。IP 技术(含简单 IP 方式和移动 IP 方式)在 CDMA 2000 1x 中获得充分应用。

CDMA 2000 1x 分别独立使用每个载波,一个载波带宽为 1.25 MHz。系统前向信道和反向信道均采用码片速率为 1.2288 Mchip/s 的单载波直接序列扩频方式,可与现有的 IS-95 系统后向兼容,并可以与 IS-95B 系统的频段共享或重叠。

在 CDMA 2000 1x 系统中,语音和低速数据业务在基本信道(FCH)上传输,高速数据业务在补充信道(SCH)上传输。与此同时,在网络部分,标准也经历了一个逐渐演进的进程,根据数据传输的特点,引入了分组交换机制,可以支持移动 IP 业务和业务质量(QoS)功能,为支持各种多媒体分组业务打下了基础,从而有利于实现向 3G 的平滑过渡。

3) CDMA 2000 网络的演进

CDMA 2000 1x 系统的下一个发展阶段称为 CDMA 2000 1x EV,EV 是 Evolution (演进)的缩写,意指在 CDMA 2000 1x 基础上的演进系统。其不仅和原有系统保持后向兼容,且能提供更大的容量、更佳的性能,以满足数据业务和语音业务的需求。CDMA 2000 1x EV 分为两个阶段:CDMA 2000 1x EV-DO(DO 指 data only 或 data optimized)和 CDMA 2000 1x EV-DV(DV 是 data and voice 的缩写)。

2. CDMA 2000 1x 空中接口

1) 空中接口协议结构与物理信道

空中接口协议结构中包括物理层、数据链路层及高层,其中数据链路层又分为媒体接入控制(MAC)子层和链路接入控制(LAC)子层。

物理信道是移动站和基站之间承载信息的路径,从传输方向上分为前向信道和后向信道两大类;根据物理信道是针对多个或某特定移动台,又分为公共信道和专用信道。

逻辑信道是在基站或移动台协议层中的通信路径。逻辑信道与物理信道之间有特定的映射关系。前向物理信道由适当的函数进行扩频,并采用多种分集发送方式来提高容量;在反向链路上,仍采用 PN 长码来区分不同的用户。

2）空中接口引入的新技术

相比 IS-95 系统,CDMA 2000 1x 系统在空中接口部分引入的新技术如下。

(1) 前向链路采用快速功率控制。移动台向基站发出调整基站发射功率的指令,闭环功率控制速率可以达到 800 Hz,这样可以对功率进行更为精确的调整。降低了前向链路的干扰,可以达到减少基站发射功率、减少总干扰电平,从而降低移动台信噪比的要求,最终可以起到增大系统前向信道容量、节约基站耗电的作用。

(2) 增加了反向导频信道。基站利用反向导频信道发出扩频信号捕获移动台的发射,再用 Rake 接收机实现相干解调。与 IS-95 采用非相干解调相比,提高了反向链路性能,降低了移动台发射功率,提高了反向链路容量。

(3) 前向链路采用两种发射分集技术:正交发射分集(OTD)和空时扩展(STS)。前者是先分离数据流,再用不同的正交 Walsh 码对两个数据流进行扩频,并通过两个发射天线发射;后者使用空间两根分离天线发射已交织的数据,使用相同的原始 Walsh 码信道。发射分集技术提高了系统的抗衰落能力,改善了前向信道的信号质量,系统容量也会有进一步的增加。

(4) 前向链路引入快速寻呼信道。基站使用快速寻呼信道向移动台发出指令,决定移动台是处于监听寻呼信道,还是处于低功耗状态的睡眠状态。移动台从而不必长时间连续监听前向寻呼信道,可减少移动台激活时间,减小了移动台功耗,提高了移动台的待机时间。

(5) 编码采用 Turbo 码。CDMA 2000 1x 中,数据业务信道可以采用 Turbo 码,Turbo 码仅用于前向补充信道和反向补充信道。

(6) 灵活的帧长。CDMA 2000 1x 支持 5 ms、10 ms、20 ms、40 ms、80 ms 和 160 ms 多种帧长,根据不同类型信道选择不同帧长。

(7) 新的接入模式兼容了 IS-95 的接入模式,并对 IS-95 的不足进行了改进,可以减少呼叫建立时间,提高接入效率,并减少移动台在接入过程中对其他用户的干扰。

6.5　第四代移动通信系统

4G 技术又称 IMT-Advanced 技术。业内对 TD 技术向 4G 最新进展的 TD-LTE-Advanced 常被称为准 4G 标准。世界很多组织给 4G 下了不同的定义,而 ITU 代表了传统移动蜂窝运营商对 4G 的看法,认为 4G 是基于 IP 协议的高速蜂窝移动网,现有的各种无线通信技术从现有 3G 演进,并在 3GLTE 阶段完成标准统一。ITU 4G 要求传输速率比现有网络高 1000 倍,达到 100 Mbit/s。

6.5.1　4G 发展进程

2005 年 10 月,ITU 给了 4G 技术一个正式的名称 IMT-Advanced。按照 ITU 的定义,WCDMA、HSDPA 等技术统称为 IMT-2000 技术;未来新的空中接口技术,叫作

IMT-Advanced 技术。IMT-Advanced 标准继续依赖 3G 标准组织已发展的多项新定标准加以延伸,如 IP 核心网、开放业务架构及 IPv6。同时,其规划又必须满足整体系统架构能够由 3G 系统演进到未来 4G 架构的需求。

从 2009 年年初开始,ITU 在全世界范围内征集 IMT-Advanced 候选技术。2009 年 10 月,ITU 共计征集到了 6 个候选技术。这 6 个候选技术基本上可以分为两大类,一类是基于 3GPP 的 LTE 的技术,我国提交的 TD-LTE-Advanced 是其中的 TDD 部分。另一类是基于 IEEE 802.16m 的技术。

ITU 在收到候选技术以后,组织世界各国和国际组织进行了技术评估,并最终确定了 IMT-Advanced 的两大关键技术,即 LTE-Advanced 和 802.16m。我国提交的候选技术作为 LTE-Advanced 的一个组成部分,也包含在其中。TD-LTE 正式被确定为 4G 国际标准,也标志着我国在移动通信标准制定领域再次走到了世界前列,为 TD-LTE 产业的后续发展及国际化提供了重要基础。

TD-LTE-Advanced 是我国自主知识产权 3G 标准 TD-SCDMA 的发展和演进技术。TD-SCDMA 技术于 2000 年正式成为 3G 标准之一。

2010 年 9 月,为适应 TD-SCDMA 演进技术 TD-LTE 发展及产业发展的需要,我国加快了 TD-LTE 产业研发进程,工业和信息化部率先规划 2570～2620 MHz(共 50 MHz)频段用于 TDD 方式的 IMT 系统,并于 2011 年年初在广州、上海、杭州、南京、深圳、厦门 6 个城市进行了 TD-LTE 规模技术试验;2011 年年底在北京启动了 TD-LTE 规模技术试验演示网建设。与此同时,随着国内规模技术试验的顺利进展,国际电信运营企业和制造企业纷纷看好 TD-LTE 发展前景。

2012 年 1 月 18 日,国际电信联盟在 2012 年无线电通信全会全体会议上,正式审议通过将 LTE-Advanced 和 WirelessMAN-Advanced(802.16 m)技术规范确立为 IMT-Advanced(俗称 4G)国际标准,我国主导制定的 TD-LTE-Advanced 同时成为 IMT-Advanced 国际标准。

6.5.2　4G 的关键技术

4G 通信系统的这些特点,决定了它将采用一些不同于 3G 的技术。主要有以下几种。

1. 正交频分复用(OFDM)技术

OFDM 是一种无线环境下的高速传输技术,其基本思想是在频域内将给定信道分成许多正交子信道,在每个子信道上使用一个子载波进行调制,各子载波并行传输。尽管总的信道是非平坦的,即具有频率选择性,但是每个子信道是相对平坦的,在每个子信道上进行的是窄带传输,信号带宽小于信道的相应带宽。OFDM 技术的优点是可以消除或减小信号波形间的干扰,对多径衰落和多普勒频移不敏感,提高了频谱利用率,可实现低成本的单波段接收机。

2. 软件无线电技术

软件无线电是一种用软件实现物理层连接的无线通信方式,其基本思想是把尽可能多的无线及个人通信功能通过可编程软件来实现,使其成为一种多工作频段、多工作模式、多信号传输与处理的无线电系统。

3. 智能天线技术

智能天线具有抑制信号干扰、自动跟踪以及数字波束调节等智能功能,是未来移动通信的关键技术。智能天线应用数字信号处理技术,产生空间定向波束,使天线主波束对准用户信号到达方向,旁瓣或零陷对准干扰信号到达方向,达到充分利用移动用户信号并消除或抑制干扰信号的目的。这种技术既能改善信号质量又能增加传输容量。

4. 多输入多输出(MIMO)技术

MIMO技术是指利用多发射、多接收天线进行空间分集的技术,其采用分立式多天线,能够有效地将通信链路分解成为许多并行的子信道,从而大大提高容量。信息论已经证明,当不同的接收天线和不同的发射天线之间互不相关时,MIMO系统能够很好地提高系统的抗衰落和噪声性能,从而获得巨大的容量。在功率带宽受限的无线信道中,MIMO技术是实现高数据速率、提高系统容量、提高传输质量的空间分集技术。

5. 基于IP的核心网

4G移动通信系统的核心网是一个基于全IP的网络,可以实现不同网络间的无缝互联。核心网独立于各种具体的无线接入方案,能提供端到端的IP业务,能同已有的核心网和PSTN兼容。核心网具有开放的结构,能允许各种空中接口接入核心网;同时核心网能把业务、控制和传输等分开。采用IP后,所采用的无线接入方式和协议与核心网络(CN)协议、链路层是分离独立的。IP与多种无线接入协议相兼容,因此在设计核心网络时具有很大的灵活性,不需要考虑无线接入究竟采用何种方式和协议。

本 章 小 结

移动通信是指通信双方或至少有一方是在运动中通过通信网络进行信息交换的。陆地移动通信系统分为蜂窝公用移动通信系统、集群调度移动通信系统、无绳电话系统等。

移动通信环境具有无线电波传播模式复杂、多普勒频移产生调制噪声、干扰较严重、信道传输条件恶劣、可供使用的频率资源有限等特点。

蜂窝式移动通信系统由移动业务交换中心(MSC)、基站(BS)、移动台(MS)及与市话网相连接的中继线等组成。移动通信的管理主要包括无线资源管理、移动性管理和安全性管理等。

移动通信中采用了无线传输的多类先进技术,如分集技术、调制技术、均衡技术、信道编码技术、跳频技术、直接序列扩频技术、码分复用多址技术、智能天线技术等。

无线接入设备选择 CDMA 或 OFDM 作为点到多点的关键技术时的主要因素：频谱利用率、支持高速率多媒体服务、系统容量、抗多径信道干扰等。两种技术各有所长。GSM 系统是基于时分复用多址(TDMA)的数字蜂窝系统，属于第二代移动通信系统。其区域包括小区、基站区、位置区、移动交换区、服务区。GSM 系统由交换系统、基站系统、移动台等部分组成。

通用分组无线业务(GPRS)是 GSM 系统中发展出来的一种分组业务，作为 GSM 向第三代移动通信(3G)技术过渡的 2.5 代技术。

码分复用多址(CDMA)数字蜂窝移动通信系统是扩展频谱技术在多址移动通信中的一种应用。CDMA 是一种以扩频通信为基础的调制和多址连接技术，具有隐蔽性、保密性、抗干扰等优点。

第三代移动通信系统(3G)的主要目标是进一步扩大系统容量和提高频谱利用率，同时满足多速率、多环境和多业务的要求。3G 主流技术标准包括 WCDMA、CDMA 2000、TD-SCDMA。

WCDMA 工作于频分双工(FDD)方式，其核心网络基于 GSM-MAP，主要特点是重视从 GSM 网络向 WCDMA 网络的演进(以 GPRS 作为中间承接)。

CDMA 2000 工作于频分双工(FDD)方式，可从 IS-95B 的 CDMA 系统的基础上平滑过渡到 3G 系统。

TD-SCDMA 是采用时分双工(TDD)方式和智能天线技术的公众陆地移动通信系统，也是唯一采用同步 CDMA(SCDMA)技术和低码片速率(LCR)的第三代移动通信系统，同时采用了多联合检测、软件无线电、接力切换等一系列高新技术。

4G 是集 3G 与 WLAN 于一体并能够传输高质量视频图像以及图像传输质量与高清晰度与电视不相上下的技术产品，理论上能够以峰值 100 Mbit/s 的速度下载，速度可达 3G 网络速度的十几倍到几十倍，比拨号上网快 2000 倍，上传的速度也能达到 50 Mbit/s，并能够满足几乎所有用户对于无线服务的要求。

习 题

6.1 试述移动通信与其他通信方式的比较。

6.2 试述蜂窝通信的特征。

6.3 列举移动通信中的无线传输技术。

6.4 试述移动通信中调制技术、信道编码技术、扩频技术的应用。

6.5 什么是智能天线技术？其应用有何特点？

6.6 试述码分多址技术的基本原理及其特点。

6.7 试述 GSM 移动通信的基本原理及特点。

6.8 阐明 GSM 系统的组成与功能。

6.9 给出 GSM 系统中的小区、基站区、位置区、移动交换区和服务区的定义。

6.10 举例说明 GSM 系统的通信过程。

6.11 什么是 GPRS 业务？举例说明 GPRS 的应用。

6.12 简述 CDMA 系统的关键技术。

6.13 试归纳移动通信中的主要关键技术及其作用。

6.14 简述 3G 的关键技术及其主流标准。

6.15 分别归纳 WCDMA、CDMA 2000、TD-SCDMA 的技术特征。

6.16 简述 4G 关键技术。

第 7 章

光通信网

信息科学的发展已进入一个崭新的电子学和光学相结合的领域。信息化时代的通信需要通信带宽更宽、通信速率更高的大容量方式,并要求通信方式的传输成本不断降低,光通信技术正适应这个要求,并正成为传送各种信息的主要工具。以互联网为代表的 IP 业务高速增长,引发了对传输带宽的无限需求,成为促进未来通信网体系架构发展的推动力。目前,支持全光网络发展的 WDM 系统及其相关新技术已全面展开。传统光传输网络正向着适于传送 IP 业务的新一代光信息网络演进。

本章学习目标

- 理解光传输的原理。
- 了解光传输系统的组成及其性能。
- 了解传输网的概念及体系结构。
- 了解 SDH 设备与 SDH 光传送网技术。
- 了解光波分复用技术(WDM)。
- 了解光通信网的新技术。

7.1 光传输概述

光波属于电磁波范畴,其中,紫外线、可见光、红外线都属于光波。光传输是以光波为载波,以光导纤维为传输媒介的信息传输过程或方式。

7.1.1 光传输的基本概念

光传输与电传输的主要区别有两点:一是以高频率光波作为载波传输信号;二是用光缆作为传输媒介。因此,在光传输中起主导作用的是产生光波的激光器和传输光波的光导纤维。

1. 光纤及其分类

光传输中采用的传输媒介是光纤。

光纤的基本结构是由纤芯和包层构成的同心圆柱体。目前,使用的光纤大多为石英光纤。石英光纤在包层外面还有一层涂覆层,起保护光纤表面、提高光纤抗拉强度的作用。若干根光纤按一定方式组合起来,外面再包上护套就形成了光缆。

　　光纤是一种媒介波导,具有把光封闭在其中并沿轴向传播的波导结构,纤芯和包层的折射率不同。其中,纤芯完成光信号的传输,包层将光信号封闭在纤芯中并保护纤芯,纤芯的折射率大于包层的折射率。

　　光纤有不同的分类方法,如下所述。

　　1) 按传导模式数量分类

　　光是一种电磁波,沿光纤传输时可能存在多种不同的电磁波分布形式(即传播模式),能够在光纤中远距离传输的传播模式称为传导模式。

　　光纤按传导模式数量可分为单模光纤和多模光纤。

　　(1) 单模光纤:是指在给定的工作波长上只传输最低阶模式的单一基模的光纤,不存在模式色散,因而传输带宽相当宽,适用于长距离、大容量的光纤系统。

　　(2) 多模光纤:光纤芯内传输多个模式的光波,其纤芯直径较大;不同模式在同一频率下传输,各自的相位常数不同,群速率不同,模式之间存在时延差;适用于中距离(10~100 km)、中容量的光传输系统。

　　2) 按折射率分布的不同分类

　　(1) 阶跃光纤:即阶跃折射率分布光纤,结构简单,是光纤研究的早期产品。

　　(2) 渐变光纤:即渐变折射率分布光纤。渐变型多模光纤折中于单模光纤的较高带宽与阶跃型多模光纤之间,其芯线直径大,对接头和活动连接器的要求都不高,比单模光纤使用方便,故对低次群系统较为实用,现仍大量用于局域网中。

　　3) 按套塑层的不同分类

　　(1) 紧套光纤:光纤各层之间紧贴,光纤由套管紧箍;光纤与套管间有一缓冲层,可减小外部应力对光纤的作用;其结构简单,使用和测试较为方便。

　　(2) 松套光纤:护套为松套管,光纤能在其中松动;其机械性能、防水性能较好,便于成缆;若一根管内放入 2~20 根光纤,可制成光纤束(称松套光纤束)。

　　光纤结构示意图如图 7-1 所示。

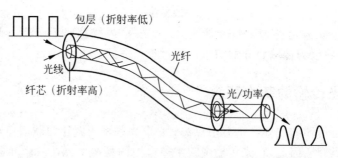

图 7-1　光纤结构示意图

　　在实际通信线路中,都将光纤制成不同结构、不同形式和不同种类的光缆,使它具备一定的机械强度,能承受工程中拉伸、侧压和各种外力作用,并能在各种环境条件下使用,保证传输性能的稳定和可靠。光缆由缆芯(单芯或多芯)、护套和加强元件组成。

2. 光纤的传输特性

　　光纤的传输特性主要包括损耗、色散和非线性效应。

1) 损耗

光波在光纤中传输时,随着传输距离的增加,光功率会不断下降,光纤对光波产生的衰减作用称为损耗。光纤的损耗特性用衰减系数(损耗系数)衡量,用于评价光纤质量和确定光传输系统的中继距离。

光纤自身的损耗主要有吸收损耗和散射损耗等。

2) 色散

由于光纤所传输的信号是由不同频率成分和不同模式成分所携带,且其传输速率不同,从而可能导致信号畸变。在数字光传输系统中,色散将使光脉冲产生时间上的展宽。当色散严重时,会导致光脉冲前后相互重叠,造成码间干扰,增加误码率。色散影响传输容量,并限制了光传输系统的中继距离。

光纤的色散通常以色散系数、最大时延差和光纤带宽等不同方法表征。

由多模光纤的模式色散引起的光脉冲宽度展宽如图 7-2 所示。

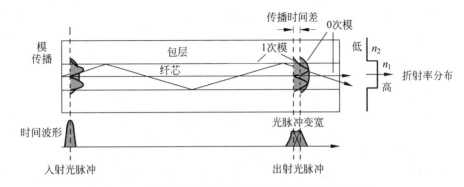

图 7-2　由多模光纤的模式色散引起的光脉冲宽度展宽

3) 非线性效应

在高强度电磁场中,任何电介质对光的响应都会变成非线性;而在光传输中,激光器输出的高功率将导致光纤的非线性效应。

非线性效应对于光传输系统有正反两方面的作用:一方面可引起传输信号的附加损耗,波分复用系统中信道之间的串话,信号载波的移动等;另一方面又可被利用开发新型器件(如放大器、调制器等)。

3. 光传输的波长

光传输系统工作在近红外区,波长为 $0.8 \sim 1.71\ \mu m$,相应的频率段为 $176 \sim 375\ \text{THz}$。光纤的损耗系数随着波长而变化。

为获得低损耗特性,目前光传输适用的工作波长范围和适用窗口分别如下。

短波长波段: $0.8 \sim 1.0\ \mu m$,适用工作波长为 $0.85\ \mu m$。

长波长波段: $1.0 \sim 1.8\ \mu m$,适用工作波长为 $1.31\ \mu m$ 和 $1.55\ \mu m$。

4. 光传输中的线路码型

光纤数字传输系统并不直接传输由电端机传输的数字信号,而是要经过编码,变换成码速率略高一些的适用于光传输系统中的线路码。

光传输系统中的常用线路码型如下。

(1) $mBnB$ 码：又称分组码，是把输入的信息码流以 m 比特(mB)分为一组，再按一定规则变换成 n 比特(nB)一组的码组输出，例如 5B6B 码。$mBnB$ 码使变换后的码流产生多余比特，用来传送与误码检测相关的信息。

(2) 插入比特码：把输入的信息码流按 m 比特分为一组，再在每组的 m 位之后插入一个比特，组成线路码。

(3) 加扰码：把已知的二进制序列按一定方法加入信息码流中；在接收端，用同样方法再恢复出原来的信息码流。

7.1.2　光传输的特点

光传输是利用半导体激光器(LD)或发光二极管(LED)作为光源，把电信号转换成光信号并将其耦合进光纤中进行传输；在接收端使用光检测器，如光电二极管或雪崩光电二极管等，将光信号再还原成电信号的一种通信方式。

1. 光传输的优势

1) 传输频带宽，通信容量大

光传输以光波为载频，传输带宽极宽，能满足大容量的通信要求。一般多模光纤的带宽为 $1 \sim 10$ GHz/km，而单模光纤的带宽可达 1.5 THz/km 以上。若采用光波分复用方式，在光纤低损耗区域内设置 100 个光波长通道，则一根光纤的传输容量至少可达到 1 Tbit/s(100×10 Gbit/s)，相当于传输 1200 万路电话或 10 万路高清晰度电视节目。因此，光纤在单位截面积上有极大的信息传输能力，即单位截面积上的信息密度极高，传输容量极大。

光传输的单信道容量主要还是受到"电子瓶颈"(端机速率)的限制。目前，世界上商用系统的最高速率只有数十 Gbit/s。

2) 损耗低，中继距离长

目前，制成的 SiO_2 玻璃媒介的纯净度极高，所以光纤的损耗极低。通信用石英光纤在 $1.0 \sim 1.8$ μm 波长范围内的损耗一般低于 1 dB/km，目前单模光纤在 1.31 μm 窗口的损耗约 0.35 dB/km，1.55 μm 窗口的损耗低达 0.2 dB/km，而且对相当宽频带内的各频率的损耗几乎一样。由于光纤的损耗低，可以实现长距离传输，特别是采用光放大器后，可减少线路再生中继器的数量，使无再生中继段距离可达数千千米以上，既可提高系统的可靠性，又降低了成本。因此，光纤传输可以实现比电缆传输长得多的中继距离，这对于长途干线(特别是海底光缆通信)具有重大的意义。

3) 电磁兼容性和环境兼容性优良

光纤是用非金属媒介绝缘材料制成的光波导，对电磁干扰不敏感，也不受大地回流的影响，强电、雷电、核辐射等环境都不会影响光纤的传输性能，光纤接头不放电、不产生电火花，这是通常的电通信所不能比拟的，因此，光传输在电力输配、电气化铁路、雷击多发地区、核试验等特殊环境中应用更能体现其优越性。由于传输光信号，不存在由于大地回路引起的各种干扰,也不存在由于地电位相差很大而无法进行通信的问题。

光纤在传输过程中向外泄漏的光能很小,光传输串音小、难以被窃听,比传统的无线、有线通信有更好的保密性能。

光纤可用于易燃易爆的环境中,是比较理想的防爆型传输方式。光纤不怕高温(石英玻璃的熔点在 2000℃ 以上),光纤在一般明火(温度约 1000℃)情况下不会改变特性。SiO_2 抗化学腐蚀,环境兼容性优良。光纤具有抗化学腐蚀能力,可大量减少以往由于铜缆腐蚀而引起的故障,从而可改善网络的可靠性。

4) 体积小,质量轻,可挠性好

光纤的直径很细,约为 0.125 mm,光缆的直径小,故质量轻,这不仅使线路设备所占空间小,节约地下管道的建设投资,而且便于运输和施工。经过表面涂敷的光纤柔软可挠且易成束,能得到直径小的高密度光缆,可以采用与电缆同样的技术进行铺设。

5) 资源丰富,节约有色金属

光纤材料的主体是石英,原材料丰富,用光缆取代电缆可节约大量有色金属材料(特别是铜)。市场上各种电缆金属材料价格不断上涨,而光缆价格在逐步下降,这为光传输得到迅速发展创造了重要的前提条件。目前,光传输系统的综合造价,一般已低于同轴电缆传输系统的综合造价。

2. 数字光传输系统的技术特点

与传统的传输方式相比,数字光传输系统具有以下技术优势。

(1) 易与程控交换机连接。

(2) 采用了专用超大规模集成电路、混合集成电路,以及表面安装技术,使设备的可靠性大大提高。

(3) 采用 PCM 技术,便于利用终端设备上的计算机,实现全系统的检测与监控。

(4) 扩容方便。波分复用技术使得光传输(在不增加光纤芯数时)的容量大幅度提高。

3. 光纤连接问题及技术发展

光纤本身也有缺点,如光纤质地脆、抗拉强度低、防水性能差,要求有较好的切断和连接技术,分路与耦合较费时等。随着技术的进步,上述问题在一定程度上都得到了解决。例如,各类光纤自动熔接机的出现,只需人工将欲接续两根光纤的端面处理好,安放于装置中启动后,熔接机可自动调整两根光纤的相对位置至最佳,然后放电熔接,还可自动显示接续情况及接续损耗。使用自动熔接机时一次可接续多纤,使多芯光缆的接续更为方便。为了便于抢修或在无电源时接续,也有机械接续装置提供选用。

7.1.3 光传输系统及其技术发展

1. 光传输系统的分类

光传输系统可根据系统使用的光波长、传输信号形式、传输光纤和光接收方式的不同特点,分成具有各种不同特点的光传输系统。

1) 按光波长划分

短波长光传输系统：工作波长为 $0.8\sim0.9\ \mu m$，中继距离短，一般在 10 km 以内。

长波长光传输系统：工作波长为 $1.0\sim1.6\ \mu m$，中继距离长，可达 100 km 以上。

超长波长光传输系统：工作波长为 $2\ \mu m$ 以上，中继距离长，可达 1000 km。

2) 按光纤传输模式划分

多模光传输系统：石英多模光纤，传输容量较小，一般在 140 Mbit/s 以下。

单模光传输系统：石英单模光纤，传输容量大，一般在 140 Mbit/s 以上。

3) 按传输信号形式划分

光纤数字通信系统：传输数字信号，抗干扰能力强，通信质量高。

光纤模拟通信系统：传输模拟信号，适用于短距离传输，成本较低。

4) 按系统工作方式划分

相干光传输系统：接收机灵敏度高，通信容量大，设备复杂。

全光通信系统：不要求光电变换，通信质量高。

波分复用系统：通信容量大，扩容方便，成本较低。

2. 光传输技术的发展

光传输技术的发展可分为以下几个阶段。

第 1 阶段：从基础研究到商用的开发时期，以 20 世纪 70 年代中期的 850 nm 波长的多模光传输系统为代表，实现了短波长低速率多模光传输系统，无中继传输距离为 10 km。

第 2 阶段：20 世纪 70 年代末至 80 年代初，以提高传输速率和增加传输距离为研究目标和大力推广应用的大发展时期，光纤从多模发展到单模。

第 3 阶段：20 世纪 80 年代中期以后的长波长单模光传输系统，以其超大容量超长距离为目标，是全面深入开展新技术研究的时期。

第 4 阶段：20 世纪 80 年代末到 90 年代中期，主要特征是开始采用 $1.55\ \mu m$ 波长窗口的光纤，光纤损耗进一步降至 0.2 dB/km，主要建设同步数字系列(SDH)同步传输网络，传输速率达 2.5 Gbit/s，中继距离为 $80\sim120$ km，并开始采用掺铒光纤放大器(EDFA)和波分复用(WDM)器等新型器件。

第 5 阶段：自 1996 年起，主要特征是采用密集波分复用(DWDM)技术的光传输网络的开发与应用，基于 IP 的光信息网络不断发展，并将使现有的光传输网络发生深刻变革。

7.2   光传输系统

光传输系统包括信源端的光发送机(光调制设备)、信宿端的光接收机(光解调设备)和进行连接的光纤媒介。若进行远距离传输，在线路中间还需插入中继器。数字光传输系统一般由 PCM 终端设备、数字复用设备、光端机(双向)、光纤和光中继设备(双向)，以及电端机、备用系统和辅助系统等组成。

7.2.1　光传输原理

与无线通信及有线通信相同,光传输系统也有发送设备、传输线路和接收设备三大部分。

1. 光传输过程

光传输基本过程如图 7-3 所示。

图 7-3　光传输基本过程

光传输系统可归结为"电-光-电"的简单模型。所传输的信号必须先变成电信号,然后转换成光信号在光纤内传输,再将光信号变成电信号。整个过程中,光纤部分只起到传输作用,对于信号的生成和处理,仍由电系统来完成。

光传输系统的发送设备有光源器件,它将电信号转换为光信号送到光纤中进行传输,传输媒介为光纤(光缆);在接收设备中设有光检测器件,将接收到的光信号转换为电信号再进行处理。光源器件和光检测器件是光有源器件。实际应用中常将光发送设备和光接收设备装于同一机架中以便于双向通信,即光传输终端设备(简称光端机)。在光缆线路中,可设置光中继机以增加传输距离。为了便于光端机与光缆的连接,便于光纤线路的调度,调整光功率的分配,进行光的多路传输等,还需使用光连接器、光衰减器、光分路器、光耦合器、光分波器、光滤波器和光开关等各种光源器件。

2. 光调制

光传输也可分为模拟通信和数字通信两种。模拟光传输中的光信号强度随电信号的变化而线性变化(即光线有"明""暗"之分)。而数字光传输中的光信号与数字电信号相似,只有两种状态"1"和"0"(即"亮"和"灭")。

根据调制与光源的关系,光调制可分为直接调制和间接调制两大类。

1) 直接调制方法

目前,光传输系统普遍采用的是"数字编码-强度调制-直接检测"(IM/DD)方法。强度调制是用电信号去直接调制光的强度,使之随电信号变化;而直接检测是指直接由接收的光信号检测出电信号。

直接调制是一种光强度调制(IM)的方法。强度是指单位面积上的光功率。强度调制就是在发送端用电信号通过调制器控制光源的发光强度,使光强随着信号电流线性变化,从而将电信号转变成相应的已调光信号送入光纤进行传输。

直接调制方法仅适用于半导体光源(半导体激光器(LD)和发光二极管(LED)),该方法把要传送的信息转变为电流信号注入 LD 或 LED,从而获得相应的光信号。

2)间接调制方法

间接调制方法利用晶体的电光效应、磁光效应、声光效应等性质,来实现对激光辐射的调制。该调制方法适用于半导体激光器和其他类型的激光器。间接调制常用外调制的方法,即在激光形成后加载调制信号。其方法:在激光器谐振腔外的光路上放置调制器,在调制器上加调制电压,使调制器某些物理特性发生相应变化,当激光通过调制器时便得到调制。

7.2.2 光传输系统的组成

1. 数字光传输系统的基本组成

数字光传输系统的基本组成如图 7-4 所示。

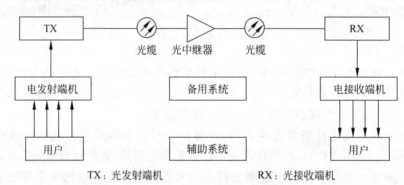

TX:光发射端机   RX:光接收端机

图 7-4   数字光传输系统的基本组成

2. 光端机和电端机

光传输系统是双向的,常将光发送机和光接收机合成在一起,称为光端机。图 7-5 示出了光端机和电端机在系统中的作用。

图 7-5   光端机和电端机在系统中的作用

1)光发送机

光发送机的作用是将 PCM 设备送来的电信号进行电/光变换,并处理成为满足一定要求的光信号后送入光纤传输,其框图如图 7-6 所示。其中,光源(半导体激光器)是光发送机的关键器件,产生光传输系统所需要的载波。输入接口在电发射机与光发射机之间解决阻抗、功率及电位的匹配问题。线路编码则对经过扰码后的信息流进行编码。调制电路将电信号转变为调制电流,以便实现对光源输出功率的调制。控制电路包括自动温度控制(ATC)和自动光功率控制(APC)电路,用以防止因环境温度变化和器件老化问题而影响输出光功率的稳定性。

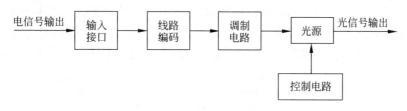

图 7-6　光发送机原理框图

2) 光接收机

光接收机的作用是把经光纤传输后脉冲幅度被衰减、宽度被展宽的微弱光信号转变为电信号,并放大、再生,恢复出原来的信号。光信号传送到接收端,通过光电检测器的光/电转换作用变成电信号,再送入前置放大器放大。

光接收机一般由光电检测器和解调器组成。要求光电检测器随外界环境和温度的特性变化应尽可能小,以提高系统的稳定性和可靠性。

3) 电端机

电端机是电发射端机和电接收端机的合称,包括 PCM 基群终端机和高次群复接(或分接)设备。电发射端机的作用是把模拟信号转换为数字信号,完成 PCM 编码,并按时分复用的方式把多路信号复接、合群,从而输出高比特率的数字信号。电接收端机则完成与电发射端机的相反变换。

3. 光中继器

在长途光传输系统中,由于光纤存在损耗将造成光能力的损失,光纤色散会造成光脉冲的畸变,从而引起系统误码性能劣化,使信息传输质量下降。故每隔一定距离(50～70 km)必须设置一个光中继器(也称为光再生器),以补偿光纤所传输的信号衰减和畸变,使光脉冲得到再生。

光中继器的主要作用是补偿光能量的损耗,恢复信号脉冲形状,延长光信号传输距离。

传统的光中继器采用对光信号进行间接放大的"光-电-光"的转换形式,即先将所收微弱光信号用光检测器转换成电信号,进行放大、整形和再生,恢复出原来的数字信号,然后再对光源进行调制,变换为光脉冲信号送入光纤继续传输,以延长中继距离。

光-电-光中继器一般由两部分组成:完成光/电转换的光接收端机(无码型变换)以及完成电/光转换的发送端机(无功放与码型变换)。

为了使光中继机正常工作,便于监控、维护,必须有电源、公务、告警、监控等设备。有的光中继器还有区间通信接口,以提供一定的区间通信能力。

4. 掺铒光纤放大器

掺铒光纤放大器(EDFA)的出现,使得传统的光中继器已开始被光放大器所替代。

特别是在高速光传输系统中,EDFA 得到了广泛应用。EDFA 具有高增益、低噪声、对偏振不敏感、放大带宽较宽等优点。

掺铒光纤放大器(EDFA)属于稀土掺杂光纤放大器,它利用光纤芯中所掺入的一定比例的稀土元素铒离子而引起的增益机制,用以实现光放大。EDFA 包括光路部分和辅助电路部分。光路部分由掺铒光纤、泵浦光源、光耦合器、光隔离器和光滤波器组成,辅助电路主要有电源、自动控制部分和保护电路。EDFA 的典型结构如图 7-7 所示。

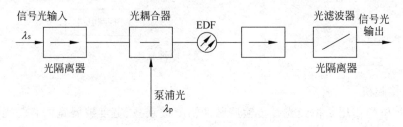

图 7-7　EDFA 的典型结构

EDFA 可直接接入光纤传输链路,作为在线放大器(或作为光中继器)而取代光-电-光中继器,实现光-光放大。EDFA 可广泛应用于长途通信、越洋通信和 CATV 分配网络等领域。EDFA 还可作为功率放大器(接在光发送机的光源之后)、前置放大器(放在光接收机之前),或在光纤局域网中用作分配补偿器以增加光节点数。

EDFA 的主要特点如下。

(1) EDFA 工作在 $1.55\ \mu\mathrm{m}$,与光纤的低损耗窗口一致,是波分复用系统(WDM)的工作波段。

(2) 信号增益带宽很宽,可以用于各路光信号的同时放大,尤其适用于密集波分复用系统(DWDM)。

(3) 增益高,且具有较高的饱和输出功率,可用于功率放大。

(4) 具有较低的噪声指数。

(5) 易与光传输系统连接,耦合损耗小。

(6) 所需泵浦光功率低,约数十毫瓦,泵浦效率较高。

5. 辅助系统和备用系统

1) 辅助系统

为保证信号可靠传送及整个光传输网的管理、运行和维护,光传输系统设置了辅助系统,包括监控管理系统、公务通信系统、电源供给系统、告警处理系统、自动倒换系统等。

2) 备用系统

光器件的可靠性不如电子器件。为了保证通信系统的通畅,需要设置备用系统。该系统包括光端机、光纤和光中继器。备用系统可供一个或多个主用系统共用,当某个主用系统出现故障时,即可倒换至备用系统。

7.2.3　光传输系统的主要性能指标

数字光传输系统的主要性能指标有误码特性、抖动特性、可靠性与可用性。

1. 误码特性

数字光传输系统的误码率(BER)定义:

$$BER＝误判码元数/传输的总码元数$$

误码率(误比特率)的基本定义是数字信息在传输过程中发生差错的概率。传输电话时,根据语音的特点,仅需用每分钟误码的数量级来表述即可;传输数据时,则关注在传输数据码组时刻有无误码发生。在实际测量中是指在一个较长的时间间隔内,传输码流中出现错误的码元数与传输总码元数之比。

对于 SDH 网络中高比特率通道的误码性能,为了衡量误码对通信的实际影响,采用了"块"的概念。所谓"块",是指通道中传送的连续比特的集合,每个比特属于且仅属于一个块,连续比特在时间上有可能不连续。当块内的任意比特发生差错时,则称该块为差错块。

2. 抖动特性

抖动又称相位抖动、定时抖动,是数字信号传输过程中的一种瞬时不稳定现象。抖动程度多用数字周期来表示,即一个码元的时隙为一个单位间隔,用符号 UI 来表示。

抖动包括两个方面:一是输入信号脉冲在某一平均位置左右变化;二是提取的时钟信号在中心位置上的左右变化。当抖动严重时,将使接收机由于脉冲移位而引起误码。系统的传输速率越高,抖动的影响越大。

产生抖动的主要原因是随机噪声、时钟恢复电路的谐振频率偏移、接收机的码间干扰,以及数字复接系统的复接分接过程、光缆的老化等。多中继长途通信方式中的抖动具有累计性。抖动在数字传输系统中最终表现为数字端机解调后的噪声,使信噪比恶化、灵敏度降低。

抖动一般难以完全消除。控制或抑制抖动的方法主要有两种:一是对数字信号采用合适的线路编码,使"0""1"码的分布比较均匀;二是采用某些技术措施来抑制信号的抖动。

为了使光传输系统在有抖动的情况下仍能保持系统的指标,抖动应限制在一定范围内,即抖动容限。输入抖动容限是指光纤数字通信系统允许输入脉冲发生抖动的范围。输出抖动容限则为输入信号无抖动时,系统输出信号的抖动范围。传输不同信号时的抖动容限一般有所不同。例如,在传输语言或数据信号时,系统的抖动容限应小于 4%;在传输彩色图像信号时,系统的抖动容限应小于 2%。

【例 7-1】　光纤数字通信系统的抖动容限测量。

测量输入抖动容限时,常使用低频信号发生器在 100～300 Hz 频率范围内选若干频率点,对伪随机码发生器进行调制,同时检测系统的误码情况;然后逐步加大低频信号发生器的输出幅度直到出现误码,此时从脉冲编码调制(PCM)系统分析仪上可测出相应频率点上的输入抖动容限。

3. 可靠性与可用性

可靠性是指系统(或产品)在规定的条件下和时间内,完成规定功能的能力,常用故障率来表征;可用性是指系统(或产品)在规定的条件下和时间内处于良好工作状态的概率。

影响系统可靠性与可用性的因素包括设备性能恶化或故障、传输链路的性能恶化或故障、干扰、环境和基础设施的影响、人为事故与维护修复时间等。

在光传输系统中,光源的寿命也是保证系统可靠性的重要因素。在长距离的复杂系统中,由于使用光源多,为保证系统有足够的可靠性,要求光源有相当长的绝对寿命。

7.3 SDH 光传送网技术

电信业务网中各类不同的业务信号都将通过传输网进行传输,传输线路和传输设备是电信网中一项重要的基础设施。同步数字体系(SDH)是一套可进行同步信息传输、复用、分插和交叉连接的标准化数字信号结构等级。SDH 光传送网使信息的传输具有高度灵活性、可靠性和可管理性,为窄带和宽带业务的传输和开通新业务提供了良好的基础结构平台,在干线网、中继网、接入网,以及各类专用网等通信基础设施中发挥了重要作用。

7.3.1 传送网的基本概念

通信网的基本功能可归纳为两大类:传送功能和控制功能。传送功能实现任何通信信息从点到点(或点到多点)的传递,控制功能实现辅助业务和操作维护功能。传送功能和控制功能并存于任何一个物理网络中。传送网是指在不同地点的各点之间完成信息传递(含各种网络控制信息传递)功能的一种网络。

1. 传送与传输

传送与传输的概念有所不同,传送是从信息传递的功能过程来描述,传送网是其网络逻辑功能的集合;而传输则从信息信号通过具体物理媒介传递的物理过程来描述,传输网具体是指实际设备组成的网络。传送网也可泛指全体实体网和逻辑网。

2. 传送网的分层结构

传送网一般采用分层结构,以便于网络的设计和管理。每一层都有独立的网络运行、维护、管理功能,可以在层内完成而不影响上层。

传送网自下而上可分成 3 个子层:传输媒介层、通道层和电路层。

1) 传输媒介层

传输媒介层包含传递信息的所有物理手段,即传输设备以及连接设备的媒体,如电缆、光缆、微波、卫星、线路系统、复用设备、交叉连接设备、交换机的交换结构、数字配线架和光纤配线架等。

2）通道层

通道可看作是标准化的一组电路。通道层作为一个整体在网络中传输和选路，并能实现监测和恢复功能。目前，通道层中有准同步数字系列（PDH）通道、同步数字系列（SDH）的虚容器通道、异步传送模式（ATM）的信元虚通道等。

通道层和传输媒介层间的关系是客户和服务者的关系。通道可看作是物理媒介所提供的全部传输容量的一部分，传输媒介层向通道层提供相关的线路段资源或无线段资源。传输媒介层和通道层面向电路层业务。

3）电路层

电路层包括传输媒介层和通道层提供的各种业务传输，如电话网中 64 kbit/s 和 2 Mbit/s 的电路。电路层和通道层的关系是客户和服务者的关系。

3. 传送网的技术体制

通信系统的基本任务是传输和交换含有信息的信号。通信系统中所采用的信号形式、信号传输方式和信息交换方式称为通信体制。各种通信系统及通信线路的具体组成与其通信体制有密切关系。

传送网的主要传输媒介是光纤、数字微波和卫星。

为了提高信道的利用率，线路上传输的信号都经过一定的复用处理而变为群路信号。在数字通信系统中，传输的信号都是数字化的脉冲序列。这些数字信号流在数字交换设备之间传输时，其速率必须完全保持一致，才能保证信息传输的准确无误，这称为同步。

目前，传送网的技术体制主要有采用时分复用方式的准同步数字系列（PDH）和同步数字系列（SDH）。

1）准同步数字系列

采用 PDH 的系统在数字通信网的每个节点上都分别设置高精度的时钟，这些时钟的信号都具有统一的标准速率。尽管每个时钟的精度都很高，但其间总有一些微弱的差别（其差别不能超过规定的范围）。因此该同步方式并不是真正的同步，称为"准同步"。

随着光传输的发展以及用户对通信业务需求的提高，使基于点对点传输的 PDH 固有问题日益显露。PDH 的主要缺点如下。

（1）PDH 只有地区性的数字信号速率和帧结构标准，造成了全球互通的困难。

（2）PDH 没有光接口规范的国际标准，导致各厂商生产的专用光接口无法在光路上互通，而只有通过光/电转换成标准电接口才能互通，从而增加了网络的复杂性和运营成本。

（3）在 PDH 系统的复用结构中，多数速率等级信号采用异步复用，而难以从高速信号中识别和提取低速支路信号，且结构复杂缺乏灵活性。

（4）PDH 的帧结构中缺乏用于网络运行管理和维护的辅助比特，限制了网络管理维护能力的进一步改进。

（5）建立在点对点传输基础上的复用结构缺乏灵活性，无法提供最佳的路由选择，非最短的通信路由占了业务流量的大部分，使数字信道设备的利用率很低，难以支持新业务。

2）同步数字系列

20世纪80年代后期,网络技术体制发生了重大变革,产生了高速大容量光纤传输技术和智能网络技术相结合的新体制——同步数字体系(SDH)。SDH是在PDH基础上发展起来的一种数字传输体制。在SDH方式中,各个系统的时钟在同步网的控制下处于同步状态,易于复用和分离。SDH主要应用于光传送(也适用于微波和卫星通信),是构成现代传输网络的一个完整的体制标准。

SDH最为核心的三大特点是同步复用、强大的网络管理能力和统一的光接口及复用标准,并由此带来了许多优良的性能。目前,SDH光传送网是我国数字传送网的主体。我国的SDH光传送网分为4个层次：国家骨干网(一级干线网)、省内干线网(二级干线网)、本地中继网和用户接入网。

7.3.2 同步数字系列(SDH)

SDH是一套可进行同步信息传输、复用、分插和交叉连接的标准化数字信号结构等级。

SDH网络由一些基本的网络单元(NE)组成,是在传输媒介上(如光纤、微波等)进行同步信息传输、复用、分插和交叉连接的传输网络,它具有全球统一的网络节点接口。

1. SDH的技术特征

现代传送网络必须具有统一的接口速率及相应的帧结构,SDH网络则具备了这一特点。SDH在组网时采用了大量的软件功能进行网络管理、控制及配置,具有很强的可扩充性和可维护性,尤其是在环型网、网状网等网络中应用时,可进行灵活的组网与业务调度,能实现高可靠的网络自愈(指对通信业务的自愈)。

SDH的技术特征如下。

(1) 网络节点互联接口包含了传送网络的两类基本设备,即传输设备和网络节点(设备)。

(2) 传输设备包括光传输、微波通信和卫星通信等系统。

(3) 网络节点包含有许多种类,如64 kbit/s电路节点、宽带交换节点等。

2. SDH的同步传输模块与帧结构

SDH技术的基础是其帧结构。

SDH采用一套标准化的信息结构等级,称为同步传输模块STM-N。在SDH的同步传输模块STM-N($N=1,4,16,64\cdots$)中,有

STM-1：最基本的模块,其传输速率为155.520 Mbit/s。

STM-4：将4个STM-1同步复用可构成。

STM-16：将16个STM-1(或4个STM-4)同步复用可构成。

STM-64：将64个STM-1(或4个STM-16)同步复用可构成。

同步传输模块STM-N的标准传输速率如表7-1所示。

表 7-1　同步传输模块 STM-*N* 的标准传输速率

同步传输模块	标准传输速率
STM-1	155.520 Mbit/s（简记为 155 Mbit/s）
STM-4	622.080 Mbit/s（简记为 622 Mbit/s）
STM-16	2488.320 Mbit/s（简记为 2.5 Gbit/s）
STM-64	9953.280 Mbit/s（简记为 10 Gbit/s）

SDH 的各种业务信号需装入 STM-*N* 帧结构的信息净负荷区内。在 SDH 的帧结构中,安排了丰富的开销比特用于网络管理;同时具备一套灵活的复用与映射结构,允许将不同级别的 PDH 信号以及 ATM 等信号,经处理后放入支持 SDH 通道层连接的不同信息结构(称虚容器 VC-*n*)中,因而具有广泛的适应性。在传输时,可按规定的位置结构将上述信号组装起来,利用传输媒介(如光纤)传送到目的地。

SDH 的帧结构是一个块状帧结构,如图 7-8 所示。

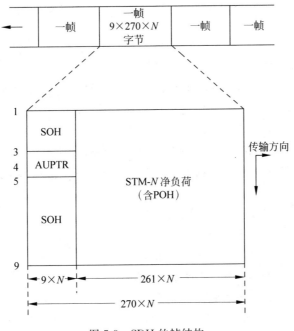

图 7-8　SDH 的帧结构

3. SDH 的复用技术

我国 SDH 的基本复用结构如图 7-9 所示。

图 7-9 中,容器(C)是一种用来装载各种不同速率的信息结构,虚容器(VC)是在 SDH 网中用以支持通道层连接的一种信息结构。容器和虚容器组成与网络同步的信息有效载荷。TUG 和 AUG 则分别表示支路单元组和管理单元组。

为得到标准的 STM-*N* 信号,需将各种业务信号装入 STM-*N* 帧结构的信息净负荷区内。为此,通常需要经过映射、定位和复用这 3 个基本步骤。

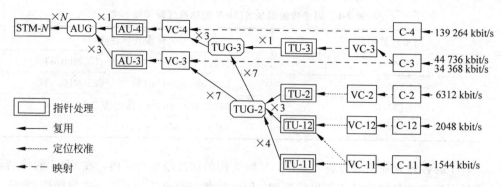

图 7-9　我国 SDH 的基本复用结构

1）映射

映射是在 SDH 网络边界，将各种速率的支路信号分别经过码速调整装入相应的标准容器（C），再适配进相应虚容器（VC）的过程。其实质是使各种支路信号的比特根据一定关系，放置到 SDH 容器中规定的不同位置（C-n）上。

2）定位

定位是把帧偏移信息收进支路单元或管理单元的过程，即指明已装净负荷的各种虚容器 VC-n 在 STM-N 信号中的准确位置。

其中，支路单元（TU）是一种在低阶通道层和高阶通道层之间提供适配功能的信息结构；管理单元（AU）是一种在高阶通道层和复用段层之间提供适配功能的信息结构。

3）复用

复用是指将几路信号按单个字节交织进行同步复用，而成为一路信号的过程。

【例 7-2】　SDH 复用映射结构的形象化比喻。

为了便于理解 SDH 的复用映射结构，现用集装箱运载货物作比喻，如图 7-10 所示。在本例中，可把承载信息净荷的容器（C）视为标准包装箱，C-n 表示箱体的不同规格，以便能适配装进各种物品（喻指适配存放各种速率的信息）。

图 7-10 中，在包装箱与物品（水果）之间的空隙被填塞物填满，填塞物喻指 C-n 中的固定填充比特，相当于填充物，是非信息的比特。容器箱体的包封附有标签（喻指通道开销 POH），用来指明箱内物品的名称，以及有关该箱物品由发送点到接收点运送过程中的质量和状态。

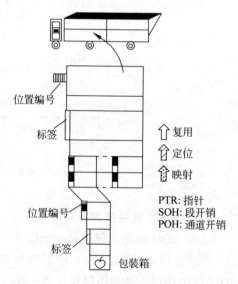

图 7-10　SDH 复用映射结构的形象化比喻

附上 POH 以后的箱体称为虚容器（VC，包括高阶 VC 和低阶 VC）。

在每一个箱体（VC）上再附加上相应的位置编号（喻指指针 PTR）。位置编号（PTR）

用来指明该箱体(VC)在集装箱中的准确位置,即相当于需要对集装箱内所有用于载货空间的位置进行编号。

当物品运送到终端站或枢纽站时,根据箱体(VC)编号可以对所有箱体及箱内物品进行直接插入或取出,或灵活调度和重组箱体(VC)而不必拆卸整车(或整箱)物资。

所有构件按其规定的位置准确无误地放置在大型集装箱中,并再附上段开销。段开销可比作当货物运输在不同运营区段时所需要的质量监测和其他操作,以及维护管理时的开销。

于是,各种货物(信息)将十分灵活、方便、高效和可靠地被送往各地。

4. SDH 的应用特点

作为完全不同于 PDH 的新一代传输网络体制,SDH 主要具有以下特点:采用同步复用方式和灵活的复用映射结构;能够与现有的 PDH 网实现完全兼容;具有全球统一的网络节点接口;帧结构中安排了丰富的开销比特;采用了先进的指针调整技术;引入了虚容器的概念;采用先进的分插复用器、数字交叉连接等设备;提出了便于国际互通的系列标准。

综上所述,SDH 技术具备了优良的性能,最终将取代 PDH。尤其是 SDH 与一些先进技术相结合,如光波分复用(WDM)技术、ATM 技术、IP over SDH 等,使 SDH 网络的作用越来越大,从而成为传输网的主流技术之一。

7.3.3   SDH 传输设备

SDH 传送网由网络单元(简称网元)组成。基本网元一般可分为 3 类,即交换设备、传输设备和接入设备。其中,交换设备包括交换机和 ATM 设备;接入设备包括数字环路载波系统、宽带综合业务数字网,以及光纤分布式数据接口等。

SDH 传输设备根据 SDH 帧结构和复接方法设计,一般分为终端复用器(TM)、分插复用器(ADM)和同步数字交叉连接设备(SDXC)等,这些设备都由各种逻辑功能模块组合而成。

1. 终端复用器

在 SDH 系统中,终端复用器(TM)主要是用于点到点的系统,以及分插复用器链路的两端,在我国干线网的传输系统中被广泛应用。

终端复用器(TM)的主要功能是实现将 PDH 信号复接成高速的 STM-$M(M>N)$信号,并完成电光信号转换,使它在光纤中传输。

TM 分为接口终端复用设备和高阶终端复用设备。

(1)接口终端复用设备:各类 PDH 系列信号作为支路的输入、输出信号,该信号可为固定接入,也可为信号混合,还可以灵活的方式进入 STM-N 帧结构中的任何位置。

(2)高阶终端复用设备:实现同步系列中各级信号间的复接/分接,即把若干个 STM-N 同步为 STM-M,或从 STM-M 信号分接出 STM-N 信号($M=4N$)。

2. 分插复用器

分插复用器(ADM)在组网中可灵活应用于上、下电路,它不仅可用于点到点的传输,而且大量用于链路和环型网,在我国的二级干线和本地网中得到广泛应用。

ADM 将同步复用和数字交叉连接功能综合于一体,可从主信号码流中灵活分出一些支路信号或插入另外一些支路信号,因而在网络设计上具有很大的灵活性。ADM 所特有的自愈能力,在 SDH 的环型网应用中占有重要地位。

3. 数字交叉连接设备

数字交叉连接设备(DXC)是相当于数字配线架自动化的设备,是一种具有 SDH(或 PDH)信号端口,兼有复用、配线、保护/恢复、监测和网络管理等多种功能,并可在任何端口信号速率间进行可控连接和再连接的传输设备。适用于 SDH 系统的 DXC 称为 SDXC,它不仅直接代替了复用器和数字配线架(DDF),并可为网络提供迅速有效的连接和网络保护/恢复功能,并能经济、有效地提供各种业务。

SDXC 的主要功能如下。

(1) 分离本地交换业务和非本地交换业务,为本地交换业务迅速提供可用路由。

(2) 按不同时期的业务流量变动配置电路。

(3) 为临时性重要事件迅速提供电路。

(4) 当网络出现故障时,能迅速通过网络重新配置路由。

(5) 网络运营者可自由混合不同的数字体系,并作为 PDH 和 SDH 的网关使用。

7.3.4 SDH 光传送网

1. 传送网的接口

1) 电接口

电接口主要为 PDH 系列与 SDH 系列的接口,以及 STM-1 或 SDH-M 接口,交叉连接点的技术要求包括比特率、容差、码型变化、信号功率电平等。

2) 光接口

光接口的主要功能是在再生段实现横向兼容,使各种光接口网络单元在光路直接互联。光接口按照应用场合的不同,可分为局内通信、短距离局间通信和长距离局间通信。

2. SDH 的组网

我国 SDH 系统的网络结构,一般采用有自愈功能的环型网结构及部分点对点线性结构(以及干线)。全国 SDH 系统组网分为 4 个层面。

1) 一级干线网(国家骨干网)

国家骨干网由直辖市和较大的省会城市构成网状网,并辅以少量线型网。

2) 二级干线网

二级干线网主要实现省内的骨干环型网(少量线型网),具有灵活的调度电路能力。

3) 本地中继网

本地中继网(长途局与市话局、市内局间连接)可按区域组成若干环,由分插复用设备

ADM 组成各类自愈环,也可以路由备用方式构成两节点环。中继线网可作为长途网与中继网、中继网与市话网间的网关或接口,还可作为 PDH 系列与 SDH 系列之间的网关。

4) 用户接入网

用户接入网是 SDH 网中最庞大、最复杂的部分,其建设投资占整个投资的 50% 以上。用户接入网的光缆化正在实施中。

SDH 系统组网的同步和定时需采取严格措施进行控制。SDH 网必须使来自上一级交换局的数字信号帧与本局帧之间建立并保持同步,且同步每个交换局的时钟频率。

我国的 SDH 组网同步方案以主从同步方式进行建设,它使用一系列分级时钟,每一级都与上一级时钟同步。最高一级称为基准主时钟,它通过同步网分配给下级各级时钟(从时钟)。

3. SDH 自愈网

自愈是指通信网络发生故障时,无须人为干预,即可在极短的时间内从失效故障中自动恢复所承载的业务。自愈的基本原理是使网络具备发现故障并能找到替代传输路由的能力,在移动时限内重新建立通信。具有该自愈能力的网络称为自愈网。常用的自愈技术如下。

(1) 线路保护倒换。传统的信号传输系统的保护方式,一般用光纤系统备份(设备备份和线路备份)进行保护。

(2) ADM 自愈环。保护型策略,采用分插复用器组成环型网实现自愈,已被广泛应用。

(3) DXC 网状自愈网。恢复型策略,充分开发 DXC 节点的智能,利用网络内的空闲信道恢复受故障影响的通道。DXC 设备价格昂贵,控制系统复杂,但 DXC 自愈网的经济性优于环型网,网状自愈网的备用容量不仅用于自愈目的,还可灵活地支持业务的增长,扩容能力强。

4. SDH 网络管理功能

(1) 基本管理:嵌入控制通路的管理、时间标记,以及安全、软件下载、远端注册等。

(2) 故障管理:告警监视、告警历史管理、故障诊断测试等。

(3) 性能管理:性能数据采集、性能数据报告、非可用时间内的性能监视等。

(4) 配置管理:网络单元控制、识别和数据交换等。

(5) 安全管理:注册、口令和安全等级等。

(6) 计费管理:计费功能、资费功能等。

7.4 光波分复用技术

光波分复用(WDM)技术是在同一光纤中同时传输多个不同波长光信号的技术。WDM 技术的出现使光传输系统容量成百倍地增长。我国的许多干线传输系统已采用 WDM 技术进行了扩容升级。WDM 技术在实现产业化的同时,向着更多波长、更高的速率、更大的容量和更长的距离发展。

7.4.1 WDM 技术概述

光波具有很高的频率,利用光波作为信息载体在光纤中进行通信,具有巨大的可用带宽资源。充分开发利用光纤巨大的频带资源,提高光传输系统通信容量,将是光传输技术上的重要突破。由于受电子迁移速率的限制,进一步提高光传输速率较为困难。光复用技术是为提高光纤频带利用率而研究开发的。光复用技术包括波分复用、光时分复用、光频分复用、光码分复用等,其中最常用的是光波分复用。

近年来,WDM 技术的成熟使得光传输网的建设又有了新的发展,$N \times 2.5$ Gbit/s 的密集波分复用(DWDM)已用于我国干线传输网上。

1. WDM 的基本概念

光波分复用(WDM)是光波长分割复用的简称,是在一根光纤中同时传输多个不同波长光信号的技术。具体过程如下。

(1) 在光传输的低损耗窗口的可使用光谱,带宽划分成若干个较窄子频带,不同的光信号分别调制到各个不同中心波长的子频带内。

(2) 在发送端将不同波长的光信号进行组合(复用),并耦合到同一根光纤中进行传输。

(3) 经过光纤传输到接收端。

(4) 在接收端又将这些复用波长的光信号通过解复用器分开,最后经过进一步处理恢复出原始信号,送到不同的终端。

WDM 的可复用信道数由光纤信道之间的波长间隔数(即信道间隔)决定。信道间隔数的大小主要取决于光源波长稳定性、允许的信道间线性或非线性串扰等因素,并与复用及解复用技术有关。

1) WDM 技术的分类

根据不同信道间隔的大小或按复用波长(载波)数,WDM 技术可分为 3 种。

(1) 稀疏 WDM(CWDM):信道间隔为 10~100 nm,采用的复用与解复用器为一般的光纤 WDM 耦合器。

(2) 密集 WDM(DWDM):信道间隔为 1~10 nm,采用的复用与解复用器为波长选择性较高的波导干涉仪或光栅等。

(3) 超密集 WDM:信道间隔为 0.1~1 nm,由于目前光器件与技术还不十分成熟,因此实现光波的 OFDM 还较困难。

2) 实用 WDM 系统的信道间隔与对应带宽

在光纤的两个低耗传输窗口,中心波长分别是 1.31 μm 和 1.55 μm,相应的波长范围分别为 1.25~1.35 μm 和 1.50~1.60 μm,对应带宽为 17 700 GHz 和 12 500 GHz,总带宽将超过 30 THz。若信道间隔为 10 GHz,理想情况下一根光纤可同时传输 3000 个信道,但实施起来尚有困难。

目前,较成熟的技术水平为同一根光纤中同时传输数十个波长的光传输系统,波长间隔为 1.6 nm、0.8 nm 或更低,对应带宽为 100 GHz、200 GHz 或更宽。

2. WDM 技术的特点

WDM 实质上是每个波长信号占用一段光纤带宽。与同轴电缆频分复用相比,WDM 传输媒介是光纤,WDM 系统是光信号上的频率分割,同轴电缆则为电信号的频率分割。以往的同轴电缆系统传输模拟信号,而 WDM 系统传输高速率的数字信号。同轴电缆调制采用相干调制,而 WDM 系统采用强度调制/直接检测(IM/DD)方式。

WDM 技术的特点如下。

(1) 充分利用了光纤的巨大带宽资源(低损耗波段),使一根光纤的传输容量比单波长传输增加几倍至几十倍,在很大程度上解决了光纤传输的带宽问题。

(2) WDM 技术中信道对数据格式是透明的,即与信号的速率和电调制方式无关,使用的各波长相互独立,因而可以传输特性完全不同的信号,完成各种业务信号(包括数字信号和模拟信号、PDH 信号和 SDH 信号)的综合与分离,实现多媒体信号(如音频、视频、数据、文字、图像等)的混合传输。

(3) WDM 技术可实现单根光纤的双向传输和多路复用,适用于多信道复用光放大器应用,从而简化了系统结构和设计,降低了线路成本。

(4) WDM 技术有多种应用形式,如长途干线传输网络、广播式分配网络、局域网等。

(5) WDM 技术易于在已建成的光传输系统上进行扩容升级。

(6) 使用 WDM 技术在实现大容量传输的同时,可降低对某些器件性能的过高要求(如光电器件的响应速度)。

(7) 利用 WDM 技术可使组网具有高度的灵活性、经济性和可靠性。

(8) WDM 是理想的网络扩容手段,也是引入宽带新业务的理想途径。其扩容充分利用了光纤的带宽,可以混合使用各种不同速率、各种不同数据格式和各种不同设备,具有开放性;可按用户的要求,通过增加新的波长和特性来确定网络容量和传输距离。

(9) WDM 扩容的缺点是需要较多的光学器件,从而增加了失效和故障的概率;光纤的非线性效应突出,影响了光传输特性及其线路设计。上述问题在实际应用中正逐步得到解决。

7.4.2　DWDM 技术

DWDM 是 WDM 的一种特殊形式,其信道间隔很小(1～10 nm),一般所指的 WDM 系统即为 DWDM 系统。

与 WDM 一样,DWDM 采用波分复用技术,在信号发送端将不同中心波长的光信号载波合并,送入同一根光纤中传输;在信号接收端,再用波分解复用器将这些不同中心波长的光信号载波分离开来,最后经过处理送往终端。

1. DWDM 系统的基本组成

密集波分复用(DWDM)是在 1.55 μm 波段,可同时采用 8、16 或更多个波长在一对光纤上(也可采用单纤)构成光传输系统。

目前,DWDM采用的信道波长为等间隔(即为 $k×0.8$ nm,k 为正整数)。掺铒光纤放大器(EDFA)在 DWDM 系统的成功应用,大大增加了光纤中可传输的信息容量和传输距离。

DWDM 系统主要由 5 个部分组成:光发射机、光中继放大器、光接收机、光监控信道和网络管理系统。DWDM 系统的基本组成如图 7-11 所示。图中,BA 为光功率放大器(一般采用 EDFA);LA 为光路放大器;PA 为光前置放大器。

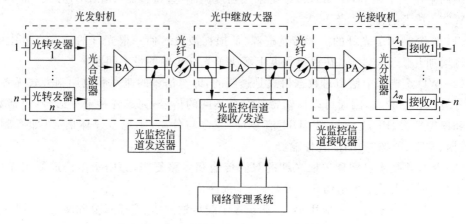

图 7-11　DWDM 系统的基本组成

2. DWDM 系统的工作原理

1) 光发射机

光发射机是 DWDM 系统的核心部分,其中的光源应具有标准的光波长和容纳一定色散作用,以保证能长距离传输的性能。光发射机工作过程如下。

(1) 利用光波长转换器(OTU)将终端设备送来的非特定波长的光信号转换成具有稳定的特定波长的光信号。

(2) 用光复用器将多路光信号合并成一路光信号。

(3) 通过光中继放大器将其放大。

(4) 将放大的光信号输入光纤线路中进行传输。

2) 光中继放大器

在光纤中,光经过长距离传输后,强度被大大衰减,因此,需要对它进行光中继放大以便再继续传输。目前的光中继放大器一般是 EDFA。在应用时,根据具体情况可将 EDFA 作为中继光放大或线路放大(LA)、后置功率放大(BA)和前置放大(PA)。

在多波长的 DWDM 系统中,需对 EDFA 采用增益平坦技术,使 EDFA 对各个波长的光信号具有相同或接近相同的放大增益。

3) 光接收机

在接收端,衰减的光信号经光前置放大器放大后,被送往光解复用器分离出各特定波长的光信号,最后各特定波长光信号被送往各终端设备。光接收机除对光信号灵敏度、过载功率等参数有要求外,还要能承受一定光噪声的信号,要具备足够的电带宽性能等。

　　4）光监控信道

　　光监控信道（OSC）的主要功能是监控 DWDM 系统内各信道光传输情况。在发送端，插入本节点产生的监控信号，并与主信道合波输出；在接收端，将收到的光信号分波输出为监控信号和业务信道信号。

　　5）网络管理系统

　　网络管理系统通过光监控信道物理层传输开销字节到其他节点，或接收其他节点的开销字节来管理 DWDM 系统，实现配置管理、故障管理、性能管理和安全管理等功能，并与上层管理系统相接。

7.4.3　WDM/OTDM 混合传输系统

　　由于互联网业务的迅速发展和音频、视频、数据、多媒体应用的增长，对大容量（超高速率和超长距离）光波传输系统和网络有了更为迫切的需求。

　　除 WDM 技术外，在光域内提高传输容量的另一种途径是采用光时分复用（OTDM）技术。OTDM 和 WDM 混合传输将作为提升网络通信速率和容量的发展趋势。

1. 光时分复用

　　电时分复用（ETDM）技术在电通信领域已经是相当成熟的技术，由于受电子速度、容量和空间兼容性等多方面的局限，ETDM 复用速率不能太高（达到 40 Gbit/s 已相当困难）。OTDM 的原理与 ETDM 一样，不同的是其复用是在光层上进行，复用速率可以很高。

　　OTDM 技术是指光的时间分割复用，是提高每个波道上传输信息容量的一个有效途径。

　　OTDM 的实质是将多个高速调制信号分别转换为等速率光信号，然后在光层上利用超窄光脉冲进行时域复用，将其调制为更高速率的光信号，以避开电子瓶颈对传输速率的限制。

　　与 ETDM 类似，当多个低速率支路光信号在时域上分割复用成一路高速 OTDM 信号时，也有其帧结构，每个支路信号占帧结构中的一个时隙，即一个时隙信道。

　　OTDM 有两种形成帧的时分复用方式：比特间插和信元间插。比特间插复用是目前广泛使用的复用方式。

　　OTDM 技术具有以下主要特点。

　　（1）OTDM 系统可工作在单波长状态，具有很高的速率带宽比，可有效地利用光纤的带宽资源；与 WDM 技术相结合，可实现超长距离、超大容量的光纤传输。

　　（2）OTDM 技术可克服 WDM 技术中的一些固有限制，如光放大器级联所导致的增益谱不平坦、信道串扰问题、非线性效应的影响，以及对光源波长稳定性的要求等。

　　（3）OTDM 技术能提供从 MHz 到 THz 任意速率等级的业务接入，对数据速率和业务种类具有完全的透明性和可扩展性，无须集中式资源分配和路由管理，比 WDM 技术更能满足未来超高速全光网络的需求。

　　OTDM 的关键技术包括超窄脉冲产生与调制、全光时分复用、全光时分解复用及定时提取等。目前 OTDM 在器件、系统和网络等方面已走向商用化。

OTDM 系统的基本组成如图 7-12 所示。

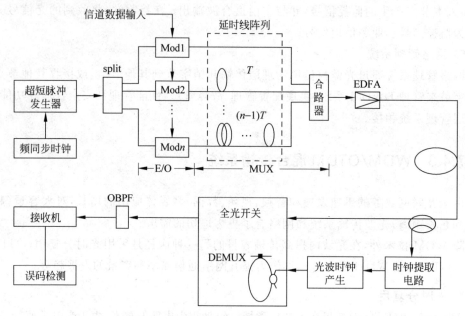

图 7-12   OTDM 系统的基本组成

2. OTDM 和 WDM 混合传输

光波分复用(WDM)与光时分复用(OTDM)是构成全光网络的两类不同技术。

WDM 已是提高通信速率的首选方案,该技术充分挖掘光纤可用带宽资源丰富、技术较成熟、成本较低廉,发展迅速。

OTDM 技术采用单一波长,可以提高 WDM 单信道速率,降低 WDM 通信信道数量,从而在现有的 EDFA 放大带宽内即可实现超大容量通信,传输管理将更加方便,在组网方面比 WDM 有许多优势,但关键技术较复杂。

WDM 和 OTDM 技术的适当结合(主要解决时分复用速度和波长数目之间达成最佳平衡的问题),将成为未来大容量、高速光传输系统的一种发展趋势。

7.5   光通信网新技术

光传输及其组网技术在适应多业务需求和宽带化方面具有独特的优势,光通信网络已成为通信(核心)网的主体和支柱。

7.5.1   ASON 技术

1. ASON 的概念

ASON(automatic switched optical network,自动交换光传输网,又称智能光传输

网)的概念最早由国际电信联盟电信标准化部门(ITU-T)的 Q19/13 研究组于 2000 年 3 月正式提出；其后,智能光传输网相关标准的制定工作进展迅速。目前,有关 ASON 的体系结构、网络功能需求、路由架构、分布式连接管理以及自动发现机制等建议已经发布。

ASON 在 ITU-T 的文献中定义为"通过能提供自动发现和动态连接建立功能的分布式(或部分分布式)控制平面,在 OTN 或 SDH 网络之上,实现动态的、基于信令和策略驱动控制的一种网络"。

智能光传输网除继承了光传输网的主要特点外,还具备以下一些突出优点。

(1) 智能光传输网可实现流量工程要求,允许将网络资源动态、合理地分配给网络中的连接。

(2) 智能光传输网具有灵活多样的恢复能力,使网络在出现故障时仍能维持一定质量的业务,特别是能实现分布式快速恢复功能。

(3) 智能光传输网能很好地利用光层资源满足数据业务动态、灵活的连接请求,提供了一个响应快、成本低的智能化底层光传输网络。

(4) 智能光传输网可提供多种新型的光层业务,如按需 BOD(bandwith on demand,带宽分配)和 OVPN(optical virtual private network,光虚拟专用网)业务等。

2. ASON 的特点及功能

智能光传输网被认为是传统光传输网概念的重大突破,是具有高灵活性和高扩展性的基础网络设施。智能光传输网是从 IP、SONET/SDH、WDM 环境中升华而来的,将 IP 的灵活和效率、SONET/SDH 的保护超强生存能力以及 WDM 的容量,通过创新的分布式控制系统有机地结合在一起,形成以软件为核心的,能感知网络和用户服务要求的,能按需直接从光层提供业务的新一代光传输网络。

1) ASON 的特点

(1) 在不需要人为管理和控制的作用下,可以依据控制平面的功能,提供动态连接的能力,自动选择路由,并通过信令控制实现业务连接的建立、修改、拆除,自动保护和恢复,自动发现等功能。

(2) 支持网络向多信道、高容量、可配置和智能型的方向演进。

2) ASON 的主要功能

(1) 基本功能：构成了智能光传输网控制平面的基础,它是实现智能光传输网智能的基础。包括路由功能、信令功能、链路管理功能和单元接口技术。

(2) 核心功能：用于实现智能光传输网的智能化,包括网络连接控制、保护/恢复、业务处理、策略管理。

3. ASON 业务介绍

1) 业务定位

基于 ASON 所具有的特性,ASON 可以同时作为承载网和业务网。ASON 作为承载网,可以为各种业务网络提供可靠的传送服务。ASON 作为业务网,可以直接为客户提供高品质的专线、BOD 和 OVPN 等业务。随着 ASON 技术的成熟和成本的降低,现有 SDH 网络将逐步向 ASON 演进。

ASON 长途网 A 平面的业务带宽以 155 Mbit/s、622 Mbit/s、2.5 Gbit/s 等颗粒为主,B 平面的业务带宽以 2.5 Gbit/s、10 Gbit/s 和 40 Gbit/s 等大颗粒为主。A 平面初期提供的业务类型包括出租专线(155 Mbit/s 及以上)、BOD 和 OVPN 等新业务,以及退网 SDH 设备所承载的业务。

ASON 本地网的业务带宽以 2 Mbit/s IT/S、FE/GE 和 155 Mbit/s 等业务颗粒为主。主要承载各种业务网的中继电路和出租专线等。

2) 连接类型

根据连接建立方式的不同,ASON 网络应支持以下 3 种网络连接类型。

(1) 永久连接(PC):这种连接不需要网络具有自动路由和信令能力,由网管系统负责连接的建立。永久连接的建立沿用传统 SDH 系统的电路配置方式。

(2) 交换连接(SC):连接的建立请求由客户端设备通过 UNI 信令接口发起,使用网络的路由和信令功能自动建立。

(3) 软永久连接(SPC):这种方式的连接是在网络的边缘提供永久连接,在网络内部提供交换连接,以实现端到端的连接。此连接由网管系统发起连接建立请求,不需要 UNI 信令。

3) 业务类型

ASON 网络的业务类型主要包括增强型专线业务、按需带宽分配业务(BOD)和光虚拟专用网业务(OVPN)。

(1) 增强型专线业务提供增强的专线业务,采用 SPC 连接,具有以下业务特性。

连接请求由网管发起,由控制平面建立连接,支持跨域的连接建立。

如果客户需要修改连接属性,如链路带宽的调整,需要通知网络操作者,由网管进行修改,客户没有此权限。

(2) 按需带宽分配业务(BOD)是指依托于 ASON 网络,客户可以根据需要,实时或非实时地请求带宽的专线业务。具有以下业务特性。

用户或用户设备可以直接通过 UNI 或网管系统发起连接建立和修改请求。

根据网络管理策略不同,客户对 ASON 网络可以具有一定的可见性,如分离路由和保护恢复方式等。

客户可以在合同允许范围内对连接属性进行修改而无须告知网络操作者,可修改的参数包括连接带宽和服务质量等级等。

(3) 光虚拟专用网业务(OVPN)在 ASON 网络中为特定的用户组提供虚拟专用网业务,连接类型可以是 SPC 或 SC。具有以下业务特性。

支持一般 VPN 的封闭用户组概念,在同一 OVPN 中的用户端口之间可以在合同范围内按需建立连接。

OVPN 业务应支持独享和共享两种资源配置方式:独享方式是指明确为每个 OVPN 划分专用的网络资源;共享方式即多个 OVPN 可以共享传送网网络资源。

在客户业务合同允许的范围内,客户具有对其自身网络的可见性和控制能力,如 OVPN 的逻辑拓扑结构。

OVPN 业务应该支持各种 OVPN 拓扑结构,如星型网、网状网和任意形式的拓扑。

OVPN 业务可以为用户提供客户端网管,用户可以通过客户端网管向 ASON 网络请求建立连接,可查看属于其 OVPN 域的网络拓扑和资源,可实时查询其 OVPN 域内的告警和性能。

7.5.2 OTN 技术

1. OTN 的概念

OTN(optical transport network):由 ITU-T G.872、G.798、G.709 等建议定义的一种全新的光传送技术体制,包括光层和电层的完整体系结构,其对于各层网络都有相应的管理监控机制和网络生存性机制。

OTN 在光域内可以实现业务信号的传递、复用、路由选择、监控,并保证其性能要求和生存性。OTN 可以支持多种上层业务或协议,是未来网络演进的理想基础。

OTN 是由一组通过光纤链路连接在一起的光网元组成的网络,能够提供承载客户信号的光信道的传送、复用、路由、管理、监控以及保护(可生存性)。OTN 的一个明显特征是对于任何数字客户信号的传送设置与客户特定特性无关,即客户无关性。

2008 年 12 月,ITU-SG15 全会达成决议,由华为、中国电信和中国移动主导的 OTN 设备国家标准在 2009 年内发布,中国首次主导 OTN 标准的制定。

2. OTN 的主要特点

OTN 是一种全新的传送网络体制(optical transport hierarchy,OTH),其主要特点如下。

(1) 满足数据带宽爆炸性的增长需求。

(2) 通过波分功能满足每光纤 Tbit/s 级传送带宽需求。

(3) 提供 2.7 Gbit/s、10.7 Gbit/s 乃至 43 Gbit/s 高速接口。

(4) 透明传送各种客户数据,如 SDH/SONET、以太网、ATM、IP、MPLS,甚至 OTN 信号自身(ODUk)。

(5) 提供独立于客户信号的网络监视和管理能力,有效解决国际以及运营商之间网络争端问题。

(6) 提供多级嵌套重叠的 TCM 连接监视。

(7) 支持灵活的网络调度能力和组网保护能力。

(8) 满足未来骨干网节点的 Tbit/s 以上的大容量调度。

(9) 具有与 SDH/SONET 同样的兼容性,对于 SDH 信号具有完全的透传能力,包括 SDH 开销和定时。

(10) 支持虚级联传送方式,以完善和优化网络结构。

(11) 后向兼容能力:使运营商充分利用现有网络资源。

(12) 前向兼容能力:提供对未来各种协议的高度适应能力(完全透明)。

(13) 提供强大的带外 FEC 功能,有效保证了线路传送性能。

3. OTN 的应用前景

在 OTN 技术发展过程中,先定义规范的光 UNI 和 NNI 接口,解决好网管信息的标准化和 OSC 信道的定义和规划;利用 OTDM 或光孤子与 WDM 技术的结合,提高 OTN 传输容量,解决好波长通道颗粒性大的问题,进一步提高光通道层带宽利用效率。

采用波长色散自动补偿机制,对不同波长通道进行色散、非线性和噪声的在线监测、管理和自动补偿,降低高速、长距离、全光传输色散积累和噪声对系统性能的影响。

此外,级联放大器的噪声和光传输非线性的积累也需要监测和管理机制;网络的规划、管理、保护、网络的互通和网管信息的传递和互通等问题,目前也是建立高效统一 OTN 所面临的阻碍和研究课题。

7.5.3 PTN 技术

1. PTN 概述

PTN(packet transport network,分组传送网)是一种光传输网络架构和具体技术:在 IP 业务和底层光传输媒质之间设置一个层面,其针对分组业务流量的突发性和统计复用传送的要求而设计,以分组业务为核心并支持多业务提供。PTN 具有更低的总体使用成本,同时秉承光传输的传统优势,包括高可用性和可靠性、高效的带宽管理机制和流量工程、便携的 OAM 和网管、可扩展、较高的安全性等。

PTN 在垂直网络协议中位于一层的物理层和三层的 IP 层之间,能够对分组业务提供高效统计复用传送,网络结构支持分层分域,具有良好的可扩展性,可以提供可靠的网络保护及 OAM 管理功能,具备完善的 QoS 功能,兼容传统时分复用(TDM)、ATM、帧中继(frame relay,FR)等业务的综合传送网技术,支持分组的时间及时钟同步,分组传送网需要具备多种功能来实现上述业务的传送,这其中既有继承的原来 SDH 传送网的功能需求,也有针对分组业务提出的新的功能需求。目前,T-MPLS/MPLS-TP 和 PBT(PBB-TE)技术是分组传送网的代表技术,可以较好地满足分组传送网的功能要求。

2. PTN 技术应用

(1) PTN 在二层汇聚网中的应用。

(2) PTN 作为高质量城域分组传送网络。

(3) PTN 技术与其他技术的比较。

PTN 技术与其他技术的比较如表 7-2 所示。

表 7-2 PTN 技术与其他技术的比较

性能指标	PTN	IP 城域网	MSTP/SDH
数据业务支持	支持	支持	较差
保护恢复	(1+1)/(1:N),保护时间 <50 ms	FRR/路由协议收敛/以太环网,保护时间 100 ms	SDH 保护机制
多业务支持	TDM,Ethernet,ATM	以数据业务为主	TDM,ATM,Ethernet
时钟同步	频率同步和时间同步	不支持	频率同步

续表

性能指标	PTN	IP 城域网	MSTP/SDH
OAM 能力	类似 SDH 的端到端的 OAM 机制	IP/MPLS 维护配置复杂；以太网 OAM 能力差	OAM 能力完善
QoS	MPLS/Diffserv	轻载/DiffServ	严格保证

本 章 小 结

　　光传输是以光波为载波，以光导纤维为传输媒介的信息传输过程或方式。

　　光纤的基本结构由纤芯和包层组成。若按折射率分布不同来分类，光纤可分为阶跃光纤和渐变光纤；根据传导模式数量的不同，光纤可分为单模光纤和多模光纤。光纤传输特性主要包括损耗、色散和非线性效应。

　　光传输的过程：先在发信端对光波进行电信号调制，然后在光纤中传输光信号，最后在收信端将光信号解调为电信号。数字光传输系统一般由 PCM 终端设备、数字复用设备、光端机、光纤和光中继设备，以及电端机、备用系统和辅助系统等组成。

　　光传输的特点：频带宽，通信容量大；损耗低，中继距离长；抗电磁干扰能力强；无串话干扰，保密性强；线径细，重量轻；节约有色金属，原材料资源丰富；耐腐蚀等。

　　传送网是指在不同地点的各点之间完成信息传递功能的一种网络。传送网的传输技术体制主要有准同步数字系列(PDH)和同步数字系列(SDH)。

　　SDH 是一套可进行同步信息传输、复用、分插和交叉连接的标准化数字信号结构等级。SDH 最为核心的三大特点是同步复用、强大的网络管理能力和统一的光接口及复用标准。

　　波分复用(WDM)是在一根光纤中可同时传输多波长光信号的技术。密集波分复用技术(DWDM)是理想的在网络扩容手段，也是引入宽带新业务的理想途径。

　　以光纤为通信载体的、可提供高速信息通道的光纤传输网是目前电信传输网的主要部分。高速 SDH 系统(2.5 Gbit/s、10 Gbit/s)和波分复用(WDM)系统($N \times 2.5$ Gbit/s、$N \times 10$ Gbit/s)已成为核心网的主体和支柱。

　　光通信技术在基本实现了超高速、长距离、大容量的传输功能的基础上，将朝着全光网络和智能化的传送功能方向发展，ASON、OTN、PTN 等新技术将取得更进一步的发展和应用。

习　　题

7.1　简述光纤的结构和传输特性。

7.2　什么是光传输？简述光传输的特点。

7.3　简述光传输系统的组成及其各部分的作用。

7.4　简述光传输系统的主要性能指标。

7.5 传送与传输有何区别?

7.6 如何理解 SDH 的概念? SDH 的帧结构由哪几部分组成?

7.7 SDH 光传送网有哪些特点?

7.8 简述光波分复用的原理。

7.9 试比较 WDM 和 SDH 的应用特点。

7.10 名词解释:ASON、OTN、PTN。

7.11 试归纳总结光通信的特点及其与电通信的区别。

CHAPTER 8

宽带网络通信

当今全球通信网络发展的总趋势是在数字化、综合化的基础上,向智能化、移动化、宽带化和个人化方向发展。诸多新技术的运用,为高速接入互联网提供了可能。日益普及的宽带网络通信正逐步走向普通家庭。作为数字化生存的社会的重要标志,宽带网络通信将给信息服务和通信产业的发展带来一场全新的革命,帮助人类实现宽带数字化的生活理想。

本章学习目标

- 了解宽带网络通信的发展。
- 了解接入网的结构功能。
- 了解有线接入网技术与业务应用。
- 了解固定无线宽带接入技术与业务应用。
- 了解网络融合的基本概念。
- 了解宽带核心网技术与宽带 IP 网络组网技术。
- 了解下一代网络(NGN)的发展。
- 了解 5G 通信技术的发展和演进。

8.1 宽带网络通信概述

宽带通信目前主要是依托综合化、数字化、宽带化、智能化、多样化的光通信网,向用户提供语音、数据、图像、视频的交互式多媒体信息服务。宽带的通信质量和能力都远远超越了目前普遍使用的窄带通信系统,主要表现在数据通信能力、图像通信能力等方面。宽带网络通信技术主要分为宽带接入技术和宽带核心网络技术两部分。

8.1.1 宽带通信网的发展

1. 数据宽带网络的发展

自 20 世纪 90 年代起,互联网向全球计算机用户开放,促使数据通信的业务量呈爆炸性地增长,给传统的公用电话交换网(PSTN)带来了巨大冲击。从业务角度看,互联网的发展呈现出以下的趋势和特征。

1) 数据业务将超越语音业务

在电信网络中,数据通信的业务量年增长率呈指数级增长,而语音业务量的年增长率呈线性增长。许多电信运营商骨干网中数据的业务量已经超过了语音的业务量。随着 IP 电话技术的成熟和广泛应用,以及互联网上各种多媒体业务的广泛开展,传统的语音业务量增长速度将进一步降低。互联网用户的规模则不断增长,同时互联网上的主机数量、存储的信息量也在迅速增长。

2) 宽带网络建设进入新阶段

我国的互联网市场正在迈入新阶段(即后带宽时代),其主要特征是主干网宽带化基本完成,用户终端具备了处理大容量、多媒体服务的能力,开始部署接入网宽带化。

3) 业务种类的多样化和个性化

随着宽带 IP 网络的建设,各种形式的宽带接入技术得到大量应用,互联网基本接入业务的种类就越来越多。不同的接入手段提供不同的接入带宽,带宽已经成为一种商品,运营商根据不同带宽等级将收取不同的费用。

传统的窄带业务(如 WWW、FTP、IP 电话、IDC、电子商务、统一消息服务等)将继续存在和发展,在解决了带宽问题后,基于音频、视频的各种新型的宽带增值业务(如视频点播、交互数字电视、远程教育、远程医疗、会议电视、虚拟专用网等业务)将得到大规模的应用和发展。服务类型的进一步细分和服务内容的更加个性化,使得不同的业务种类和不同的服务质量将按照不同用户的需求而提供。

4) 新一代网络技术

互联网是下一代网络(NGN)的主体。NGN 是一个建立在 IP 技术基础上的新型公共通信网,能容纳各种形式的信息,在统一的管理平台下,实现音频、视频、数据信号的传输和管理,提供各种宽带应用和传统电信业务,是一个真正实现宽带窄带一体化、有线无线一体化、有源无源一体化、传输接入一体化的综合业务网络。

随着互联网技术的发展,以 IP 技术和全光传输网为基础,最终将实现电信网、广播电视网和互联网的融合。

目前,有关 NGN 并没有一个标准的定义。从互联网的领域来看,NGN 指下一代互联网(NGI);对于移动网而言,NGN 指第三代移动通信(3G)和后 3G 网络;从控制层面来看,NGN 指软交换;从传送网层面来看,NGN 则指下一代光网络。显然,广义的 NGN 包容了所有新一代网络技术。

2. 电信宽带网络的发展

1) ISDN

各国的电信运营部门企望能有一种集语音、视频、数据于一体进行传输和交换的综合业务系统,从而产生了综合业务数字网(ISDN)。早期在程控交换机的基础上,发展了窄带综合业务数字网(N-ISDN),但多年以来未能大规模应用。随后提出了宽带综合业务数字网(B-ISDN)的概念,但一直未能实用化,其原因之一是由于 B-ISDN 太复杂;另一方面是在链路层交换的体制无法实现不同网络间的互联互通,甚至 N-ISDN 和 B-ISDN 之间也不能互联互通。

2）ATM

ATM 技术是在 B-ISDN 的研究中提出的,并于 20 世纪 90 年代获得了发展。光纤分布式数据接口(FDDI)于 20 世纪 90 年代初问世后,在局域网、校园网、企业网中未突破 100 Mbit/s 的传输速率;20 世纪 90 年代中期,ATM 在该领域得到很快发展,并发展了 ATM 多协议传送(MPOA)、标记交换等在 ATM 上运行 IP 的新方法,称为 ATM/IP 平台,用于多协议、多业务环境。在 20 世纪 90 年代后期,随着快速以太网和吉比特以太网(GbE)的发展,价格昂贵的 ATM 网络逐渐退出该领域。

在广域网的核心网中,ATM 技术受到了电信运营商的重视。20 世纪 90 年代中期,在 SDH 上运行 ATM 网络的体制成为广域网中核心网的主流。其原因:ATM 技术可将公共数据网的各种业务集中,可节省带宽且便于管理。ATM 网络还被用作互联网的骨干网,以解决当时路由器速度不够快的问题。我国也曾试验和发展 ATM 网络。

20 世纪 90 年代后期,随着互联网的快速普及和发展,IP 业务流量很快超过了语音业务流量,ATM 网络逐渐失去了主导地位。B-ISDN 的概念正在消失,而由宽带 IP 网络所取代。

3）ATM/IP 平台

随着宽带 IP 技术的发展,在 IP 网上传输话音、视频等实时业务的服务质量(QoS)的保证问题逐步得到解决。目前正在开发多种算法和协议,将话音、视频业务,以及传统的数据通信业务逐步移到 IP 网上。IP 业务即将成为通信业务的主流,但传统电信传输网的基础网是基于 SDH 和 ATM 技术,而不是基于 IP 技术。近年来,发展了多种在电信网上传输 IP 的方法,如 IP over ATM、IP over SDH 等。ATM/IP 方案主要用于构成多协议多业务平台。

随着 IP 业务的发展,ATM/IP 平台将逐步过渡到纯 IP 平台。目前全球电信网已装备了大量 ATM 设备,传统数据通信业务仍有很大的市场,因此 ATM/IP 多协议多业务平台仍将在一个时期内继续存在。

通信体制变革的深入发展,使得 ATM 网络逐渐退出,将让位给宽带 IP 网络。但 ATM 发展的先进思想和技术已被宽带 IP 技术吸收。在某种意义上,宽带 IP 技术可认为是 IP 技术和 ATM 技术结合的产物。

4）宽带 IP 网络

我国由于数据通信业务发展较晚,对多协议多业务的要求不强烈。对于以 IP 业务为主的网络(如城域网和校园网),采用吉比特路由交换机直接在光纤上运行吉比特以太网,从而构成宽带 IP 网络,将是最佳方案。

新一代吉比特路由交换机于 1997 年问世。其采用专用硬件 ASIC 进行分组处理和转发,速度可以达到 40 Mbit/s 以上,比传统路由器速度快几十倍,而结构变化不大,从而解决了互联网传输瓶颈问题。目前,分组转发速度达 Gbit/s 数量级的吉比特路由交换机也已进入商用试验阶段。

吉比特路由交换机的出现,向各种 IP over ATM 方案的使用成本提出了挑战。在互联网骨干网上,吉比特路由交换机取代了 ATM 交换机;在 SDH 传输网或直接在光纤(DWDM)上运行 IP 等措施,减少了内部开销,简化了设备,降低了成本,同时简化了网络管理。

3. 下一代网络

随着通信网数据业务量的上升,传统电话网将不可避免地过渡到以 IP 业务为中心的数据业务融合的下一代网络(NGN)。

传统的电路交换技术有其历史地位、内在的高质量及严格管理的优势,在一段时期内仍将是实时电话业务的基本技术手段,但其基本设计思想是以恒定、对称的话路量为中心,采用了复杂的分等级的时分复用方法,语音编码和交换速率为 64 kbit/s。对于未来以突发性数据为主的业务,尽管传统电信网采取种种措施后也可传输该业务,但效率较低,传输成本和交换成本较高,网络资源浪费,且需采用复杂的信令、计费和网管系统。当网络的业务量以数据为主时,该低效率状态将阻碍通信业务的发展。以电话业务为基础的电路交换网从业务量设计、容量、组网方式或从交换方式上,都已无法适应新的发展趋势。

下一代网络(NGN)的基本思路:具有统一的 IP 通信协议和巨大的传输容量,能以最经济的成本,灵活、可靠、持续地支持一切已有和将有的业务和信号。其上层联网协议将是 TCP/IP,中间层是 IP 或 ATM,基础物理层是波分复用(WDM)光传送网。该构架可提供巨大的网络带宽,保证可持续发展的网络结构、容量和性能,以及廉价的成本,支持当前和未来的任何业务和信号。上述分组网构架有着传统电路交换网难以具备的优势,其没有复杂的时分复用结构,仅在有信息时才占用网络资源,效率高,成本低,信令、计费和网管简单,可适应非对称的突发数据业务。

下一代网络(NGN)的出现标志着新一代通信网络时代的到来。NGN 是以业务驱动为特征的网络,让电话、电视和数据业务灵活地构建在一个统一的开放平台上,构成可提供现有电信网、广播电视网和互联网互联互通的网络上的语音、数据、视频和各种业务的新一代网络解决方案。

以 IP 为基础的整个通信网络新框架的建立,将对通信产业结构产生重大的影响。

4. IPv6 在我国的发展

中国下一代互联网示范工程(China's Next Generation Internet,CNGI 项目)是国家级的战略项目,该项目的主要目的是搭建下一代互联网的试验平台,以 IPv6 为核心。以此项目的启动为标志,我国的 IPv6 进入了实质性发展阶段。

随着 IPv4 地址的逐渐耗尽以及移动互联网、传感器网络等技术和业务的发展,发展 IPv6 网络的市场驱动力已经逐渐显现,面向 IPv6 的网络演进也已经提上议事日程。在经过一个较长的与 IPv4 共存发展的时期后,IPv6 最终将完全取代 IPv4,在互联网上占据统治地位。

我国通信设备制造业在 IPv6 设备研发方面已推出了包括骨干网、城域网、接入网、安全防护等系列通信设备,并且在 CNGI 等国内外 IPv6 网络中得到了应用。随着 IPv6 网络的大规模建设,面对国内和国际两个巨大的市场,我国通信设备制造业将面临重大发展机遇。

此外,IPv6 网络将会利用其具有庞大地址空间的优点,重点来解决机器和物品的上网问题,使得物理世界中的物体都成为网络世界中的可通信、可控制的实体。IPv6 网络将成为我国重要的公共通信基础设施,基于该基础设施可开发多种具有中国特色的互联网应用,如 M2M/M2C(机器到机器/机器到计算机)和传感器网络等,从而真正实现无处不在的网络和服务,实现信息化和工业化的深入融合。

8.1.2 网络融合

我国的网络融合("三网融合"或称"三网合一")主要是指国内电信网、广播电视网和互联网的互联互通。目前,网络融合主要指"三网"的高层业务应用的融合,表现为技术上趋向一致,网络层上可以实现互联互通,业务层上互相渗透和交叉,应用层上趋向统一的 TCP/IP 通信协议。

我国数据通信起步晚,传统的数据通信业务规模不大;与发达国家相比,多协议、多业务的包袱要小得多。因此,可以尽快转向以 IP 为基础的新体制,在光缆上采用 IP 优化光网络,建设宽带 IP 网,加速我国互联网的发展,使之与我国传统的通信网长期并存,既节省开支,又充分利用现有的网络资源。

国务院常务会议于 2010 年 1 月决定加快推进我国电信网、广播电视网和互联网的三网融合。"三网融合"是指电信网、广播电视网和计算机通信网的相互渗透、互相兼容,并逐步整合成为全世界统一的信息通信网络。"三网融合"是为了实现网络资源的共享,避免低水平的重复建设,形成适应性广、容易维护、费用低的高速带宽的多媒体基础平台。

1. 网络融合的内涵

"三网融合"在概念上从不同角度和层次上分析,可以涉及技术融合、业务融合、产业融合、终端融合及网络融合。目前,更主要的是应用层次上互相使用统一的通信协议。IP 优化光网络就是新一代电信网的基础,是通常所说的"三网融合"的结合点。

网络融合的概念可从多种不同的角度和层次去观察和分析,其中涉及技术融合、业务融合、市场融合、产业融合、终端融合、网络融合乃至行业监管和政策方面的融合等。

1) 技术融合

语音通信技术、数据通信技术、移动通信技术、有线电视技术及计算机技术相互融合,将出现大量的混合各种技术的产品,如支持语音的路由器、提供分组接口的交换机等。

2) 网络融合

传统独立的网络,如固定与移动网、语音和数据网开始融合,逐步形成一个统一的网络。

3) 业务融合

未来的通信经营格局不是数据和语音的地位之争,而将是数据、语音两种业务的融合和促进,同时,图像业务也会成为未来通信业务的重要组成部分,从而形成语音、数据、图像这 3 种在传统意义上完全不同的业务模式的全面融合。网络电视(IPTV)、视频点播(VOD)、IP 电话(VoIP)、IP 智能网、Web 呼叫中心等语音、数据、视频融合的业务将广泛开展,网络融合将使网络业务表现得更为丰富。

4) 产业融合

网络融合和业务融合将导致传统的电信业、移动通信业、有线电视业、数据通信业和信息服务业的融合,数据通信厂商、计算机厂商开始进入电信制造业,传统电信运营商也将大量收购数据服务商。

随着信息化的发展,网络融合在国际范围已成为趋势。我国在信息通信领域改革步伐的加快,竞争环境的逐步形成,为我国实现网络融合提供了更大的可能性。

2. 网络融合的技术基础

根据 ITU-T 提出的网络分层分割概念,通信网从垂直方向可分为 3 层,自下而上为传送网、业务网和应用层;从水平方向也可分为 3 层,即用户驻地网、接入网与核心网。

1) TCP/IP 协议

统一的 TCP/IP 协议的普遍采用,将使各种以 IP 为基础的业务都能在不同的网上实现互通,为"三网"在业务层面的融合奠定了基础,也为目前尚未统一严格设计的传送网之间实现互通提供了有利条件。

2) 数字化技术和光通信技术

数字信息处理技术的迅速发展和全面采用,使语音、数据和图像信号都可经编码成为数字信号后进行传输和交换。而光通信技术的发展,为综合传送各种业务信息提供了必要的带宽,保证了传输质量,也为实现传送网间的互联互通提供了可能性。光通信技术的应用使传输成本大幅度下降,使通信成本最终与传输距离几乎无关。

3) 软件技术

软件技术的发展将使"三网"及其终端都能通过软件修改的措施,而最终支持各种用户所需的特性、功能和业务,现代信息网设备已成为高度智能化和软件化的产品。

4) 接入技术

电信网、广播电视网和互联网形成了不同的网络形态,其差异集中体现在接入技术方面。采用不同技术的接入网在统一接口标准和规范方面还需要进一步协调,经过发展和完善后,接入技术已可实现支持多种业务的接入网。随着网络技术的进一步发展,接入网将日益趋向于宽带化。

3. 网络融合的关键技术

1) 网络结构上的融合

从网络的分层结构上来看,融合指以下 4 个层次的融合。

(1) 传送层的融合。在统一的基于 SDH、密集波分复用(DWDM)的光网络上借用多业务传输平台(MSTP)、自动交换光网络(ASON)等控制与接入机制实现大容量、多业务、多节点的统一接入和统一传送。

(2) 承载层的融合。在基于分组的承载网络上,通过 IP、多协议标签交换(MPLS)、虚拟专用网(VPN)、综合服务/区分服务(InterServ/DiffServ)等技术和机制,实现 QoS、流量工程和资源的有效利用等。

(3) 业务的融合。业务核心控制的融合,在开放的业务平台上,能够实现业务的统一开发和控制。

（4）运营支撑的融合。维护、管理、计费的统一和融合，实现基于业务、用户、服务质量等多重因素的统一的运营支撑系统。

2）不同网络间的融合

（1）三网融合。即电信网、广播电视网和互联网等的逐步融合，并向具有功能分层、接口开放、结构扁平特征的 NGN 演进。

（2）传输网络与数据网络的融合。网络发展导致传输网与业务网的关系越来越紧密，传输节点支持多种业务的传送和处理已是必然趋势。

（3）基础数据网络与 IP 网络的融合。基础数据网（包括 ATM、DDN、FR 等）已提供以太网口，支持 IP 业务的提供；而 IP 网络设备也应提供 ATM 等的业务接口。

（4）3G 网络的全 IP 化与 IP 网络的融合。移动通信宽带 IP 化和 IP 通信无线移动化已经是大势所趋。

（5）3G 网络与固定网络的融合。IP 多媒体系统（IMS）目前被认为是实现未来固定/移动网络融合的重要技术基础。

3）新技术集成

（1）电信技术、数据通信和移动通信技术、有线电视技术及计算机技术等高度集成。

（2）建立在 IPv6 技术基础上的新型公共电信网络，将语音、数据、视频等多种业务集于一体。

（3）IP 多媒体子系统（IMS）是 NGN 中核心的体系架构，作为主要的会话控制业务提供宽带、窄带、移动、固定等多种终端接入方式。一个统一的 IMS 将能避免重复工作及相互间产生冲突所带来的风险。

（4）软交换技术是 NGN 的核心技术，吸取了 IP、ATM、智能网（intelligent network, IN）和时分复用（time division multiplexing, TDM）等众家之长，形成分层、全开放的体系架构。

全新的互联网是 NGN 的主体，新的 IP 将成为"三网融合"的黏合剂，在统一管理平台下，真正实现窄带宽带一体化，从而使 NGN 成为跨三方无所不能的新型网络。

计算机与无线通信的融合发展将实现个人移动计算，可随时、随地、随意通过各类信息终端产品与互联网络相连，实现无所不在的计算时代。宽带与无线化为满足业务的高速增长，增加网络带宽并支持多种业务奠定了良好基础。

网络接入方式实现多样化，无线接入网络将成为主要方式之一。计算机联网应用和资源的共享将使网络终端设备专用化并趋于功能综合化，也将成为网络产品的发展趋势之一。

8.2　宽带接入网技术

宽带网络是具备较高通信速率和吞吐量的通信网络，是指传输、交换和接入的宽带化、智能化。网络带宽越宽，数据传输速率就越高，由此宽带技术应运而生。宽带技术包括主干网技术和接入网技术。宽带接入网主要有光纤接入、铜线接入、混合光纤/铜线接入、无线接入等。宽带网络对接入技术的要求包括两个方面:网络的宽带化和业务的综合化。

8.2.1 接入网概述

接入是指将一个终端系统连接到一个网络系统的过程。接入网(access network, AN)是连接核心网与用户或用户驻地网的桥梁,是本地交换机到用户终端的实施系统。

核心网是国家信息基础设施中承载多种信息的主体部分,通常由传输网和交换网(业务网)组成。核心网频繁地更换新技术,以支持各类窄带和宽带、实时和非实时、恒定速率和可变速率,尤其是多媒体业务。

接入网作为语音、数据和活动图像等全业务综合的主要部分和必经之路,其速度直接决定了用户的上网速度。为了给用户提供端到端的宽带连接,保证宽带业务的开展,接入网的宽带化和数字化是前提和基础,同时也是宽带网络通信中的一大热点和高利润增长点。接入网技术发展给整个网络的发展带来了巨大影响,具有广阔的市场应用前景。

1. 接入网在电信网中的位置

国际电信联盟(ITU)基于电信网的发展趋势,提出了用户接入网(简称接入网,即AN)的概念,并阐述了接入网的结构、功能、接入类型和管理功能。目前流行的电信网划分形式如图 8-1 所示。

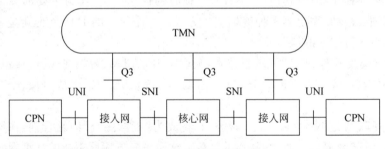

图 8-1　电信网划分形式

1) 电信管理网(TMN)

TMN 是一个综合、智能、标准化的电信管理系统,其提供一个有组织的网络结构,以取得各种类型的操作系统之间、操作系统与电信设备之间互联。

2) 核心网

核心网包含了交换网和传输网的功能。

3) 接入网(AN)

接入网由核心网和用户驻地网之间的所有实施设备与线路组成,是为传送电信业务提供所需传送承载能力的实施系统,可经维护管理接口(Q3)由电信管理网进行配置和管理。

接入网依赖于各种接口,将各种类型的业务从用户端接入各个电信业务网。在不同的配置下,接入网有不同的接口类型,主要接口包括用户网络接口(UNI)、业务节点接口(SNI)和维护管理接口(Q3)。

4) 用户驻地网(CPN)

CPN 指用户终端到用户网络接口(UNI)之间所包含的线路与设备(属于用户自己的网络),其在规模、终端数量和业务需求方面差异很大。CPN 的组成可以大至企业网或校园网中的局域网所有设备,也可以小至普通住宅中的一部话机和一对双绞线。

5) 维护管理接口(Q3)

Q3 是电信管理网与电信网其余部分相连的标准接口,在一个接入网中,与 V5 接口(本地数字交换机数字用户接口的国际标准)关联的功能可通过 Q3 管理接口进行灵活配置和操作。接入网通过 Q3 接口与 TMN 相连来实施 TMN 对接入网的管理与协调,从而提供用户所需的接入类型及承载能力。

6) 用户网络接口(UNI)

UNI 是用户和网络之间的接口,位于接入网的用户侧,支持多种业务的接入,如模拟电话接入、N-ISDN 业务接入、B-ISDN 业务接入、数字或模拟的租用线业务的接入等。

7) 业务节点接口(SNI)

SNI 是接入网和业务节点间的接口,位于接入网的业务侧。根据不同的用户业务需求,需要提供相对应的业务节点接口,使其能与交换机相连接。SNI 由交换机的用户接口演变而来,分为模拟接口(Z 接口)和数字接口(V5 接口)两大类。V5 接口能同时支持多种接入业务,可分为 V5.1 接口(由单个 2 Mbit/s 链路构成)、V5.2 接口(最多由 16 条并行 2 Mbit/s 链路构成),以及支持 B-ISDN 的 VB5.1 和 VB5.2 接口。

图 8-2 示出了接入网在电信网中的位置。

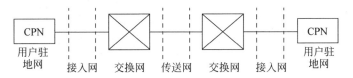

图 8-2　接入网在电信网中的位置

2. 接入网的功能

1) 接入网的基本功能

接入网承载的接入业务类型主要有语音、数据、图像通信和多媒体等类型,包括本地交换业务、租用线业务、广播模拟或数字视音频业务等。接入网所能提供的业务类型与用户需求、传输技术和网络结构有着密切的关系,上述多种类型的业务接入核心网需要相应接口类型的支持。接入网主要完成交叉连接、复用和传输功能,一般不含交换功能(且独立于交换机)。其功能结构包括用户口功能、业务口功能、核心功能、传送功能和接入网系统管理功能。

2) 宽带接入网的功能

除保留窄带接入网的全部功能外,宽带接入网还包括以下功能。

(1) 将来自用户的业务流传输、寻径和多路复用至核心网。

(2) 依据 QoS 将来自用户的业务流分类,区别带宽有保证和尽力而为的业务流。

(3) 执行 QoS。

（4）提供导航帮助和目录服务。

（5）内容提供者的缓冲服务器。

（6）执行媒介访问控制（MAC）协议。

（7）用户认证。

（8）提供用于调用的管理。

3. 接入网的特点

接入网与核心网有着明显的差别。接入网的主要特点如下。

（1）具备复用、交叉连接和传输功能，一般不含交换功能，其提供开放的 V5 标准接口，可实现与任何种类的交换设备的连接。

（2）接入业务种类多，业务量密度低。

（3）接入距离（网径）长短不一，成本与用户有关。

（4）线路施工难度大，设备运行环境恶劣。

（5）网络拓扑结构多样，组网能力强大。

4. 接入网的传输技术

网络的接入方式统称为网络的接入技术，应用于连接网络与用户的最后一段路程。网络的接入部分是目前最有希望大幅提高网络性能的环节。

接入网分为有线接入网和无线接入网，常用的传输技术如图 8-3 所示。

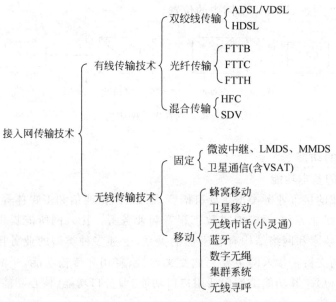

图 8-3　接入网常用的传输技术

有线接入网的主要技术措施如下。

（1）铜线接入网：在原有铜质导线的基础上，通过采用先进的数字信号处理技术，来提高双绞铜线对的传输容量，提供多种业务的接入。

（2）光纤接入网：以光纤为主，实现光纤到路边（FTTC）、光纤到大楼（FTTB）和光纤到家庭(FTTH)等多种形式的接入。

(3) 混合光纤/同轴电缆接入网：在原有有线电视网(CATV)的基础上,以光纤为主干传输,经同轴电缆分配给用户的光纤/同轴混合接入。

无线接入主要包括下列技术。

(1) 固定无线接入：如微波一点多址、本地多点分配业务(LMDS)、直播卫星等。

(2) 移动无线接入：如蜂窝移动通信、无线市话、卫星移动通信、集群调度、蓝牙等。

5. 接入网技术的发展

在网络通信初期,计算机是通过数据通信网络实现数据的通信和共享,基本上以电信网作为信息的载体。例如,国内互联网上的主机节点都是通过电信网络中的 X.25 网、DDN、数据帧中继网等传输 IP 数据分组的。

目前,以 IP 技术为核心的信息通信网络已成为网络的主体,信息和数据传输将成为网络的主要业务,一些传统的电信业务也将在信息通信网络上开通,但其业务量只占信息业务的很小一部分。作为宽带综合信息业务的承载平台,电信网、广播电视网、互联网在接入方式、用户负担的成本、可以提供的服务内容等方面各不相同,适用范围也不同,因而其相应的接入网在技术上也存在着明显差别。

1) 接入网技术的发展特点

随着光通信技术和高速调制技术的突破,以及用户对高速数据业务和多媒体业务需求的推动,接入网技术自 20 世纪 90 年代起飞速发展,其发展特点如下。

(1) 设备的标准化程度更高,接口更开放。

(2) 用户接口速率更高。

(3) 对不同业务的支持能力更强。

宽带与窄带的划分标准一般为用户网络接口上的速率。若用户网络接口上的最大接入速率超过 2 Mbit/s,则称为宽带接入。窄带接入系统是基于支持传统的 64 kbit/s 电路交换业务的,对以 IP 为主流的高速数据业务支持能力差。宽带接入系统则以分组传送方式为基础,具有统计复用功能。

宽带接入网适合用来解决高速数据业务接入,其已成为电信运营商的建设重点。宽带接入技术在 IP 业务的驱动下将得到大发展。

2) 宽带接入网的新发展

综合宽带接入平台的日趋成熟是宽带接入网发展的另一标志。新一代的综合接入设备基于纯 IP 内核,具有带宽扩展、新业务支持、新功能升级等优点,内置物理层适配、ONU、DSL 接入复用器、接入网关等功能。下行提供不同的物理接口、带宽及 QoS 能力,提供多种宽带接入方式。上行通过标准接口连接到不同的业务网络,包括传统电信网络、互联网及 NGN。该平台的成熟为多种业务接入及综合业务模式的实现提供了便利,使得全业务成为可能。综合接入平台将成为宽带接入网的重要组成部分。

8.2.2 数字用户线技术

铜线接入技术是利用电话网铜线实现宽带传输的技术,称为数字用户线技术

(DSL),而各种数字用户线技术(xDSL)则是这些传输技术的组合。xDSL 采用先进的数字信号自适应均衡技术、回波技术和高效的编码调制技术,在不同程度上提高了双绞铜线对的传输能力。

1. 数字用户线技术概述

数字用户线(DSL)技术与其他接入方式相比,其优势如下。

(1) 充分利用了现有的双绞线铜缆网,无须对现有电信接入系统进行改造,即可方便地开通宽带业务。

(2) DSL 已有部分标准,并被众多厂商支持和使用。

(3) 新的衍生技术大大降低了 DSL 的推广成本。

DSL 技术包括高比特率数字用户线(HDSL)、甚高速数字用户线(VDSL)、非对称数字用户线(ADSL)、速率自适应数字用户线(RADSL)等。其主要的差别体现在信号的传输速率与距离、上行速率和下行速率,以及对称性等方面。

xDSL 技术比较如表 8-1 所示。

表 8-1   xDSL 技术比较

技术方式	ADSL	HDSL	SDSL	VDSL	RADSL
下行速率	1.5~8 Mbit/s	1.5~2 Mbit/s	768 kbit/s	13~52 Mbit/s	1.5~7 Mbit/s
上行速率	640 kbit/s~ 1.0 Mbit/s	1.5~2 Mbit/s	768 kbit/s	1.5~2.3 Mbit/s	16~640 kbit/s
传输距离/km	3.6	3~5	3	0.3~1.5	3.61

2. 非对称数字用户线(ADSL)

ADSL 是在无中继的用户环路网上使用电话线提供高速数字接入的传输技术。ADSL 中的"非对称"是指非双向平均传输高速信号,即上行信息传输速率和下行信息传输速率不一样。

ADSL 系统示意图如图 8-4 所示。

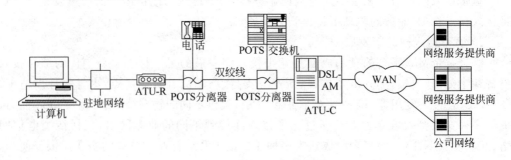

图 8-4   ADSL 系统示意图

1) ADSL 系统的基本组成

ADSL 采用先进的信号调制方式(包括正交调幅 QAM、无载波幅度相位调制 CAP 和离散多频 DMT 技术)、数字相位均衡技术和回波抑制技术,从而达到信道频谱充分利用和信道传输的高质量。

ADSL 系统主要由局端收发机(ATU-C)和用户终端机(ATU-R)两部分组成。

收发机实际上是一种高速调制解调器。传统的调制解调器也使用电话线进行传输，但其使用 0～4 kHz 的低频段。而电话铜线在理论上最大带宽接近 2 MHz，通过利用 26 kHz 以上的高频带，ADSL 提供了高速率。

2）ADSL 的频谱划分

ADSL 将用户的双绞线频谱分成低频、上行信道和下行信道 3 部分。由于采用频分复用(FDM)，因此 3 个信息通道可同时工作于一对电话线。ADSL 的频谱划分如图 8-5 所示。

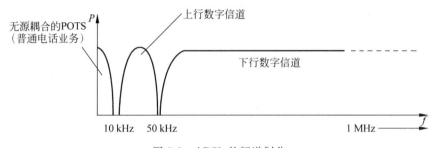

图 8-5　ADSL 的频谱划分

（1）低频部分提供普通电话业务(POTS)信道，通过无源滤波器使其与数字信道(含上行信道和下行信道)分开。

（2）上行信道是 640 kbit/s～1 Mbit/s 的中速传输通道(占据 10～50 kHz 的频带)，主要用于传送控制信息。

（3）下行信道是速率为 1.5～9 Mbit/s 的高速数字传输通道(占据 50 kHz 以上的频带)。

3）ADSL 的应用特点

ADSL 的最大特点是无须改动现有铜缆网络设施，就能提供视频点播、远程教学、可视电话、多媒体检索、局域网互联、互联网接入等业务。

ADSL 高速数据不占用话音交换机的任何资源，故增加用户不会对传统话音交换机造成任何附加负荷，不需要改造现有用户的铜线环路。

ADSL 可在同一铜线上分别传送数据和语音信号，数据信号并不通过电话交换机设备，减轻了电话交换机的负载。其不需要拨号，属于专线上网方式，意味着使用 ADSL 上网并不需要缴付另外的电话费。

ADSL 可以采用现有的双绞线从中心局连到用户端，也可以经过光缆到路边，再采用 ADSL 设备经适配电缆连接到用户。

ADSL 作为由窄带接入网到宽带接入网过渡的主流技术，且潜在用户数量巨大，从而得到迅速发展。

3. 高比特率数字用户线(HDSL)

HDSL 技术是在两对或多对铜线上实现 E1 速率(2 Mbit/s)全双工通信的技术。

HDSL 由两台分别安装在交换机和用户处的 HDSL 设备、2 对(或 3 对)双绞线组成。利用无冗余的四电平脉冲幅度码(2B1Q)等编码技术,高速自适应数字信号处理器可均衡全部频段上的线路损耗,消除杂音及串话;借助于每对线上的回波消除器和混合线圈设备,将 2 对(或 3 对)全双工铜线并用,而得到基群速率(2 Mbit/s)的宽带电路。

HDSL 技术可提高传输速率和延长通信距离,其无中继传输距离比传统的 PCM 技术要长 1 倍以上,而对线对的要求则没有传统的传输技术严格,所以安装方便快捷,一般不用中继器。

HDSL 可广泛用于无线寻呼中继、DDN(数字数据网)、ISDN(综合业务数字网)、基站接入、帧中继、移动通信基站中继和计算机 LAN 互联业务。

HDSL 的缺点是需对现有的用户线网进行改造。

4. 甚高速数字用户线(VDSL)

VDSL 以 ADSL 为基础,以缩短双绞铜线长度的方法,来传送比 ADSL 更高速的数据。其最大下行速率为 $51\sim55$ Mbit/s,传输距离不超过 300 m;当传输速率低于 13 Mbit/s 时,传输距离可达到 1.5 km;上行速率则为 1.6 Mbit/s 以上。

和 ADSL 相比,VDSL 传输带宽更高,由于距离缩短,码间干扰小,处理技术简化,成本降低。VDSL 技术和光纤到路边(FTTC)技术相互结合,可作为无源光网络 PON 的补充,以实现宽带综合接入。VDSL 规范的制定工作正在进行中。

5. xDSL 技术的发展

1) 第二代 ADSL 技术

国际电信联盟(ITU)于 2002 年和 2003 年分别公布了 ADSL 的两个新标准,即 ADSL2 和 ADSL2+,均属于第二代的 ADSL 技术。

与第一代 ADSL 相比,ADSL2 和 ADSL2+增强了传输能力,拓展了应用范围,提高了线路诊断能力,优化了节能特性,互通性得到进一步改善,并已成为 ADSL 的主流技术。

在下行方面,ADSL2+在 1.524 km(5000 英尺)的距离上达到了 20 Mbit/s 的速率,是 ADSL 下行速率 8 Mbit/s 的 2.5 倍。在存在窄带干扰的情况下,ADSL2+可以提高速率,在长距离上达到比 ADSL 更优的性能。ADSL2+解决方案传输距离可达 6 km,能满足宽带智能化小区的需要,突破了以前 ADSL 技术接入距离只有 3.5 km 的缺陷,可覆盖 90%以上的现有用户。此外,ADSL2+系统采用频分复用技术,通话、传真和上网同时进行,不会互相干扰。用户不需要拨号上网,开机即在线,非常方便。

ADSL2+还可提供其他业务。ADSL2+信道化的业务特性,使 ADSL2+线路除了承载普通的电话与数据业务外,还可根据需要在划定的信道上承载其他业务。

ADSL2+在功能上的改进如下。

(1) 强大的诊断功能。通过线路上训练序列的收发,不用进入同步阶段即可确定线路噪声、环路衰减、SNR 等参数,对提高网络维护质量具有重大意义。

(2) 能量多级管理。传统 ADSL 加电后,其功耗始终处于满负荷状态。ADSL2+可根据不同的应用情况,引入不同的能量状态,且不同能量状态间可快速切换。

(3) 无缝速率适应。传统的 ADSL 线路上突发干扰时,会导致 ADSL 的同步丢失;

而 ADSL2＋则可在同步不丢失的情况下进行速率调制。

（4）线对捆绑。ADSL2＋可在线路上实现多线对捆绑，以提供更高的接入速率。

2）xDSL 技术的发展趋势

近年来，xDSL 技术仍在不断向着高速率、远距离和多样化的趋势发展。

（1）以 ADSL 技术为主，并积极推动更高速率的 VDSL 技术。

（2）ADSL2/ADSL2＋/ADSL2＋＋系列技术对现有 ADSL 设备具有兼容性，可执行 ADSL 和 ADSL2 两种工作模式。ADSL 的发展趋势将是以 ADSL2/ADSL2＋取代 ADSL1。从技术成熟度、互通性以及成本等综合因素考虑，ADSL1 与 ADSL2/ADSL2＋将在一段时期内共存。

（3）VDSL 主要适用于一些对下行带宽有很高需求（超过 12 Mbit/s）或需要双向对称带宽（如双向需要超过 6 Mbit/s）的用户，并以 FTTx＋VDSL 形式出现。

（4）各种 xDSL 技术也在融合，xDSL 技术的最终发展将采用统一的调制方式和频谱方案，根据线路的衰减、噪声等情况，灵活地提供目前 ADSL 和 VDSL 所具有的能力，从而实现各种 xDSL 技术的能力综合——通用 xDSL。

8.2.3　光纤接入

光纤具有频带宽、容量大、损耗小、不易受电磁干扰等突出优点，光纤化是接入网的发展方向。光纤接入网（OAN）是采用光纤技术的接入网，泛指本地交换机（或远端模块）与用户之间采用光纤通信的系统。

1. 光纤接入网的组成

光纤接入网通常指采用基带数字传输技术并以传输双向交互式业务为目的的接入传输系统。

采用光纤接入网的基本目标为减少铜缆网的维护运行费用和故障率，支持开发新业务（尤其是多媒体和宽带业务）。

国际电信联盟（ITU-T）提出的与业务和应用无关的无源光纤接入网功能参考配置如图 8-6 所示。

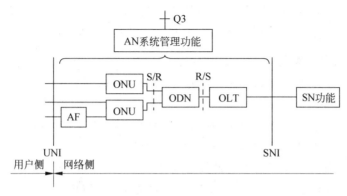

图 8-6　光纤接入网功能参考配置

从图 8-6 可以看出,光接入网由光线路终端(OLT)、光分配网络(ODN)、光网络单元(ONU)及适配功能(AF)组成,与同一光线路终端相连的光分配网络可能有若干个。

1) 光线路终端(OLT)

OLT 是为光纤接入网提供网络侧与本地交换机之间连接的接口,并经光分配网络(ODN)与用户侧的光网络单元(ONU)通信。

OLT 的任务是分离交换和非交换业务,管理来自 ONU 的信令和监控信息,为 ONU 和自身提供维护和指配功能。其功能可分为以下 3 部分。

(1) 核心部分:包括数字交叉连接、传输复用、ODN 接口等功能。

(2) 业务部分:主要指业务端口功能。

(3) 公共部分:提供供电和操作管理维护功能。

2) 光分配网络(ODN)

ODN 为 OLT 与 ONU 之间提供光传输手段,主要完成光信号的传输和功率分配,同时提供光路监控等功能。ODN 采用树型分支结构。

ODN 是由无源光元件组成的无源分配网,是 OAN 的关键部分,其中的无源元件有单模光纤和光缆、无源光衰减器、光纤带和带状光缆、光纤接头、光连接器和光分路器。

3) 光网络单元(ONU)

ONU 位于 ODN 和用户设备之间,为光纤接入网提供直接的或远端的用户侧的电接口。其功能可分为以下 3 部分。

(1) 核心部分:提供用户和业务复用、传输复用、ODN 接口等功能。

(2) 业务部分:为用户端口配置和信令转换。

(3) 公共部分:包括供电和操作管理维护功能。

4) 适配功能(AF)

AF 为 ONU 和用户设备提供适配功能。

综上所述,光纤接入网在逻辑上可看作是由光接入传输系统支持的、共享相同网络侧接口的一系列接入链路而组成。在物理实现上,光纤接入网由光线路终端(OLT)、光分配网络(ODN)、光网络单元(ONU)、适配功能(AF)及操作管理维护(OAM)组成,其中OLT 与 ONU 之间的传输连接可为一点对一点方式,也可为一点对多点方式。

在有源光网络中,若采用有源设备或网络系统(如 SDH 网)的光远程终端(ODT)来代替无源光网络中的光分配网络,传输距离和容量将大大增加,但供电和维护较困难。

2. 光纤接入网的类型

按照不同的分类原则,光纤接入网(OAN)可分为不同的类型。

1) 按网络拓扑结构划分

光纤接入网可分为总线型、环型、树型和星型等,其组合又派生出总线-星型、双星型、总线-总线型、双环型、树型-环型等多种形式,各种形式优势互补。

2) 按室外传输设备中是否有有源设备划分

光纤接入网可分为无源光网络(PON)和有源光网络(AON)。其区别:PON 采用无源光分路器进行分路;AON 采用有源电复用器进行分路。其中,PON 具有成本低、对业务透明、易于升级和管理等优势,商用系统已投入网络运行。

3) 按承载的业务带宽情况划分

光纤接入网可分为窄带 OAN 和宽带 OAN 两种。其划分常以 2 Mbit/s 速率为界限,低于该速率的业务称为窄带业务(如电话业务),高于该速率的业务称为宽带业务(如视频点播 VOD 业务)。

4) 按光网络单元(ONU)的不同位置划分

光纤接入网可分为光纤到路边(FTTC)、光纤到大楼(FTTB)、光纤到小区(FTTZ)、光纤到家(FTTH)或光纤到办公室(FTTO)等类型。

图 8-7 示出了光纤接入网的典型应用类型。

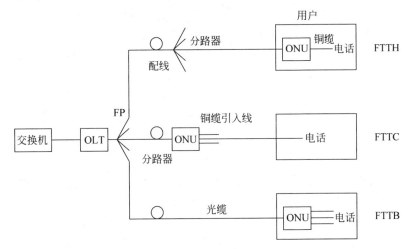

图 8-7　光纤接入网的典型应用类型

FTTC 主要适用于要求高服务质量的多媒体分配型业务。FTTC 结构中,ONU 一般放置在路边的分线盒或交接箱处,从 ONU 到用户之间仍然采用双绞铜线对。

FTTB 是 FTTC 的一种变形,其光纤线路更接近用户,因此更适用于高密度小区及商用办公楼。在 FTTB 结构中,ONU 放置在用户大楼内部,ONU 和用户之间通过楼内的垂直和水平布线系统相连。

FTTH 是一种全光纤网,即从本地交换机和用户之间全部为光连接,中间没有任何铜缆和有源电子设备,是真正全透明的网络,因而对传输制式(例如,PDH 或 SDH、数字或模拟等)、带宽、波长和传输技术无任何限制,适于引入新业务。由于本地交换机与用户之间无任何有源电子设备,ONU 安装在住户处,因而其环境条件比户外的不可控条件大为改善,可以采用低成本元器件;ONU 可以本地供电,供电成本比网络远供方式大大降低,而故障率也大大减少;与此同时,简化了维护安装测试工作,降低了维护成本。FTTH 可为用户提供最大可用带宽,是用户接入网发展的目标。

3. 基于 PON 的光接入网

1) 无源光网络(PON)

无源光网络(passive optical network,PON)主要采用无源光功率分配器(耦合器)将信息送至各用户。由于采用了光功率分配器,使功率降低,因此较适合于短距离使用,是实现 FTTH 的关键技术之一。

PON 是指 ODN(光配线网)中不含有任何电子器件及电子电源,ODN 全部由光分路器(Splitter)等无源器件组成,不需贵重的有源电子设备。PON 是点到多点的光网,在源到宿的信号通路上全是无源光器件,如光纤、接头和分光器等,可最大限度地减少光收发信机、中心局终端和光纤的数量。基于单纤 PON 的接入网只需要 $N+1$ 个收发信机和数千米光纤。一个无源光网络包括一个安装于中心控制站的光线路终端(OLT),以及配套的安装于用户场所的光网络单元(ONU)。在 OLT 与 ONU 之间的光配线网(ODN)包含了光纤以及无源分光器或者耦合器。

目前最简单的网络拓扑是点到点连接。为减少光纤数量,可在社区附近放置一个远端交换机(或集线器),同时需在中心局与远端交换机之间增加两对光收发信机,并需解决远端交换机供电和备用电源等维护问题,成本很高。因此,以低廉的无源光器件代替有源远端交换机的 PON 技术就应运而生。

PON 上的所有传输是在 OLT 和 ONU 之间进行的。OLT 设在中心局,把光接入网接至城域骨干网。ONU 位于路边或最终用户所在地,提供宽带语音、数据和视频服务。在下行方向(从 OLT 到 ONU),PON 是点到多点网;在上行方向,则是多点到点网。

在用户接入网中使用 PON 的优点很多:传输距离长(可超过 20 km);中心局和用户环路中的光纤装置可减至最少;带宽可高达吉比特量级;下行方向工作如同一个宽带网,允许作视频广播,利用波长复用既可传 IP 视频,又可传模拟视频;在光分路处不需安装有源复用器,可使用小型无源分光器作为光缆设备的一部分,安装简便并避免了电力远程供应问题;具有端到端的光透明性,允许升级到更高速率或增加波长。

2) ATM 无源光网络(APON)

APON(ATM PON)使用 ATM 传输协议作为链路层协议,故称 ATM 无源光网络。APON 标准在加强后成为宽带的 PON(又称为 BPON,Broadband PON)。由于绝大多数的局域网使用以太网,而 ATM 不是连接以太网的最佳选择,故 APON 已停止发展。

3) 以太网无源光网络(EPON)

EPON(Ethernet PON)是一种新型的光纤接入网技术,其将全部数据通过以太网传送。EPON 采用点到多点结构,无源光纤传输,在以太网之上提供多种业务。其在物理层采用了 PON 技术,在链路层使用以太网协议,利用 PON 的拓扑结构实现了以太网的接入。

EPON 的特点:低成本;高带宽;扩展性强,灵活快速的服务重组;与现有以太网的兼容性;便于管理等。

4) 吉比特无源光网络(GPON)

GPON(Gigabit-capable PON)综合和兼顾了 ATM/Ethernet/TDM 分组传送技术,新采纳的 QoS 技术(全双工支持、优先等级化和虚拟局域网标记)使以太网能够支持语音、数据和视频。与 EPON 力求简单的原则相比,GPON 更注重多业务和 QoS 保证,受到运营商的重视。

8.2.4 混合光纤/同轴电缆接入

有线电视网(CATV)目前大多采用由光缆和同轴电缆共同组成的树型分支结构,向众多用户提供广播式模拟电视业务,具有频带宽、覆盖面广等特点,但信号的传送为单向。混合光纤/同轴电缆(hybrid fiber/coax,HFC)接入技术利用现有的 CATV 网,采用频分复用方式传输多种信号,是解决电视、电话和数据业务的综合接入的宽带接入技术。

1. HFC 的结构与频谱分配

HFC 接入网实际上是将现有光纤/同轴电缆混合组成的单向模拟有线电视网(CATV)改造为双向网络。HFC 接入网是一种综合应用模拟和数字技术、同轴电缆和光缆技术,以及射频技术的高分布式接入网络,是电信网和有线电视网相结合的产物。

除提供原有的模拟广播电视业务外,HFC 接入网利用频分复用技术和电缆调制解调器(Cable Modem)实现语音、数据和交互式视频等宽带双向业务的接入和应用。

HFC 系统的典型结构如图 8-8 所示。

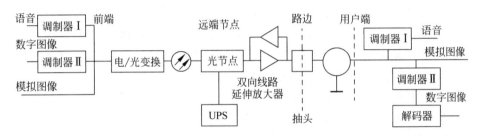

图 8-8 HFC 系统的典型结构

在 HFC 系统中,电话(数据)信号经远端模块从射频上解调出来,再经解码和解复用,恢复为单路的语音(数据)信号,以较短的双绞线(或同轴电缆)送至用户。

HFC 上、下行频谱的分配:5~30 MHz 是前端与用户间的上行信道,传输语音、数据和信令;40~750 MHz 为下行信道,最多可提供约 110 个模拟电视频道,其中 550~750 MHz 也可传送电话、数据、VOD 和数字电视广播。

2. HFC 的技术特点

HFC 是从传统的有线电视网发展起来的,与当前的用户设备兼容性好,且频带宽、成本低,可支持各类数字和模拟业务。

HFC 存在的主要问题如下。

(1) 上行信道频带窄,树型结构导致上行信道噪声严重,难以保证数据业务的安全性。

(2) 现有 CATV 网络中同轴电缆的带宽仅为 450 MHz,与 HFC 所需求的 750 MHz 带宽差距较大,改造费用高。

（3）HFC的模拟传输方式落后于网络数字化趋势，需加以改进和升级。

8.2.5 以太网接入

以太网是目前使用最广泛的局域网技术。由于其简单、成本低、可扩展性强、与IP网能够很好地结合等特点，以太网技术的应用正从企业内部网络向电信网领域迈进。以太网接入是指将以太网技术与综合布线相结合，作为电信网的接入网，直接向用户提供基于IP的多种业务的传送通道。

1. 以太网接入概述

以太网由于具有使用简便、价格低、速率高等优点，已成为局域网的主流。随着吉比特以太网（GbE）的成熟和太比特以太网（10GbE）的出现，以及低成本地在光纤上直接架构GbE和10GbE技术的成熟，以太网开始进入城域网和广域网领域。

若接入网也采用以太网，将形成从局域网、接入网、城域网到广域网全部是以太网的结构，采用与IP一致的统一的以太网帧结构，各网之间无缝连接，中间不需要任何格式转换，将可以提高运行效率、方便管理、降低成本。

传统的以太网技术属于用户驻地网（CPN）领域，并不属于接入网的范畴。随着互联网的迅猛发展，IP协议成为网络层的主导协议。在IP业务的传送方面，以太网技术具有应用支持广泛和成本低廉等显著特点。由于采用以太网接口和帧结构，无须适配即可与现有设备兼容，将成为接入网的主导技术之一。

以太网技术的实质是一种媒介访问控制技术，可以在双绞线上（5类线或以上）传送，也可与其他接入媒介相结合，形成多种宽带接入技术。

（1）以太网与铜线接入的VDSL结合，形成EoVDSL技术。

（2）以太网与光纤接入的FTTB结合，形成FTTB+LAN技术。

（3）以太网与无源光网络相结合，产生EPON技术。

（4）以太网在无线环境中，则发展为WLAN技术。

2. 以太网接入的系统结构

用于接入网中的以太网技术与传统的以太网技术是有区别的，其仅借用了以太网的帧结构和接口的概念，网络结构和工作原理完全不同。

传统以太网技术主要是为局域网（私有网络环境）设计的，与接入网（公用网络环境）的特性要求有很大区别，主要反映在用户管理、业务管理、安全管理和计费管理等方面，因而传统以太网技术必须经过改进才能应用于公用电信网。

基于以太网技术的宽带接入网由局侧设备和用户侧设备组成。

局侧设备一般位于小区内或商业大楼内，局侧设备提供与IP骨干网的接口。局侧设备与路由器不同，路由器维护的是端口-网络地址映射表，而局侧设备维护的是端口-主机地址映射表。局侧设备支持对用户的认证、授权和计费，以及用户IP地址的动态分配，还具有汇聚用户侧设备网管信息的功能。

用户侧设备一般位于住宅楼（或办公楼）内，提供与用户终端计算机相接的10/100Base-T

接口。用户侧设备与以太网交换机不同,以太网交换机隔离单播数据帧,不隔离广播地址的数据帧,而用户侧设备的功能仅仅是以太网帧的复用和解复用。用户侧设备只有链路层功能,工作在复用器方式下,各用户之间在物理层和链路层相互隔离,从而保证用户数据的安全性。

图 8-9 给出了一种基于以太网技术的典型接入网系统结构,其由局侧设备和用户侧设备组成。

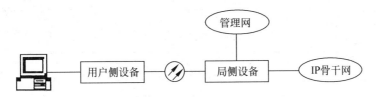

图 8-9 基于以太网技术的典型接入网系统结构

局侧设备与 IP 骨干网相连,支持用户认证、授权、计费、IP 地址动态分配及服务质量(QoS)保证等功能,并提供业务控制功能和对用户侧设备网管信息的汇聚功能。

用户侧设备通常与用户终端的计算机相连,采用以太网接口系列,工作于链路层,各用户间在物理层和链路层相互隔离,通过复用方式共享设备和线路,从而保证数据的安全性。

3. 通过以太网接入互联网

光纤接入与以太网结合(FTTx+LAN),将在保证用户接入带宽的前提下,使以太网的传输距离大为扩展。具体应用的连接方式如图 8-10 所示。

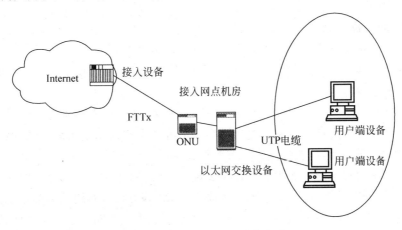

图 8-10 FTTx+LAN 连接方式

4. 住宅小区以太网接入宽带 IP 城域网

在宽带小区(或智能大厦)中,宽带网络接入平台位于整个宽带网中接入网部分的配线层和引入线层。

宽带网络接入平台主要解决通信网中最后一段的接入瓶颈问题,使宽带小区(或智能大楼)内的每个用户可通过高速信息接入方式接入互联网中。

住宅小区以太网接入宽带 IP 城域网的模型如图 8-11 所示。

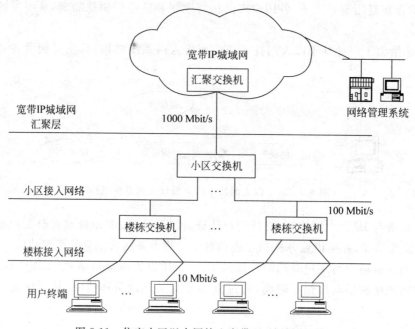

图 8-11　住宅小区以太网接入宽带 IP 城域网的模型

8.2.6　宽带无线接入

1. 固定无线接入技术

无线接入技术可分为移动接入和固定无线接入两大类。

移动接入一般以蜂窝系统(如 GSM 接入技术、CDMA 接入技术等)、卫星移动通信系统以及集群系统等为主。

固定无线接入是指接入 PSTN 网,提供电话、传真、语音带数据业务及一些补充业务等。固定无线接入从交换节点到固定用户终端部分或全部采用了无线方式,其终端不含(或仅含有限的)移动性,是有线接入的有效补充手段之一。

固定无线接入技术的特点主要体现在多址方式、调制方式、双工方式、对电路交换与分组交换支持、动态带宽分配、空中无线协议、OFDM 等方面。使用较多的技术主要有微波点到点系统、微波点到多点系统、固定蜂窝系统、固定无绳系统、MMDS、LMDS 和VSAT 等。

2. 本地多点分配业务

作为宽带固定无线接入的主流技术,本地多点分配业务(LMDS)在近年来得到较快发展。目前的 LMDS 为第二代数字系统,使用 ATM 传送协议,具有标准化的网络侧接口和网管协议,能够在本地环路中向用户提供宽带的双向互动传输服务,并能满足不同用户对不同业务种类和业务带宽的要求。LMDS 的主要问题为存在来自其他小区的同信道干扰和覆盖区范围限制。

LMDS 的含义如下。

L(本地)：指信号传播是在由其频率范围限定的一个小区的覆盖区域内。

M(多点)：指由基站到用户的信号以点到多点或广播方式发送,而用户到基站的信号回传以点到点方式传送。

D(分配)：指信号的分配方式,可同时包括语音、数据、IP 和视频等业务,将不同的业务信号分配到不同的用户站。

S(业务)：指网络运营者与用户之间在业务上是提供与使用关系。

1) LMDS 的系统结构

LMDS 由一系列蜂窝无线发射枢组组成,每个蜂窝由点对多点的基站和用户站构成。LMDS 的系统结构如图 8-12 所示。

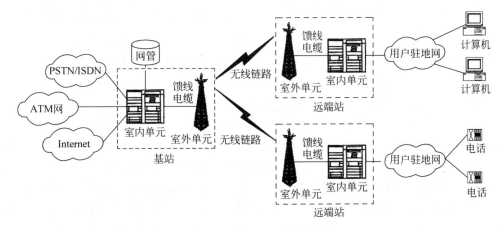

图 8-12　LMDS 的系统结构

LMDS 采用蜂窝单元,利用地面转接站转发数据。通过射频频带,LMDS 可提供 10 Mbit/s 的数据流量,向用户提供会议电视、视频家庭购物等宽带业务。LMDS 接入系统主要由带扇形天线的收发信机组成,其典型蜂窝半径为 4～10 km,在每个扇区传输交互式的数字信号,信号到达用户室外单元后,毫米波信号转换至中频,在室内用同轴电缆将数字信号送至机顶盒(STB)。LMDS 可为某些布线施工困难的地区提供类似的宽带接入和双向能力。

2) LMDS 系统组成

LMDS 系统通常由多个小区组成,每个小区由一个中心站和众多用户站组成,各中心站通过带自愈功能的高速光纤线路相连。

中心站由网络节点设备与射频设备组成。网络节点设备主要包括与 ATM 和 CATV 网络相连的接口、信号的编码/解码、压缩、纠错、复接/分接、路由、调制/解调、合路/分路等。射频设备主要包括集成的射频收发信机与天线,射频部分将来自网络节点设备的中频信号变频至相应频段,通过天线发射出去,同时将天线收到的信号变频至中频送入网络节点设备处理。

用户站由网络接口单元和射频部分组成,其结构与中心站基本相同。但网络接口单元比中心站的网络节点设备要简单得多,可向用户提供多种业务接口。

中心站一般采用全向天线或扇形天线,用户站则采用方向性极强的高增益天线。每个小区通常可以提供的下行带宽为 1 GHz,上行带宽为 300 MHz。若在小区内划分扇区,并在相邻扇区内采用交叉极化的方式,还可以成倍地扩大带宽。

3)LMDS 的主要技术特点

(1)工作频段。LMDS 系统工作在 24～38 GHz 频率范围,其中以 27.5～29.5 GHz 的工作频段最为集中。LMDS 系统的可用频带宽度高达 1 GHz 以上,可提供高质量的宽带电信业务。

(2)多址方式。LMDS 系统传输分上、下行两个方向,一般多址方式是指上行传输(用户终端到基站方向)的接入方式。系统上行采用时分复用多址(TDMA)和频分复用多址(FDMA)两种方式。若采用 TDMA 方式,不同的远端站可在相同频段的不同时间片内向基站发送信号,该方式适合于支持突发型的数据业务(如互联网接入)应用;若采用 FDMA 方式,则相同扇区中不同的远端站在不同频段上向基站发送信号,彼此互不干扰,该方式适合于租用线业务。系统下行主要采用时分复用(TDM)方式向相应扇区发送广播信号,每个用户终端在特定的频段内接收属于自己的信号。

(3)调制方式。目前 LMDS 系统中应用较多的调制方式为 QPSK(四相相移键控)、16QAM(正交调幅)及 64QAM 等。在相同带宽条件下,采用 16QAM 调制方式,可支持的容量为 QPSK 方式的 2.3 倍;采用 64QAM 调制方式,则为 QPSK 方式的 3.5 倍。高阶调制方式可以有效地扩大系统容量,但调制技术越复杂,在相同条件下系统的覆盖范围越小。

(4)拓扑结构。LMDS 系统的拓扑结构与局域网类似,有星型和环型两种主要结构。星型结构是指中心基站采用全向或扇区天线,与采用定向天线的远端用户终端直接进行微波通信,较适合用户分布较集中和确定的环境。环型结构是指相邻远端用户终端之间,采用定向天线彼此进行微波通信。其中央节点处于网络枢纽位置,负责微波链路上业务量的汇聚和转接。该结构更适于用户较少、地理环境较复杂的环境。环型 LMDS 可以方便地实现链路自愈功能。

4)LMDS 的主要应用

(1)租用线业务。应用于用户自动交换机连接、基于专线的广域网连接等。

(2)突发数据业务。应用于互联网、企业网,以及局域网互联等。

(3)交换语音业务。为传统的语音和 ISDN 提供接入。

(4)数字视频业务。应用于视频点播(VOD)、数字视频广播业务等。

3. WiMax

WiMax(world interoperability for microwave access,全球微波接入互操作性)是一种可用于城域网的宽带无线接入技术。WiMax 是针对微波和毫米波段提出的一种新的空中接口标准,主要作用是可提供无线"最后一千米"接入,覆盖范围可达 50 km,最大数据速率达 75 Mbit/s,频段范围为 2～11 GHz。

WiMax 提供固定、移动、便携形式的无线宽带连接,能同时满足支持数百使用 T1 连接速度的商业用户或数千使用 DSL 连接速度的家庭用户的需求,并提供足够的带宽。

作为宽带接入技术的 WiMax 具有高带宽、大容量、多业务、快速组网,以及低成本投资等特点,正处于迅速发展阶段。

1) WiMax 标准

WiMax 系列标准目前分别为 IEEE 802.16a(针对固定宽带无线接入)、IEEE 802.16d(增强了对室内客户端设备 CPE 的支持)、IEEE 802.16e(面向移动终端设备)、IEEE 802.16f(支持漫游以及无线保真 Wi-Fi 和 WiMax 之间的切换)。

WiMax 标准中加入了自适应调制方案,从而可根据基站的距离、信道噪声、多径时延等信道状况自动调整调制方法。可选的调制方法有 BPSK、QPSK(主要面向较长距离)、16QAM、64QAM(主要面向较短距离)。WiMax 的基本接入模式为 256 点的正交频分复用 OFDM。OFDM 技术可以减小早期微波接入技术中存在的多径和视距传输问题,且用户可使用室内天线或简单的室外天线。WiMax 的最大传输范围约为 50 km,基站和用户设备两端均可以进行功率控制,优化每个用户的信号质量。系统也兼容更新的扇区化、自适应波束成型天线。

2) WiMax 的技术特点

(1) 设备的良好互用性,运营商可从多个设备制造商处购买 WiMax 相应设备。

(2) 在更远的距离下(最远可达 50 km)提供优质的频谱效率。

(3) 系统容量可升级,新增扇区简易,灵活的信道规划可使容量达最大化,且允许运营商根据用户的发展需求逐渐升级扩大网络。

(4) 较高的系统增益可提供更强的远距离穿透能力。

3) WiMax 无线接入的网络结构

WiMax 无线接入网络结构由基站(BS)、中继站(RS)、用户站(SS)、用户驻地网(CPN)设备或用户终端设备(TE)等组成。

基站采用无线方式通过 WiMax 业务接入节点 SAP(也是一种基站)接入城域网,SAP 接入城域网既可以采用宽带有线接入,也可以采用宽带无线接入。

中继站的作用是扩大 WiMax 无线接入网的无线覆盖范围。

用户站是用户侧无线接入设备,提供与 BS 上连的无线接口,并提供与用户终端设备或用户驻地网设备相连的接口(如以太网接口、E1 接口等)。

用户驻地网设备可采用用户路由器、交换机、集线器,或是另一种无线接入节点以组成用户专用网络。

若用户欲直接接入 WiMax 网络,必须配置符合 WiMax 接口标准的用户单元(SU),用户单元一般为无线网卡或无线模块。

8.3　宽带核心网技术

宽带核心网技术通常是指 ATM 网络、IP 网络、MPLS 网络、汇聚网络和吉比特以太网等,利用宽带核心网可进行高速的数据传输和路由选择等。

8.3.1　宽带 IP 网络组网技术

由于互联网用户数的急剧膨胀和网络业务的广泛应用,导致网络信息流量的持续增加,由路由器专线技术构成的传统网络结构问题日益突出。例如,现有路由器寻址速度低,吞吐量不够,用户接入速率低;传统 IP 网络不能保证服务质量(QoS),特别是多媒体业务的 QoS 问题;网络规模扩大导致路由器寻址时跳数(HOP)过多,传输时延增大,网络性能下降;路由协议对跳数限制的同时,也限制了网络的规模和路由器端口数量;传统的 IP 网络所使用的 IPv4 协议对实时、灵活的路由器机制、流量控制和安全性能的支持不够,地址资源短缺等。

为解决上述问题,IP 网络需与 ATM、SDH、WDM 技术结合,以实现 IP 网络的高速化及宽带业务应用;同时,通过在路由器之间引入 ATM 交换设备,减少以往过多的路由器跳数所产生的花费,降低网络的复杂性,解决传统路由器骨干网的拥塞,大幅度提高网络性能,保证服务质量。

根据所采用的传输技术以及核心节点设备的不同,宽带 IP 网络的组网技术目前主要有以下 3 种。

(1) IP over ATM:异步传输模式上传输 IP。

(2) IP over SDH:光同步传输模式上传输 IP。

(3) IP over WDM:波分复用传输 IP。

1. 基于 ATM 的 IP 传输(IP over ATM)

IP over ATM 是把面向连接的 ATM 的能力引入无连接的 IP 中去,利用 ATM 优良的服务质量(QoS)保证、对多业务的支持,以及高稳定性,为 IP 网络提供高质量的稳定的具有兼容性的核心平台。若已建设完善的 ATM 网,即可在 ATM 网上传送 IP 业务。

ATM 以网络的形式支持 IP(即 IP over ATM),不但提高了传输效率,同时也缩短了传输时延,从而大大提高了 IP 网的性能。

IP over ATM 需解决的问题如下。

(1) ATM 是面向连接的,而 IP 是无连接的,在一个面向连接的网络上承载一个面向无连接的业务,将面临许多需要解决的问题。

(2) IP 协议有其相应的寻址方式、选路功能和地址结构,而 ATM 也有相应的信令、选路规程和地址结构,存在 IP 地址和 ATM 地址之间映射的难题。

IP over ATM 存在的主要问题:若 IP 业务繁忙时或出现大量不均衡、突发性业务时,会发生 ATM 承载能力下降,主干网路由器负荷过大也会引起整个系统停机;IP over ATM 还存在网络体系结构比较复杂、传输效率低、开销损失大的缺点。

IP over ATM 的组网技术如下。

1) LANE 技术

LANE(ATM 局域网)是指以 ATM 结构为基本框架的专用网络,其以 ATM 交换机作为网络中的交换点,通过 ATM 接入设备把各种业务接入 ATM 网络,实现相互间的通信。其性能优于传统共享媒介的局域网。

2) CLIP 技术

CLIP 又称为传统的 IPOA(IP over ATM),是 ATM 网上传输数据分组的早期协议和解决方案,其基本思想是在传输 IP 数据分组时把 ATM 网络视为另一种异型网络,即类似于以太网以及 X.25 网上传输 IP 数据分组的情况。CLIP 只支持 IP 协议,适于互联网及使用 IP 协议的局域网。

3) MPOA 技术

MPOA 技术是基于 ATM 的多协议传输,是在 LANE 和 IPOA 之后的以 ATM 网络支持传统局域网的方案,可提供高性能、低延时的能承载多种高层协议的另一种互联方式,其进一步利用了 ATM 提供的各种服务性能。

4) IP 交换

IP 交换是 IP 与 ATM 技术的结合,其核心思想是对业务数据流进行分类,对持续期长的用户数据流提供快速直通路径,对持续期短的用户数据流利用默认路径转发。IP 交换机本质上是连接到 ATM 交换机上的路由器。IP 交换的目的是在快速交换硬件(标准的 ATM 交换加上 IP 交换软件控制器)上获得最有效的 IP 实现,实现非连接的 IP 和面向连接的 ATM 的优势互补。

5) 标记交换

标记交换是基于传统路由器的 ATM 承载 IP 技术。标记交换将交换技术和选路技术相结合,但并未脱离路由器技术,而是在一定程度上将数据传递从路由变为交换,用标记替换 IP 地址可使长度缩短,从而提高了传输的效率。标记的创建和分发与特定业务流的到达无关,而是依据反映网络拓扑变化的选路控制协议的更新信息。标记交换技术可以在不同的低层协议上使用,不受限于使用 ATM 技术;其支持多种上层协议,也不受限于转发 IP 业务。

6) 多协议标记交换(MPLS)

MPLS 是一种在开放的通信网上利用标记引导数据高速、高效传输的新技术。MPLS 是一种交换和路由的综合体,其基本思想是采用标记交换。MPLS 技术在网络时代发展迅速,并且已经成为宽带骨干网中的重要技术。MPLS 标准化工作正在进行中。在已有的 ATM 与 IP 融合技术中,多协议标记交换(MPLS)是较佳的方案。

2. 基于 SDH 的 IP 传输(IP over SDH)

同步数字体系(SDH)是集复接、线路传输及交换功能于一体,并由统一网管系统操作的综合信息传送网络。

IP over SDH 的基本思想是在高速路由器基础上并具有一定的服务质量(QoS)之后,用 SDH 光传送设备将这些高速路由器互联形成 IP 骨干网,而不必经过 ATM 环节。

以 IP over SDH 网络作为 IP 数据网络的物理传输网络,使用 PPP 协议(链路适配及成帧的点对点协议)对 IP 数据包进行封装,然后按字节同步的方式,把封装后的 IP 数据包映射到 SDH 的同步净负荷封装中,按其各次群相应的线速率进行连续传输。与 SDH

设备相连的路由器可根据所传的 IP 业务速率来选用,并保证路由器与 SDH 设备的互操作性。

IP over SDH 实质上是路由器加专线的传统组网方式。相对于其他传输方式(如 IP over ATM 传输方式)具有更高的传输效率,更适合于组建专门承载 IP 业务的数据网络。

IP over SDH 的主要优点如下。

(1) 简化了 IP 网络体系结构,提高数据传输效率。

(2) 兼容各种不同的技术和标准,实现网络互联。

(3) 利用 SDH 技术的各种优点(如自动保护切换),保证网络的可靠性。

(4) 有利于实施 IP 多点广播技术,适用于 IP 骨干网。

IP over SDH 技术存在的问题:不适于集数据、语音、图像等于一体的多业务平台;尚不能像 IP over ATM 技术那样提供较好的 QoS;对大规模网络需处理庞大复杂的路由表,路由信息占用较大的带宽;尚不支持虚拟专用网(VPN)和电路仿真;网络扩充性能较差,不如 IP over ATM 技术灵活。

3. 基于 WDM 的 IP 传输(IP over WDM)

光波分复用技术(WDM)是在一根光纤中同时传输多波长光信号的干线传输技术,用以改进传输效率,提高复用速率。

IP over WDM 也称光互联网,也指 IP over DWDM。其基本思想为:将 IP 直接放在光路上传输,省去了中间的 ATM 层和 SDH 层。该体系结构最简单直接,简化了层次,减少了网络设备和功能重叠,减轻了网络配置的复杂性,额外的开销最低,传输速率最高。

IP over WDM 能够极大地拓展现有的网络带宽,最大限度地提高线路利用率,并能实现与吉比特以太网的无缝接入。

IP over WDM 和 IP over SDH 的区别在于承载业务量的大小和适应不对称业务的灵活性上。IP over WDM 的优势在于其巨大的带宽潜力,可以满足 IP 业务巨大的带宽要求,并解决 IP 业务的不对称性问题。WDM 系统的业务透明性可以兼容不同协议的业务,实现业务汇聚。依靠 WDM 的高带宽和简单的优先级方案,还可以基本解决服务质量 QoS 问题。

IP over WDM 和 IP over SDH 可疏导高速率数据流,将成为宽带 IP 网络(尤其是大型 IP 高速骨干网)中的主要技术。

8.3.2　MPLS 网络技术

MPLS 是在开放的通信网上利用标记引导数据高速、高效传输的一种新技术。MPLS 能在一个无连接的网络中引入连接模式的特性,其主要优点是减少了网络复杂性,兼容现有各种主流网络技术,能降低网络成本,在提供 IP 业务时能确保服务质量(QoS)和安全性,具有流量控制能力。此外,MPLS 可以解决 VPN(虚拟专用网)的扩展问题和维护成本问题。MPLS 是下一代最具竞争力的宽带网络技术之一。

1. MPLS 的基本概念

MPLS 最初是用以提高路由器的转发速度而提出的一个协议。由于在流量控制和虚拟专用网(VPN)应用中的优异特性,MPLS 已日益成为扩大 IP 网络规模的重要标准。

MPLS 协议的关键是引入了标记(Label)的概念。标记是一种短的易于处理的、不包含拓扑信息、只具有局部意义的信息内容。其含义:短的标记长度易于处理,通常可以用索引直接引用;只具有局部意义时便于分配。

ATM 中的 VPI/VCI(虚通道标识/虚通路标识)就是一种标记,ATM 实际上是一种标记交换。

在 MPLS 网络中,IP 分组在进入第 1 个 MPLS 设备时,MPLS 边缘路由器(LSR)就用标记封装起来。MPLS 边缘路由器分析 IP 分组的内容,并为该分组选择合适的标记。相对于传统的 IP 路由分析,MPLS 不仅分析 IP 分组头中的目的地址信息,还分析 IP 分组头中的其他信息,如业务类型等。MPLS 网络中的所有节点都依据该简短标记作为转发判决依据,当该 IP 分组最终离开 MPLS 网络时,标记被边缘路由器分离。

MPLS 所涉及的基本概念如下。

1) 转发等价类(FEC)

MPLS 实际上是一种分类转发的技术。MPLS 将具有相同转发处理方式(目的地相同、使用的转发路径相同、具有相同的服务等级等)的分组归为一类,这种类别就称为转发等价类。属于相同转发等价类的分组,在 MPLS 网络中将获得完全相同的处理。在标记分发协议(LDP)中,各种等价类对应于不同的标记;在 MPLS 网络中,各个节点将通过分组的标记来识别分组所属的转发等价类。

2) 多协议标记交换

多协议:MPLS 位于传统的第二层和第三层协议之间,其上层协议与下层协议可以是当前网络中的各种协议,例如 IPX 等。

标记:一个长度固定,只具有本地含义的标志。其用于唯一地表示分组所属的转发等价类(FEC),决定标记分组的转发方式。

交换:通过 FEC 的划分与标记的分配,MPLS 的标记在网络中进行交换,建立一条虚电路。

3) 标记分组与标记栈

标记分组是包含了 MPLS 标记封装的分组。标记可以使用专用的封装格式,也可以利用现有的链路层封装,如 ATM 的 VPI/VCI(虚通道标识/虚通路标识)。标记栈是一组标记的级联。

4) 标记交换路由器(LSR)

支持 MPLS 协议的路由器,是 MPLS 网络中的基本元素。一个分组由一台路由器发往另一台路由器时,发送方的路由器为上游 LSR,接收方的路由器为下游 LSR。

5) 标记交换路径(LSP)

使用 MPLS 协议建立起来的分组转发路径,由标记分组源 LSR 与目的 LSR 之间的一系列 LSR 以及其间的链路构成,类似于 ATM 中的虚电路。

6）标记信息库(LIB)

标记信息库类似于路由表,包含各个标记所对应的各种转发信息。

7）标记分发协议(LDP)

标记分发协议是 MPLS 的控制协议,相当于传统网络的信令协议,负责 FEC 的分类、标记的分配、分配结果的传输,以及 LSP 的建立和维护等。

8）标记分发对等实体

进行标记分发协议(LDP)处理过程的标记交换路由器(LSR)为标记分发对等实体。

9）标记合并

对于某一相同 FEC(前向差错纠正)的标记分组,标记将不同的入标记替换为相同的一个出标记继续转发的过程,减少标记资源的消耗。

10）类型长度值(TLV)

MPLS 消息中的子结构,类似于其他协议中各种消息内的对象。

2. MPLS 结构与工作流程

MPLS 提供一种特殊的转发机制,为进入网络中的 IP 数据分组分配标记,并通过对标记的交换来实现 IP 数据分组的转发。

标记作为 IP 分组头在网络中的替代而存在,在网络内部,MPLS 在数据分组所经过的路径沿途通过交换标记(而不是 IP 分组头)来实现转发;当数据分组将退出 MPLS 网络时,数据分组被解开封装,继续按 IP 分组的路由方式到达目的地。

MPLS 网络示意图如图 8-13 所示。

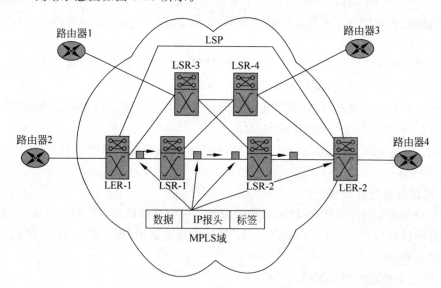

图 8-13　多协议标记交换(MPLS)网络示意图

标记边缘路由器(LER):在网络边缘的节点,在 MPLS 网络中完成 IP 分组的进入和退出处理过程。

标记交换路由器(LSR):网络的核心节点,在网络中提供高速交换功能。

标记交换路径(LSP)：在 MPLS 节点之间的路径,一条 LSP 可视为一条贯穿网络的单向隧道。

3. MPLS 的应用特性

作为 IP 网络关键技术,MPLS 首次允许运营商在单一网络上获得 IP、ATM、FR 的综合利润。由于 MPLS 可以提供 IP 的灵活连接和可扩展性,以及 FR 和 ATM 的专有性与服务质量,MPLS 已成为被广泛接受的标准。

IP 业务应用 MPLS,可在具有选路和多业务的交换网络上通过以下过程进行传送。

(1) 网络决定包的选路和 QoS 需求。

(2) 标记被分配给每个数据分组,指示交换机或路由器去何处及如何发送该数据分组、每个数据分组的特定的服务属性、QoS、私有性等。

(3) 在没有额外选路的情况下,数据分组在骨干网上被交换。

MPLS 标记的主要优点是能为单个数据流区别服务类。基于 MPLS 的解决方案使得新的网络业务(例如具有 QoS 的 VPN)成为可能。

由于服务的决策在网络边缘决定,且不需要中间的再处理而进行交换,故 MPLS 可提供 IP 服务的高性能扩展。MPLS 使得 ATM 网络能够实现端到端的三层智能和高性能。另外,MPLS 消除了 IP over ATM 所需要的复杂的协议和地址解析。

运营商应用 MPLS 能快速有效地提供先进的 IP 服务,如 IP VPN 等。

4. MPLS VPN 技术

虚拟专用网(VPN)是一种利用公众网络资源来建立专用通信网络的技术。

VPN 可使企业利用公众网的资源将分散在各地的办事机构和客户等动态地连接起来,使得网络运营商、企业和最终客户三者都获利。VPN 对于网络运营商和企业都蕴含着极大的商机,已成为提供新一代电信业务的基石。

传统 IP 网络在实现 VPN 扩展性、安全性、管理性和 QoS 保证等方面具有先天缺陷而需要改造；传统的帧中继和 ATM 网络提供的 VPN 虽然安全性较好,但也存在扩展性差、管理和维护复杂等缺陷。

MPLS 技术的出现,使整个互联网的体系结构都发生了变化。采用 MPLS 技术实现 VPN 的技术方案将大大改善传统 IP 网络的缺陷,并可提供与帧中继或 ATM 网络相同的安全性保证,可以很好地适应 VPN 业务的需求。

1) VPN 技术概述

VPN 是对企业内部网的扩展。VPN 被定义为通过一个公众网络(通常是互联网)建立一个临时的、安全的连接,是一条穿过公众网络的安全而稳定的隧道(数据封装)。

VPN 可以帮助远程用户、公司分支机构、商业伙伴及供应商同公司的内部网建立可靠的安全连接,并保证数据的安全传输。

通过将数据流转移到低成本的 IP 网络上,企业的 VPN 解决方案将大幅减少用户在城域网和远程网络连接上的费用,并简化网络设计和管理,加速连接新的用户和网站。此外,VPN 还可保护现有的网络投资。

企业的 VPN 解决方案可使用户将精力集中于自身业务上而非网络上。VPN 可用于不断增长的移动互联网接入,以实现安全连接;可用于实现企业网站之间安全通信的虚拟专用线路,用于经济、有效地连接到商业伙伴和用户的安全外联网。

2) VPN 的业务功能

VPN 可提供的主要功能如下。

(1) 加密数据。以保证通过公网传输的信息即使被他人截获也不会泄露。

(2) 信息认证和身份认证。保证信息的完整性、合法性,并能鉴别用户的身份。

(3) 提供访问控制。不同的用户有不同的访问权限。

3) VPN 的分类

(1) 虚拟专用拨号网(VPDN)。在远程用户或移动雇员和公司内部网之间的 VPN,称为 VPDN。其实现过程如下:用户拨号 NSP(网络服务提供商)的 NAS(网络访问服务器),发出 PPP 连接请求,NAS 收到呼叫后,在用户和 NAS 之间建立 PPP 链路,然后,NAS 对用户进行身份验证,如确定是合法用户,则启动 VPDN 功能,与公司总部内部连接,使用户访问其内部资源。

(2) 内联虚拟专用网(Intranet VPN)。在公司远程分支机构的局域网和公司总部局域网之间的 VPN。通过互联网将分支机构 LAN 连到公司总部的 LAN,以便公司内部的资源共享、文件传递等,可节省 DDN 等专线所带来的高额费用。

(3) 外联虚拟专用网(Extranet VPN)。在供应商、商业合作伙伴的局域网和公司的局域网之间的 VPN。由于不同公司网络环境的差异性,该业务必须能兼容不同的操作平台和协议。由于用户的多样性,公司的网络管理员还应设置特定的访问控制表(ACL),根据访问者身份、网络地址等参数确定其相应的访问权限,开放部分资源(非全部资源)给外联网的用户。

4) MPLS 和 VPN 结合

MPLS VPN 是指基于 MPLS 技术构建的 VPN,即采用 MPLS 技术在公共 IP 网络上构建企业 IP 专用网络,实现数据、语音、图像等多业务。MPLS VPN 能够在提供原有 VPN 所有功能的同时,提供强有力的 QoS 保证,具有可靠性高、安全性高、扩展能力强、控制策略灵活,以及管理能力强大等特点。

广域网技术的发展是一个带宽不断升级的过程。早期的 X.25 网只能提供 64 kbit/s 的带宽,DDN(数字数据网)和 FR(帧中继)把带宽提高到 2 Mbit/s,SDH 和 ATM 又将带宽提升到 2.5 Gbit/s。而 MPLS 作为目前业界最先进的技术,可把带宽提升到 10 Gbit/s 甚至更高。

从技术的角度来看,DDN、FR、SDH 和 ATM 可视为"电路通信"时代的技术代表,其只能提供点对点的专线组网方式。当组建一个多点通信的网络时,企业需要投入很多人力、物力和财力来规划设计、管理维护企业专用的广域网络。

MPLS VPN 与上述技术不同,其可视为"网络通信"时代的技术代表。尽管 MPLS 是在 ATM 的基础上发展起来的,但其融入了先进的"网络通信"的 IP 技术的思想,从而使广域网的带宽分配及管理更加灵活,带宽更容易升级,同时也使运营商的成本变得更低。"专网"概念的提出,改进了"专线"组网的缺点。

通过接入运营商提供的 MPLS VPN,用户不再需要在路由器上进行每一条专线的设计、配置、管理和维护,只需类似接入互联网的方式即可简单地接入 MPLS VPN,用户可简单方便地管理企业的远程内部网(如同管理局域网),而把广域网的运营管理工作全部交给专业的运营商。

8.3.3　宽带 IP 城域网

随着以 IP 为代表的数据通信技术的发展,以及计算机通信网与传统电信网的逐渐融合,城域网的概念已拓宽为 IP 分布式接入概念的延伸,即指城市内以数据多媒体业务为主体并能承载各种业务的新一代本地通信网。

1. 宽带 IP 城域网的概念

目前,IP 业务的迅猛发展对网络带宽提出了越来越高的要求。同时,各大通信企业也都在加大宽带 IP 网络的建设投入和市场开发力度,以求尽快建设具有超前性、能够提供多媒体业务的宽带网络,以满足用户对宽带业务的需求。宽带 IP 城域网的建设和宽带接入业务已作为发展重点之一。

城域网产生于计算机通信网,用于局域网互联和数据新业务的发展,是覆盖城市范围的特定的数据业务传送网络。宽带 IP 城域网是基于 TCP/IP 的基础宽带网,是广域 IP 网在城市范围内的延伸。

宽带 IP 城域网的主要功能是承载城域 IP 业务,可以为用户提供局域网互联、专线上网和拨号上网等业务,从而实现城域信息的高速交换和宽、窄带接入的汇集。

宽带 IP 城域网的业务包括非实时业务、实时业务、互联或组网型业务、带宽和专线出租业务等。

2. 宽带 IP 城域网的组建方案

宽带 IP 城域网的组建方案主要有两种。

1) 采用高速路由器为核心组建的 IP 城域网

在 IP 业务量较大的城市,IP 城域网骨干层将直接采用高速路由器为核心来组建,并以吉比特以太网(GbE)方式组网为主,PoS(PPP over SDH)连接为辅,中继采用市内光纤或其他传输媒介。

对于 IP 业务量大的城市,考虑到需要处理的 IP 数据包比较多,只有采用高速路由器才能有效处理;且当 IP 业务量较大时,IP 层面的流量控制和服务级别划分(服务等级)等也是不可缺少的,而这些功能都只有高速路由器才能提供。对于业务量较大的城市,宜采用以高速路由器为核心、路由器或交换机为汇聚层的 IP 城域网组建方案。

采用高速路由器为核心组建的 IP 城域网如图 8-14 所示。

2) 采用高速 LAN 交换机为核心组建 IP 城域网

对于 IP 业务量中等以下的城市,可采用高速 LAN 交换机为核心的 IP 城域网组建方案,且全部以吉比特以太网方式组网,中继采用市内光纤或其他传输媒介。

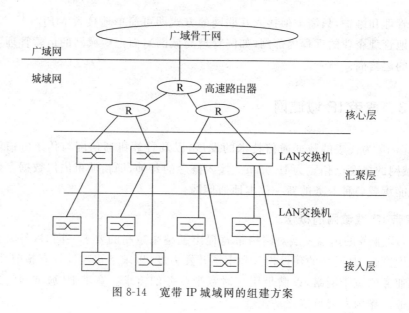

图 8-14　宽带 IP 城域网的组建方案

8.4　下一代网络(NGN)

以互联网为代表的新技术正深刻影响着传统电信网的概念和体系,下一代网络(NGN)代表了信息通信网络的发展方向。NGN 是一个融合的网络结构,是一个电信级的可运营、可管理、可盈利的 IP 业务网络,可提供融合有线/无线/数据/语音/视频的开放业务。

8.4.1　NGN 关键技术

1. NGN 的概念

NGN 是一个综合性的开放网络,以分组交换技术为基础,以软交换为核心。NGN 的特点就是支持或提供多媒体宽带网的一系列灵活的业务,是业务驱动的网络。从运营商的角度来看,NGN 必须是可以同时提供语音、数据、多媒体等多种业务的综合性的、全开放的网络平台体系。

广义的 NGN 泛指大量采用新技术,不同于目前一代的支持语音、数据和多媒体业务的融合网络。

狭义的 NGN 特指以软交换为核心、光传送网为基础,多网融合的开放体系架构。现阶段所述的 NGN 通常是指狭义的基于软交换的 NGN。

目前我国通信行业所研究的下一代网络,一般是指狭义概念的 NGN。

2. NGN 的特点

1) 开放式的体系架构和标准接口

NGN 采用分层的全开放的网络,具有独立的模块化结构,其将传统交换机的功能模块分离成为独立的网络部件,各部件可以独立发展,部件间采用标准的接口进行通信。原有的电信网络逐步走向开放,运营商可根据业务需要组合功能部件来组建网络。而部件间协议接口的标准化可以实现各种异构网的互联互通。

2）分层的网络架构

各层之间通过明确的功能接口通信,使得每层功能在具体实现上相互独立,任何一层设备的升级改造不会影响到其他各层设备的正常工作。其优点如下。

（1）接入与控制的分离提高了网络的兼容能力和扩展能力。

（2）业务独立于网络,解决了传统网络中业务发展困难的问题。

（3）提供开放的协议和 API 接口,可灵活、快速地提供业务。

（4）支持第三方软件;运营商能够提供有特色的业务,以增强竞争力;基于标准的协议接口,承载层的硬件选择灵活。

（5）促进分组网络的演进,逐步实现电信网、计算机网和有线电视的融合。

3）业务驱动

NGN 实现了两种分离:业务与呼叫控制的分离和呼叫与承载的分离。其目标是使业务真正独立于网络。各种承载技术和接入手段对于业务都是透明的。用户可自行配置和定义业务特征,无须考虑承载业务的网络形式以及终端类型,从而具有强大的、灵活的业务提供能力。NGN 通过开放标准业务接口,利用应用服务器可快速提供新业务,并实现现有智能网业务的继承和融合。

4）基于分组的网络

NGN 是基于统一协议的分组网络,可实现语音和多媒体信息的分组化传送;使用网关设备可与现有的电路交换网络(如 PSTN)互通。

5）支持设备的综合接入

NGN 体系结构实现了不同通信网中各种设备的综合接入,并可满足各种新型业务终端的接入要求和用户多方面的需要。由于其开放性,不仅可以实现网络的低成本建设,还可以方便地构建新的信息通信产业价值链。通过开放的业务接口,业务提供商可构建更多的新业务;而用户的各种通信设备可通过不同手段接入该综合网络,享受网络提供的个性化服务。

3. NGN 的关键技术

1）IPv6

作为网络协议,NGN 将基于 IPv6。IPv6 相对于 IPv4 的主要优势:扩大了地址空间,提高了网络的整体吞吐量,服务质量得到很大改善,安全性有了更好的保证,支持即插即用和移动性,更好地实现了多播功能。

2）光纤高速传输技术

NGN 需要更高的速率、更大的容量,但到目前为止我们能够看到并能实现的最理想传送媒介仍然是光。因为只有利用光谱才能带给我们充裕的带宽。光纤高速传输技术现在正沿着扩大单一波长传输容量、超长距离传输和密集波分复用(DWDM)系统 3 个方向发展。单一光纤的传输容量自 1980 年至 2000 年这 20 年里增加了大约 1 万倍。目前已做到 40 Gbit/s,预计几年后将再增加 16 倍,达到 6.4 Tbit/s。超长距离实现了 1.28 T(128×10 G)无再生传送 8000 km。波分复用实验室最高水平已做到 273 个波长、每波长 40 Gb(日本 NEC)。

3) 光交换与智能光网

仅有高速传输是不够的,NGN 需要更加灵活、更加有效的光传送网。组网技术现在正从具有分插复用和交叉连接功能的光联网向利用光交换机构成的智能光网发展,从环型网向网状网发展,从光-电-光交换向全光交换发展。智能光网能在容量灵活性、成本有效性、网络可扩展性、业务灵活性、用户自助性、覆盖性和可靠性等方面比点到点传输系统和光联网带来更多的好处。

4) 宽带接入

NGN 必须有宽带接入技术的支持,因为只有接入网的带宽瓶颈被打开,各种宽带服务与应用才能开展起来,网络容量的潜力才能真正发挥。这方面的技术五花八门,主要有以下 4 种技术:①基于高速数字用户线(VDSL);②基于以太网无源光网(EPON)的光纤到家(FTTH);③自由空间光系统(FSO);④无线局域网(WLAN)。

5) 城域网

城域网也是 NGN 中不可忽视的一部分。城域网的解决方案十分活跃,有基于 SONET/SDH 的、基于 ATM 的,也有基于以太网或 WDM 的,以及 MPLS 和 RPR(弹性分组环技术)等。

这里需要一提的是,弹性分组环(RPR)和城域光网(MON)。弹性分组环是面向数据(特别是以太网)的一种光环新技术,它利用了大部分数据业务的实时性不如话音那样强的事实,使用双环工作的方式。RPR 与媒介无关,可扩展,采用分布式的管理、拥塞控制与保护机制,具备分服务等级的能力。能比 SONET/SDH 更有效地分配带宽和处理数据,从而降低运营商及其企业客户的成本。使运营商在城域网内通过以太网运行电信级的业务成为可能。城域光网是代表发展方向的城域网技术,其目的是把光网在成本与网络效率方面的好处带给最终用户。城域光网是一个扩展性非常好并能适应未来的透明、灵活、可靠的多业务平台,能提供动态的、基于标准的多协议支持,同时具备高效的配置能力、生存能力和综合网络管理的能力。

6) 软交换

为了把控制功能(包括服务控制功能和网络资源控制功能)与传送功能完全分开,NGN 需要使用软交换技术。软交换的概念基于新的网络分层模型(接入与传送层、媒体层、控制层与网络服务层 4 层)概念,从而对各种功能作不同程度的集成,把它们分离开来,通过各种接口协议,使业务提供者可以非常灵活地将业务传送协议和控制协议结合起来,实现业务融合和业务转移,非常适用于不同网络并存互通的需要,也适用于从话音网向多业务多媒体网的演进。

7) 4G 和 5G 移动通信系统

3G 定位于多媒体 IP 业务,传输容量更大,灵活性更高,并将引入新的商业模式。4G 和 5G 系统将定位于宽带多媒体业务,使用更高的频带,使传输容量再上一个台阶。在不同网络间可无缝提供服务,网络可以自行组织,终端可以重新配置和随身佩带,是一个包括卫星通信在内的端到端 IP 系统,与其他技术共享一个 IP 核心网。它们都是支持 NGN 的基础设施。

8）IP 终端

随着政府上网、企业上网、个人上网、汽车上网、设备上网、家电上网等的普及,必须开发相应的 IP 终端来与之适配。许多公司现正在从固定电话机开始开发基于 IP 的用户设备,包括汽车的仪表板、建筑物的空调系统以及家用电器,从音响设备和电冰箱到调光开关和电咖啡壶。所有这些设备都将挂在网上,可以通过家庭 LAN 或个人网(PAN)接入或从远端 PC 接入。

9）网络安全技术

网络安全与信息安全是休戚相关的,网络不安全,就谈不上信息安全。现在,除了常用的防火墙、代理服务器、安全过滤、用户证书、授权、访问控制、数据加密、安全审计和故障恢复等安全技术外,今后还要采取更多的措施来加强网络安全,例如,针对现有路由器、交换机、边界网关协议(BGP)、域名系统(DNS)所存在的安全弱点提出解决办法;迅速采用强安全性的网络协议(特别是 IPv6);对关键的网元、网站、数据中心设置真正的冗余、分集和保护;实时全面地观察了解整个网络的情况,对传送的信息内容负有责任,不盲目传递病毒或攻击;严格控制新技术和新系统,在找到和克服安全弱点之前不允许把它们匆忙推向市场。

8.4.2　5G 概述

1. 5G 的基本概念

5G 指的是第五代移动通信技术,与前四代不同,5G 不是一个单一的无线技术,而是现有无线通信技术的融合。目前,LTE 峰值速率可以达到 100 Mbit/s,5G 的峰值速率将达到 10 Gbit/s,比 4G 提升了 100 倍。现有的 4G 网络对于部分高清视频、高质量话音、增强语音、增强现实、虚拟现实等业务还不能处理。5G 将引入更加先进的技术,通过更加高的频谱效率、更多的频谱资源以及更加密集的小区等共同满足移动业务流量增长的需求,解决 4G 网络面临的问题,以构建一个高速的传输速率、高容量、低延时、高可靠性、优秀的用户体验的网络社会。

5G 的性能指标在系统设计时需要进行综合考虑,以满足在不同场景下使用户获得良好的应用体验,主要包括:

（1）5G 的传输速率在 4G 的基础上提高 10～100 倍,体验速率能够达到 0.1～1 Gbit/s,峰值速率能够达到 10 Gbit/s。

（2）端到端时延降低到 4G 的 1/10 或 1/5,达到毫秒级水平。

（3）设备密集度达到 600 万个连接/km^2。

（4）流量密度达到 20 Tbit/s/km^2 以上。

（5）移动性达到 500 km/h,实现高铁环境下的良好用户体验。

其中,用户体验速率、连接数密度和时延为 5G 最基本的 3 个性能指标。除了这些指标外,能耗效率、频谱效率和峰值速率等指标也是重要的 5G 技术指标,需要在 5G 系统设计时综合考虑。

2. 5G 技术标准演进

图 8-15 表示了移动通信技术标准的演进过程。移动通信每十年出现新一代技术,通过关键技术的引入,实现频谱效率和容量的成倍提升,推动全球业务类型不断涌现。随着 4G 在全球范围内规模商用,5G 已经成为全球业界的研发焦点,制定全球统一的 5G 标准已经成为业界共识。

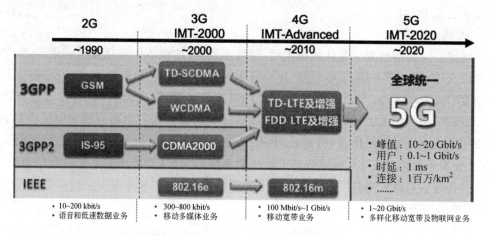

图 8-15　移动通信技术标准的演进过程

2013 年年初,欧盟等国家的第 7 框架计划启动了关于 5G 的研发项目,共有 29 个参加方,中国的华为技术有限公司也参与其中。随着该项目的启动,各种 5G 移动通信技术的研发组织应运而生,如韩国成立的 5G 技术论坛,中国成立的 IMT-2020(5G)推进组等。目前,ITU 已经完成了 5G 愿景研究,并于 2017 年年底启动 5G 技术方案征集,计划 2020 年完成 5G 标准制定;3GPP 于 2016 年年初完成 5G 标准研究,将于 2018 年下半年形成 5G 标准第一版本(Release 15,Release 15 主要为日韩等优先部署 5G 运营商提供初始版本,该版本不能满足所有 5G 指标定义),2019 年年底完成满足 ITU 要求的 5G 标准完整版本(Release 16,Release 16 为 3GPP 向 ITU 提交的 5G 标准完整版本,可以满足 5G 需求指标定义);IEEE 已于 2014 年年初启动下一代 WLAN(802.11ax)标准制定,预计 2019 年年初完成标准制定。图 8-16 所示为各大标准化组织对于 5G 国际标准化研究规划。

目前,5G 预商用已经全球部署,一些主要国家纷纷确定了 5G 试验时间点。中国工信部自 2015 年年底积极部署并推动 5G 单点技术测试,争取在 2020 年实现 5G 网络商用。2016 年 11 月 17 日,华为技术有限公司的 Polar 方案被确定为 5G 信道编码标准,2017 年 9 月 16 日,德国电信正式宣布联合华为公司推出全球首个 5G 商用网络。中国的通信已经从 2G 时代的模仿,3G 时代有一定话语权,4G 时代的积极参与,到 5G 时代成为领跑者。

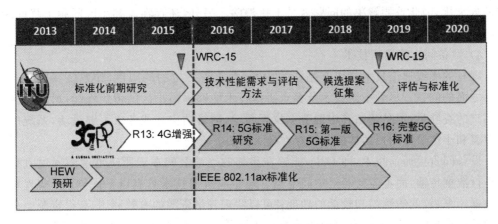

图 8-16　5G 国际标准化研究规划

3. 5G 的关键技术

LTE-A 的技术标准主要由 3GPP 国际标准化组织制定。5G 无线关键技术的主要方向如下。

1）新型多天线技术

随着无线通信的高速发展，对数据流量的需求越来越大，而可利用的频谱资源是有限的。因此，提高频谱利用效率显得尤为重要。多天线技术是一种提高网络可靠性和频谱效率的有效手段，目前正在被应用于无线通信领域的各个方面，如 3G、LTE、LTE-A等，天线数量的增加可以保证传输的可靠性以及频谱效率。

新型大规模天线技术可以实现比现有的 MIMO 技术更加高的空间分辨率，使多个用户可以利用同一时频资源进行通信，从而在不增加基站密度的情况下大幅度提高频率效率；新型多天线技术可以降低发射功率；可以将波束集中在很窄的范围内，可以降低干扰。总之，无论在频谱效率、网络可靠性和能耗方面都具有不可比拟的优势，因此在5G 时代会普遍应用。限于多天线技术所占用空间大、系统复杂度提升，对设备的外观设计、系统部署能力都带来了极大挑战，因此未来这方面也是研究热点。

2）高频段的使用

对于移动通信系统而言，在 3GHz 以下的频段可以很好地支持移动性，有良好的覆盖范围，但目前在这一区间的频谱资源十分紧张；而在 3GHz 以上的频谱资源非常丰富，若能有效利用这一区间的频谱资源，将会极大地缓解频谱资源紧张的问题。因此，高频段的使用将会成为未来发展的趋势，高频段具有许多优点：可用带宽充足，设备和天线可小型化，天线增益较高。不过高频段也存在一些不足：穿透和绕射能力弱、传输距离短、传播特性不佳等，同时高频器件和系统设计成熟度、成本等因素也需要得到解决。

3）同时同频全双工

传统的无线通信技术由于其局限性，并不能实现同时同频的双向通信，这就造成了极大的资源浪费，而同时同频全双工技术可以实现上行链路和下行链路同时相同的频率资源进行双向通信，理论上可以令资源利用率提升一倍。不过同时同频全双工技术也面临一个技术难题，就是在发送和接收信号的过程中，由于功率差距非常大，会导致非常严重的自干扰,因此首要解决的问题就是干扰消除。另外,还存在着邻小区同频干扰问题,同时同频全双工在多天线的环境下应用难度会更大,需要深入研究。

4）设备间直接通信技术

现有的无线通信技术是以基站作为中心,存在着一定的局限性,如系统在覆盖和容量等方面的问题。尽管中继技术及多点协作技术能够提高小区的覆盖性能,增加小区边缘用户的吞吐量,但是基站和中继节点位置固定,网络结构和业务也不够灵活,系统的整体覆盖和小区边缘用户的体验仍然存在较大的提升空间。

设备间直接通信技术,即D2D,能够在相邻的终端之间在近距离范围内通过直接链路进行数据传输,而不需要经过中间节点。短距离直通技术具有以下优势:可实现较高的数据速率、较低的延迟和较低的功耗;可以实现频谱资源的有效利用,获得资源空分复用增益;能够适应无线P2P等业务的本地数据共享需求,提供灵活的数据服务;能够利用网络中数量庞大且分布广泛的通信终端以拓展网络的覆盖范围。D2D对于提高频谱利用率和系统质量有着重要意义,将是5G重点研究的技术之一。

5）自组织网络

在传统无线通信网络中,网络部署、配置、运维等都是人工完成,不仅占用大量的人力资源,且效率低下,而随着移动通信网络的快速发展,仅仅依靠人力则难以实现良好的网络优化。为了解决运营上的网络部署和优化问题,同时降低运营商在运维方面投入对总投入的占比,使运营商能够在满足客户需求的条件下快速便捷地部署网络,提出了自组织网络(SON)的概念。自组织网络的设计思路是在网络中引入自组织能力,包括自配置、自优化、自愈合等,实现网络、部署、维护、优化和排障等各个环节的自动进行,尽量减少人工干预。

5G将会是一个多制式的异构网络,将会有多层、多种无线接入技术共存,使得网络结构变得十分复杂,各种无线接入技术内部和各种覆盖能力的网络节点之间的关系错综复杂,其部署、运维、运营将成为一个极具挑战性的工作。为了降低网络部署、运营维护复杂度和成本,提高网络运维质量。未来5G将会支持更智能的、统一的SON功能,统一实现多种无线接入技术和覆盖层次的联合自配置、自优化、自愈合。

4. 5G 的应用进展

2018年5月,全国首个"5G示范商务区"在上海正式启动。首批基于5G的创新应用:5G＋VR(虚拟现实技术)、5G＋无人机,以及5G＋8K(视频应用平台)。到2018年年底,将在首届中国国际进口博览会上展示基于5G网络的创新业务应用。

目前,全国首个基于5G试验网络的8K视频应用平台"5G＋8K"试验网已经搭建完成。全国首个"5G＋8K产业联盟"各方将共同推进5G产业纵深发展。

预计2020年5G正式商用,当年将会带动国内直接产出和间接产出分别为4840亿元和1.2万亿元,至2030年5G能够带动的直接产出将达到6.3万亿元,间接产出将达到10.6万亿元。从产出结构看,在5G商用初期(预计2020年),网络设备和终端设备收入合计约4500亿元,占直接经济总产出的94%;在5G商用中期(预计到2025年),来自用户和其他行业的终端设备支出和电信服务支出分别为1.4万亿元和0.7万亿元,占到直接经济总产出的 64%；在 5G 商用中后期(预计 2030 年),互联网信息服务收入达到 2.6 万亿元,占直接经济总产出的 42%。

下一代移动通信技术 5G 将于 2020 年到位,2023 年全球 5G 用户数量将超过 10 亿, 而中国将占到一半以上。中国将成为全球 5G 最大规模市场。

本 章 小 结

宽带网络通信目前主要是依托综合化、数字化、宽带化、智能化、多样化的光通信网, 向用户提供语音、数据、图像、视频的交互式多媒体信息服务。

我国的网络融合("三网融合",或称"三网合一")主要是指国内电信网、广播电视网、 互联网的互联互通。网络融合主要指"三网"的高层业务应用的融合,表现为技术上趋向 一致,网络层上可以实现互联互通,业务层上互相渗透和交叉,应用层上趋向统一的 TCP/IP 通信协议。宽带网络通信"最后一千米"的接入技术称为宽带接入网技术。宽带 接入技术包括有线接入和无线接入,其主要接入方式有非对称数字用户线(ADSL)、电缆 调制解调器(Cable Modem)、光纤/同轴电缆混合网(HFC)、以太网等有线接入;还可利 用无线接入,如无线局域网(WLAN)、第三代移动通信系统(3G)等传送信息。

宽带核心网络技术通常是指 ATM 网络、IP 网络、MPLS 网络、汇聚网络和吉比特以 太网等,利用宽带核心网可进行高速的数据传输和路由选择等。

MPLS VPN 是指基于 MPLS 技术构建的虚拟专用网(VPN),即采用 MPLS 技术在 公共 IP 网络上构建企业 IP 专用网络,实现数据、语音、图像等多业务。

宽带 IP 城域网是基于 TCP/IP 的基础宽带网,用于局域网互联和数据多媒体新业务 的发展,是广域 IP 网在城市范围内的延伸。

下一代网络(NGN)是一个综合性的开放网络,以分组交换技术为基础,以软交换 为核心。NGN 的特点就是支持或提供多媒体宽带网的一系列灵活的业务,是业务驱 动的网络,是可同时提供语音、数据、多媒体等多种业务的综合性的、全开放的网络平 台体系。

广义的 NGN 泛指大量采用新技术,不同于目前一代的支持语音、数据和多媒体业务 的融合网络。狭义的 NGN 特指以软交换为核心、光传送网为基础,多网融合的开放体系 架构。现阶段所述的 NGN 通常是指狭义的基于软交换的 NGN。支撑 NGN 的九大技 术包括 IPv6、光纤高速传输、光交换与智能光网、宽带接入、城域网、软交换、3G 和后 3G 移动通信系统、IP 终端、网络安全。

5G 发展已经进入试运营阶段,5G 引入更加先进的技术,提供更高的频谱效率、更多 的频谱资源以及更加密集的小区等,共同满足移动业务流量增长的需求,解决 4G 网络面 临的问题,构建一个高速的传输速率、高容量、低延时、高可靠性、优秀的用户体验的网络 社会。5G 的关键技术主要包括新型多天线技术、高频段的使用、同时同频全双工、设备 间直接通信技术、自组织网络技术等。

预计 2020 年 5G 正式商用,中国将成为全球 5G 最大规模市场。

习　题

8.1　简述宽带网络通信的基本概念。

8.2　试述网络融合的主要含义。

8.3　简述接入网的概念及其特点。

8.4　接入网主要有哪些接口类型?

8.5　分析非对称数字用户线(ADSL)技术的工作过程。

8.6　简述 OAN 的定义以及 OAN 参考配置中各基本功能块的作用。

8.7　试说明光纤接入网的分类。

8.8　简述 HFC 的频谱分配情况。

8.9　什么是以太网接入? 简述以太网接入的基本结构。

8.10　试比较宽带组网技术中 IP over SDH 和 IP over WDM 的区别。

8.11　试述 MPLS 的基本概念。

8.12　简述 MPLS VPN 技术原理及业务功能。

8.13　何谓 IP 宽带城域网? 其主要功能是什么?

8.14　简述下一代网络的基本概念。

8.15　简述 NGN 关键技术。

8.16　在接入网的界定中,其通过_____接口连接到电信管理网(TMN)。

　　　A. UNI　　　　　　B. SNI　　　　　　C. Q3　　　　　　D. VB5

8.17　在 OAN 的双向传输方式中,采用半双工方式的是_____。

　　　A. 空分复用　　　B. 时间压缩复用　　C. 波分复用　　　D. 副载波复用

8.18　LMDS 一般工作在_____的波段附近。

　　　A. 毫米波　　　　B. 厘米波　　　　　C. 分米波

8.19　试述宽带网络通信的发展过程及其特点。

8.20　试述 5G 的关键技术。

参 考 文 献

[1]　全国科学技术名词审定委员会.通信科学技术名词[M].北京：科学出版社,2007.

[2]　中华人民共和国信息产业部.中国电信业发展指导(2005)[M].北京：人民邮电出版社,2005.

[3]　中国通信企业协会.2009—2010中国通信业发展分析报告[M].北京：人民邮电出版社,2010.

[4]　中华人民共和国信息产业部.通信工程师职业资格考试大纲[M].北京：人民邮电出版社,2003.

[5]　信息产业部电信管理局.电信服务规范释义[M].北京：北京邮电大学出版社,2005.

[6]　通信工程新技术实用手册编委会.数字数据通信技术[M].北京：北京邮电大学出版社,2002.

[7]　Alberto Leon-Garcia.通信网——基本概念与主体结构[M].2版.王海涛,等,译.北京：清华大学出版社,2005.

[8]　樊昌信.通信原理[M].5版.北京：国防工业出版社,2001.

[9]　吴德本.新编电信技术概论[M].北京：人民邮电出版社,2003.

[10]　纪越峰.现代通信技术[M].2版.北京：北京邮电大学出版社,2004.

[11]　黄载禄.通信原理[M].北京：科学出版社,2005.

[12]　朱祥华.现代通信基础与技术[M].北京：人民邮电出版社,2004.

[13]　桑林.数字通信[M].北京：北京邮电大学出版社,2003.

[14]　叶敏.程控数字交换与通信网[M].北京：人民邮电出版社,1998.

[15]　卞佳丽.现代交换原理与通信网技术[M].北京：北京邮电大学出版社,2005.

[16]　Roy Blake.无线通信技术[M].周金萍,等,译.北京：科学出版社,2004.

[17]　沈连丰.通信新技术及其实验[M].北京：科学出版社,2003.

[18]　曹达仲.移动通信原理、系统及技术[M].北京：清华大学出版社,2004.

[19]　廖晓滨.第三代移动通信网络系统技术与应用基础教程[M].北京：电子工业出版社,2006.

[20]　王华奎.移动通信原理与技术[M].北京：清华大学出版社,2009.

[21]　张宝富.现代光纤通信与网络教程[M].北京：人民邮电出版社,2002.

[22]　翟禹.宽带通信网与组网技术[M].北京：人民邮电出版社,2004.

[23]　秦国.现代通信网概论[M].北京：人民邮电出版社,2004.

[24]　孙友伟.现代通信新技术新业务[M].北京：北京邮电大学出版社,2004.

[25]　陆学锋.信息通信网络技术[M].北京：清华大学出版社,北京交通大学出版社,2005.

[26]　毛京丽.现代通信新技术[M].北京：北京邮电大学出版社,2008.

[27]　敖志刚.现代网络新技术概论[M].北京：人民邮电出版社,2009.

[28]　严晓华.通信综合实训[M].北京：清华大学出版社,2007.

[29]　严晓华.现代通信技术基础学习指导[M].北京：清华大学出版社,2008.

[30]　孙青华.数字通信原理[M].北京：人民邮电出版社,2015.

[31]　魏媛.数字通信原理与应用[M].北京：电子工业出版社,2017.

[32]　中华人民共和国工业和信息化部.中华人民共和国无线电频率划分规定[Z].工业和信息化部令第46号,2018.

通信专业技术人员中级职业水平考试大纲

通信专业技术人员中级职业水平考试设《通信专业综合能力》和《通信专业实务》2 个科目,其中《通信专业实务》分传输与接入、交换技术、终端与业务、互联网技术、设备环境 5 个专业,考生可根据实际工作岗位需要,选择其一。《通信专业综合能力》科目考试时间时间为 2 小时,满分为 100 分;《通信专业实务》科目考试为 3 小时,满分为 100 分。各科目考试大纲如下。

科目 1: 通信专业综合能力

考试目的

通过本科目的考试,检验通信专业中级人员掌握通信专业法规、现代通信技术、业务的程度以及计算机和外语的应用能力,考查其承担中级专业技术岗位工作的综合能力。

考试范围

1. 通信管理法规与行业规章
了解:通信科技人员的职业道德和行业道德,通信科学技术的地位和特点。
熟悉:公用电信网互联管理规定,互联的原则、办法及网间结算等。
掌握:中华人民共和国电信条例的相关规定。

2. 现代通信网
了解:通信网的构成和类型。
熟悉:数据通信网的结构和组成。
掌握:通信网的通信质量要求及组网方案。

3. 现代通信技术
了解:卫星、多媒体、图像和个人通信技术。
熟悉:智能网、电子商务和通信供电技术。
掌握:电信交换、光纤通信、接入网和互联网技术。

4. 现代电信业务
了解:国内、国际电话通信业务。

熟悉：语音信息、电话卡和智能网业务。

掌握：固定电话、移动通信和数据通信业务。

5. 计算机应用

了解：计算机的发展与分类。

熟悉：计算机系统的组成。

掌握：计算机软件、硬件组成和数据库管理系统。

6. 通信专业外语

了解：了解科技外语的表达特点。

熟悉：通信专业词汇及专业术语。

掌握：通信专业外语的翻译技巧。

科目 2：通信专业实务

考试目的

通过本专业的考试，检验通信专业中级人员了解、熟悉和掌握专业技术和业务技能的熟练程度，考查其承担和解决中级专业技术岗位工作实际问题的专业能力。

传输与接入主要内容

1. 有线传输

了解：传输网的构成、特点、分层结构；数字复接的特点；PDH、SDH、WDM、OTN、ASON 等的要点；光纤通信新技术、发展新趋势；光缆结构及应用；光互联网、弹性分组环、城域光以太网；接入网的特点。

熟悉：SDH、OTN 网元功能；自愈网的工作特点；SDH 同步技术；光纤的结构组成；光传输系统性能指标；光通信网络管理；组网、建网和网络改造及设计；设备更新改造及大修整治项目的组织实施；全网网络节点拓扑结构及通路组织情况；设备维护规程和相关规定；不同设备维护指标和维护流程的制定；V5 接口接入技术。

掌握：光纤类型与传输特性；光传输系统的组成；全光放大技术；SDH 复用技术；基于 SDH 的多业务传送平台技术；WDM(DWDM/CWDM)光传输系统的技术特点；自动交换光网络结构与应用；xDSL；宽带接入技术；电磁兼容和"三防"要领。常用光传输类工具、仪表操作方法；利用仪表对设备各项性能进行测试；障碍的及时判断和处理；系统设备的功能、工作过程、配置和测试方法；光通信网络网管系统的软、硬件故障判断和处理；利用本地维护终端或网络管理系统所反馈的检测结果，分析、判断、处理网络和系统运行中出现的各种故障；应用网络管理系统的各种命令对网络进行全面数据配置和性能检测，网络数据管理。

2. 无线通信

了解：天线类型、蓝牙；WiMAX 使用及特点。

熟悉：无线频谱划分；天线的工作情况；天线阵列；调制技术；发射系统结构；接收系统结构；LMDS、MMDS。

掌握：无线信道与电波传播特性；天线特性；抗衰落及抗干扰技术；多址技术；无线通信系统的组成；无线通信系统的工作特点；无线 LAN；IEEE 802.11。

3. 移动通信

了解：移动通信系统的新技术、发展新趋势。

熟悉：移动通信网运行维护、规划与优化方法与流程；本岗位的各类仪表、工具的使用方法；根据网络调整的需要对移动通信组网结构进行调整。

掌握：设备运行维护指标和维护管理办法；移动通信的应急抢通方案的制定和实施；移动通信系统各项性能指标。

4. 微波与卫星传输

了解：微波与卫星传输系统的新技术、发展新趋势。

熟悉：微波与卫星通信网运行维护、规划与优化方法与流程；本岗位的各类仪表、工具的使用方法；根据网络调整的需要对微波与卫星通信系统组网结构进行调整。

掌握：微波与卫星通信系统应急抢通方案的制定和实施；微波与卫星通信系统各项性能指标；设备运行维护指标和维护管理办法。

5. 接入网技术

了解：有线接入网、无线接入网的新技术、发展新趋势。传输与接入系统设计、施工规范。

熟悉：有线接入网、无线接入网的规划、改造；V5 接口。传输与接入系统各种设备的施工安装要求；设备验收的各种测试步骤；安全生产有关规定；施工、维护、排除障碍的安全操作方法；不同厂家设备的功能和技术特点；招投标管理。

掌握：接入网络系统的软、硬件故障判断和处理；接入网设备的功能、工作过程、配置和测试方法；指导和培训客户正确操作客户端设备；根据工程要求独立进行接入设备的安装、调试；新设备的测试开通、交接验收；指导和培训客户正确操作客户端设备。编制工程概、预算；组织工程竣工验收，编制工程决算；通信工程建设项目管理；新设备的测试开通要点和割接验收标准。

交换技术主要内容

1. 电路交换技术

了解：电路交换的工作程序、固定网与移动网的特点。

熟悉：固定网、移动网的关键设备、关键信令的作用。

掌握：固定网、移动网的结构和传输方式。

2. 分组交换技术

了解：分组交换、分组的复用和传输方式。

熟悉：ATM 交换技术；软交换技术。

掌握：分组交换网络结构。

3. 软交换技术

了解：软交换技术的应用场景。

熟悉：软交换网络中的关键设备、关键协议。

掌握：软交换网络结构。

4. 七号信令系统

了解：七号信令网的作用。

熟悉：七号信令网中的关键设备、ISUP/TUP 协议。

掌握：七号信令网网络结构。

5. 智能网技术

了解：智能网在交换网中的位置和作用。

熟悉：智能网关键设备；INAP/CAP/WINMAP 协议。

掌握：智能网的核心思想、网络结构。

6. 下一代网络

了解：下一代网络的特征；软交换、IMS 与 NGN 之间的关系。

熟悉：下一代网络功能实体、关键协议。

掌握：下一代网的构成。

7. 话务基本理论和交换系统服务标准

了解：交换系统服务标准。

熟悉：话务量的统计。

掌握：呼损的计算。

8. 交换网络运行维护和管理

了解：交换网络和设备的新技术、发展新趋势。

熟悉：电话交换网、信令网、智能网、语音服务系统和技术特点；各种信号的测试、分析；改善通信质量的技术措施；网络安全的应急预案。

掌握：电话交换网、信令网、智能网、语音服务系统运行的维护指标和验收指标；使用各种命令修改各种用户数据：包括 CENTREX、PRA、PABX 用户的删创、修改；使用各种指令进行局数据的检查、修改；日常维护指令；交换网络的管理；交换设备各种故障的判断及处理；改进维护的技术措施；话务统计及分析；本岗位所用仪器仪表的使用方法；计费数据制作。

9. 网络规划、设计与工程建设

了解：交换网络和设备的新技术、发展新趋势。

熟悉：交换网络的各项性能指标及网络互联互通的协议和要求；交换网络规划设计、交换设备改造、交换网络扩容的改进措施和解决方案；各种不同厂家的交换设备的功能和技术特点；新设备的测试及招投标工作。

掌握：交换网及信令网的技术和特点；编制工程概、预算；组织工程竣工验收，编制工程决算；通信工程建设项目管理；新设备的测试开通要点和割接验收标准。

终端与业务主要内容

1. 职业规范
了解：营销职业规则。

熟悉：社交礼仪常识；企业及客户的权利、义务、责任。

掌握：电信业务服务规范及服务用语。

2. 企业经营管理
了解：企业经营方针、经营目标和发展战略；企业市场经营计划、市场营销组织结构。

熟悉：电信客户关系管理。

掌握：电信业务管理规定、受理程序。

3. 通信市场营销
了解：通信市场。

熟悉：市场营销理论在建设市场营销中的作用。

掌握：通信市场营销的特点；顾客满意的标准。

4. 通信市场分析
了解：通信市场营销环境的种类；市场细分的作用、依据和程序。

熟悉：通信消费者购买行为分析；通信产品定位；通信市场预测。

掌握：市场调研的方法；目标市场的选择；集团(大)客户购买行为；市场营销策划。

5. 通信市场策略
了解：关系营销、绿色营销和全球营销。

熟悉：通信产品价格策略；营销渠道管理。

掌握：通信产品品牌策略；通信产品组合和沟通策略。

6. 通信市场营销战略
了解：通信市场营销战略规划。

熟悉：营销战略、品牌战略、体验营销战略的指导作用。

掌握：通信企业服务营销战略、品牌战略、体验营销战略的制定和推广。

7. 电子商务
了解：电子商务市场。

熟悉：电子商务的交易过程。

掌握：网络营销管理。

8. 通信市场营销沟通技巧

了解：通信市场营销沟通。

熟悉：客户异议处理技巧；危机公关处理策略。

掌握：商务谈判的原则和策略。

9. 电信产品与业务

了解：电信产品的种类。

熟悉：电信产品的技术特点和业务。

掌握：电信业务的分类、资费标准、处理流程、业务规程。

10. 通信产品解决方案

了解：电信新业务发展趋势。

熟悉：增值电信业务技术解决方案。

掌握：基础电信业务技术解决方案。

11. 通信终端

了解：传真、图像、多媒体等通信终端的基本构成及使用功能。

熟悉：自动电话机的构造。

掌握：视频通信终端设备的基本构成及功能特点。

12. 其他要求

了解：安全生产管理规程。

熟悉：营销文案写作一般要求。

掌握：财务、税务、国际经贸及 WTO 基本规则。

互联网技术主要内容

1. 数据通信

了解：数据通信发展历史、发展现状和发展趋势。

熟悉：数据通信的基本作用与分类。

掌握：数据通信的功能特点。

2. 数据传输技术

了解：数据通信主要指标。

熟悉：数据通信模型。

掌握：数据的信源编码和差错控制方式；数据通信过程和传输方式。

3. 计算机网络技术

了解：计算机网络的分类和功能。

熟悉：常用网络设备及网络应用技术。

掌握：网络传输介质及传输技术。

4. 网络体系结构和网络协议

了解：网络体系结构；网络协议的分类和功能；IPv6 技术产生原因及特征。

熟悉：根据实际工作环境及要求选择恰当的网络类型；根据不同网络需求选择适合的传输介质；网络应用协议的主要功能、配置方法。

掌握：开放系统互联参考模型(OSI)的层次结构及其主要功能；TCP/IP 协议传输层、网络层、应用层的协议及其在网络建设、网络维护中的应用；各种应用层协议的选择和配置。

5. 网络操作系统技术

了解：网络操作系统的分类和功能。

熟悉：各类网络操作系统的特点；根据不同网络需求选择最佳的网络操作系统；运行网络操作系统的设备平台和各种设备接口标准；网络操作系统的系统优化；各类操作系统的系统结构、主要网络功能、核心特点、网络应用工具。

掌握：常用网络操作系统结构、内部运行机制、各种功能；操作系统的系统设置、网络设置、用户账号、文件系统、挂接外部设备、安全配置等的熟练配置；常用网络操作系统的文件系统和它的工作机制；网络操作系统命令行模式下的各种命令使用；网络操作系统运行情况的监控、故障判断和处理。

6. 网络路由和路由协议

了解：网络路由和路由协议的分类和功能。

熟悉：根据不同网络情况选择最佳的路由协议；优化网络路由，增强路由器的安全性和数据安全性，抵御网络攻击；RIP 协议、OSPF 协议、BGP 协议路由技术特点方法和处理过程。

掌握：网络路由基础结构；RIP、OSPF、BGP 路由协议；路由协议的配置。

7. 交换技术

了解：交换技术的分类和功能。

熟悉：主要厂商的交换机设备性能和接口标准，在网络建设和网络升级中根据网络需求，选用性能价格比最佳的设备；监控网络由于交换机配置出现的网络故障及其合理解决；生成树协议的实现机制、功能与用途；交换机 VTP 的用途、功能与配置原则；多层交换技术。

掌握：交换技术分类和实现方式；虚拟局域网(VLAN)技术工作机制、配置原则与接口标准；交换机的 VLAN、VTP、生成树的熟练配置；优化交换机方法及其组织实施。

8. 局域网、城域网和广域网技术

了解：局域网技术的分类；城域网组网技术的工作机制、组网方式、网络协议、网络接口；广域网组网技术的工作机制、组网方式、网络协议、网络接口。

熟悉：吉比特以太网技术的工作方法、技术特点、性能指标、传输介质、网络接口。

掌握：10M 以太网技术的工作方法、技术特点、性能指标、传输介质、网络接口；快速

以太网技术的工作方法、技术特点、性能指标、传输介质、网络接口。

9. 数据库

了解：常用数据库和应用。

熟悉：数据库标准查询语言（SQL）的语法、语句与功能。

掌握：关系数据库的工作程序。

10. 网络与信息安全

了解：网络与信息安全模型；网络与信息安全体系结构与方法；各类操作系统安全的主要方法和配置工具；病毒防治技术的主要方法和工具；增强路由技术。

熟悉：网络与信息安全解决方案的设计、组织和实施；病毒特点及病毒爆发监控；入侵检测系统的结构、工作工程、特点与实现方法；日志分析的分析方法与作用。

掌握：网络与信息安全模型结构；访问控制方法；标识与鉴别；审计与监控；典型攻击方式和安全策略；操作系统的漏洞及安全设置；入侵检测系统、防火墙及网络侦测工具的体系结构、基本功能、使用及配置；根据日志分析获知系统漏洞和攻击者信息。

11. 数据安全

了解：常用数据备份软件的基本命令和操作规范；数据加密技术。

熟悉：数据存储及备份技术方案；数据备份常用的软件和硬件；数据存储主要技术；数据加密技术标准；磁盘技术标准；光纤通道技术 1～4 层的主要功能、接口流程与数据格式；磁盘的内部组成、数据定位方法、接口标准与技术、技术规格；磁盘阵列的主机接口技术、工作机制；DAS、NAS、SAN 存储系统的网络 I/O 路径、组网方式、NFS/CIFS 协议的结构与功能、ISCSI/FCP 协议的结构与功能。

掌握：数据备份；数据备份方法；主要的数据备份恢复技术；SCSI 总线工作机制、SCSI-3 体系结构、SCSI 命令、启动器和目标器间的 I/O 工作流程；RAID0-5 技术的基本工作机制、数据分布技术、I/O 性能计算方法。

设备环境主要内容

1. 通信电源供电系统

了解：通信电源供电系统的基本要求；交直流供电质量指标。

熟悉：通信电源供电系统的组成；高、低压交流配电系统；直流配电方式。

掌握：交、直流配电设备的工作组成结构；功率因素调整。

2. 蓄电池

了解：铅蓄电池分类及基本结构；太阳能电池。

熟悉：阀控式铅蓄电池的工作过程、电性能。

掌握：通信用铅蓄电池使用；故障判断处理。

3. 高频开关型换流设备

了解：常见高频开关元器件；高频开关型换流设备性能指标。

熟悉：高频开关型整流器分类和工作过程；不间断电源系统组成及组成机构。

掌握：高频功率转换、功率因素校正、负荷均分、瞬态保护等基础电路；高频开关型整流器和逆变器使用、障碍分析与检修。

4. 油机发电机组

了解：内燃机分类；发电机分类。

熟悉：内燃机工作过程；发电机结构和参数。

掌握：内燃机的机构与系统；交流发电机工作过程；柴油发电机组使用、障碍分析与处理。

5. 空气调节设备

了解：空调基本构成，使用维护基本方法。

熟悉：制冷系统的组成及工作过程。

掌握：中央空气调节系统和机房专用空调设备的组成、运行与维护。

6. 机房环境与设备集中监控系统

了解：常见监控硬件。

熟悉：监控数据采集；数据接口。

掌握：集中监控系统功能、结构、组网原则。

7. 通信接地与防雷

了解：接地电阻的组成及影响因素；常见防雷元件。

熟悉：通信接地系统组成、分类及作用；雷电分类和危害。

掌握：联合接地的特点；通信电源系统防雷措施。

8. 安全生产

了解：电气灾害的特点；安全电压。

熟悉：电气作业的技术措施、组织措施。

掌握：电气安全操作规程；触电急救；防雷措施；电气设备防火和防爆。

9. 电源空调系统运行维护

了解：动力设备运行维护、指挥调度及处理流程。

熟悉：通信电源设备和空调设备告警点调整校验；故障处理流程；设备运行情况的统计、分类、分析；通信接地网测试；相关仪器、仪表的正确使用。

掌握：交、直流配电瓶、高频开关电源、油机发电机组、UPS、集中监控设备等的维护保养；能编制各类动力设备的维护作业计划；动力设备的特性指标进行测试和分析；设置和调整各类动力设备的运行参数；优化机房空调运行工况；制定应急保障通信预案。

10. 电源空调系统设计与工程建设

了解：招、投标管理程序和基建管理程序；电源空调系统不同设计、施工阶段的管理注意事项。

熟悉：通信电源设备、空调设备设计、施工规范；编制工程项目可行性研究报告；编制工程概、预算；工程投资分析；编制设备采购的技术规范书。

掌握：电源与空调设备的配置与容量选择；导线规格设计；组织实施交、直流供电系统改扩建；收集、整理、汇编相关施工文件；隐蔽工程验收；施工方案及安全应急预案的制定；通信工程建设项目管理；编制审核竣工图，工程决算。

附录 B

通信行业国家职业标准

1. 信息通信网络机务员

1）职业定义

从事信息通信网络各种设备的安装、调测、检修、日常维护、障碍处理及应急通信处理的人员。

2）主要工作任务

（1）维护交换、传输、移动和卫星等各种信息通信网络设备。

（2）查找、判断和排除信息通信网络设备故障。

（3）维护及运用信息通信网络监控系统。

（4）统计、分析信息通信网络设备质量。

（5）安装、调测信息通信网络设备。

（6）协调工程施工与割接。

（7）安装、调测、开通和维护、检修应急通信设备，处理应急通信设备故障等，快速搭建应急处置现场的应急通信系统。

3）工种介绍

工种名称	工 种 定 义	主要工作内容
交换机务员	从事通信网络交换设备的安装、调测、开通和维护、检修、故障处理及值机等工作的人员	1. 维护程控交换机、软交换等交换设备； 2. 查找、判断和排除交换设备故障； 3. 统计和分析交换设备忙时接通率、交换资源可用率、计费准确率、障碍率、障碍历时等指标； 4. 进行局数据和用户数据修改； 5. 计费管理； 6. 话务分析； 7. 使用并维护交换设备监控系统； 8. 安装调测交换设备； 9. 网络优化分析

续表

工种名称	工 种 定 义	主要工作内容
传输机务员	从事通信网络传输设备的安装、调测、开通和维护、检修、故障处理及值机等工作的人员	1. 维护 SDH、DWDM、ASON 等各种传输设备； 2. 开通测试传输链路、电路； 3. 巡查传输链路、电路； 4. 判明障碍段落，修复障碍，抢通传输链、电路； 5. 定期测试各类接口； 6. 使用并维护传输设备监控系统； 7. 统计和分析传输质量； 8. 安装调测 SDH、DWDM、ASON 等各种传输设备； 9. 网络优化分析
移动通信机务员	从事移动通信设备的安装、调测、开通和维护、检修、故障处理及值机等工作的人员	1. 维护移动通信基站的各种设备； 2. 定期测试基站设备性能； 3. 定期开展无线网络优化； 4. 分析判明障碍现象及影响范围，修复常见障碍； 5. 使用并维护移动通信监控系统； 6. 统计、分析移动设备的通信质量； 7. 巡查移动基站设备； 8. 安装调测各种移动通信基站等设备
数据通信机务员	从事数据通信设备的安装、调测、开通和维护、检修、故障处理及值机等工作的人员	1. 日常维护各种数据通信设备； 2. 开通、测试数据链路； 3. 查找、判断设备故障，修复故障； 4. 使用并维护各种数据通信监控系统； 5. 统计、分析各种数据通信设备的性能指标； 6. 网络优化分析； 7. 安装调测各种数据通信网络设备
卫星通信机务员	从事卫星通信设备的安装、调测、开通和维护、检修、故障处理及值机等工作的人员	1. 维护卫星地球站各类通信设备； 2. 查找、判断和排除卫星通信设备故障； 3. 使用并维护卫星通信监控系统； 4. 统计和分析卫星通信设备的通信质量； 5. 安装调测各种卫星通信设备
短波通信机务员	从事短波通信设备的安装、调测、开通和维护、检修、故障处理及值机等工作的人员	1. 日常维护各类短波通信设备； 2. 开通与定期测试短波链路； 3. 分析判明障碍现象及影响范围，修复常见障碍； 4. 使用并维护短波通信网络监控系统； 5. 统计、分析短波通信质量指标； 6. 安装调测各种短波通信设备

工种名称	工种定义	主要工作内容
微波通信机务员	从事微波通信设备的安装、调测、开通和维护、检修、故障处理及值机等工作的人员	1. 维护微波发射、微波中继等各种微波设备； 2. 开通与定期测试微波链路； 3. 分析判断障碍现象及影响范围,修复常见障碍； 4. 使用并维护微波通信监控系统； 5. 统计和分析微波通信质量指标； 6. 安装调测各种微波通信设备
电报通信机务员	从事电报交换设备的安装、调测、开通和维护、检修、故障处理及值机等工作的人员	1. 日常维护电报交换设备； 2. 查找、判断和排除电报交换设备故障； 3. 使用并维护监控系统； 4. 统计、分析电报交换设备的质量； 5. 安装调测电报交换设备

2. 信息通信网络线务员

1) 职业定义

从事信息通信网络传输线路及天馈线架(敷)设和维护、综合布线系统及网络终端的安装和维护等工作的人员。

2) 主要工作任务

(1) 架(敷)设电缆、光缆及天馈线等各种传输线路。

(2) 巡查、维护传输线路。

(3) 安装、调试和维护信息通信网络终端。

(4) 查找、判断及修复传输线路故障。

(5) 分析、统计线路传输质量。

(6) 安装调测并维护综合布线系统和网络终端。

(7) 随工检查、验收传输线路及综合布线系统施工质量。

(8) 布设和维护应急通信的传输线路。

3) 工种介绍

工种名称	工种定义	主要工作内容
天线线务员	从事微波、短波、移动通信天馈线架(敷)设、维护和障碍处理等工作的人员	1. 安装、架(敷)设及调测天馈线； 2. 巡查、维护天馈线； 3. 查找、分析、判断和修复天馈线故障； 4. 随工检查、验收天馈线的施工质量； 5. 布设和维护应急通信的天馈线

续表

工 种 名 称	工 种 定 义	主 要 工 作 内 容
光缆线务员	从事光缆传输线路架(敷)设、维护和障碍处理等工作的人员	1. 架设通信杆路光缆、敷设管道光缆等传输线路; 2. 巡检光缆传输线路,及时处理故障隐患; 3. 查找、判断、修复光缆传输线路故障; 4. 统计、分析光缆传输线路的性能指标; 5. 随工检查、验收光缆传输线路施工质量; 6. 布设和维护应急通信的光缆传输线路
电缆线务员	从事电缆传输线路架(敷)设、维护和障碍处理等工作的人员	1. 架设通信杆路电缆、敷设管道电缆等传输线路; 2. 巡检电缆传输线路,及时处理故障隐患; 3. 查找、判断、修复电缆传输线路故障; 4. 分析、统计电缆传输线路的性能指标; 5. 随工检查、验收电缆传输线路施工质量; 6. 布设和维护应急通信的电缆传输线路
综合布线装维员	从事综合布线系统的安装和维护等工作的人员	1. 敷设、调测综合布线系统的光缆和电缆; 2. 安装光电配线架及多介质信息插座; 3. 维护综合布线系统的光缆和电缆、光电配线架及多介质信息插座; 4. 查找、分析、判断和修复综合布线系统的光缆、电缆、光电配线架及多介质信息插座的故障
网络终端装维员	从事信息通信网络终端安装和维护等工作的人员	1. 安装和调试各类通信网络终端; 2. 开通网络业务用户端的物理通道; 3. 查找、判断和修复通信网络终端故障; 4. 统计、分析通信网络终端的性能指标

3. 鉴定要求

1) 鉴定工种

信息通信网络线务员、信息通信网络机务员。

2) 鉴定等级

国家职业资格三级(高级)、国家职业资格四级(中级)、国家职业资格五级(初级)。

3) 鉴定方式

理论知识考试和技能操作考核,理论知识考试采取闭卷笔试,技能操作采取问卷答题形式和现场模拟操作的方法。经鉴定合格者,颁发相应等级的国家职业资格证书。

4) 申报条件(具备下列条件之一者)

(1) 国家职业资格三级(高级)

① 取得本职业中级职业资格证书后,连续从事本职业工作 4 年以上,经本职业高级正规培训达规定标准学时数,并取得结业证书。

② 取得本职业中级职业资格证书后,连续从事本职业工作 6 年以上。

③ 取得高级技工学校或经人力资源和社会保障行政部门审核认定的,以高级技能为培养目标的高等职业学校本职业(专业)毕业证书。

④ 大专以上本专业或相关专业毕业生,连续从事本职业工作2年以上。

(2) 国家职业资格四级(中级)

① 取得本职业初级职业资格证书后,连续从事本职业工作3年以上,经本职业中级正规培训达规定标准学时数,并取得结业证书。

② 取得本职业初级职业资格证书后,连续从事本职业工作5年以上。

③ 连续从事本职业工作7年以上。

④ 取得经人力资源和社会保障行政部门审核认定的,以中级技能为培养目标的中等以上职业学校本职业(专业)毕业证书。

(3) 国家职业资格五级(初级)

① 经本职业初级正规培训达规定标准学时数,并取得结业证书。

② 在本职业连续工作1年以上。

APPENDIX C

附录 C

现代通信技术基础课程纲要

序号	项目 （模块） 名称	学习目标	工作任务	相关实践	相关理论 知识	拓展知识	参考 课时
1	概论	1. 理解通信的基本概念 2. 理解通信网的概念、分类、构成与组网结构 3. 了解通信法规与通信标准的作用 4. 了解通信信道分类及特性 5. 理解 ICT 技术的基本概念 6. 了解互联网＋ICT 融合背景下的通信网络技术特征 7. 了解通信职业资格与职业规范知识	通信职业功能的公共基础知识	现代通信业务与通信技术应用调研	1. 通信系统模型 2. 通信网的组成 3. 通信信道特性	1. 通信系统的质量评价 2. 通信设备维护规程 3. 信息通信网络技术发展	4
2	通信网基础技术	1. 理解数字通信系统的基本概念 2. 理解信源编码中的信号处理过程 3. 理解信道编码技术的相关原理及应用 4. 了解多路复用、复接与同步等技术的应用 5. 了解数字信号基带传输的主要技术内容 6. 了解数字调制技术的基本类型及应用	通信职业功能的技术基础知识	1. 模拟信号的数字化处理 2. 图像编码与处理应用 3. 基带传输仿真 4. 数字调制技术应用 5. 纠错编码应用	1. 数字通信系统概念 2. 信源编码 3. 信道复用 4. 传输系统基础知识 5. 调制技术 6. 差错控制技术	1. 多媒体通信基础 2. 现代数字调制技术的应用	16

序号	项目(模块)名称	学习目标	工作任务	相关实践	相关理论知识	拓展知识	参考课时
3	电信交换	1. 理解电信业务网的分类与电话通信网结构 2. 理解电路交换、分组交换的原理 3. 了解数字程控交换机的基本组成 4. 了解电话接续信令流程和信令类型 5. 了解软交换相关概念、功能特点、主要协议及技术解决方案	电话交换设备与网络工程施工、安装、测试与运行维护	1. 电话网业务分析 2. 电话网接入的实现 3. 电话接续基本信令流程	1. 电话交换工程概述 2. 交换技术基础 3. 数字程控交换 4. 软交换技术	1. No.7信令网 2. 智能网 3. 电信管理网	8
4	数据通信	1. 理解数据通信网的基本概念 2. 理解数据通信网络体系结构 3. 了解基础数据网的技术特点及业务 4. 了解以太网的技术发展 5. 理解IP网络基本原理 6. 了解互联网的结构与接入方式 7. 了解IP技术的发展及应用 8. 了解网络信息安全的关键技术与法律法规	数据通信设备与网络工程施工、安装、测试与运行维护	1. 数据通信网络的运行维护指标 2. 数据传输应用 3. 局域网接入的实现	1. 数据通信概述 2. 基础数据网 3. IP网络 4. 网络信息安全	1. 以太网 2. IP多播技术	8
5	无线通信	1. 理解无线传播的基本特性 2. 了解天线及无线信道的基本知识 3. 了解无线通信中的关键技术应用特点 4. 了解微波通信技术及其应用特点 5. 了解卫星通信技术及其应用特点 6. 了解无线接入技术及其应用特点	无线通信设备与网络工程施工、安装、测试与运行维护	1. 无线通信频率资源分析 2. 无线组网配置 3. 无线接入应用	1. 无线通信概述 2. 无线通信的关键技术 3. 微波通信 4. 卫星通信 5. 无线接入	1. 扩频技术 2. 无线个域网	8

续表

序号	项目（模块）名称	学 习 目 标	工作任务	相关实践	相关理论知识	拓展知识	参考课时
6	移动通信	1. 了解移动通信的分类与特点 2. 理解蜂窝通信的概念及移动通信管理的基本内容 3. 理解移动通信中的无线传输技术和码分复用多址（CDMA）技术 4. 了解第二代移动通信（2G）系统的技术特点、系统组成及通信过程 5. 了解第三代移动通信（3G）系统的技术特点、系统组成及通信过程 6. 了解第四代移动通信（4G）系统技术发展	移动通信设备与网络工程施工、安装、测试与运行维护	1. 移动通信终端设备性能分析 2. GSM、CDMA 接入 3. 3G 4. 4G	1. 移动通信概述 2. 移动通信的关键技术 3. 移动通信系统的网络结构、空中接口等关键技术	1. 移动通信中的调制与编码 2. 移动交换系统 3. 第三代移动通信（3G）的网络结构、空中接口等关键技术	8
7	光通信网	1. 理解光传输的原理 2. 了解光传输系统的组成及其性能 3. 了解传输网的概念及体系结构 4. 了解 SDH 设备与 SDH 光传送网技术 5. 了解光波分复用技术（WDM） 6. 了解光通信网的新技术	光传输设备与光传输网络工程施工、安装、测试与维护	1. 光传输终端和用户终端性能分析 2. 常用光传输类测试仪表、器材、工具的使用	1. 光传输概述 2. 光传输系统 3. SDH 光传送网技术 4. 光波分复用技术 5. 光通信网络	光信息网络的发展	6
8	宽带网络通信	1. 了解宽带网络通信的发展 2. 了解接入网的结构功能 3. 了解有线接入网技术与业务应用 4. 了解固定无线宽带接入技术与业务应用 5. 了解网络融合的基本概念 6. 了解宽带核心网技术与宽带 IP 网络组网技术 7. 了解下一代网络（NGN）的发展 8. 了解 5G 通信技术的发展和演进	有线接入网与固定无线接入工程施工、安装、测试与维护	1. 宽带接入网业务与技术应用调研 2. 综合布线系统现场 3. 5G 通信技术	1. 宽带网络通信 2. 宽带接入网技术	1. 网络融合概念 2. 下一代网络（NGN） 3. 信息通信网络技术的发展	6

附录 D

常用通信术语缩略语

缩　略　语	英 文 术 语	中 文 术 语
AAA	authentication, authorization, accounting	认证,授权,计费
ABD	abbreviated dialing	缩位拨号
ACD	automatic call distributor	自动呼叫分配器
ADM	add/drop multi-plexer	分插复用器
ADPCM	adaptive differential PCM	自适应差分脉码调制
ADSL	asymmetrical digital subscriber line	非对称数字用户线
AN	access network	接入网
AON	all optical network	全光网络
AP	access point	接入点
ASIC	application specific IC	专用集成电路
ASON	automatic switch optical network	自动交换光网络,智能光网络
ASP	application service provider	应用服务提供商
ATM	asynchronous transfer mode	异步传送模式,异步转移模式
BBS	bulletin board service	公告牌业务
BCU	basic communication unit	基本通信单元
BER	bit error rate	误码率,比特差错率
B3G	beyond 3G	后 3G 移动通信系统
BG	border gateway	边界网关
B-ISDN	broadband integrated services digital network	宽带综合业务数字网
BOD	bandwidth on demand	按需提供带宽
BPON	broadband passive optical network	宽带无源光网络
bps	bits per second	比特/秒（bit/s）
BR	border router	边界路由器
BRAS	broadband remote access server	宽带远程接入服务器
BREW	binary runtime environment for wireless	无线终端二进制运行环境
BRI	basic rate interface	基本速率接口
BS	base station	基站
BSA	broadband satellite access	宽带卫星接入
BSC	base station controller	基站控制器
BWA	broadband wireless access	宽带无线接入
CAC	call admission control	呼叫接纳控制
CATV	common antenna television	共用天线电视,有线电视

续表

缩 略 语	英 文 术 语	中 文 术 语
CC	call center	呼叫中心,客户服务中心
CCD	charge coupled device	电荷耦合器件
CCS	common channel signaling	公共信道信令
CDMA	code division multiple access	码分复用多址
CDPD	cellular digital packet date	蜂窝数字分组数据
CENTREX	central exchange	集中式用户交换机
CFD	compact floppy disk	微型软磁盘
CLI	calling line identification	主叫线识别
CO	central office	中心局
COS	class of service	业务类别,服务等级
CPU	central processing unit	中央处理器
CRT	cathode ray tube	阴极射线管
CSCW	computer supported corporative work	计算机支持的协同工作
CTI	computer telephony integration	计算机电话集成
	computer telecommunication integration	计算机电信集成
CWDM	coarse wavelength division multiplexing	稀疏波分复用
DDD	direct distance dialing	长途直拨
DSL	digital subscriber line	数字用户线
DSP	digital signal procession	数字信号处理
DTE	data terminal equipment	数据终端设备
DTMF	dual tone multi-frequency	双音多频
DWDM	dense wavelength division multiplexing	密集波分复用
DXC	digital cross connect	数字交叉连接
EC	electronic commerce	电子商务
EDI	electronic data interchange	电子数据互换
EDFA	Er-doped fiber amplifier	掺铒光纤放大器
EDGE	enhanced data rates for GSM evolution	GSM 增强数据速率改进技术
EDP	electronic date processing	电子数据处理
E-mail	electronic-mail	电子邮件
EMC	electromagnetic compatibility	电磁兼容性
ENUM	electronic numbering	电子号码
EPON	Ethernet passive optical network	以太网无源光网络
ER	edge router	边缘路由器
ES	earth station	地球站
ETSI	European Telecommunications Standard Institute	欧洲电信标准学会
FAX	facsimile	传真
FCC	Federal Communication Commission	联邦通信委员会(美国)
FDD	frequency division duplex	频分双工
FDDI	fiber distributed data interface	光纤分布式数据接口
FDM	frequency division multiplexing	频分复用
FDMA	frequency division multiple access	频分复用多址

缩　略　语	英 文 术 语	中 文 术 语
FEC	forward error correction	前向纠错
FH	frequency hopping	跳频
FITL	fiber in the loop	光纤环路,光纤用户环路
FMC	fixed-mobile convergence	固网与移动的融合
FPLMTS	future public land mobile telecommunications system	未来公用陆地移动电信系统
FR	frame relay	帧中继
FSK	frequency shift keying	频移键控,数字调频
FSN	full service network	全业务网
FSO	free space optical communication	自由空间光通信
FTTB	fiber to the building	光纤到大楼
FTTC	fiber to the curb	光纤到路边
FTTH	fiber to the home	光纤到家
FTTO	fiber to the office	光纤到办公室
FTTZ	fiber to the zone	光纤到小区
FW	fire wall	防火墙
FWA	fixed wireless access	固定无线接入
3G	third generation	第三代(移动通信)
GBS	globe broadcast system	全球广播系统
GEO	geostationary earth orbit	对地静止轨道(人造卫星)
GIG	globe information grid	全球信息网格
GII	globe information infrastructure	全球信息基础结构,全球信息高速公路
GK	gate keeper	网守
GMSC	gateway mobile services switching center	移动业务交换中心网关,移动关口局
GPRS	general packet radio service	通用分组无线电业务
GPS	global positioning system	全球定位系统
GSM	global system for mobile communications	全球移动通信系统
GSR	gigabit switching router	千兆级交换路由器
GW	gate way	网关
H-ARQ	hybrid automatic repeat request	混合自动重传请求
HDLC	high-level data link control	高级数据链路控制
HDML	handheld device markup language	手持设备标识语言
HDSL	high-bit-rate digital subscriber line	高速率数字用户线
HDTP	handheld device transport protocol	手持设备传输协议
HDTV	high definition television	高清晰度电视
HDX	half duplex	半双工
HFC	hybrid fiber/coax	混合光纤/同轴电缆(接入网)
HFT	hand free telephone	免提电话
HLR	home location register	本地(主叫用户)位置寄存器,(用户)归属位置寄存器

续表

缩 略 语	英 文 术 语	中 文 术 语
HO	hand over	切换
HPC	handheld personal computer	手持式个人计算机
HSCSD	high speed circuit switched data	高速电路交换数据
HSDPA	high speed downlink packet access	高速下行分组数据接入
HTML	hyper text markup language	超文本标识语言
HTTP	hyper text transfer protocol	超文本传输协议
IAB	Internet Architecture Board	互联网体系结构委员会
IAD	integrated access device	综合接入设备
IAF	interworking agent function	互通代理功能
IAP	Internet access provider	互联网接入(服务)提供商
IC	integrated circuit	集成电路
ICP	Internet contents provider	互联网内容提供商
ICT	Information and Communication Technology	信息与通信技术
IDA	Internet direct access	互联网直接接入
ICQ	"I seek you"	网络寻呼机(俗称 QQ)
IDC	Information data center	数据中心
IDD	international direct dialing	国际直拨
IDN	integrated digital network	综合数字网
IDT	integrated digital terminal	综合数字终端
IEC	International Electrotechnic Commission	国际电工技术委员会
IEEE	Institute of Electrical and Electrollics Engineers	电气和电子工程师协会
IE	Internet explorer	互联网浏览器
IETF	Internet Engineering Task Force	互联网工程任务特别组
IFOC	integrated fiber optic circuit	集成光纤电路
IIT	intelligent interface technology	智能接口技术
ILA	in-line amplifier	在线放大器
IEP	Internet equipment provider	互联网设备提供商
IM	instant massager	即时通信
IMA	inverse multiplexing over ATM	ATM 反向多路复用
IMS	interactive multimedia system	交互式多媒体系统
IMS	IP multimedia subsystem	IP 多媒体子系统
IMTC	International Multimedia Teleconferencing Consortium	国际多媒体远程会议集团
IN	intelligent network	智能网
INMARSAT	International Maritime Satellite Organization	国际海事卫星组织
INTELSAT	International Telecommunication Satellite Organization	国际通信卫星组织
ION	integrated on-demand network	集成请求式网络
ION	intelligent optical network	智能光网络
IP	Internet protocol	互联网协议,网际协议
IPng	IP next generation	下一代 IP

缩　略　语	英　文　术　语	中　文　术　语
IPOA	IP over ATM	ATM 网络上的 IP 协议
IPoP	Internet point of presence	互联网入网点
IPSec	Internet security protocol	互联网安全协议
IPTV	Internet TV	网络电视,交互电视
IPv4	Internet protocol version 4	网际协议版本 4
IPv6	Internet protocol version 6	网际协议版本 6
IRTF	Internet Research Task Force	互联网研究任务特别组
ISC	International Soft-switch Consortium	国际软交换协会
ISDN	integrated service digital network	综合业务数字网
ISM	industrial/scientific/medical	ISM 频段,工业/科学/医学频段
ISO	International Standards Organization	国际标准化组织
ISP	Internet service provider	互联网服务提供商
IT	information technology	信息技术
ITG	Internet telephony gateway	IP 电话网关
ITS	intelligent transportation system	智能传输系统
ITSP	Internet telephony service provider	IP 电话业务提供商
ITU	International Telecommunications Union	国际电信联盟,国际电联
ITU-R	Radio-communication Sector of ITU	国际电信联盟无线电通信部门(原国际无线电咨询委员会,CCIR)
ITU-T	Telecommunication Standardization Sector of ITU	国际电联电信标准化部门(原国际电报电话咨询委员会,CCITT)
IVPN	international virtual private network	国际虚拟专用网
IVR	interactive voice response	交互式语音应答
IWF	interworking function	互通功能
IXP	Internet exchange point	互联网交换点
JCEC	Join Communication Electronics Committee	通信电子(设备)联合委员会
JPEG	Join Photographic Experts Group	静止图像联合专家小组(静止图像压缩标准)
L2TP	layer 2 tunneling protocol	第二层隧道协议
LAN	local area network	局域网
LANE	local area network emulation	局域网仿真
LASER	light amplication by stimulation of emitted radiation	激光器(受激辐射光放大器)
LCD	liquid crystal display	液晶显示
LD	laser diode	激光二极管
LDP	label distribution protocol	标签分发协议
LEAF	large effective area fiber	大有效面积光纤
LEC	local exchange carrier	市内电话公司
LED	light emitting diode	发光二极管
LEO	low earth orbit	低地球轨道
LMDS	local multipoint distribution system	本地多点分配系统

续表

缩　略　语	英 文 术 语	中 文 术 语
LMS	land mobile service	陆地移动通信业务
LSR	label switching router	标签交换路由器
LV	laser vision	激光视盘
MAC	maintenance and administration center	维护管理中心
MAC	media access control	介质接入控制
MADT	meantime accumulated downtime	平均累计停机时间
MAI	multiple access interference	多址干扰
MAN	metropolitan area network	城域网
MANETs	mobile Ad-hoc networks	移动自组织网
MATV	master antenna television	主天线电视,共用天线电视
MBWA	mobile broadband wireless access	移动宽带无线接入
MCDN	micro cellular data network	微蜂窝数据网
MCHO	mobile controlled hand over	移动控制切换
MCLR	maximum cell loss ratio	最大信元丢失率
MCS	multimedia communication system	多媒体通信系统
MCTD	maximum cell transfer delay	最大信元传送迟延
MCU	multipoint control unit	多点控制设备
MDBS	mobile data base station	移动数据基站
MDF	main distribution frame	主配线架
MEMS	micro-electrollic mechanical system	微电子机械系统
MEN	metropolitan Ethernet	城域以太网
MES	mobile earth station	移动地球站
MGC	media gateway controller	媒体网关控制器
MHS	message handling system	消息处理系统
MI	mobile Internet	移动互联网
MIN	mobile intelligent network	移动智能网
MIMO	multiple input multiple output	多入多出天线系统
MIRS	multimedia information retrieval system	多媒体信息检索系统
MMC	multi-media card	多媒体卡
MMDS	mini-message distribution service	小报文分发业务
MMDS	multichannel multipoint distribution service	多路多点分配业务
MMS	multimedia message service	多媒体消息业务
MMN	multi-media network	多媒体网
MOD	movies on demand	电影点播
MODEM	modulator/demodulator	调制解调器
MONET	multiwavelength optical network	多波长光网络
MPEG	Moving Picture Experts Group	活动图像专家组
		活动图像压缩编码标准
MPLS	multi protocol label switch	多协议标记交换
MPOA	multi protocol over ATM	ATM 上的多协议
MPSR	multi path self routing	多通路自选路由

缩　略　语	英 文 术 语	中 文 术 语
MSC	mobile switching center	移动交换中心
MSTP	multiple service transmit platform	多业务传送平台
		多业务传送节点技术
MTBE	mean time between errors	平均差错间隔时间
MTBF	mean time between failures	平均故障间隔时间
MTBI	mean time between interruptions	平均中断间隔时间
MTBM	mean time between maintenance	平均维修间隔时间
MTBS	mean time between stops	平均停机间隔时间
MUX	multiplex,multiplexer	多路复用,多路复用器
MVO	mobile virtual operator	移动虚拟运营商
NA	network adapter	网络适配器,网卡
NAP	network access point	网络接入点
NAS	network access server	网络接入服务器
NAS	network attached storage	网络附加存储器
NAT	network address translate	网络地址转换技术
NB	notebook computer	笔记本电脑
NBS	National Bureau of Standards	国家标准局(美国)
NCP	network control point	网络控制点
NDF	negative dispersion fiber	负色散光纤
NEXT	near end cross talk	近端串话,近端串音
NFC	near field communication	近距通信
NFMC	near field magnetic communication	近距磁通信
NFV	network function virtualization	网络功能虚拟化
NGI	next generation Internet	下一代互联网
NGN	next generation network	下一代网络
NIC	network information center	网络信息中心
NII	national information infrastructure	国家信息基础设施("信息高速公路"的正式名称)
NMS	network management system	网络管理系统
NNI	network node interface	网络节点接口
NP	number portability	可携带电话号码
NPCS	narrow band personal communication service	窄带个人通信业务
NPE	network protection equipment	网络保护设备
NSDI	national spatial data infrastructure	国家空间数据基础结构
NSP	network service provider	网络服务提供商
NSP	network services protocol	网络业务协议
NTIA	National Telecommunication and Information Administration	国家电信和信息管理局
NVOD	near video on-demand	准视频点播
OA	office automation	办公自动化
OADM	optical add and drop multiplexer	光分插复用器

续表

缩 略 语	英 文 术 语	中 文 术 语
OAN	optical access network	光纤接入网
OBS	optical burst switching	光突发交换(技术)
OCDMA	optical CDMA	光码分多址
OCS	optical circuit switching	光路交换,光纤空间交换
OFA	optical fiber amplifier	光纤放大器
OFDM	orthogonal frequency division multiplexing	正交频分复用
OFDMA	orthogonal FDMA	正交频分多址
OLT	optical line terminal	光线路终端
ONA	open network architecture	开放式网络体系结构
ONU	optical network unit	光网络单元
OS	optical switching	光交换,光子交换
OSDM	optical spatial division multiplexing	光空分复用
OSNR	optical signal to noise ratio	光信噪比
OSI	open systems interconnection	开放系统互联
OSPF	open shortest path first	开放式最短通路优先(协议)
OTA	over-the-air	空中下载
OTDM	optical time division multiplexing	光时分复用
OTDR	optical time domain reflect meter	光时域反射计
OTN	optical transport network	光传送网
OXC	optical cross connect	光交叉连接
PACS	personal access communication system	个人接入通信系统
PAD	packet assembler/disassembler	分组装/拆设备
PAM	pulse amplitude modulation	脉幅调制
PAN	personal area network	个人网络,个人局域网
PAS	personal access system	个人接入电话系统,无线市话(小灵通)
PBX	private branch exchange	专用小交换机
PC	personal computer	个人计算机
PCF	photonic crystal fiber	光子晶体光纤
PCN	personal communication number	个人通信号码
PCM	pulse code modulation	脉码调制
PCN	personal communication network	个人通信网
PCS	personal communication service	个人通信业务
PDA	personal digital assistant	个人数字助理
PDC	personal digital cellular system	个人数字蜂窝系统
PDH	plesiochronous digital hierarchy	准同步数字系列
PDN	public data network	公用数据网
Pel	pixel(picture element)	像素
PER	packet error rate	分组差错率
PHS	personal handy-phone system	个人手持电话系统
PIN	personal identification number	个人识别号码

缩　略　语	英　文　术　语	中　文　术　语
PLC	power line communication	电力线通信
PLMN	public land mobile network	公用陆地移动通信网
PN	pseudo-noise	伪噪声(码),伪随机(码),PN(码)
PoC	push to talk over cellular	蜂窝网上的一键通,无线一键通
POF	plastic optical fiber	塑料光纤,聚合物光纤
PON	passive optical network	无源光网络
POP	point of presence	入网点、显示点
POTS	plain ordinary telephone service	普通常规电话业务
POTS	plain old telephone service	普通老式电话业务,传统电话业务
POW	packet over wavelength	波长上的分组(包)传输
PPC	palm personal computer	掌上电脑
PPM	pulse position modulation	脉位调制
PPP	point to point protocol	点到点协议
PPS	precision positioning service	精密定位业务
PPTP	point to point tunneling protocol	点到点隧道协议
PRI	primary rate interface	基群速率接口
PS	packet switching	分组交换,包交换
PSPDN	packet switched public data network	分组交换公用数据网
PSTN	public switched telephone network	公用交换电话网
PTC	push to connect	按键接通
PTM	packet transfer mode	分组传送模式
PTM	point to multipoint	点到多点
PTN	personal telecommunication number	个人通信号码
P2P	peer to peer	对等联网
PTT	push to talk	按键讲话,即按即说
PVC	permanent virtual circuit	永久虚电路
PWLAN	public wireless LAN	公用无线局域网
PXC	photonic cross connect	光子交换,光子交叉连接
QAM	quadrative amplitude modulation	正交调幅
Q-CDMA	qualcomm CDMA	高通码分多址,窄带码分多址
QoS	quality of service	服务质量
QPSK	quadrature phase-shift keying	四相移相键控,正交移相键控
RADIUS	remote authentication dial in user service	远程拨入用户认证服务
RADSL	rate adaptive digital subscriber line	速率自适应数字用户线
RAM	random access memory	随机存取存储器
RAN	radio access network	无线接入网
RAS	remote access server	远端接入服务器,拨号服务器
RBS	radio base station	无线基站
RDS	radio data system	无线数据系统
RFID	radio frequency identification	无线射频识别
RDSS	radio determination satellite service	无线电定位卫星业务

续表

缩 略 语	英 文 术 语	中 文 术 语
RF	radio frequency	无线电频率,射频
RFI	radio frequency interference	射频干扰
RHC	regional holding company	地区经营公司
RLL	radio local loop	无线本地环路
ROM	read-only memory	只读存储器
RPR	resilient packet ring	弹性分组数据环,自愈弹性分组环
RSVP	resource reservation protocol	资源预留协议
RTCP	real-time transport control protocol	实时传输控制协议
RTP	real-time transport protocol	实时传输协议
RWA	routing and wavelength assignment	路由和波长分配技术
SAN	storage area network	存储区域网
SCDMA	synchronous code division multiple access	同步码分多址
SCP	service control point	业务控制点
SD	spatial diversity	空间分集(天线)
SDH	synchronous digital hierarchy	同步数字系列
SDN	software defined network	软件定义型网络
SDMA	space division multiple access	空分复用多址
SDSL	single line(symmetrical) digital subscriber line	单线对(对称)数字用户线
SDV	switched digital video	交换式数字视频图像
SDVC	simple desktop video conference	简单桌面会议电视(系统)
SFAX	stimulated FAX	仿真传真机
SG	signaling gateway	信令网关
SGML	standard generalized markup language	标准通用标识语言
SHF	super high frequency	超高频,厘米波
SHR	self-healing ring	自愈环
SIB	service independent building block	与业务无关的构成块
SIP	session initiation protocol	会话发起协议,会话初始协议
SIM	subscriber identification module	用户识别卡
SLA	service level agreement	服务等级协定
SMDS	switched multi-megabit data service	交换多兆比特数据业务
SMF	single mode fiber	单模光纤
SMS	short message service	短消息业务,"短信"
SNI	standard network interface	标准网络接口
SNMP	simple network management protocol	简单网络管理协议
SNR	signal to noise ratio	信噪比
SOHO	small office/home office	小型办公室/家庭办公室
SONET	synchronous optical network	同步光纤网
SPC	stored program control	存储程序控制(交换),程控交换机的简称
SPVC	soft permanent virtual circuit	软永久虚电路
SS	spread spectrum	扩频(技术)

缩　略　语	英 文 术 语	中 文 术 语
SS7	signaling system number 7	7号信令系统
SSP	service switching point	业务交换点
STB	set-top box	机顶盒
STDM	statistical time division multiplexing	统计时分复用
STK	SIM tool kit	SIM卡工具套件,SIM卡应用工具包
STM. n	synchronous transport module level n	同步传输模块n级
STP	signaling transfer point	信令转换点
SVC	switch virtual circuit	交换虚电路
SWAP	shared wireless access protocol	共享无线接入协议
TACS	total access communication system	全向入网通信系统
TCM	trellis coded modulation	网格编码调制
TCP/IP	transmission control protocal/Internet protocal	传输控制协议/网际协议
TD-SCDMA	time division-synchronous code division multiple access	时分同步码分多址
TDD	time division duplex	时分双工
TDM	time division multiplexing	时分多路复用
TDMA	time division multiple access	时分复用多址
Telco	telephone company	电话公司
Telnet		远程登录
TETRA	terrestrial truncked radio system	地面数字集群无线电系统
TE	traffic engineering	流量工程
TMN	telecommunication management network	电信管理网
TOM	telecommunication operation map	电信运营图
TP	tunneling protocol	隧道协议
TPC	tablet PC	平板计算机,手写板计算机
TRX	transceiver	收发信机
TSP	telecommunication service priority	优先电信服务
TTS	text to speech	文本转换为语音
UADSL	universal ADSL	通用型非对称数字用户线
UAWG	UADSL working group	通用ADSL工作组
UDP	universal datagram protocol	通用数据报协议
UDP	user datagram protocol	用户数据报协议
UDSL	ultra-high-speed DSL	超高速数字用户线
UHF	ultra-high frequency	特高频
ULSIC	ultra large scale integrated circuit	超大规模集成电路
UMS	unified messaging service	统一消息服务
UMTS	universal mobile telecommunication system	通用移动电信系统
UPS	uninterruptible power supply	不间断电源
UPT	universal personal telecommunication	通用个人电信
URL	universal resource locator	通用资源定位器

续表

缩　略　语	英　文　术　语	中　文　术　语
USB	universal serial bus	通用串行总线
UWB	ultra wideband	超宽带(技术)
UTRAN	UMTS terrestrial radio access network	通用移动电信系统(UMTS)陆地无线接入网(接口)
VAS	value added service	增值业务
VBR	variable bit rate	可变比特率
VC	virtual circuit	虚拟电路,虚电路
VC	virtual channel	虚通路,虚信道
VC	virtual concatenation	虚级联
VC	virtual container	虚容器
VC	voucher center	充值中心
VCD	video compact disc	视频压缩光盘(光盘机)
VCR	video cassette recorder	盒式磁带录像机
VDSL	very-high-bit-rate digital subscriber line	极高比特率数字用户线
	video digital subscriber line	视频数字用户线
VLAN	virtual local area network	虚拟局域网
VLL	virtual leased line	虚拟租用线
VLR	visitor location register	访问用户位置寄存器
VLSI	very large scale integration	超大规模集成电路
V-mail	video mail	视频邮件
VOA	voice over ATM	用 ATM 传送话音
VOD	video on demand	视频点播
VOIP	voice over Internet protocol	用 IP 传送的话音
VPLS	virtual private LAN service	虚拟专用局域网业务
VPN	virtual private network	虚拟专用网
VSAT	very small aperture terminal	甚小口径天线地球站
VTV	virtual television	虚拟现实电视
VTOA	voice and telephony over ATM	用 ATM 传送声音和电话
WATS	wide area information server	广域信息服务器系统
WAN	wide area network	广域网
WAP	wireless application protocol	无线应用协议
W3C	World Wide Web Consortium	万维网集团,万维网联盟
WCDMA	wideband code division multiple access	宽带码分多址
WDM	wavelength division multiplexing	波分复用
WEP	wired equivalent privacy	有线等效加密
Wi-Fi	符合 IEEE 802.11b 标准的代称	无线局域互联技术
WiMAX	符合 IEEE 802.16a 标准的代称	广域无线宽带接入技术
WiMedia	符合 IEEE 802.15.3 标准的技术	个人域网短距离无线技术
WIN	wireless intelligent network	无线智能网
WLAN	wireless local area network	无线局域网
WLL	wireless local loop	无线本地环路

续表

缩　略　语	英　文　术　语	中　文　术　语
WLS	wireless locating service	无线定位业务
WMAN	wireless metropolitan area network	无线城域网
W-ML	wireless markup language	无线标识语言
WPAN	wireless personal area network	无线个人域网
WRS	wavelength route switch	波长路由交换机
WWW	world wide web	万维网
WXC	wavelength cross connection	波长交叉连接
XML	extensible markup language	可扩展标识语言
5G	the Fifth Generation Mobile Communication System	第五代移动通信